Access 2016数据库应用技术案例教程

主　编　刘　垣　林敦欣

副主编　郭李华　徐沛然　王一蕾

清华大学出版社

北　京

内容简介

在课程素养教育理念引领下，本书紧扣工程教育认证标准，致力于打造基于Access数据库的人工智能通识课程教材。本书共10章，第1章为数据库系统概述，介绍数据库系统的概念与结构、数据模型、关系数据库、国产数据库、数据库设计方法与步骤等数据库领域的基础核心内容。第2章为"人工智能+"数据技术，概述人工智能的基础理论、国家数据基础设施、我国人工智能产业和数据库产业，并推介一个AI+数据中心应用的优秀案例。第3章至第9章依次介绍Access集成环境中表、查询、窗体、报表、宏和模块等6种标准数据库对象的基本知识和基础应用。第10章为数据库应用系统开发，介绍软件工程基础理论和人工智能大语言模型，并利用国产DeepSeek大模型辅助数据库应用开发，还介绍上海盟威Access软件快速开发平台的应用。

通过学习本书，读者能够系统了解人工智能的发展历程与核心基础理论、我国人工智能产业的发展现状，以及国产大语言模型在数据库领域的应用实践；同时，还能掌握关系数据库系统的基本理论、Access 2016的操作技能与应用方法，从而具备运用"人工智能+"技术开发Access小型数据库应用系统的能力。

本书涵盖《全国计算机等级考试二级Access数据库程序设计考试大纲(2025年版)》的核心知识点，配套有《Access 2016数据库应用技术案例教程学习指导》(ISBN：978-7-302-69316-1)，可作为高等院校数据库课程的教材，也可作为全国计算机等级考试的备考用书、数据库应用技术的学习用书，以及人工智能爱好者的Access培训或参考用书。

本书封面贴有清华大学出版社防伪标签，无标签者不得销售。
版权所有，侵权必究。举报：010-62782989，beiqinquan@tup.tsinghua.edu.cn。

图书在版编目(CIP)数据

Access 2016数据库应用技术案例教程 / 刘垣, 林敦欣主编.
北京：清华大学出版社, 2025. 6. -- ISBN 978-7-302-69315-4
Ⅰ. TP311.132.3
中国国家版本馆CIP数据核字第20250JP029号

责任编辑：王　定
封面设计：周晓亮
版式设计：思创景点
责任校对：成凤进
责任印制：杨　艳

出版发行：清华大学出版社
　　　　　网　　址：https://www.tup.com.cn, https://www.wqxuetang.com
　　　　　地　　址：北京清华大学学研大厦A座　　　　邮　　编：100084
　　　　　社 总 机：010-83470000　　　　　　　　　　邮　　购：010-62786544
　　　　　投稿与读者服务：010-62776969, c-service@tup.tsinghua.edu.cn
　　　　　质 量 反 馈：010-62772015, zhiliang@tup.tsinghua.edu.cn
印 装 者：北京瑞禾彩色印刷有限公司
经　　销：全国新华书店
开　　本：185mm×260mm　　　**印　张**：21　　　**字　数**：550千字
版　　次：2025年7月第1版　　　**印　次**：2025年7月第1次印刷
定　　价：79.80元

产品编号：110645-01

PREFACE

  新故相推，日升不滞。人工智能(AI)浪潮以雷霆之势席卷全球，AI凭借其强大影响力，以前所未有的速度和广度，深刻改变着世界。2024年，国务院政府工作报告首次提出"人工智能+"行动，教育部启动了教育系统人工智能大模型应用示范行动。下一步，将打造人工智能通识课程体系，赋能理工农医文等各类人才培养。

  我们在课程素养教育理念的引领下，深入研究了人工智能与数据库技术的融合发展路径，紧扣工程教育认证标准，重新编排了原版教材的内容架构，并在其中添加了更多的中国元素，力求使本书符合教育部倡导的人工智能通识课程体系要求，为研究和探索AI赋能的教育改革创新提供一些思路，帮助读者建立更加完善、更具前瞻性的数据库知识体系。

  微软公司自1992年11月首次推出Access以来，已历经14个版本的变迁，拥有比较稳定的用户群体。本书不仅涵盖《全国计算机等级考试二级Access数据库程序设计考试大纲(2025年版)》的核心内容，还考虑了将来与国产数据库技术的衔接，以及人工智能相关理论与技术的融合应用。第1章为数据库系统概述，介绍数据库系统的概念与结构、数据模型、关系数据库、国产数据库、数据库设计方法与步骤等数据库领域的基础核心内容。初学数据库应用技术的读者可以先泛读本章，待学完后续各章后再精读，并完成第1章的实验案例。第2章为"人工智能+"数据技术，概述人工智能的基础理论、国家数据基础设施、我国人工智能产业和数据库产业，并推介一个AI+数据中心应用的优秀案例。第3章至第9章依次介绍Access集成环境中6种标准数据库对象的基本知识和基础应用。第10章为数据库应用系统开发，介绍软件工程基础理论和人工智能大语言模型，并利用国产DeepSeek大模型辅助数据库应用开发，还介绍上海盟威Access软件快速开发平台的应用。

  本书采用"目标导向+思政引领"的双重教学设计：每章开篇设置"知识目标"明确学习要点，"素质目标"聚焦能力培养，"学习指南"提供方法论指导，并辅以可视化"思维导图"，通过国产人工智能大模型辅助学习和知识图谱构建，帮助读者系统掌握知识体系。每章小结特别设置"拓展阅读"板块，有机融入坚持和发展中国特色社会主义的理论精髓、实现中华民族伟大复兴中国梦的实践路径、新时代科学家精神与工匠精神的内涵诠释，同时结合《中华人民共和国数据安全法》《中华人民共和国个人信息保护法》等法律法规，培养读者的科技伦理意识与法治素养，实现专业知识学习与社会主义核心价值观培育的深度融合。

2024年12月30日，国家数据局发布了第一批数据领域常用名词解释，这一重要文件为数据相关领域的标准化与规范化发展提供了权威指导。我们据此对教材中涉及的相关名词、概念与表述进行了全面梳理与修订，以确保教材内容与国家数据领域的标准规范保持一致，为读者提供一个准确、权威的知识体系。

通过学习本书，读者可以了解人工智能的发展历程、核心基础理论和大语言模型在数据库中的应用，掌握关系数据库系统的基本理论、Access 2016的基本操作和应用技能，并具备运用人工智能+技术开发Access小型数据库应用系统的能力。本书案例均在64位Win10/Win11+Access 2016环境下调试通过。

本书为福建省"十四五"普通高等教育本科规划教材建设项目的成果。其编写人员均为高校计算机类教学一线教师，对Access数据库教学进行过较深入的探索。书中案例大多是编者多年教学和实践的总结。本书由刘垣、林敦欣任主编，郭李华、徐沛然、王一蕾任副主编，参与编写工作的还有苏备迎、温馨、韩宜航、郑兆铨和陈治杰等人，本书的完成也离不开原版教材作者连贻捷、刘琰、林铭德和张波尔等老师的贡献。本书的编写得到了福建理工大学、福州大学、湖北工程学院、福建农林大学等多所院校的大力支持，在此一并表示感谢！

在本书的编写过程中，我们始终秉持严谨的态度，对内容进行了多番梳理与雕琢，但由于水平有限，书中难免有疏漏之处，在此，恳请广大读者批评指正。

本书提供教学课件、教学大纲、电子教案、案例源文件以及思考与练习参考答案，读者可扫下列二维码获取。

教学课件　　　教学大纲　　　电子教案　　　案例源文件　　　思考与练习参考答案

编　者
2025 年 3 月于榕城旗山

第1章 数据库系统概述 ……………… 1	2.1.4 机器学习和深度学习 …………… 50

第1章 数据库系统概述 …………………… 1
1.1 数据库技术 ……………………………… 3
1.1.1 数据管理技术的产生与发展 …… 3
1.1.2 基本术语 …………………………… 9
1.1.3 数据库系统的结构 ……………… 13
1.1.4 国产数据库 ……………………… 15
1.2 数据模型 ………………………………… 17
1.2.1 数据模型的分层 ………………… 17
1.2.2 概念模型的表示方法 …………… 22
1.2.3 关系模型的基本术语及性质 …… 26
1.2.4 关系运算 ………………………… 29
1.2.5 关系的完整性 …………………… 30
1.3 数据库设计 ……………………………… 32
1.3.1 数据库系统的需求分析 ………… 32
1.3.2 概念结构设计 …………………… 33
1.3.3 逻辑结构设计 …………………… 34
1.3.4 物理结构设计 …………………… 37
1.3.5 数据库的实施 …………………… 38
1.3.6 数据库的运行和维护 …………… 38
1.4 本章小结 ………………………………… 39
1.5 思考与练习 ……………………………… 40
1.5.1 选择题 …………………………… 40
1.5.2 填空题 …………………………… 41
1.5.3 简答题 …………………………… 41

第2章 "人工智能+"数据技术 ………… 43
2.1 人工智能概述 …………………………… 45
2.1.1 人工智能的定义 ………………… 45
2.1.2 人工智能的起源与发展 ………… 46
2.1.3 人工智能的主要学派 …………… 49

2.1.4 机器学习和深度学习 …………… 50
2.1.5 机器学习的类型 ………………… 51
2.1.6 AI的技术发展方向 ……………… 53
2.2 我国人工智能产业 ……………………… 54
2.2.1 AI产业发展现状 ………………… 54
2.2.2 AI标准化体系建设总体要求 …… 54
2.2.3 人工智能标准体系结构 ………… 55
2.2.4 人工智能治理 …………………… 56
2.2.5 AI+数据中心"绿·智·弹性"
解决方案 ………………………… 57
2.3 国家数据基础设施 ……………………… 59
2.3.1 数据基础设施内涵 ……………… 59
2.3.2 发展愿景目标 …………………… 59
2.3.3 总体技术架构 …………………… 59
2.4 我国数据库产业 ………………………… 60
2.4.1 数据库产业发展现状 …………… 60
2.4.2 数据库支撑体系 ………………… 61
2.4.3 数据库关键技术发展趋势 ……… 61
2.5 本章小结 ………………………………… 65
2.6 思考与练习 ……………………………… 66
2.6.1 选择题 …………………………… 66
2.6.2 填空题 …………………………… 66
2.6.3 简答题 …………………………… 66

第3章 数据库和表 ………………………… 67
3.1 Access数据库 …………………………… 69
3.1.1 Access的发展历程 ……………… 69
3.1.2 建立新数据库 …………………… 70
3.1.3 数据库的基本操作 ……………… 72
3.2 创建表 …………………………………… 75

3.2.1 使用内置模板创建表…………76
3.2.2 使用表设计创建表……………77
3.2.3 通过输入数据创建表…………79
3.2.4 使用SharePoint列表创建表……80
3.2.5 通过获取外部数据创建表……81
3.2.6 主键的设置……………………84
3.3 数据类型与字段属性……………………85
3.3.1 数据类型………………………85
3.3.2 字段属性………………………86
3.4 建立表之间的关系………………………95
3.4.1 创建表关系……………………96
3.4.2 查看与编辑表关系……………97
3.4.3 实施参照完整性………………98
3.4.4 设置级联选项…………………98
3.5 编辑数据表………………………………99
3.5.1 向表中添加与修改记录………99
3.5.2 选定与删除记录………………100
3.5.3 数据的查找与替换……………101
3.5.4 数据的排序与筛选……………102
3.5.5 行汇总统计……………………106
3.5.6 表的复制、删除与重命名……107
3.6 设置数据表格式…………………………108
3.6.1 设置表的行高和列宽…………108
3.6.2 设置字体格式…………………109
3.6.3 隐藏和显示字段………………109
3.6.4 冻结和取消冻结………………110
3.7 本章小结…………………………………111
3.8 思考与练习………………………………112
3.8.1 选择题…………………………112
3.8.2 填空题…………………………113
3.8.3 简答题…………………………114

第4章 查询…………………………………115
4.1 查询概述…………………………………117
4.1.1 查询的功能……………………117
4.1.2 查询的类型……………………117
4.1.3 查询视图………………………118
4.2 创建查询的方式…………………………119
4.2.1 使用向导创建查询……………119

4.2.2 使用"查询设计视图"创建查询……………………124
4.3 选择查询…………………………………125
4.3.1 创建不带条件的查询…………125
4.3.2 查询条件………………………126
4.3.3 创建带条件的选择查询………127
4.3.4 在查询中使用计算……………128
4.4 参数查询…………………………………130
4.5 交叉表查询………………………………131
4.6 操作查询…………………………………132
4.6.1 追加查询………………………132
4.6.2 更新查询………………………133
4.6.3 删除查询………………………134
4.6.4 生成表查询……………………134
4.7 SQL查询…………………………………135
4.7.1 SQL概述………………………135
4.7.2 SQL数据查询语句……………136
4.7.3 SQL数据操纵语句……………138
4.7.4 使用SQL语句创建查询………139
4.8 本章小结…………………………………140
4.9 思考与练习………………………………140
4.9.1 选择题…………………………140
4.9.2 填空题…………………………141
4.9.3 简答题…………………………142

第5章 窗体…………………………………143
5.1 窗体概述…………………………………145
5.1.1 窗体的功能……………………145
5.1.2 窗体的类型……………………146
5.1.3 窗体的视图……………………147
5.1.4 窗体的构成……………………149
5.2 创建窗体…………………………………150
5.2.1 自动创建窗体…………………151
5.2.2 使用向导创建窗体……………153
5.2.3 使用"空白窗体"按钮创建窗体…………………………156
5.2.4 使用设计视图创建窗体………157
5.3 设计窗体…………………………………157
5.3.1 窗体设计视图的组成与主要

　　　　　　功能 ·· 157
　　5.3.2　为窗体设置数据源 ············· 158
　　5.3.3　窗体的常用属性与事件 ······ 159
　　5.3.4　在窗体中添加控件的方法 ··· 161
　　5.3.5　常用控件及其功能 ············· 161
　　5.3.6　常用控件的使用 ················ 164
5.4　修饰窗体 ·· 172
　　5.4.1　主题的应用 ······················· 172
　　5.4.2　条件格式的使用 ················ 173
　　5.4.3　窗体的布局及格式调整 ······ 174
5.5　定制用户入口界面 ································ 175
　　5.5.1　创建导航窗体 ··················· 175
　　5.5.2　设置启动窗体 ··················· 176
5.6　本章小结 ·· 177
5.7　思考与练习 ·· 178
　　5.7.1　选择题 ······························· 178
　　5.7.2　填空题 ······························· 178
　　5.7.3　简答题 ······························· 179

第6章　报表 ·· 180

6.1　报表概述 ·· 182
　　6.1.1　报表的类型 ························ 182
　　6.1.2　报表的组成 ························ 183
　　6.1.3　报表的视图 ························ 186
6.2　创建报表 ·· 186
　　6.2.1　使用"报表"按钮自动创建
　　　　　报表 ·································· 186
　　6.2.2　使用"报表设计"按钮创建
　　　　　报表 ·································· 187
　　6.2.3　使用"空报表"按钮创建
　　　　　报表 ·································· 189
　　6.2.4　使用"报表向导"按钮创建
　　　　　报表 ·································· 190
　　6.2.5　创建标签报表 ····················· 192
　　6.2.6　创建图表报表 ····················· 193
6.3　报表设计 ·· 195
　　6.3.1　设计报表的外观 ················· 195
　　6.3.2　报表的排序、分组和计算 ··· 199
6.4　导出报表 ·· 202

6.5　本章小结 ·· 203
6.6　思考与练习 ·· 204
　　6.6.1　选择题 ······························· 204
　　6.6.2　填空题 ······························· 205
　　6.6.3　简答题 ······························· 205

第7章　宏 ··· 206

7.1　宏的概述 ·· 208
　　7.1.1　什么是宏 ···························· 208
　　7.1.2　宏的类型 ···························· 208
　　7.1.3　宏的设计视图 ···················· 209
　　7.1.4　常用的宏操作 ···················· 210
　　7.1.5　宏的结构 ···························· 211
7.2　独立宏的创建与运行 ···························· 212
　　7.2.1　创建独立宏 ························ 212
　　7.2.2　独立宏的运行 ···················· 213
　　7.2.3　自动运行宏 ························ 214
　　7.2.4　宏的调试 ···························· 215
7.3　嵌入宏的创建与运行 ···························· 217
　　7.3.1　创建嵌入宏 ························ 217
　　7.3.2　通过事件触发宏 ················· 217
7.4　数据宏的创建与运行* ·························· 218
　　7.4.1　创建事件驱动的数据宏 ······ 218
　　7.4.2　创建已命名的数据宏 ·········· 220
　　7.4.3　数据宏的运行 ···················· 220
7.5　宏的应用 ·· 220
　　7.5.1　自定义菜单简介 ················· 220
　　7.5.2　自定义功能区菜单的创建 ··· 220
　　7.5.3　自定义快捷菜单的创建 ······ 223
7.6　本章小结 ·· 225
7.7　思考与练习 ·· 225
　　7.7.1　选择题 ······························· 225
　　7.7.2　填空题 ······························· 226
　　7.7.3　简答题 ······························· 226

第8章　VBA程序设计 ······························ 227

8.1　VBA语言概述 ······································ 229
　　8.1.1　程序设计概述 ···················· 229
　　8.1.2　VBA编程环境 ··················· 230
8.2　VBA编程基础 ······································ 235

V

8.2.1	数据类型	235
8.2.2	常量	237
8.2.3	变量	238
8.2.4	数组	241
8.2.5	运算符和表达式	242
8.2.6	VBA内部函数	245

8.3 程序控制结构 249
- 8.3.1 VBA基本语句 249
- 8.3.2 顺序结构 250
- 8.3.3 分支结构 253
- 8.3.4 循环结构 260
- 8.3.5 过程与函数 269

8.4 本章小结 271

8.5 思考与练习 272
- 8.5.1 选择题 272
- 8.5.2 填空题 273
- 8.5.3 简答题 274
- 8.5.4 程序设计题 274

第9章 ADO数据库编程 276

9.1 ADO概述 278
- 9.1.1 数据库引擎和接口 278
- 9.1.2 ADO 279

9.2 ADO主要对象 280
- 9.2.1 ADO对象模型 280
- 9.2.2 Connection对象 281
- 9.2.3 Recordset对象 283
- 9.2.4 Command对象 287

9.3 ADO在Access中的应用 289
- 9.3.1 ADO编程方法 289
- 9.3.2 ADO编程实例 290

9.4 本章小结 295

9.5 思考与练习 296
- 9.5.1 选择题 296
- 9.5.2 填空题 296
- 9.5.3 简答题 296
- 9.5.4 设计题 296

第10章 数据库应用系统开发 298

10.1 软件工程基础 300
- 10.1.1 基本概念 300
- 10.1.2 软件测试 302
- 10.1.3 程序调试 303

10.2 大模型赋能应用开发 304
- 10.2.1 什么是大模型 304
- 10.2.2 大模型的发展 305
- 10.2.3 大模型应用体验 306
- 10.2.4 大模型辅助开发案例 306

10.3 驾驶人科目一模拟考试系统 312
- 10.3.1 系统功能简介 313
- 10.3.2 系统VBA源代码简介 316
- 10.3.3 系统的维护与升级 318

10.4 客户管理系统 318
- 10.4.1 系统功能简介 318
- 10.4.2 系统VBA源代码简介 319

10.5 采购报销管理系统 323
- 10.5.1 系统功能简介 323
- 10.5.2 盟威平台实现系统功能 324

10.6 本章小结 326

10.7 思考与练习 326
- 10.7.1 选择题 326
- 10.7.2 填空题 327
- 10.7.3 简答题 327

参考文献 328

第 1 章 数据库系统概述

> **知识目标**

1. 掌握数据库系统的基础知识。
2. 掌握关系数据库的基本原理。
3. 掌握数据库应用系统设计方法。
4. 了解数据管理技术的历史和发展趋势。
5. 了解我国数据库发展历程和国产数据库。

> **素质目标**

1. 培养学生胸怀祖国，放眼世界的系统思维和全局观念。
2. 培养学生守正创新，踔厉奋发的精神品格和实践才能。

> **学习指南**

本章的知识重点是 1.1.2 节、1.1.3 节和 1.2 节，难点是 1.2 节。

本章内容理论性较强，涵盖的知识面广，涉及的概念多，读者不容易理解掌握。建议初学者循序渐进地学习本章，通过比对、类比等方式识记数据库基本术语和基本原理，依据本章思维导图理清知识脉络，借助人工智能大语言模型工具，深入理解各案例的前提条件和解决方法。

思维导图

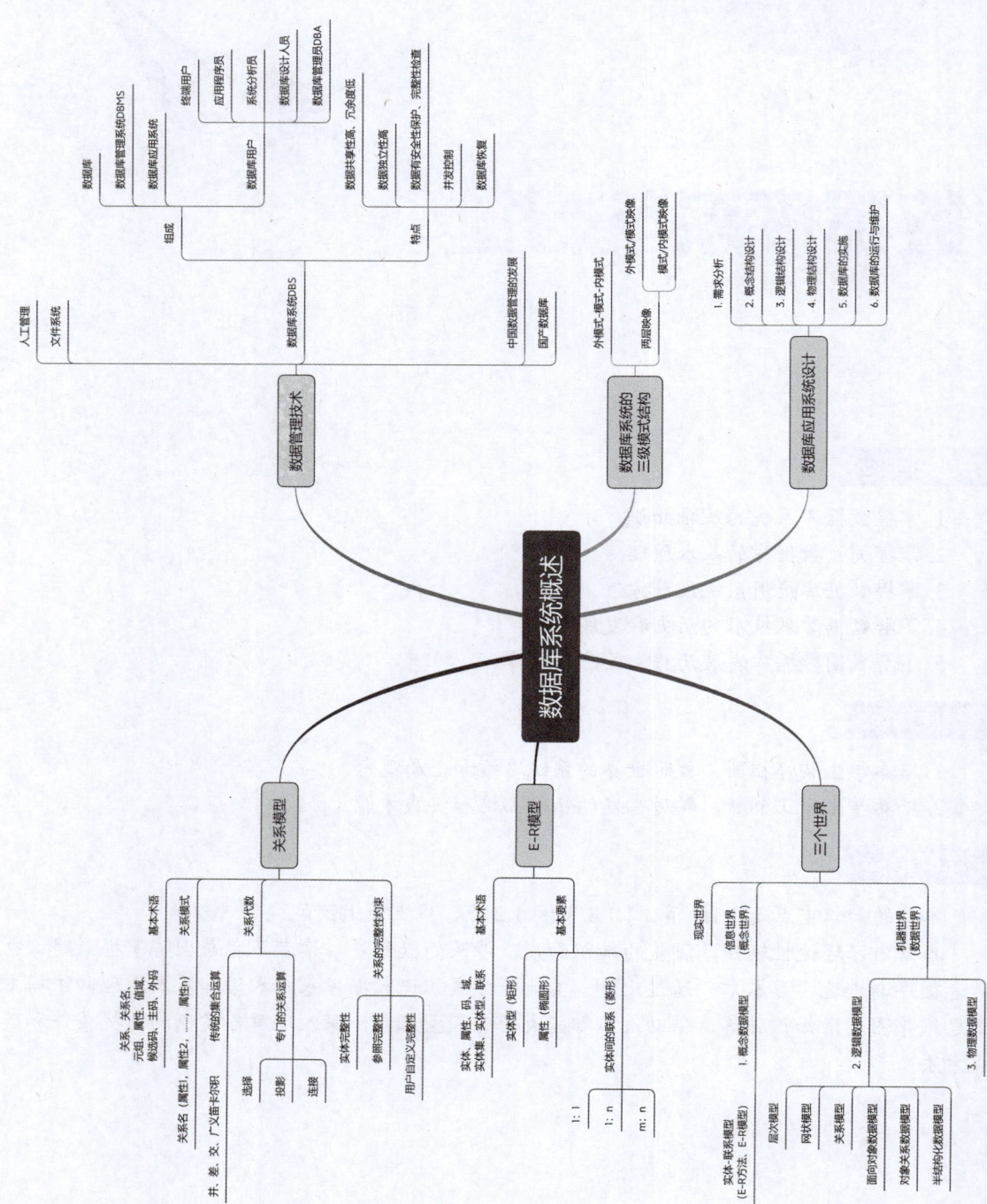

1.1 数据库技术

　　数据库是数据管理的有效技术，是计算机科学的重要分支，是现代大数据管理和分析的基石。数据库技术诞生于20世纪60年代末期，历经数代演变，已造就四位图灵奖获得者：查理士·巴赫曼(1973年)、埃德加·弗兰克·科德(1981年)、詹姆斯·尼古拉·格雷(1998年)和迈克尔·斯通布雷克(2014年)。数据库技术有效地解决了对大量数据进行科学组织、存储、管理和共享的问题。利用数据库技术的理论和设计方法，可实现对数据库数据的有效存取访问、数据处理、数据分析和数据应用。

　　数据库技术有扎实的理论基础和广泛的应用领域，其目标是在数据库系统中尽可能减少数据冗余，实现最多的数据共享，并确保数据库系统能安全、高效地检索和处理数据。农、林、牧、渔业，采矿业，制造业，电力、热力、燃气及水生产和供应业，建筑业，批发和零售业，交通运输、仓储和邮政业，住宿和餐饮业，信息传输、软件和信息技术服务业，金融业，房地产业，租赁和商务服务业，科学研究和技术服务业，教育等国民经济行业都有数据库的应用。人们的日常生活也无时无刻不在享受着数据库应用带来的便利，例如，各种智能终端的安全便捷消费、各类新媒体及其服务、沉浸式体验等。

1.1.1 数据管理技术的产生与发展

　　数据库技术是应数据管理任务的需要而产生的。数据管理是指对数据进行分类、组织、编码、存储、检索、维护和应用，它是数据处理的中心问题。数据处理是指对各种数据进行采集、存储、检索、加工、传播和应用等一系列活动的总和。随着应用需求的推动和计算机硬软件的发展，数据管理技术经历了人工管理、文件系统和数据库系统三个阶段。这三个阶段产生的背景与特点如表1-1所示。

表1-1　数据管理技术三个阶段的比较

	背景与特点	人工管理阶段	文件系统阶段	数据库系统阶段
背景	应用背景	科学计算	科学计算、数据管理	大规模数据管理
	硬件背景	无直接存取存储设备	磁带、磁鼓、磁盘	大容量磁盘、磁盘阵列
	软件背景	没有操作系统 (OS)	有文件系统	有数据库管理系统
	处理方式	批处理	联机实时处理、批处理	联机实时处理、批处理、分布处理
特点	数据的管理者	用户（程序员）	文件系统	数据库管理系统 (DBMS)
	数据面向的对象	某一应用程序	某一应用	现实世界（一个部门、企业等）
	数据的共享程度	无共享，冗余度极大	共享性差，冗余度大	共享性高，冗余度小
	数据的独立性	不独立，完全依赖于程序	独立性差	具有高度的物理独立性和一定的逻辑独立性

3

续表

背景与特点		三个阶段		
^^	^^	人工管理阶段	文件系统阶段	数据库系统阶段
特点	数据的结构化	无结构	记录内有结构，整体无结构	整体结构化，用数据模型描述
^^	数据控制能力	应用程序自己控制	应用程序自己控制	由 DBMS 提供数据安全性、完整性、并发控制和恢复能力

1. 人工管理阶段

数据管理技术的人工管理阶段主要指 20 世纪 50 年代中期以前，数据需要由应用程序定义和管理，一个数据集只能对应一个应用程序。数据无共享，冗余度极大；数据不独立，完全依赖于程序。这个阶段的计算机很简陋，主要应用于科学计算。计算机硬件状况是：没有直接存取存储设备；软件状况是：没有完整的操作系统，没有管理数据的专门软件；数据处理方式是批处理。批处理方式是对需要处理的数据不做立即处理，待积累到一定程度、一定时间，再成批地进行处理。

赫曼•霍列瑞斯(1860.02.29—1929.11.17)被视为现代机器数据处理之父。为解决美国人口普查统计繁难、花费时间长的问题，霍列瑞斯根据自动提花织布机原理，利用穿孔卡片记录美国人口普查信息，发明了穿孔卡片制表机(punch card tabulating machine)。这种穿孔卡片制表机是机电式计数装置，安装有一组盛满水银的小杯，已穿孔的卡片放置在这些小杯上。卡片上方有几排精心设置的金属探针，探针连接在电路的一端，小杯连接在电路的另一端。只要某根探针遇到卡片上有孔的位置，便会自动掉落下去，与水银接触即接通电路，启动计数装置前进一个刻度。霍列瑞斯的穿孔卡片表达了二进制思想：有孔处能接通电路计数，代表该调查项目为"有"，即 1；无孔处不能接通电路计数，表示该调查项目为"无"，即 0。

1890 年美国人口普查首次选用霍列瑞斯的穿孔卡片制表机，获得巨大成功。在此后的计算机系统里，用穿孔卡片输入数据的方法一直沿用到 20 世纪 70 年代，数据处理也发展成为计算机的主要功能之一。霍列瑞斯发明的制表机和穿孔卡片如图 1-1 和图 1-2 所示，制表机由两部分构成：整理箱(sorting box)由制表机控制，分拣机(sorter)是后期发展起来的独立机器。霍列瑞斯于 1896 年创办的公司 Tabulating Machine Company 后来成为IBM(International Business Machines Corporation) 的前身之一。1900—1950 年，穿孔卡片是商务数据存储和检索的基本形式，IBM 是组合和排序穿孔卡片设备，以及利用穿孔卡片数据打印报表的主要供应商。

图 1-1　霍列瑞斯和穿孔卡片制表机

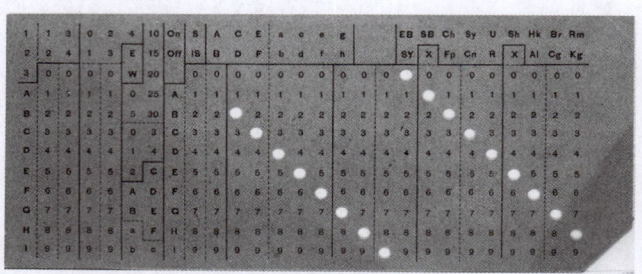

图 1-2　穿孔卡片

2. 文件系统阶段

文件系统阶段主要指 20 世纪 50 年代末到 20 世纪 60 年代中期，这一阶段利用文件系统管理数据。对于一个特定的应用，数据被集中组织存放在多个数据文件或文件组中。为了更好地管理和利用这些数据，会针对该文件组开发特定的应用程序。然而，这种数据管理方式存在一些问题，数据的共享性差，冗余度大；数据独立性差。

这个阶段的计算机已有操作系统，在操作系统基础之上建立的文件系统已经成熟并得到广泛应用。计算机除了应用于科学计算，也开始应用于数据管理。数据处理方式不仅有批处理，还有联机实时处理。联机实时处理是指需要对收集到的数据立即进行处理，并及时给出反馈。

在这个阶段，磁带主要被用于数据存储。数据处理是从一个或多个磁带上顺序读取数据，再将数据写回到新的磁带上。数据也可以由一叠穿孔卡片输入，再输出到打印机上。

以美国在 20 世纪 60 年代初制定的阿波罗计划 (Apollo Program/Project Apollo) 为例，阿波罗飞船由约 200 万个零部件组成，它们分散在世界各地制造生产。为了掌握计划进度及协调工程进展，阿波罗计划的主要合约者 Rock-well 公司开发了一个基于磁带的零部件生产计算机管理系统，该系统共使用了 18 盘磁带，虽然可以工作，但效率极低，18 盘磁带中 60% 是冗余数据，维护十分困难。这个系统曾一度成为美国实现阿波罗计划的重大障碍之一。

3. 数据库系统阶段

自 20 世纪 60 年代末期以来，计算机管理的对象规模越来越大，应用范围越来越广，数据量激增，多种语言、多种应用互相覆盖的共享数据集合的需求越来越强烈。这时计算机硬件价格下降，软件价格上升，编制和维护系统软件及应用程序所需的成本相对增加。文件系统作为数据管理手段已经不能满足应用的需求。为解决多用户、多应用共享数据的需求，使数据为尽可能多的应用服务，数据库技术应运而生并不断发展壮大。从文件系统到数据库系统标志着数据管理技术的飞跃。数据库系统的详细介绍参见 1.1.2 和 1.1.3 节。

1) 20 世纪 60 年代末至 70 年代

20 世纪 60 年代末，硬盘的广泛使用改变了数据处理的方式，硬盘允许直接对数据进行访问，数据摆脱了磁带和卡片组顺序访问的限制。人们可以创建网状数据库和层次型数据库，可以将表和树这样的数据结构保存在磁盘上。程序员可以构建和操作这些数据结构。

1970 年美国 IBM 公司 San Jose 研究室的埃德加·弗兰克·科德发表了一篇具有里程碑意义的论文 *A Relational Model of Data for Large Shared Data Banks*，定义了关系模型，以及在关系模型中查询数据的非过程化方法，奠定了关系数据库理论的基础。ACM 在 1983 年将该论文列为自 1958 年以来的 25 年中具有里程碑意义的 25 篇研究论文之一。

2) 20 世纪 80 年代

尽管关系模型简单，能够对程序员屏蔽所有实现的细节，在学术界备受重视，但它最初被认为性能不好，没有实际的应用价值。关系数据库在性能上还不能和当时已有的网状数据库和层次型数据库相提并论。这种情况直到 IBM 的 System R 出现才得以改变。与此同时，加州大学伯克利分校 (University of California，Berkeley) 专家迈克尔·斯通布雷克主持开发了 INGRES(interactive graphics and retrieval system) 系统，它后来发展成商品化的关系数据库系统。

关系数据库凭借其简单易用的优势,最后完全取代了网状数据库和层次型数据库。

在这个时期,人们还对并行数据库和分布式数据库进行了很多探究,对面向对象数据库也有初步的研究。

3) 20 世纪 90 年代

许多数据库厂商推出了并行数据库产品,并开始在数据库中加入对"对象-关系"的支持。决策支持和查询再度成为数据库的一个主要应用领域。分析大容量数据的工具有了长足进步。

随着互联网的爆炸式发展,数据库技术有了更加广泛的应用。在这个时期,数据库系统必须支持高速的事务处理,支持对数据的 Web 接口,而且还要有很高的可靠性和 7×24 小时的可用性。

4) 21 世纪第一个十年

万维网联盟 (World Wide Web Consortium,W3C) 于 1998 年 2 月推荐的 XML(eXtensible Markup Language) 兴起,与之相关联的 XQuery 查询语言成为新的数据库技术。虽然 XML 被广泛应用于数据交换和一些复杂数据类型的存储,但关系数据库仍然是构成大多数大型数据库应用系统的核心。为减少系统管理开销,自主计算/自动管理技术得到了发展,开源数据库系统 (如 PostgreSQL 和 MySQL) 的应用也显著增长。

用于数据分析的专门的数据库增速惊人,特别是将一张二维表的每列高效地存储为一个单独的数组的列存储,以及为非常大的数据集的分析而设计的高度并行的数据库系统。有几个新颖的分布式数据存储系统被构建出来,以应对庞大的 Web 节点 (如 Amazon、Google、Microsoft 和 Yahoo!) 的数据管理需求。数据挖掘技术被广泛部署和应用,如基于 Web 的产品推荐系统和 Web 页面上的相关广告自动投放。在管理和分析流数据 (如股票市场报价数据、计算机网络监测数据) 方面也取得了重要进展。

2006 年,国务院发布的《国家中长期科学和技术发展规划纲要 (2006—2020 年)》首次提出了"核高基"概念。"核高基"是核心电子器件、高端通用芯片及基础软件产品三者的简称,同时也是与载人航天、探月工程并列的 16 个重大科技专项之一。其中,基础软件包括数据库、操作系统、中间件等。

5) 21 世纪第二个十年

以互联网大数据应用为背景发展起来的分布式非关系型的数据管理系统 NoSQL(Not Only SQL),融合了 NoSQL 系统和传统数据库事务管理功能的 NewSQL,分析型 NoSQL 技术的主要代表 MapReduce 技术……各类技术的互相借鉴和融合,成为数据管理技术的发展趋势。

大数据已经从概念落到实地,具有体量大、结构多样、时效性强的特点。大数据处理促进了新型计算架构和智能算法的云计算发展,也将 1956 年诞生的人工智能 (Artificial Intelligence,AI) 带入新阶段。我们每个人既是大数据信息的接受者,也是大数据信息的生产者。大数据通常被认为是 PB 或更高数量级的数据 ($1YB=1024ZB=1024^8=2^{80}$ 字节,$1ZB=1024EB=1024^7=2^{70}$ 字节,$1EB=1024PB=1024^6=2^{60}$ 字节,$1PB=1024TB=1024^5=2^{50}$ 字节,$1TB=1024GB=1024^4=2^{40}$ 字节,$1GB=1024MB=1024^3=2^{30}$ 字节,$1MB=1024KB=1024^2=2^{20}$ 字节,$1KB=1024Byte=1024^1=2^{10}$ 字节)。

2016 年 10 月美国总统行政办公室 (Executive Office of the President) 联合美国国家科学技术委员会 (National Science and Technology Council，NSTC) 共同发布了 *Preparing For The Future of Artificial Intelligence* 研究报告，对人工智能的发展现状、应用领域及目前存在的问题进行了阐述，并向美国政府及相关机构提出了相应的发展建议和对策。

2017 年 7 月 20 日国务院印发了《新一代人工智能发展规划》，这是我国第一部在人工智能领域进行系统部署的规划，将人工智能上升到国家战略层面。该规划提出：到 2030 年我国人工智能理论、技术与应用总体达到世界领先水平，成为世界主要人工智能创新中心，智能经济、智能社会取得明显成效，为跻身创新型国家前列和经济强国奠定重要基础。

2018 年，美国人工智能研究实验室 OpenAI 发布了基于 Transformer 架构的 GPT (Generative Pre-trained Transformer) 模型，它通过大规模数据预训练，能够捕捉复杂的语言结构和语义关系，显著提升了自然语言处理任务的效果。此后，谷歌推出的 BERT(Bidirectional Encoder Representations from Transformers) 进一步推动了预训练语言模型的发展，通过双向编码器捕捉上下文信息，显著提高了情感分析、命名实体识别等任务的性能。

在大数据、移动互联网、超级计算、传感网、脑科学等新理论新技术的快速发展，以及经济社会发展强烈需求的共同驱动下，人工智能呈现出深度学习、跨界融合、人机协同、群智开放、自主操控等新特征。新一代人工智能相关学科发展、理论建模、技术创新、软硬件升级等整体推进，正在引发链式突破，推动经济社会各领域从数字化、网络化向智能化加速跃升。然而，人工智能的发展存在不确定性。这种影响面广泛的颠覆性技术，可能会冲击现有的法律与社会伦理、侵犯个人隐私、挑战国际关系准则等。

6) 21 世纪第三个十年

2020 年新型冠状病毒疫情在全球范围内暴发，给人类生命安全带来了严重威胁。大数据、云计算、人工智能等新一代信息技术加速与交通、医疗、教育、金融等领域深度融合，成为战"疫"的强有力武器。

在新冠疫情防控措施的实施下，人们的上网时长大幅增加，线上生活由原先短暂的例外状态转变为常态，由现实世界的补充变成了与现实世界并行的平行世界，人类现实生活开始大规模向虚拟世界迁移。2021 年元宇宙 (metaverse) 一词席卷全球，Facebook 更名为 Meta，取自 Metaverse 的前缀。元宇宙是人类运用数字技术构建的，由现实世界映射或超越现实世界，可与现实世界交互的虚拟世界。在元宇宙概念刚出现时，我国著名科学家钱学森 (1911.12.11—2009.10.31) 先生就已经注意到了它，1990 年他将虚拟现实技术的元宇宙翻译为"灵境"，并描述了"灵境"之遥触、之遥知、之遥在的场景，以及灵境所展示出的奇妙的境界、虚幻的境界等。2023 年 8 月 29 日，工业和信息化部、教育部、文化和旅游部、国务院国资委、国家广播电视总局等五部门联合印发政策文件《元宇宙产业创新发展三年行动计划 (2023—2025 年)》，旨在推动元宇宙产业的高质量发展，加快技术创新与产业融合，助力数字经济成为经济增长的重要引擎。

2023 年 3 月 16 日，百度正式发布全新一代知识增强大语言模型、生成式 AI 产品"文心一言"。它基于飞桨深度学习平台和文心知识增强大模型，持续从海量数据和大规模知识中融合学习，具备知识增强、检索增强和对话增强的技术特色，能够与人对话互动，回答问题，协助创作，高效便捷地帮助人们获取信息、知识和灵感。同日，长安汽车官宣，逸达将成为国内首款搭载百度"文心一言"的量产车型。我国还有众多的大模型工具：字节跳动的豆包、腾讯的混元大模型、阿里巴巴的通义千问、科大讯飞的讯飞星火和昆仑万维的天工 AI 等。

2024 年 12 月 27 日，OpenAI 宣布 2025 年进行公司架构调整，非营利组织失去控制权。这一转变激起了杰弗里·辛顿等人的担忧，认为"破坏了 OpenAI 优先考虑公众安全的承诺"。

4．中国数据管理的发展

中国作为拥有悠久历史的文明古国，在数千年的发展历程中，积累了丰富且卓越的数据管理经验。从人口统计到土地丈量，从赋税征收记录到文物典藏管理，古人凭借智慧与实践，构建起一套适应当时社会需求的数据管理体系。

欧洲文艺复兴之后，西方国家在科学领域占据垄断性优势。近代中国战事连绵不断，国力羸弱。中华人民共和国成立后，1956 年，周恩来（1898.03.05—1976.01.08）总理领导制定《1956—1967 年科学技术发展远景规划纲要》，同年 8 月我国成立中国科学院计算技术研究所筹委会，由 1950 年回国的数学家华罗庚（1910.11.12—1985.06.12）先生任主任委员。在独立自主、自力更生思想指导下，1958 年我国第一台电子管计算机 103 机诞生，1964 年以后我国开始推出一批晶体管计算机，代表机型有中国科学院计算所的"109 乙""109 丙"，15 所和 738 厂的"108 乙"和 320 机，军事工程学院的 441B 等。

20 世纪 70 年代末，以萨师煊（1922.12.27—2010.07.11）先生为代表的老一辈科学家以强烈的责任心和敏锐的学术洞察力，率先在国内开展数据库技术的教学与研究工作。萨师煊先生生于福建福州，是我国数据库学科的奠基人之一，也是数据库学术活动的积极倡导者和组织者。1978 年萨师煊先生首次在中国人民大学开设数据库课程，之后，他将自己的讲稿汇集成《数据库系统简介》和《数据库方法》，在当时的《电子计算机参考资料》上公开发表供他人免费使用。这是我国最早的数据库学术论文。随后，他又发表了有关数据模型、数据库设计、数据库管理系统实现和关系数据库理论等诸多方面的论文。1983 年，他与弟子王珊合作编写了国内第一部系统阐明数据库理论和技术的教材《数据库系统概论》，2024 年已出版至第六版。

1999 年 8 月，中国计算机学会数据库专业委员会成立，标志着中国数据库领域进入了一个组织化、专业化发展的新阶段。

2020 年，为了更好地推动各行业数据管理工作的开展，工信部信息技术发展司委托中国电子信息行业联合会牵头负责全国数据管理能力成熟度评估工作体系建设，根据 GB/T 36073-2018《数据管理能力成熟度评估模型》(Data Capability Maturity Model，DCMM) 国家标准的有关要求，推动各行业的贯标工作。

2021 年 6 月 7 日，中国电子信息行业联合会发布《数据管理从业人员能力等级要求》团体标准及编制说明的公告，将数据管理从业人员分为首席数据官、资深数据管理工程师、数据管理工程师、助理数据管理工程师四个等级。

2021 年 6 月 10 日，第十三届全国人民代表大会常务委员会第二十九次会议通过《中华人民共和国数据安全法》，该法旨在规范数据处理活动，保障数据安全，促进数据开发利用，保护个人、组织的合法权益，维护国家主权、安全和发展利益。

2022 年 12 月 2 日，中共中央、国务院发布《关于构建数据基础制度更好发挥数据要素作用的意见》，以数据产权、流通交易、收益分配、安全治理为重点，初步提出我国数据基础制度 20 条政策举措，简称"数据二十条"。它是我国数据基础制度的"四梁八柱"。

2023 年 2 月 17 日，中国电子信息行业联合会在京举办主题为"贯彻数据二十条，做强做优做大我国数字经济"的首届中国数据治理年会，同时发布了《2022 中国数据管理白皮书》《首席数据官基础和术语》《数据存储安全能力成熟度模型》《数据集成和服务能力评估体系能力要求》《信息技术服务数据安全能力模型》《数据合规管理体系要求》《数据要素市场可信产品评价准则》等标准文件。《2022 中国数据管理白皮书》显示，当前我国数据管理能力呈现 5 个特点：一是我国数据管理水平仍处于初级发展阶段，全国数据管理能力平均水平基线为 2.23，与最高管理能力水平相差 2.77；二是数据管理重实用，轻规范现象突出；三是通信行业数据管理能力水平位居其他行业之首，管理能力平均水平基线高于全国平均基线 1.2；四是数据治理成果日益突出，企业数字化转型加速深化，数据要素市场稳步推进；五是数据治理的共识明显增强，政府进一步强化资金补贴、能力提升、人才培养、行业采信的支持力度，企业贯标积极性快速提升。

2023 年 3 月，中共中央、国务院印发《党和国家机构改革方案》，组建由国家发展和改革委员会管理的国家数据局，负责协调推进数据基础制度建设，统筹数据资源整合共享和开发利用，统筹推进数字中国、数字经济、数字社会规划和建设等。

2024 年 1 月，由国家数据局等 17 个部门联合发布《"数据要素×"三年行动计划 (2024—2026 年)》。实施"数据要素×"行动，就是要发挥我国超大规模市场、海量数据资源、丰富应用场景等多重优势，推动数据要素与劳动力、资本等要素协同，以数据流引领技术流、资金流、人才流、物资流，突破传统资源要素约束，提高全要素生产率；促进数据多场景应用、多主体复用，培育基于数据要素的新产品和新服务，实现知识扩散、价值倍增，开辟经济增长新空间；加快多元数据融合，以数据规模扩张和数据类型丰富，促进生产工具创新升级，催生新产业、新模式，培育经济发展新动能。

2024 年 7 月，中国通信标准化协会大数据技术标准推进委员会 (CCSA TC601) 发布《数据库发展研究报告 (2024 年)》。

2024 年 8 月 30 日，国务院第 40 次常务会议通过《网络数据安全管理条例》，自 2025 年 1 月 1 日起施行。

2024 年 10 月 28 日，全国数据标准化技术委员会成立大会暨第一次全体委员会议在京召开；12 月 23 日，国家数据专家咨询委员会成立大会暨第一次全体委员会议在京召开；12 月 31 日，全国数据标准化技术委员会 2024 年第一次主任办公会在京召开。

1.1.2　基本术语

数据、大数据、数据库、数据库管理系统和数据库系统是与数据库技术密切相关的基本术语。

1. 数据(data)

数据正在以前所未有的速度成为各个领域价值创造的核心驱动力。数据是数据库中存储的基本对象，是描述事物的符号记录。早期的计算机系统主要用于科学计算，处理的数据是整数、实数等数值型数据；现代计算机系统存储和处理的对象十分广泛，除了数值型数据，还可以是非数值型数据，例如文本、音频、视频、图形和图像等。非数值型数据经过数字化后存入计算机。

2024年12月30日，国家数据局发布第一批数据领域常用名词解释，数据的定义是：数据指任何以电子或其他方式对信息的记录。数据在不同视角下被称为原始数据、衍生数据、数据资源、数据产品和服务、数据资产、数据要素等。

日常生活中，人们通常采用无结构的自然语言描述事物。例如，一个学生的基本情况可描述为：陈榕刚，男，共青团员，2004年3月12日出生，福建生源，专业编号M01等。日常数据管理中，学生的基本情况通常如表1-2所示。

表 1-2　学生基本情况表

姓名	性别	政治面貌	出生日期	生源地	专业编号
陈榕刚	男	共青团员	2004年3月12日	福建	M01
⋮	⋮	⋮	⋮	⋮	⋮

数据与其语义是不可分的。数据的表现形式需要经过解释才能完全表达其内容，数据的含义（即语义）需要经过解释才能被正确理解。例如，"2004年3月12日"这个数据可能是某人的生日，也可能是纪念日，还可能是某商品的出厂日期等。在表1-2中，其语义已由其所在列的表头栏目名称解释，即出生日期。

记录是计算机中表示和存储数据的一种格式或一种方法。将一个学生的姓名、性别、政治面貌、出生日期、生源地和专业编号等数据组织在一起便构成一条记录，用于描述一个学生的基本情况。这样的数据是有结构的，表格描述的数据称为结构化数据。

结构化数据是指一种数据表示形式，按此种形式，由数据元素汇集而成的每个记录的结构都是一致的，并且可以使用关系模型予以有效描述。

数据不能等同于信息(information)。信息论奠基人克劳德·艾尔伍德·香农（1916.04.30—2001.02.24）从通信理论出发，用数学方法定义信息。香农认为：信息是用来消除随机不确定性的东西。控制论创始人诺伯特·维纳（1894.11.26—1964.03.18）认为：信息是人们在适应外部世界，并使这种适应反作用于外部世界的过程中，同外部世界进行互相交换的内容名称。我国信息学专家钟义信教授认为：信息是事物的存在方式或运动状态，以这种方式或状态进行直接或间接的表述。美国信息资源管理专家霍顿认为：信息是为了满足用户决策的需要而经过加工处理的数据。人们从各自研究的角度出发，对信息有不同的理解和定义，随着时间的推移，信息也将被赋予新的含义。

我们可以认为：信息以数据为载体，是具有一定含义的、经过加工处理的数据，是客观事物存在方式和运动状态的反映，对人类决策有帮助和有价值。例如，气象台主要依据事先勘测采集的一组气象数据，如气压、云层、温度、湿度、风力等进行整理加工和综合分析（与经验值比较、统计、运算、推断），从而预报天气情况，如阴、晴、刮风、下雨、下雪等。这里的气压、云层、温度、湿度、风力等称为数据，经过整理加工和综合分析的结果（天气预报）称为信息。

2. 大数据(big data)

依据 GB/T 35295—2017，大数据指具有体量巨大、来源多样、生成极快、多变等特征并且难以用传统数据体系结构有效处理的包含大量数据集的数据。2014 年 3 月，"大数据"首次被写入《政府工作报告》。

3. 数据库 (database，DB)

数据库从字面上可以理解为存放大量"数据"的"仓库"，只不过这个仓库遵循一定的数学理论创建，位于计算机存储设备中，数据按特定的格式存放。

数据库是长期存储在计算机内，有组织且可共享的大量数据的集合。数据库中的数据按一定的数据模型组织、描述和存储，具有较小的冗余度、较高的数据独立性和易扩展性。数据库中不仅存放数据，还存放数据与数据之间的联系。

随着数据库的发展，出现了数据仓库 (Data Warehouse，DW)。DW 是指在数据准备之后用于永久性存储数据的数据库。数据仓库之父比尔·恩门在经典论著 *Building the Data Warehouse* 第 4 版中将数据仓库定义为一个面向主题、集成、非易失性和随时间变化的集合，用于支持管理层的决策。

4. 数据库管理系统 (database management system，DBMS)

DBMS 是数据库系统的核心组成部分，是位于用户与操作系统之间的一层数据管理软件，它提供一个可以方便且高效地存取、管理和控制数据库信息的环境。目前商品化的主流数据库管理系统是关系数据库管理系统 (Relational DataBase Management System，RDBMS)。常见的 DBMS 有 Oracle、SQL Server、DB2、Informix、Sybase、PostgreSQL 和 MySQL 等。Access 是一个基于 Windows 的桌面关系数据库管理系统。

DBMS 的主要功能如下。

1) 数据定义、组织、存储和管理功能

DBMS 为用户提供了数据定义语言 (Data Definition Language，DDL)，方便对数据库中数据对象的组成和结构进行定义。DBMS 要确定以何种文件结构和存取方式在存储级别上组织数据，以提高存取效率。

2) 数据操纵功能

DBMS 还为用户提供了数据操纵语言 (Data Manipulation Language，DML) 以操纵数据，实现对数据库的查询、插入、删除和修改等操作。

DDL 和 DML 不是两种分离的语言，它们简单地构成了单一的数据库语言的不同部分，例如，关系数据库的标准语言 SQL(Structured Query Language)。

3) 数据库的建立和维护功能

数据库的建立、运用和维护由 DBMS 统一管理和控制，以保证事务 (transaction) 的正确运行、数据的安全与完整、多用户对数据的并发使用、发生故障后的系统恢复等。

对于用户而言,事务是具有完整逻辑意义的数据库操作序列的集合。对于 DBMS 而言，事务是一个读写操作序列，这些操作要么都执行，要么都不执行，是一个不可分割的逻辑工作单元。为保证事务能安全并发执行，事务具有原子性 (atomic)、一致性 (consistency)、隔离性 (isolation) 和持久性 (durability) 四个特性，统称为 ACID 特性。在关系数据库中，一个事务可以是一条或一组 SQL 语句。

5. 数据库系统 (database system, DBS)

DBS 是由数据库 (DB)、数据库管理系统 (DBMS)、数据库应用系统和用户组成的存储、管理、处理和维护数据的系统。DBS 的组成如图 1-3 所示。

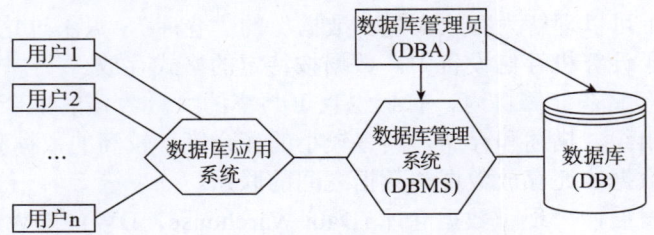

图 1-3　数据库系统的组成

DBS 中的用户有终端用户、应用程序员、系统分析员、数据库设计人员和数据库管理员等多种，分别负责不同的任务。

- **终端用户**通过应用系统的用户接口使用数据库。常用的接口方式有浏览器、菜单驱动、表格操作、报表书写和图形显示等。
- **应用程序员**负责设计和编写应用系统的程序模块，并进行调试和安装。
- **系统分析员**负责应用系统的需求分析和规范说明，确定系统的硬软件配置，并参与数据库系统的概要设计。
- **数据库设计人员**负责数据库中数据的确定、数据库中各级模式的设计。
- **数据库管理员** (DataBase Administrator, DBA) 负责全面管理和控制数据库系统，其主要职责是：决定数据库中的信息内容和结构、决定数据库的存储结构和存取策略、定义数据的安全性要求和完整性约束条件、监控数据库的使用和运行、推动数据库的改进和重组重构等。

DBS 的主要特点如下。

1) 数据的共享性高、冗余度低

共享是指数据库中的相关数据能够被多个不同的用户使用，这些用户可以存取同一种数据并将它用于不同的目的。

数据共享可以大大减少数据冗余，节约存储空间，还能避免数据之间的不相容性和不一致性。

数据冗余是指同一数据在数据库中存储了多个副本，它可能引起如下问题。

- **冗余存储**：相同数据被重复存储，导致浪费大量存储空间。
- **更新异常**：若重复数据的一个副本被修改，则所有副本都必须同时进行同样的修改。因此在更新数据时，为了维护数据库的完整性，系统要付出很大的代价，否则有可能造成数据不一致的后果。
- **删除异常**：删除某些数据时可能丢失其他与之有关联的数据。
- **插入异常**：只有当一些数据事先已存放在数据库中时，另一些数据才能存入该数据库中。

2) 数据独立性高

数据独立性是数据与程序间的互不依赖性，即数据库中的数据独立于应用程序而不依赖于应用程序。

数据独立性一般分为逻辑独立性和物理独立性两种。

逻辑独立性是指用户的应用程序与数据库的逻辑结构是相互独立的。当数据的逻辑结构改变时，用户的应用程序可以不改变。

物理独立性是指用户的应用程序与数据库中数据的物理存储是相互独立的。DBMS 负责管理数据库中数据的存储，用户编写应用程序时只需要处理数据的逻辑结构，当数据的物理存储改变时，用户的应用程序不用改变。

3) 数据有安全性保护、完整性检查

数据的安全性是指保护数据以防止不合法使用造成的数据泄密和破坏。每个用户只能按规定对某些数据以某些方式进行使用和处理。

数据的完整性是指数据的正确性、有效性和相容性。完整性检查将数据控制在有效的范围内，并保证数据之间满足一定的关系。

4) 并发控制

当多个用户的并发进程同时存取、修改数据库时，DBS 可以对这些用户的并发操作加以控制和协调，以避免相互干扰。

5) 数据库恢复

当计算机系统的硬软件故障、用户的失误或故意破坏造成数据库中的数据错误或丢失时，DBMS 能够将数据库从错误状态恢复到某种已知的正确状态。

1.1.3 数据库系统的结构

可以从多种不同的角度考察数据库系统的结构，以下从两个不同角度进行讨论。

1. 从数据库应用开发者角度

数据库系统通常采用"外模式 - 模式 - 内模式"三级模式结构，如图 1-4 所示。这是数据库系统内部的系统结构。

数据库系统的三级模式是数据的三个抽象级别，它把数据的具体组织交给 DBMS 管理，使用户不必知晓数据在计算机中的具体存储方式和表示方式，就能逻辑地、抽象地处理数据。为了在数据库系统内部实现这三个抽象层次的联系和转换，DBMS 在三级模式之间提供了两层映像：外模式/模式映像和模式/内模式映像。这两层映像保证了数据库系统中的数据能够具有较高的逻辑独立性和物理独立性。

1) 外模式 (external schema)

外模式又称用户模式或子模式，是数据库用户能够看见并使用的局部数据的逻辑结构和特征的描述，是与某一应用有关的数据的逻辑表示。

外模式是保证数据库安全的一个有力措施。每个用户只能看见和访问所对应的外模式中的数据，数据库中的其余数据是不可见的。

一个数据库可以有多个外模式。由于它是各个用户的数据视图，如果不同的用户在应用需求、看待数据的方式、对数据保密的要求等方面存在差异，则其外模式的描述就不同。模式中的同一个数据在外模式中的结构、类型、长度、保密级别等都可以不同。此外，同一个外模式也可以为某一用户的多个应用系统所使用，但一个应用程序只能使用一个外模式。

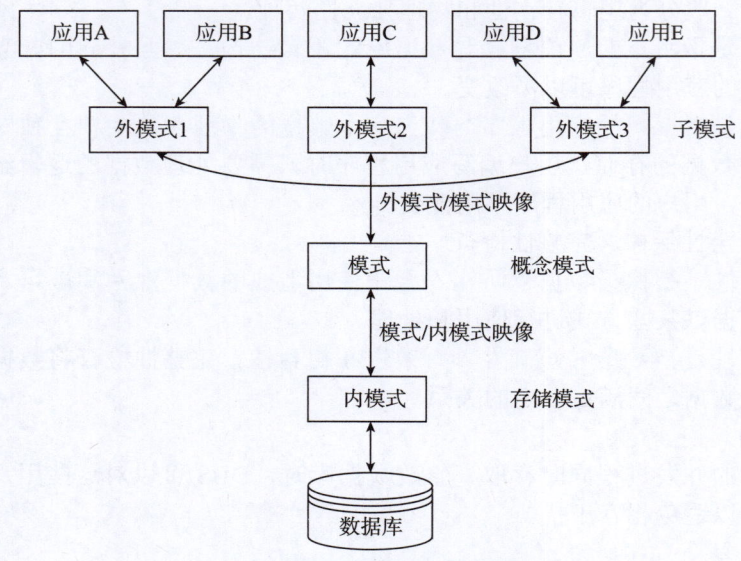

图 1-4　数据库系统的三级模式结构

2) 模式 (schema)

模式又称逻辑模式或概念模式，是数据库中全体数据的逻辑结构和特征的描述，是所有用户的公共数据视图。一个数据库只有一个模式。

模式以某一种数据模型为基础，统一综合考虑所有用户的需求，并将这些需求有机地结合成一个逻辑整体。定义模式时不仅要定义数据的逻辑结构，还要定义数据之间的联系，定义与数据有关的安全性和完整性要求。

3) 内模式 (internal schema)

内模式又称存储模式，是数据物理结构和存储方式的描述，是数据在数据库内部的组织方式。一个数据库只有一个内模式。

说明：内模式处于最底层，它反映了数据在计算机物理结构中的实际存储形式；概念模式处于中间层，它反映了设计者的数据全局逻辑要求；外模式处于最外层，它反映了用户对数据的要求。

2. 从终端用户的使用角度

数据库系统的体系结构主要有以下几种。

1) 单用户结构

数据库系统运行于一台计算机中，只支持一个用户访问。

2) 分布式结构

数据库系统运行在分布式计算机系统中，全局数据库的数据可分割存储在系统的多台数据库服务器上，由统一的分布式 DBMS 进行管理，在逻辑上是一个整体。

3) 客户/服务器 (Client/Server，C/S) 结构

在 C/S 结构的系统中，应用程序分为客户端和服务器端两大部分。客户端部分为每个用户所专有，而服务器端部分则由多个用户共享其数据与功能。客户端程序的任务是完成数据预处理、数据表示、管理用户接口和报告请求等；服务器端计算机安装 DBMS，接收客户端程序提出的服务请求，完成 DBMS 的核心功能并将操作结果传递给客户端。这种于 20 世纪 80 年代出现的 C/S 结构比较适合于规模小、用户数少于 100、单一数据库且有安全性和快速性保障的局域网环境下运行。

4) 浏览器/服务器 (Browser/Server，B/S) 结构

B/S 结构是随着 Internet 兴起的一种网络应用结构。它主要利用了不断成熟的 Web 浏览器技术，结合浏览器的多种脚本语言和 ActiveX 技术，通过通用浏览器实现原来需要复杂专用软件才能实现的强大功能。在这种结构下，用户工作界面通过 Web 浏览器来实现，除极少部分的事务逻辑在浏览器端实现外，大部分事务逻辑在服务器端实现。

也可将 C/S 结构和 B/S 结构结合起来，形成一种新的结构。在这种结构中，对于企业外部客户或者一些需要用 Web 处理的、满足大多数访问者请求的功能界面采用 B/S 结构；对于企业内部少数人使用的功能应用采用 C/S 结构。

1.1.4 国产数据库

1. 国产数据库的发展历程

1) 起步阶段 (1978—2000 年)

20 世纪 70 年代末至 80 年代初：改革开放初期，国际上数据库技术已有一定发展，而中国的数据库技术尚处于萌芽阶段，科技工作者努力吸收国外先进知识。

20 世纪 80 年代中期至 90 年代初：国家 863 计划启动，为数据库技术发展注入了动力，一批科研人员投身研究，主要集中在关系型数据库理论和技术上，清华大学、中国科学院等高校和科研院所成为主要研究基地，在有限条件下进行了大量自主研发探索。

20 世纪 90 年代中期至 21 世纪初：随着中国经济快速发展和信息化建设推进，数据库技术需求日益迫切，国产数据库产品如东方通信的 TurboBase、神州数码的 PowerBuilder 等面世，虽与国际巨头产品在性能和功能上有差距，但这标志着中国已经具备自主开发数据库系统的能力。

2) 跟踪阶段 (2000—2008 年)

国产数据库在企业化过程中遇到了诸多挑战，如在夹缝中求生存、与国际强手竞争的压力、研发困难等，但部分企业如人大金仓、南大通用等开始崭露头角，通过提供更具性价比的解决方案，在政府、教育等预算有限的行业逐渐赢得部分市场份额。

3) 追赶阶段 (2008—2014 年)

市场需求倒逼国产化替代方案的加速推进，国产数据库企业在深度兼容、集群策略、行列融合等方面不断创新和发展，例如，在民航客票实时交易系统等应用中，国产数据库取得了一定突破，其技术和产品逐渐成熟，部分企业开始在特定领域和行业与国际厂商竞争。

4) 并跑阶段 (2014 年至今)

国产数据库持续迭代，在分布式数据库、云数据库等领域取得显著进展，如 OceanBase 自研的分布式事务处理技术，成功应用于支付宝等大型互联网应用；华为的 GaussDB 采用全分布式架构，实现了多活数据中心的高可用性。国产数据库冲击高端应用，在金融、电信、政府等关键领域广泛应用并站稳脚跟，从"追随者"向"创新者"转变，如达梦数据库。

2021 年，工信部印发《"十四五"信息化和工业化深度融合发展规划》，明确要求加速我国数据库产品的研发和应用推广。

2024 年，云原生、人工智能等技术的进步，进一步推动了数据库的智能化与高效化演进。在此背景下，国产数据库在技术创新和市场应用方面取得了显著突破，多个国产厂商凭借技术优势和强劲的市场表现，影响力不断增强，为全球数据库生态注入了更多的"中国力量"。墨天轮平台 2024 年 12 月 1 日公布中国数据库流行度排行榜，共有 227 个国产数据库参与排名，与 2024 年 1 月份 (292 个) 相比，少了 65 个，数量下降到 2022 年 5 月 (229 个) 的规模。排行榜前十名均为关系型数据库，依次是 OceanBase、PolarDB、GoldenDB、GaussDB、TiDB、金仓数据库、GBASE、达梦数据库、openGauss 和 TDSQL。

2. 国产数据库厂商

1) 蚂蚁科技集团股份有限公司

蚂蚁集团起步于 2004 年诞生的支付宝，2016 年 12 月至 2020 年 7 月公司名为浙江蚂蚁小微金融服务集团股份有限公司，目前是世界领先的互联网开放平台。

中国特色的互联网发展成为促进国产数据库成长的关键力量。数亿人的网购需求，全球第一的移动支付市场，"双十一"的天量交易额，这些西方公司毫无经验的中国式需求，推动中国互联网企业寻求性能更高、成本更低的数据存储和处理方案。然而，囿于技术实力与软件研发的滞后性，越过数据库这座大山并不容易。在我国数据库市场，以 Oracle、IBM 为代表的国外数据库软件长期处于主导地位，软件服务费用居高不下，关键领域存在信息安全隐患。

自 2013 年开始，蚂蚁集团研发的 OceanBase 应用于蚂蚁集团内部业务，已覆盖支付宝 100% 核心链路，支撑会员、交易、支付、账务等全部核心业务，并确保了支付宝连续 10 年"双十一"交易的稳定运行。目前蚂蚁集团、网商银行的全部核心系统都由 OceanBase 支撑。此外，OceanBase 还支撑了工商银行、常熟农商行、红塔银行、中国人民保险、中华保险、中国石化等 400 余家机构核心系统的稳定运行。

2019 年 10 月 2 日，据权威机构国际事务处理性能委员会 (Transaction Processing Performance Council，TPC) 官网披露，中国蚂蚁金服自主研发的金融级分布式关系数据库 OceanBase，在被誉为"数据库领域世界杯"的 TPC-C 基准测试中，打破了美国公司 Oracle 保持了 9 年之久的世界纪录，成为首个登顶该榜单的中国数据库产品。

2) 华为技术有限公司

华为创立于 1987 年，是全球领先的 ICT(Information and Communications Technology) 基础设施和智能终端提供商。

2020 年 6 月，华为正式宣布开放 openGauss 数据库源代码，并成立 openGauss 开源社区，社区官网 (http://opengauss.org) 同步上线。openGauss 采用木兰宽松许可证 (Mulan PSL v2)，允许所有社区参与者对代码进行自由修改、使用和引用。openGauss 社区同时成立了技术委员会，欢迎所有开发者贡献代码和文档。

全国计算机等级考试 (NCRE，https://ncre.neea.edu.cn/) 自 2022 年 9 月起，新增二级"openGauss 数据库程序设计"考试。

openGauss 内核源自 PostgreSQL，着重在架构、事务、存储引擎、优化器等方向持续构建竞争力特性，在 ARM 架构的芯片上深度优化，并兼容 X86 架构。

openGauss 是一款开源关系型数据库管理系统，具有多核高性能、全链路安全性、智能运维等企业级特性。相比于其他开源数据库，openGauss 主要有多存储模式、NUMA(Non Uniform Memory Access) 化内核结构、高可用、AI 能力和高安全性等特点。

openGauss 主要应用场景：
- 物联网数据。在工业监控和远程控制、智慧城市的延展、智能家居、车联网等物联网场景下，传感监控设备多，采样率高，数据存储为追加模型，操作和分析并重。
- 交易型应用。大并发、大数据量、以联机事务处理为主的交易型应用，如电商、金融、O2O、电信 CRM/ 计费等，应用可按需选择不同的主备部署模式。

1.2 数据模型

数据库技术的发展沿着数据模型 (data model) 的主线向前推进，数据模型是数据库系统的基础，数据库的类型是依据数据模型来划分的。一艘航模舰艇、一组建筑设计沙盘都是具体的模型，模型是对现实世界中某个对象特征的模拟和抽象。数据模型也是一种模型，是对现实世界数据特征的抽象，是用来描述、组织数据并对数据进行操作的。从构成上看，数据结构、数据操作与数据的约束条件是数据模型的三要素。其中，数据结构用于刻画数据、数据语义，以及数据与数据之间的联系；数据操作规定了数据的添加、删除、更新、查找、显示、维护、打印、选择、排序等操作；数据约束是对数据结构和数据操作的一致性、完整性约束，也称为数据完整性约束。

1.2.1 数据模型的分层

数据模型应满足三方面要求：一是比较真实地模拟现实世界；二是容易被人理解；三是便于在计算机上实现。一种数据模型要同时完美地满足这三方面的要求很困难，因此，在数据库系统中要针对不同的使用对象和应用目的，采用不同的数据模型。

由于计算机不可能直接处理现实世界中的具体事物，人们必须事先把具体事物转换成计算机能够处理的数据。为了把现实世界中的具体事物抽象、组织为某一个数据库管理系统支持的数据模型，人们常常首先将现实世界抽象为信息世界，再将信息世界转换为机器世界。

数据的加工是一个逐步转化的过程，经历了现实世界、信息世界和机器世界这三个不同的世界。首先将现实世界中的客观对象抽象为某一种信息结构，这种信息结构不依赖于具体的计算机系统，不是某一个 DBMS 支持的数据模型，而是概念级的模型；然后再将概念模型转换为计算机上某一个 DBMS 支持的数据模型。此过程如图 1-5 所示。信息世界又称为概念世界，机器世界又称为数据世界或计算机世界。

从现实世界到概念模型的转换由数据库设计人员完成；从概念模型到逻辑模型的转换可由数据库设计人员完成，也可由数据库设计工具协助设计人员来完成；从逻辑模型到物理模型的转换一般由 DBMS 完成。

根据数据抽象的不同级别，可以将数据模型分为三层：概念数据模型、逻辑数据模型和物理数据模型。

1. 概念数据模型 (Conceptual Data Model，CDM)

概念层次的数据模型称为概念数据模型，简称为概念模型或信息模型，是按用户的观点或认识对现实世界的数据和信息进行建模，主要用于数据库设计。概念模型具有语义表达能力强、易于理解、独立于任何 DBMS、容易向 DBMS 所支持的逻辑数据库模型转换的特点。

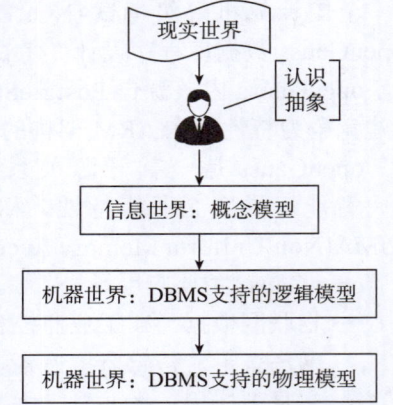

图 1-5　现实世界中客观对象的抽象过程

常用的概念模型表示方法是实体 - 联系模型 (Entry-Relationship model，E-R 模型)，E-R 模型认为现实世界由一组称为实体的基本对象及这些对象间的联系构成。实体是现实世界中可区别于其他对象的一件"事情"或一个"物体"。例如，大学教务管理系统中的一个学院、一个专业、一门课程、一个学生、一个教师、一条选课记录等都是实体。E-R 模型的详细介绍参见 1.2.2 节。

2. 逻辑数据模型 (Logical Data Model，LDM)

逻辑层是数据抽象的第二层抽象，用于描述数据库数据的整体逻辑结构。该层的数据抽象称为逻辑数据模型，简称为逻辑模型或数据模型。在上下文语境没有歧义时，逻辑数据模型常常简称为数据模型。

逻辑模型是用户通过 DBMS 看到的现实世界，是按计算机系统的观点对数据建模，即数据的计算机实现形式，主要用于 DBMS 的实现。因此，逻辑模型既要考虑用户容易理解，又要考虑便于 DBMS 的实现。

不同的 DBMS 提供不同的逻辑数据模型，例如层次模型、网状模型、关系模型、面向对象模型、对象关系模型、半结构化模型等，其中层次模型和网状模型统称为格式化模型。

格式化模型的数据库系统在 20 世纪 70 年代至 20 世纪 80 年代初十分流行，占据数据库系统产品的主导地位。层次型数据库系统和网状数据库系统在使用和实现上都要涉及数据库物理层的复杂结构，现在除美国和欧洲某些国家有一些早期的层次型数据库系统或网状数据库系统还在继续使用外，其他地方已很少见。

1) 层次模型 (hierarchical model)

层次模型是 DBMS 中最早出现的数据模型，层次型数据库管理系统采用层次模型作为数据的组织方式，典型代表是 1968 年美国 IBM 公司推出的第一个大型商用数据库管理系统 IMS。

Internet 域名系统 (Domain Name System，DNS) 是一个层状数据库的集合，用于将基于字符的 Internet 域名翻译成用数字表示的 IP(Internet Protocol) 地址。DNS 数据库中的数据由全球成千上万台计算机组成的网络提供，DNS 数据库被称为分布式数据库。

层次模型用树状结构来表示各类实体及实体之间的联系，实体用记录表示，实体间的联系用链接指针表示。层次模型要满足以下条件：

- 有且仅有一个根结点，此根结点没有双亲结点。
- 根结点以外的其他结点有且只有一个双亲结点。

现实世界中许多实体之间的联系本来就呈现出一种层次关系，例如部门组织结构、家族关系等。层次模型的数据结构比较简单清晰，每个结点表示一条记录型，记录型之间的联系用结点之间的连线表示，这种联系是父子之间的一对多联系。但在现实世界中很多联系是非层次的，层次模型表示这类联系时只能通过引入冗余数据（易产生不一致性）或创建非自然的虚拟结点来解决，对插入和删除操作的限制较多，应用程序的编写比较复杂。

2) 网状模型 (network model)

网状数据库管理系统采用网状模型作为数据的组织方式。20 世纪 70 年代，美国数据系统语言研究会 (CODASYL) 下属的数据库任务组 (DBTG) 提出一个网状数据模型方案，其基本概念、方法和技术具有普遍意义。典型的网状数据库管理系统有 Cullinet Software 公司的 IDMS、Honeywell 公司的 IDS/2、Univac 公司的 DMS1100、HP 公司的 LMAGE 等。

网状模型用网状结构来表示各类实体及实体之间的联系，网状模型是满足以下条件的基本层次联系的集合：

- 允许一个以上的结点无双亲。
- 一个结点可以有多个双亲。

网状模型是一种比层次模型更具有普遍性的结构，能更直观地描述现实世界。与层次模型一样，网状模型中的每个结点也表示一个记录型，每个记录型可包含若干个字段，结点之间的有向连线表示记录型之间的一对多父子联系。网状模型的双亲结点与孩子结点之间的联系不是唯一的，因此要为每个联系命名，并指出与该联系有关的双亲记录和孩子记录。网状模型结构比较复杂，而且随着应用规模的扩大，数据库的结构会变得越来越复杂。此外，网状模型的操作语言也比较复杂。

3) 关系模型 (relational model)

关系数据库管理系统采用关系模型作为数据的组织方式。关系模型的数据之间的联系是通过存取路径（即指针）实现的，应用程序在访问数据时必须选择适当的存取路径，因此编程人员要了解系统结构的细节，这加重了编写应用程序的负担。

关系模型用规范化的二维表来表示各类实体及实体之间的联系，其详细介绍参见 1.2.3 节。

4) 面向对象模型 (object oriented model)

面向对象数据库管理系统采用面向对象模型作为数据的组织方式。面向对象模型也称为 OO 模型，是用面向对象的观点来描述现实世界实体对象的逻辑组织、对象间限制、联系等的模型。面向对象的方法和技术在计算机各领域，包括程序设计语言、软件工程、信息系统设计、计算机硬件设计等都产生了深远的影响，同时也促进了面向对象数据模型的发展。对象是由一组数据结构，以及在这组数据结构上操作的程序代码封装起来的基本单位。对象通常与实际领域的实体对应，因此，OO 模型也可以看成 E-R 模型在增加了封装、方法和对象标识符等概念后的扩展。

面向对象数据库系统对数据的操纵包括数据查询、增加、删除、修改等，也具有并发控制、故障恢复、存储管理等完整的功能。其不仅能支持传统数据库应用，也能支持非传统领域的应用，例如 CAD(Computer Aided Design)、CAM(Computer Aided Manufacturing)、CIMS(Computer/contemporary Integrated Manufacturing System)、GIS(Geographic Information System)，以及图形、图像等多媒体领域、工程领域和数据集成等领域。虽然面向对象数据库拥有众多优势，但在推广过程中仍面临挑战。一方面，其操作语言相对复杂，对广大用户和开发人员的技术要求较高，这限制了其认可度；另一方面，面向对象数据库在发展中试图全面取代关系数据库管理系统，这一策略大幅提升了企业系统升级的成本和难度，致使许多客户对此望而却步。尽管如此，市场上仍存在成功的面向对象数据库产品，如 Versant，它在特定专业领域赢得了用户的青睐，通过精准满足特定场景下的数据管理需求，实现了良好的应用落地。

5) 对象关系模型 (object relational model)

对象关系数据库管理系统采用对象关系模型作为数据的组织方式。对象关系数据库系统 (Object Relational DataBase System，ORDBS) 是关系数据库与面向对象数据库的结合。它保持了关系数据库系统的非过程化数据存取方式和数据独立性，继承了关系数据库系统已有的技术，既支持原有的数据管理，又支持 OO 模型和对象管理。各数据库厂商都在原来的产品基础上进行了扩展。1999 年发布的 SQL 标准，也称 SQL99，增加了 SQL/Object Language Binding，提供了面向对象的功能标准。SQL99 对 ORDBS 标准的制定滞后于实际系统的实现。因此，各个 ORDBS 产品在支持对象模型方面虽然思想一致，但所采用的术语、语言语法、扩展的功能都不尽相同。

6) 半结构化模型 (semi-structured model)

随着互联网的迅速发展，Web 上各种半结构化、非结构化数据源已成为重要的信息来源，产生了以 XML 为代表的半结构化数据模型和非结构化数据模型。通过 Internet 使用 XML 元素的形式传递消息以实现共享数据已成为普遍现象，传统关系数据库应用中使用 XML 的现象也愈加普及。

半结构化数据是指不符合关系型数据库或其他数据表的形式关联起来的数据模型结构，但包含相关标记，用来分隔语义元素，并对记录和字段进行分层。非结构化数据是指不具有预定义模型或未以预定义方式组织的数据。

XML 是一种描述性的标记语言，被设计用来传输和存储数据，它具有自我描述性，标签没有被预定义，需要用户自行定义标签。XML 是纯文本，有能力处理纯文本的软件都可以编辑 XML，但是只有能够读懂 XML 的应用程序可以有针对性地处理 XML 的标签。标签的功能性意义依赖于应用程序的特性。

XML 简化了数据的传输和平台的变更。很多 Internet 语言是通过 XML 创建的，例如，用于描述可用 Web 服务的 WSDL、用于 RSS feed 的语言 RSS、用于描述资源和本体的 RDF 和 OWL 等。

一个 XML 文档由标记和内容组成。XML 中共有 6 种标记：元素 (element)、属性 (attribute)、实体引用 (entity reference)、注释 (comment)、处理指令 (processing instruction) 和 CDATA 区段 (CDATA section)。XML 的语法规则简单，易学易用。下面列举 5 种基本语法规则。

(1) 所有 XML 元素都须有结束标签，属性值须加引号。

例如，<p>This is a paragraph</p>，<p> 和 </p> 要成对出现，<p> 是开始标签，</p> 是结束标签。

XML 的声明不属于 XML 本身的组成部分，不是 XML 元素，不需要关闭标签。XML 声明形式如下：

```
<?xml version="1.0" encoding="UTF-8" standalone="yes"?>
```

此声明表示 XML 的当前版本是 1.0，使用 UTF-8 字符集，独立文件声明的属性值是 yes。yes 表示所有与文件相关的信息都已经包含在文件中，即文件中没有指定外部的实体，也没有使用外部的模式。

XML 元素指的是从（且包括）开始标签直到（且包括）结束标签的部分。元素可包含其他元素、文本或者两者的混合物。元素也可以拥有属性。

(2) XML 标签对大小写敏感。

在 XML 中，标签 <Book> 与标签 <book> 是不同的。

(3) XML 必须正确嵌套。

在 XML 中，所有元素都不能交叉嵌套。例如：

```
<b><i>This text is bold and italic</i></b>
```

由于 <i> 元素是在 <b> 元素内打开的，它必须在 <b> 元素内关闭。

(4) XML 文档必须有根元素。

XML 文档必须有一个元素是所有其他元素的父元素，该元素称为根元素。例如：

```
<root>
<child>
<subchild>J K. Rowling</subchild>
</child>
</root>
```

<root> 是根元素。

(5) XML 的注释格式如下：

```
<!-- This is a comment -->
```

相对于关系型数据存储模式，通过 XML 存储数据有以下优势：
- XML 标签型的数据格式易于人们理解。
- XML 层次型的数据表达，更能反映出对象和业务的实际层次关系。
- XML 灵活的数据存储方式，更能反映业务的变化，能够存储相对更广泛的数据。

因此，在数据建模的时候，使用 XML 能够保证数据模型的扩展能力。

在数据模型设计时，通常有两种使用 XML 的方式：完全 XML 的数据模型设计和部分 XML 的数据模型设计。

完全 XML 的数据模型设计虽然简化了很多数据模型的工作，但是要求开发人员必须熟悉 XML 的 Xquery 语言，完全抛弃已有的 SQL 规范，这给现有的技术体系的延续性增加了难度。完全 XML 的数据模型设计节省了模型设计的工作时间，但是现有的一些开发工具还不能完全支持 XML 的技术，因此，当需要手工进行一些开发工作时，会增加开发工作量。

关系模型和 XML 模型相结合的部分 XML 的数据模型设计方式，通过关系模型延续现有的体系架构，通过 XML 模型提升现有数据模型的扩展能力，兼顾了关系模型和 XML 模型的优点，发挥了两者的长处，规避了两者的不足，在实际数据模型设计中常常采用。

XML 模型将一个 XML 文档建模为一棵树，把文档中的每一个元素、属性、命名空间、处理指令和注释等内容都建模为这棵树中的一个结点，它是非线性的树结构。

3. 物理数据模型 (Physical Data Model，PDM)

物理层是数据抽象的最底层，用于描述数据的物理存储结构和存取方法。例如，数据的物理记录格式是变长还是定长；数据是压缩还是非压缩；一个数据库中的数据和索引 (index) 存放在相同的还是不同的数据段上等。索引提供了对包含特定值的数据项的快速访问，建立索引是加快查询速度的有效手段。索引占用一定的存储空间，当基本表更新时，索引需要进行相应的维护，这就增加了数据库的负担，因此要根据实际应用的需求有选择地创建索引。

物理层的数据抽象称为物理数据模型，简称为物理模型，它不但由 DBMS 的设计决定，而且与操作系统、计算机硬件密切相关。物理模型的具体实现是 DBMS 的任务，数据库设计人员要了解和选择物理模型，一般用户不必考虑物理层的细节。

1.2.2 概念模型的表示方法

概念模型是对信息世界建模，概念模型的表示方法有很多，常用的是 P.P.S.Chen 于 1976 年提出的实体 - 联系方法 (又称 E-R 方法)。该方法用 E-R 图 (E-R diagram) 来描述概念模型，E-R 方法也称 E-R 模型、E-R 图或实体 - 联系图。E-R 图是一种语义模型，是现实世界到信息世界的事物及事物之间关系的抽象表示。

E-R 图是不受任何 DBMS 约束的面向用户的表达方法，能够直观表示现实世界中的客观实体、属性及实体之间的联系。构成 E-R 图的基本要素是：实体型、属性和联系。实体型用矩形表示，矩形框内写实体名；属性用椭圆形表示，椭圆形框内写属性名，并用直线与相应的实体型连接；联系用菱形表示，菱形框内写联系名，并用直线分别与有关实体型相连，同时在直线旁标上联系的类型 (1:1、1:n 或 m:n)。

1. 基本概念

1) 实体 (entity)

实体是客观世界中可区别于其他事物的"事物"或"对象"。实体既可以是有形的实在的事物，例如一个学生、一本书、一张身份证；也可以是抽象的概念上存在的事物，例如一个专业、一门课程、一次选课、一次借书或还书、一次网络教学平台的在线学习等。

2) 实体集 (entity set)

实体集是指具有相同类型及相同性质或属性的实体集合。例如，全体学生的集合可定义为学生实体集，学生实体集中的每个实体具有学号、姓名、性别、出生日期等属性。

3) 实体型 (entity type)

具有相同属性的实体必然具有共同的特征和性质。用实体名及其属性名集合来抽象和刻画同类实体，称为实体型。实体型是实体集中每个实体所具有的共同性质的集合。例如，学生｛学号，姓名，性别，…｝就是一个实体型。实体是实体型的一个实例，在含义明确的情况下，实体与实体型通常互换使用。

4) 属性 (attribute)

实体是通过一组属性来描述的，属性是实体集中的每个实体都具有的特征描述。在一个实体集中，所有实体都具有相同的属性。例如，学生实体集中的每个实体都具有学号、姓名、性别、出生日期等属性，如图 1-6 所示。选课实体集中的每个实体都具有学号、课程编号、课程名称、学分、学期、课程类型、成绩等属性，如图 1-7 所示。

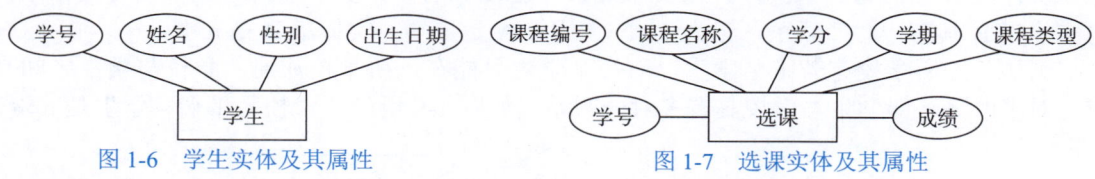

图 1-6　学生实体及其属性　　　　　图 1-7　选课实体及其属性

5) 码 (key)

能唯一标识实体的属性或属性集称为码或键。在图 1-6 中，学号可以作为学生实体的码，而学生姓名由于可能重名，不能作为学生实体的码。在图 1-7 中，每个学生每学期可以选修多门课程，因此学号不是选课实体的码，学号和课程编号这两个属性合在一起才能作为选课实体的码。

6) 域 (domain/value set)

每个属性都有自己的取值范围，一个属性所允许的取值范围或集合称为该属性的域，实体的属性值是数据库中存储的主要数据。例如，"姓名"属性的域是字符串集合，"性别"属性的域值是"男"或"女"，"学号"属性的域可以是字母和数字的组合。

2. 实体间的联系 (relationship)

正如现实世界的事物之间存在着联系一样，实体之间也存在着联系。联系是指多个实体之间的相互关联。两个实体间的联系可分为一对一、一对多和多对多 3 种联系类型，如图 1-8 所示。

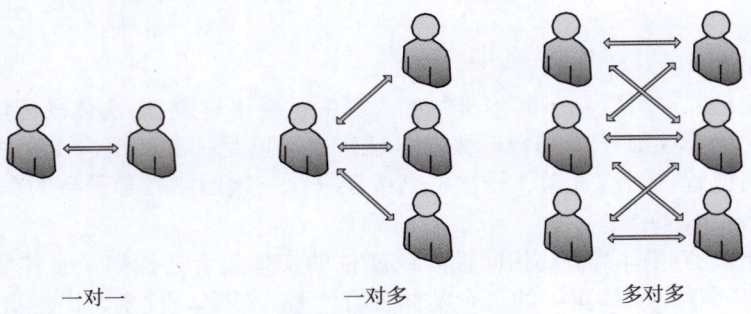

一对一　　　　　　一对多　　　　　　多对多

图 1-8　实体间的 3 种联系

1) 一对一联系 (1:1)

若对于实体集 A 中的每一个实体,在实体集 B 中至多有一个 (也可以没有) 实体与之联系,反之亦然,则称实体集 A 与实体集 B 具有一对一联系,记为 1:1。

例如,学校里一个班级只有一个正班长,而一个正班长只在一个班级里任职,班级与正班长之间具有一对一联系。电影院中座位实体集和观众实体集之间具有一对一联系,因为一个座位最多坐一名观众或没有观众,而一名观众也只能坐在一个座位上。

2) 一对多联系 (1:n)

若对于实体集 A 中的每一个实体,在实体集 B 中有 n 个实体 (n ≥ 2) 与之联系,反之,对于实体集 B 中的每一个实体,在实体集 A 中至多只有一个实体与之联系,则称实体集 A 与实体集 B 具有一对多联系,记为 1:n。实体集 A 是 1 端,实体集 B 是 n 端。

例如,一所学校有若干名学生,而每个学生只能在一所学校注册,学校与学生之间具有一对多联系,即学生与学校具有多对一联系。如图 1-9 所示,学校是 1 端,学生是 n 端。

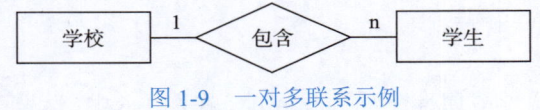

图 1-9　一对多联系示例

3) 多对多联系 (m:n)

若对于实体集 A 中的每一个实体,在实体集 B 中有 n 个实体 (n ≥ 2) 与之联系,反之,对于实体集 B 中的每一个实体,在实体集 A 中也有 m 个实体 (m ≥ 2) 与之联系,则称实体集 A 与实体集 B 具有多对多联系,记为 m:n。

例如,公司生产的产品与其客户之间是多对多联系,因为一个产品可以被多个客户订购,一个客户也可以订购多个产品;又如,一门课程同时有若干个学生选修,而一个学生可以同时选修多门课程,则课程与学生之间具有多对多联系;一名教师可以讲授多门课程,一门课程可以由多位教师讲授,则教师与课程之间具有多对多联系,如图 1-10 所示。

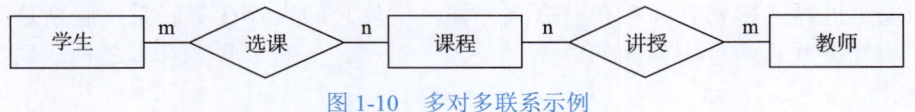

图 1-10　多对多联系示例

【例 1-1】用 E-R 图表示某个工厂物资管理的概念模型。

物资管理涉及以下 5 个实体。
- 仓库：有仓库号、面积、电话号码等属性。
- 零件：有零件号、名称、规格、单价等属性。
- 供应商：有供应商号、姓名、地址、账号、电话号码等属性。
- 项目：有项目号、预算、开工日期等属性。
- 职工：有职工号、姓名、性别、工龄、职务等属性。

这些实体之间有如下联系：

(1) 一个仓库可以存放多种零件，一种零件可以存放在多个仓库中，因此仓库和零件具有多对多联系。用库存量来表示某种零件在某个仓库中的数量。

(2) 一个仓库有多个职工当仓库保管员，一个职工只能在一个仓库工作，因此仓库和职工之间是一对多联系。

(3) 职工之间具有领导与被领导关系，即仓库主任领导若干仓库保管员，因此职工实体型之间具有一对多联系。

(4) 一个供应商可以供给若干项目多种零件，每个项目可能使用不同供应商供应的零件，每种零件可由不同供应商供给，因此供应商、项目和零件 3 者之间具有多对多联系。

工厂物资管理 E-R 图如图 1-11 所示。"职工"包括仓库主任和仓库保管员两类人员，具有一对多联系。

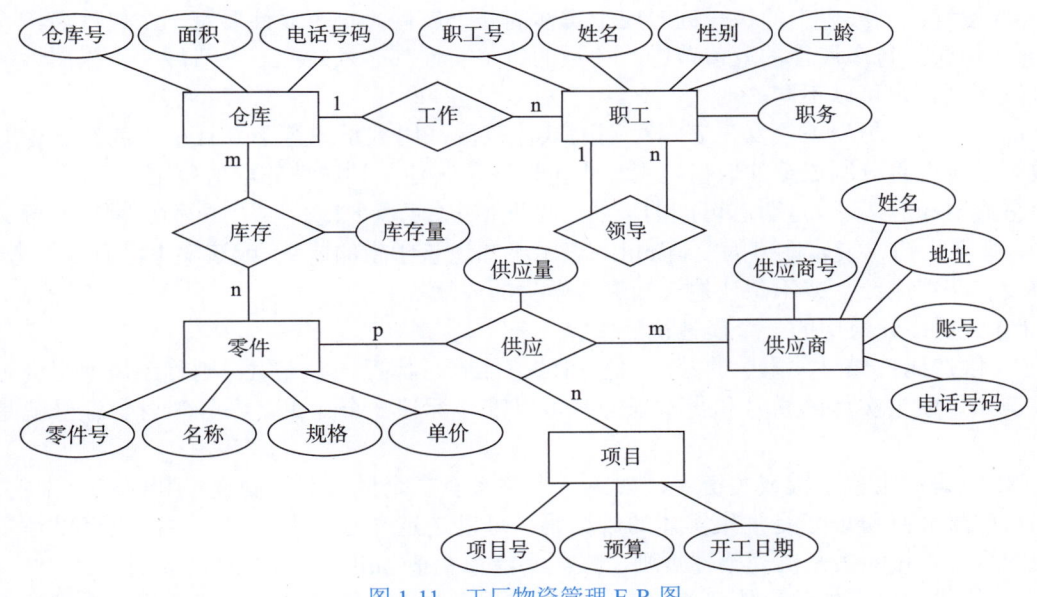

图 1-11　工厂物资管理 E-R 图

3. 三个不同世界的术语对照

现实世界、信息世界（概念世界）和机器世界（数据世界）的术语对照表如表 1-3 所示。

表 1-3　三个不同世界的术语对照表

现实世界	信息世界（概念世界）	机器世界（数据世界）
组织（事务及其联系）	实体及其联系	数据库
事物类（总体）	实体集	文件
事物（对象、个体）	实体	记录
特征	属性	数据项（字段）

1.2.3　关系模型的基本术语及性质

关系模型是最重要的一种数据模型，关系数据库系统采用关系模型作为数据的组织方式。20 世纪 80 年代以来，计算机厂商新推出的数据库管理系统几乎都支持关系模型，数据库领域当前的研究工作也都是以关系方法为基础。

关系模型是一种用二维表表示实体集，用主码标识实体，用外码表示实体之间联系的数据模型。

1. 关系模型的基本术语

(1) **关系**：对应通常所说的二维表，它由行和列组成，还必须满足一定的规范条件。如图 1-12 中的表 1-4 和表 1-5 就是两个关系。

(2) **关系名**：每个关系的名称。图 1-12 中，表 1-4 的关系名是 Stu，表 1-5 的关系名是 Grade。

(3) **元组**：二维表中的每一行称为关系的一个元组，它对应于实体集中的一个实体。

(4) **属性**：二维表中的每一列对应于实体的一个属性，每个属性要有一个属性名。

(5) **值域**：每个属性的取值范围。关系的每个属性都必须对应一个值域，不同属性的值域可以相同，也可以不同。

例如，用"男"或"女"表示性别的取值范围；用大于或等于 0 且小于或等于 100 的实数可以表示百分制成绩的取值范围，也可以表示其他某种属性的取值范围。

空值用 null 表示，是所有可能的域的一个取值，表示值"未知"或"不存在"或"无意义"。例如，某学生的成绩属性值为空值 null，表示不知道该学生的成绩；或该学生没有参加考试，因而没有获得成绩；或不想让他人知道该学生的成绩等。

(6) **分量**：元组中的一个属性值。

(7) **候选码**：如果关系中的某一属性组的值能唯一标识一个元组，则称该属性组为候选码。例如，学生实体的学号和身份证号都可以唯一标识一个元组，学号和身份证号就是候选码。

(8) **主码**：也称主键或关键字。如果一个关系有多个候选码，则选定其中一个为主码。例如，学号和身份证号是学生实体的候选码，可以选定学号作为主码。主码也可以是多个属性的组合。按照关系的完整性规则，主码不能取空值 null。

(9) **外码**：也称外键或外部关键字。为了实现表与表之间的联系，通常将一个表的主码作为数据之间联系的纽带放到另一个表中，这个起联系作用的属性称为外码。例如，在图 1-12 中的表 1-4(Stu 表) 和表 1-5(Grade 表) 中，利用公共属性"学号"实现这两个表的联系，这个公共属性是 Stu 表的主码、Grade 表的外码。Grade 表的主码是"学号"和"课程编号"这两个属性的组合。

通过公共属性"学号"实现两表的关联

表1-4　Stu表

学号	姓名	性别	是否团员	出生日期	生源地	专业编号
S1701001	陈榕刚	男	TRUE	2004/03/12	福建	M01
S1701002	张晓兰	女	FALSE	2005/07/11	云南	M01
S1702001	马丽林	女	TRUE	2006/11/06	湖南	M02
S1702002	王伟国	男	TRUE	2004/10/10	江西	M02

表1-5　Grade表

学号	课程编号	平进成绩	期末成绩
S1701001	C0101	76.00	80.00
S1701002	C0101	85.00	75.00
S1701001	C0102	82.50	86.00
S1701002	C0102	90.00	93.00

图 1-12　利用公共属性实现两表间的联系

(10) **关系模式**：对关系的描述，一般表示为

关系名(属性1，属性2，…，属性n)

【**例1-2**】Stu关系和Grade关系的关系模式如下：

Stu(学号，姓名，性别，是否团员，出生日期，生源地，专业编号)
Grade(学号，课程编号，平时成绩，期末成绩)

其中，Stu 关系模式中带下画线的属性"学号"是主码；Grade 关系模式中带下画线的两个属性"学号"和"课程编号"一起作为主码。

关系模式要求关系必须是规范化的，即要求关系必须满足一定的规范条件，这些规范条件中最基本的一条就是：关系的每一个分量必须是一个不可分的数据项，不允许表中还嵌套有表。

例如，在图 1-13 所示的机动车驾驶证申请条件汇总表中，身体条件和年龄条件是可分的数据项，又分为身高、视力和申请年龄、允许年龄，因此图 1-13 所示的表不符合关系模型要求，这个汇总表不是关系。

| | 是否初学 | 身体条件 || 年龄条件 || 增驾条件 || 可否在暂住地申请 |
		身高(cm)	视力	申请年龄	允许年龄	驾驶经历及记分情况	
A1	否	155	5.0	26~50	26~60	B1、B2 五年以上且前三个周期内无满分记录 A2 两年以上且前一个周期内无满分记录 无死亡事故中负主要以上责任的记录		不可
⋮	⋮	⋮	⋮	⋮	⋮	⋮		⋮

图 1-13　机动车驾驶证申请条件汇总表（表中有表）的非规范化实例

关系和现实生活中的表格所使用的术语不同，术语对照如表 1-6 所示。

27

表 1-6　术语对照

关系术语	生活中的表格术语
关系名	表名
关系模式	表头（表格的描述）
关系	二维表
元组	记录或行
属性	列
属性名	列名
属性值	列值
分量	一条记录中的一个列值
非规范关系	表中有表（大表中嵌套小表）

2. 关系模型的性质

关系是一张二维表，但并不是所有的二维表都是关系。关系建立在严格的数学理论基础之上，应具有如下性质。

(1) 元组个数有限性：关系中元组个数是有限的。

(2) 元组的唯一性：关系中每个元组代表一个实体，因此各元组均不相同。

(3) 元组的次序无关性：关系中元组与次序无关，可以任意交换。

(4) 元组分量的原子性：关系中元组的分量是不可分割的基本数据项。关系中的每个属性的值域必须是原子的、不可分解的。若域中的每个值都被看作不可再分的单元，则称域是原子的。例如，表示属性"出生日期"的值域是由所有形如"year/month/day"的值构成，其中 year 是由 4 位数字构成的字符串，表示年份；month 是由两位数字构成的字符串，表示月份；day 是由两位数字构成的字符串，表示日期。将 year、month、day 看作一个整体，则出生日期的值域是原子的。

(5) 属性名唯一性：一个关系中的属性名要各不相同。

(6) 属性的次序无关性：关系中属性与次序无关，可以任意交换。

(7) 分量值域的统一性：关系中各列的属性值取自同一个域，因此一列中的各个分量具有相同性质。

关系模型优化的详细介绍参见 1.3.3 节。

3. 关系模型的优缺点

关系模型具有下列优点。

(1) 关系模型与格式化模型不同，它建立在严格的数学概念的基础之上。

(2) 关系模型的概念单一。无论实体还是实体之间的联系都用关系来表示。对数据的检索和更新结果也是关系，即二维表。关系的结构简单、清晰，用户易懂易用。

(3) 关系模型的存取路径对用户透明，因而具有更高的数据独立性、更好的安全保密性，简化了程序员的工作和数据库开发建立的工作。

当然，关系模型也有缺点，例如，由于存取路径对用户是透明的，查询效率往往不如格式化数据模型。为了提高性能，DBMS 必须对用户的查询请求进行优化，这样就增加了开发 DBMS 的难度。不过，数据库用户不必考虑这些系统内部的优化技术细节。

1.2.4　关系运算

关系运算是对关系数据库的数据操纵，主要用于关系数据库的查询操作。关系模型中常用的关系操作包括查询操作和插入、删除、修改操作两大部分。查询是关系操作中最主要的部分。查询操作可分为并、差、交、笛卡尔积、选择、投影、连接、除等，其中并、差、笛卡尔积、选择、投影是 5 种基本操作，其他操作可以用基本操作来定义和导出，就像乘法可以用加法来定义和导出一样。

关系代数是一种抽象的查询语言，它用对关系的运算来表达查询。关系代数的运算对象是关系，运算结果也是关系。关系代数用到的运算符有集合运算符和专门运算符两类，按照运算符的不同，关系代数的运算可分为传统的集合运算和专门的关系运算两类。

1. 传统的集合运算

传统的集合运算包括并、差、交和笛卡尔积 4 种运算。由于笛卡尔积的元素是元组，这里的笛卡尔积是指广义的笛卡尔积。

设关系 R 和关系 S 具有相同的目 n(即两个关系都有 n 个属性)，且相应的属性取自同一个域，t 是元组变量，t ∈ R 表示 t 是 R 的一个元组。

1) 并 (union)

关系 R 和关系 S 的并记作：R ∪ S={t|t ∈ R ∨ t ∈ S}。

其结果仍为 n 目关系，由属于 R 或属于 S 的元组组成。

2) 差 (except/difference)

关系 R 和关系 S 的差记作：R-S={t|t ∈ R ∧ t ∉ S}。

其结果仍为 n 目关系，由属于 R 但不属于 S 的所有元组组成。

3) 交 (intersection)

关系 R 和关系 S 的交记作：R ∩ S={t|t ∈ R ∧ t ∈ S}。

其结果仍为 n 目关系，由既属于 R 又属于 S 的元组组成。关系的交可以用差来表示，即 R ∩ S=R-(R-S)。

4) 广义笛卡尔积 (extended cartesian product)

两个分别为 n 目和 m 目的关系 R 和关系 S 的笛卡尔积是一个 (n+m) 列的元组的集合。元组的前 n 列是关系 R 的一个元组，后 m 列是关系 S 的一个元组。若 R 有 k1 个元组，S 有 k2 个元组，则关系 R 和关系 S 的笛卡尔积有 k1×k2 个元组。记作：R×S={trts|tr ∈ R ∧ ts ∈ S}。

2. 专门的关系运算

1) 选择 (select)

选择运算是根据给定的条件，从一个关系中选出一个或多个元组 (表中的行)。被选出的元组组成一个新的关系，这个新的关系是原关系的一个子集。例如，表 1-7 就是从图 1-12 中的表 1-4 所示关系中选取性别为"女"的记录而组成的新关系。

表 1-7 选择运算

学号	姓名	性别	是否团员	出生日期	生源地	专业编号
S1701002	张晓兰	女	FALSE	2005/07/11	云南	M01
S1702001	马丽林	女	TRUE	2006/11/06	湖南	M02

2) 投影 (project)

投影运算是从一个关系中选择某些特定的属性（表中的列）重新排列组成一个新关系。投影之后属性减少，新关系中可能有一些行具有相同的值，若有这种情况，重复的行将被删除。例如，表1-8 就是从表1-7 所示关系中选取部分属性而得到的新关系。

表 1-8 投影运算

学号	姓名	性别	生源地
S1701002	张晓兰	女	云南
S1702001	马丽林	女	湖南

3) 连接 (join)

连接运算是从两个或多个关系中选取属性间满足一定条件的元组，组成一个新的关系。等值连接 (equijoin) 和自然连接 (natural join) 是最为重要也最为常用的连接。例如，表1-9 就是将图1-12 中的表1-4 和表1-5 按学号进行自然连接而生成的新关系。

在连接运算中，按照字段值对应相等为条件进行的连接操作称为等值连接。自然连接是去掉重复属性的等值连接。

表 1-9 自然连接运算

学号	姓名	性别	是否团员	出生日期	生源地	专业编号	课程编号	平时成绩	期末成绩
S1701001	陈榕刚	男	TRUE	2004/03/12	福建	M01	C0101	76.00	80.00
S1701001	陈榕刚	男	TRUE	2004/03/12	福建	M01	C0102	82.50	86.00
S1701002	张晓兰	女	FALSE	2005/07/11	云南	M01	C0101	85.00	75.00
S1701002	张晓兰	女	FALSE	2005/07/11	云南	M01	C0102	90.00	93.00

1.2.5 关系的完整性

关系模型的完整性规则是对关系的某种约束条件。实体及其联系要受到现实世界中许多语义要求的约束，例如，24 小时制表示的整点时间取值只能在 [0，23] 区间；百分制成绩的取值只能在 [0，100] 区间；一个学生一个学期可以选修多门课程，但只能在本学期已开设的课程中进行选修；学生在选修一门课程所开教学班时，所有选修该教学班的学生人数之和不能超过该教学班所安排教室的容量等。

为了维护数据库中数据与现实世界的一致性，关系数据库的数据与更新操作要遵循三类完整性规则：实体完整性、参照完整性和用户自定义完整性。其中实体完整性和参照完整性是所有关系模型必须满足的数据完整性约束，被称作关系的两个不变性，由关系数据库系统自动支持。用户自定义完整性是应用领域需要遵循的数据完整性约束，体现了具体应用领域中的数据语义约束。

1. 实体完整性 (entity integrity)

若属性集 (指一个或多个属性)A 是关系 R 的主码，则 A 不能取空值 null。

现实世界中的实体都是可区分的，即它们具有某种唯一性标识；而一个关系对应于现实世界的一个实体集，关系中的每一个元组对应于一个实体。因此，作为唯一区分不同元组的主码属性集不能取空值。若主码的属性取空值，就说明存在某个不可标识的实体，即存在不可区分的实体，这是不允许的。

如果主码是由若干个属性的集合构成，则要求构成主码的每一个属性的值都不能取空值。例如，图 1-12 中的表 1-5 所示 Grade 关系中的主码"学号"和"课程编号"都不能取 null。

【例 1-3】Stu 关系的主码是"学号"，因此它在任何时候的取值都不能为空值 null，但其他属性：姓名、性别、是否团员、出生日期、生源地、专业编号等都可以取空值，表示当时该属性的值未知或不存在或无意义。如果不知道某个学生的出生日期，可以将该属性值输入为 null，表示未知；如果规定学生从大二开始选择专业，那么新生的专业编号暂时输入为 null，表示不存在，待学生大二选择专业后再将 null 更新为所选专业的编号。

2. 参照完整性 (referential integrity)

现实世界的实体之间存在各种联系，而在关系模型中实体及实体间的联系都用关系来描述。因此，实体间的联系也就对应于关系与关系之间的联系。

若关系 R 的外码 F 参照关系 S 的主码，则对于关系 R 中的每一个元组在属性 F 上的取值，要么为空值 null，要么等于关系 S 中某个元组的主码值。

参照完整性反映了"主码"属性与"外码"属性之间的引用规则。

【例 1-4】Grade 关系和 Stu 关系之间存在着属性之间的引用，即 Grade 关系引用了 Stu 关系的主码"学号"，显然，Grade 关系中的外码"学号"属性的取值必须存在于 Stu 关系中。

数据库的修改会导致参照完整性的破坏。当参照完整性约束被违反时，通常拒绝执行导致完整性被破坏的操作。

3. 用户自定义完整性 (user-defined integrity)

任何关系数据库系统都应该支持实体完整性和参照完整性，这是关系模型所要求的。除此之外，不同的关系数据库系统根据其应用环境的不同，往往还要满足一些特殊的约束条件。用户自定义完整性就是针对不同应用领域的语义，由用户自己定义的一些完整性约束条件。例如，课程成绩若是等级制，可以自定义成绩为优秀、良好、中等、及格和不及格五个等级；在 Stu 关系中，若按照应用的要求学生不能没有姓名，则可以定义学生姓名不能取空值；学生的出生日期不能晚于当前日期，需要按标准的年 / 月 / 日格式设置。

1.3 数据库设计

数据库设计(database design)广义地讲是数据库及其应用系统的设计,即设计整个数据库应用系统;本节讨论狭义的数据库设计,即设计数据库的各级模式并建立数据库,这是数据库应用系统设计的一部分。数据库设计是指对于一个给定的应用环境,构造优化的数据库逻辑模式和物理结构,并据此建立数据库及其应用系统,使之能够有效地存储和管理数据,满足各种用户的应用需求,包括信息管理要求和数据操作要求。信息管理要求是指在数据库中应该存储和管理哪些数据对象;数据操作要求是指对数据对象需要进行哪些操作,如查询、添加、删除、修改、统计等操作。

大型数据库的设计和开发是一项庞大的工程,涉及多学科的综合技术。数据库应用系统从设计、实施到运维的全过程和一般的软件系统设计、开发和运维有许多相似之处,但更有其自身的一些特点。"三分技术,七分管理,十二分基础数据"是数据库设计的特点之一,因此数据的收集、整理、组织和不断更新是数据库建设中的重要环节。

早期数据库设计主要采用手工和经验相结合的方法,设计质量与设计人员的经验和水平有直接关系。缺乏科学理论和工程方法支持的数据库设计,质量难以保证。常常是数据库运行一段时间后会发现各种问题,需要进行修改甚至重新设计,增加了系统维护代价。为此,人们相继提出了各种数据库设计方法。例如,新奥尔良方法、基于E-R模型的设计方法、第三范式设计方法、面向对象的数据库设计方法、统一建模语言 UML(Unified Modeling Language)方法等。

实践表明,数据库设计是一项软件工程,开发过程遵循软件工程的一般原理和方法。数据库设计包括以下 6 个阶段:需求分析→概念结构设计→逻辑结构设计→物理结构设计→数据库实施→数据库运行和维护。设计一个完善的数据库应用系统不可能一蹴而就,它往往是这 6 个阶段的不断反复。

在数据库设计过程中,需求分析和概念结构设计可以独立于任何 DBMS 进行,逻辑结构设计和物理结构设计与选用的 DBMS 密切相关。若所设计的数据库应用系统比较复杂,则可借助数据库设计工具以提高数据库设计质量并减少设计工作量。例如,支持 60 多种 RDBMS,并提供 Eclipse 插件的 Power Designer;MySQL 数据库设计专用工具 Navicat for MySQL、MySQL Workbench 等。

1.3.1 数据库系统的需求分析

需求分析是整个设计过程的基础,是最困难和最耗时的一步。需求分析的结果是否准确反映用户的实际要求,将直接影响后面各阶段的设计,并影响到设计结果是否合理和实用。

设计人员要不断深入地与用户交流,逐步确定用户的实际需求,与用户达成共识,然后分析和表达这些需求,形成需求分析报告,即需求说明书。需求分析报告必须交给用户确认，用户认可之后才能开始下阶段的概念结构设计。

数据字典是进行详细的数据收集和数据分析所获得的主要成果。它是关于数据库中数据的描述，即元数据，而不是数据本身。数据字典在需求分析阶段建立，在数据库设计过程中不断修改、充实和完善。

【例 1-5】简要分析大学教务管理系统的功能需求。

大学教务管理系统的设计目标是对高校的学院、专业、课程、教师、学生、学生成绩等进行信息化管理，以方便用户使用并能提高工作效率。该系统的基本要求是采用 Access 关系数据库管理系统对教务信息进行管理，要考虑数据库的完整性要求，保证数据的一致性；要能够方便快捷地查询到相关的教务信息：各学院教务信息、专业信息、课程信息、教师基本信息、学生基本信息、选课成绩等，并且能够对这些信息进行增加、删除、修改、统计分析、打印存档等操作。

1.3.2 概念结构设计

将需求分析得到的用户需求抽象为概念模型的过程就是概念结构设计。

概念模型是各种数据模型的共同基础，它比数据模型更独立于机器、更抽象，从而更加稳定。描述概念模型的常用工具是 E-R 图。

E-R 图是数据库设计中广泛使用的数据建模工具。它所表示的概念模型与具体的 DBMS 所支持的数据模型相独立，是各种数据模型的共同基础。

概念结构设计时，要对各种需求分而治之，即先分别考虑各个用户的需求，形成局部的概念模型，也称局部 E-R 图，再根据实体间联系的类型，将它们综合为一个全局的结构。全局 E-R 图要支持所有局部 E-R 图，能合理地抽象出一个完整的信息世界的结构，即概念模型。

概念模型是对用户需求的客观反映，不涉及具体的计算机软硬件。因此，在概念结构设计阶段只需要关注怎样表达出用户对信息的需求，不需要考虑具体的实现问题。

【例 1-6】按照例 1-5 中的需求分析，设计大学教务管理系统全局 E-R 图。

大学教务管理系统全局 E-R 图如图 1-14 所示，有学院、专业、课程、教师、学生 5 个实体；实体之间通过联系相关联，联系的命名要反映联系的语义，通常采用动词命名。联系本身也可以产生属性，如"选课"联系有"成绩"属性。

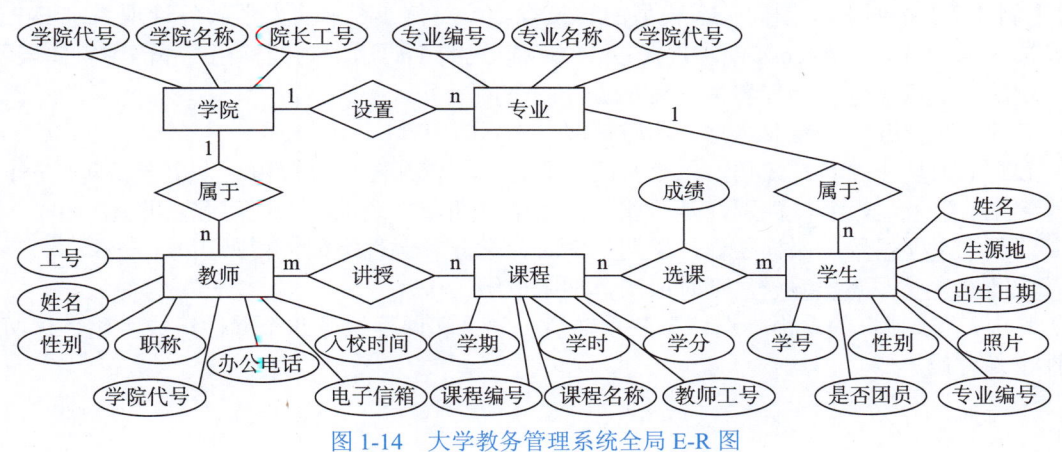

图 1-14 大学教务管理系统全局 E-R 图

1.3.3 逻辑结构设计

概念结构是独立于任何一种数据模型的信息世界的结构，逻辑结构设计的任务是把概念结构设计阶段得到的 E-R 图转换为逻辑结构，这个逻辑结构要与选用的 DBMS 产品的数据模型相符合。当前的数据库应用系统大都采用支持关系数据模型的 RDBMS，以下只讨论 E-R 图向关系数据模型的转换原则和方法。

1. E-R 图向关系模型的转换

E-R 图由实体型、实体的属性和实体型之间的联系 3 个要素组成，因此将 E-R 图转换为关系模型要解决的问题是：如何将实体型和实体型之间的联系转换为关系模式，如何确定这些关系模式的属性和码。

转换遵循的原则是：
- 一个实体型转换为一个关系模式，实体的属性就是关系的属性，实体的码就是关系的码。
- 实体型之间不同类型联系的转换规则如下。

(1) 一个 1:1 联系可以转换为一个独立的关系模式，也可以与任意一端对应的关系模式合并。如果转换为一个独立的关系模式，则与该联系相连的各实体的码及联系本身的属性均转换为关系的属性，每个实体的码均是该关系的候选码。如果与某一端实体对应的关系模式合并，则需要在该关系模式的属性中加入另一个关系模式的码和联系本身的属性。

(2) 一个 1:n 联系可以转换为一个独立的关系模式，也可以与 n 端对应的关系模式合并。如果转换为一个独立的关系模式，则与该联系相连的各实体的码及联系本身的属性均转换为关系的属性，而关系的码为 n 端实体的码。

(3) 一个 m:n 联系转换为一个关系模式，与该联系相连的各实体的码及联系本身的属性均转换为关系的属性。各实体的码组成关系的码或关系码的一部分。

(4) 三个或三个以上实体间的一个多元联系可以转换为一个关系模式。与该多元联系相连的各实体的码及联系本身的属性均转换为关系的属性，各实体的码组成关系的码或关系码的一部分。

(5) 具有相同码的关系模式可以合并。

【例 1-7】按照 E-R 图向关系模型的转换规则，将例 1-6 中的大学教务管理系统 E-R 图转换成关系模式，在 Access 中实现。以下关系模式的主码用下画线标出，外码用斜体表示。

学院(<u>学院代号</u>，学院名称，*院长工号*，…)

专业(<u>专业编号</u>，专业名称，*学院代号*，…)

教师(<u>工号</u>，姓名，性别，入校时间，职称，*学院代号*，办公电话，电子信箱，…)

学生(<u>学号</u>，姓名，性别，是否团员，出生日期，生源地，*专业编号*，照片，…)

课程(<u>课程编号</u>，课程名称，学期，学时，学分，课程类型，*教师工号*，…)

成绩(<u>学号</u>，<u>*课程编号*</u>，平时成绩，期末成绩，…)

其中，"成绩"关系由"选课"联系转换，学号和课程编号两个属性组成主码，这两个属性也是外码。

2. 关系模型的优化

数据库逻辑设计的结果不是唯一的。为了进一步提高数据库应用系统的性能，还需要依据应用需要适当地修改、调整数据模型的结构，即进行数据模型的优化。关系数据模型的优化通常以规范化理论为指导。一个"好"的关系模型应该是数据冗余尽可能少，且不会发生插入异常、删除异常和更新异常等问题。

设计关系数据库时，关系模式必须满足一定的规范化要求。在关系数据库理论中，这种规则称为范式 NF(Normal Form)。范式是符合某一种级别的关系模式的集合，目前关系数据库有 6 种范式：第一范式 (1NF)、第二范式 (2NF)、第三范式 (3NF)、Boyce-Codd 范式 (BCNF)、第四范式 (4NF) 和第五范式 (5NF)。满足最低要求的范式是第一范式 (1NF)。在第一范式的基础上进一步满足更多要求的称为第二范式 (2NF)，其余范式以此类推。一般情况下，数据库只需要满足第三范式 (3NF) 即可。

所谓第几范式原本是表示关系的某一种级别，所以常称某一关系模式 R 为第几范式。现在则把范式这个概念理解成符合某一种级别的关系模式的集合，即 R 为第几范式就可以写成 R ∈ xNF。

对于各种范式之间的关系有 5NF ⊂ 4NF ⊂ BCNF ⊂ 3NF ⊂ 2NF ⊂ 1NF 成立。一个低一级范式的关系模式通过模式分解 (schema decomposition) 可以转换为若干个高一级范式的关系模式的集合，这个过程就叫规范化 (normalization)。

1) 函数依赖

在数据库设计中，除实体型之间存在着联系外，在属性之间还存在着一定的依赖关系。由此引入了属性间的函数依赖概念。

定义 1-1 关系中的主码 X 有一取值，随之确定了关系中的非主属性 Y 的值，则称关系中的非主属性 Y 函数依赖于主码 X，或称属性 X 函数决定属性 Y，记作 X → Y。其中 X 称为决定因素，Y 称为被决定因素。

函数依赖又分为非平凡的函数依赖和平凡的函数依赖；从性质上还可以分为完全函数依赖、部分函数依赖和传递函数依赖。

例如，在设计"学生"表时，一个学生的学号能决定学生的姓名，也可称姓名属性依赖于学号。现实生活中，如果知道一个学生的学号，就一定能知道学生的姓名，这种情况就称姓名依赖于学号，记作：学号→姓名。

2) 第一范式 (1NF)

定义 1-2 如果一个关系模式 R 的所有属性都是不可分的基本数据项，则称 R 属于第一范式的关系模式，记为 R ∈ 1NF。

当一个关系中不存在组合数据项和多值数据项，只存在不可分的数据项时，这个关系是规范化的。在关系数据库中，1NF 是对关系模式的基本要求。

【例 1-8】有一个"选课"关系由"学号"和"课程编号"两个属性组成，每个学生可以选择多门课程，如表 1-10 所示，"课程编号"列中出现了多个值的情况，是非规范化的关系。规范化为 1NF 后，如表 1-11 所示。

表 1-10　不满足 1NF 的关系

学号	课程编号
S1701001	C0101，C0102，C0103
S1701002	C0101，C0102

表 1-11　满足 1NF 的关系

学号	课程编号
S1701001	C0101
S1701001	C0102
S1701001	C0103
S1701002	C0101
S1701002	C0102

3) 第二范式 (2NF)

定义 1-3　如果关系模式 R ∈ 1NF，且 R 中的每一个非主属性都完全函数依赖于主码，则称 R 属于第二范式的关系模式，记为 R ∈ 2NF。

2NF 要求关系中的非主属性(不能用作候选码的属性)完全依赖于主码。所谓完全依赖，是指不能存在仅依赖主码一部分的属性。如果存在，则这个属性和主码的这一部分应该分离出来形成一个新关系，新关系与原关系之间是一对多的联系。

【例 1-9】以下选课关系模式在实际应用中存在问题，请将之规范化为 2NF。

选课(<u>学号</u>，<u>课程编号</u>，成绩，学分)

此选课关系中，主码为学号和课程编号组合属性。实际应用中存在数据冗余、更新异常、插入异常、删除异常等问题。

(1) 数据冗余：若同一门课有 61 个学生选修，则这门课相同的学分就重复了 60 次。

(2) 更新异常：若某门课程的学分变化了，则相应元组的所有学分值都要更新，有可能遗漏，出现同一门课学分不同的错误。

(3) 插入异常：若计划开设新课，由于没有学生选修，没有学生的学号，则只能等有人选修时才能把课程编号和学分信息存入。

(4) 删除异常：若学生已经结业，要从当前数据库删除选修记录，而此课程新生尚未选修，则此课程编号和学分信息无法保存。

解决方法：将原"选课"关系分解成以下两个新关系模式，即可满足 2NF 的要求。

课程(<u>课程编号</u>，学分)

成绩(<u>学号</u>，<u>课程编号</u>，成绩)

4) 第三范式 (3NF)

定义 1-4　如果关系模式 R ∈ 2NF，且 R 中的每一个非主属性都不传递函数依赖于任何主码，则称 R 属于第三范式的关系模式，记为 R ∈ 3NF。

所谓传递函数依赖，是指如果存在 A → B → C 的决定关系，则 C 传递函数依赖于 A。

【例 1-10】以下学生关系模式在实际应用中存在问题，请将之规范化为 3NF。

学生(<u>学号</u>，姓名，专业编号，专业名称，专业负责人)

此关系中的专业编号、专业名称和专业负责人等信息会重复存入，有大量的数据冗余；插入、删除和更新时也将产生数据异常的情况。这是由于关系中存在传递依赖造成的，即学号→专业编号、专业编号→专业负责人，但"学号"不直接决定非主属性"专业负责人"，而是通过"专业编号"传递依赖实现的，不满足 3NF 的要求。

解决方法：将原"学生"关系分解成以下两个新关系模式，即可满足 3NF 的要求。

学生 (<u>学号</u>，姓名，专业编号)

专业 (<u>专业编号</u>，专业名称，专业负责人)

由以上分析可知，部分函数依赖和传递函数依赖是产生数据冗余、异常的两个重要原因，3NF 消除了大部分冗余、异常，具有较好的性能。

综上所述，关系数据模型的优化通常以规范化理论为指导，按照以下方法：

(1) 确定数据依赖。写出每个数据项之间的数据依赖，按需求分析阶段得到的语义，分别写出每个关系模式内部各属性之间的数据依赖，以及不同关系模式属性之间的数据依赖。

(2) 对于各关系模式之间的数据依赖进行极小化处理，消除冗余的数据联系。

(3) 按照函数依赖理论对关系模式逐一进行分析，考察是否存在部分函数依赖、传递函数依赖、多值函数依赖等，确定各关系模式属于第几范式。

(4) 根据需求分析阶段得到的处理要求，分析在应用环境中这些模式是否合适，确定是否对某些模式进行合并或分解。

必须注意，并不是规范化程度越高的关系就越优。例如，当查询经常涉及两个或多个关系模式的属性时，系统经常进行连接运算，而连接运算的代价相当高，关系模型低效的主要原因之一就是连接运算。这时可以考虑将几个关系合并为一个关系。因此在这种情况下，2NF 甚至 1NF 也许是合适的。对于一个具体应用，到底规范化到什么程度，需要权衡响应时间和潜在问题两者的利弊。

(5) 对关系模式进行必要分解，提高数据操作效率和存储空间利用率。常用的分解方法是水平分解和垂直分解。

水平分解是把基本关系的元组分为若干个子集合，定义每个子集合为一个子关系，以提高系统的效率。垂直分解是把关系模式 R 的属性分解为若干子集合，形成若干子关系模式。

3. 设计用户子模式

将概念模型转换为全局逻辑模型之后，还应根据局部应用需求，结合具体关系数据库管理系统的特点设计用户的外模式。RDBMS 一般都提供了视图概念，可以利用这一功能设计更符合局部用户需要的用户外模式。

定义数据库全局模式主要从系统的时间效率、空间效率、易维护等角度出发。从数据库系统的三级模式结构 (见图 1-4) 可知，由于用户外模式与模式是相对独立的，在定义用户外模式时可以考虑用户的使用习惯和使用的便捷性。

(1) 使用更符合用户习惯的别名。用视图机制可以在设计用户视图时重新定义某些属性名，使其与用户习惯一致，以方便用户使用。

(2) 可以对不同级别的用户定义不同的视图，以保证系统的安全性。

(3) 简化用户对系统的使用。如果某些局部应用中经常要用到某些复杂的查询，则可将这些复杂的查询定义为视图，用户每次只对定义好的视图查询，这可以极大简化用户的使用。

1.3.4 物理结构设计

数据库在物理设备上的存储结构与存取方法称为数据库的物理结构，它依赖于选定的 DBMS。数据库的物理结构设计是为一个给定的逻辑数据模型选取一个最适合应用要求的物理结构的过程。

数据库的物理结构设计通常分为两步。

(1) 确定数据库的物理结构，通常关系数据库物理设计的内容主要包括：为关系模式选取存取方法，以及设计关系、索引等数据库文件的物理存储结构。

(2) 对物理结构进行评价，评价的重点是时间效率、空间效率、维护代价和各种用户要求。

评价物理数据库的方法完全依赖于所选用的 RDBMS，主要从定量估算各种方案的存储空间、存取时间和维护代价入手，对估算结果进行权衡、比较，选择出一个较优的、合理的物理结构。

若评价结果满足原设计要求，则可进入物理实施阶段，否则，需要重新设计或修改物理结构，有时甚至要返回逻辑设计阶段修改数据模型。

1.3.5 数据库的实施

完成数据库的物理结构设计之后，设计人员要用 RDBMS 提供的数据定义语言和其他实用程序将数据库逻辑设计和物理设计结果严格描述出来，成为 RDBMS 可以接受的源代码，再经过调试产生目标模式，然后组织数据入库，并进行试运行。

数据入库十分费时费力。由于一般数据库系统中数据量很大，而数据来源于不同部门，数据的组织方式、结构和格式往往与新设计的数据库系统有差距。组织数据输入要将各类源数据从各个局部应用中抽取出来，输入计算机，再分类转换，最后综合成符合新设计的数据库结构的形式。

在原有系统的数据有一小部分已输入数据库后，就可以开始对数据库系统进行联合调试，即试运行。试运行阶段要实际运行数据库应用程序，执行对数据库的各种操作，测试应用程序的功能是否满足设计要求，若不满足，则要对应用程序进行修改、调整，直到达到设计要求；还要测试系统的性能指标，分析其是否达到设计目标。一般情况下，设计时的考虑在许多方面只是近似评估，与实际系统运行总有一定的差距，因此必须在试运行阶段实际测量和评价系统性能指标。事实上，有些参数的最佳值往往是经过运行调试后找到的。如果测试的结果与设计目标不符，则要返回物理设计阶段重新调整物理结构，修改系统参数，有时甚至要返回逻辑设计阶段修改逻辑结构。

1.3.6 数据库的运行和维护

数据库应用系统试运行合格后，数据库开发工作基本完成，就可以投入正式运行。但是由于应用环境在不断变化，数据库运行过程中物理存储也会不断变化，对数据库设计进行评价、调整、修改等维护工作是一个长期的任务，也是设计工作的继续和提高。

在数据库运行阶段，对数据库经常性的维护工作主要由 DBA 完成。数据库的维护包括：数据库的转储和恢复，数据库的安全性、完整性控制，数据库性能的监督、分析和改造，数据库的重组织与重构造。

随着时间的推移，数据库应用环境会发生变化，例如，增加了新的应用或新的实体，取消了某些应用，有的实体与实体间的联系也发生了变化等，使原有的数据库设计不能满足新的需求，需要调整数据库的模式和内模式等。有时还需要进行数据库的重新构造，但数据库的重构也是有限的，只能做部分修改。如果应用变化太大，重构也无济于事，则说明此数据库应用系统的生命周期已结束，应该设计新的数据库系统。

1.4 本章小结

"合抱之木，生于毫末；九层之台，起于累土；千里之行，始于足下。"以科学的态度对待科学，以真理的精神追求真理。本章是学习数据库的基础，也是全书的理论基础。诞生于 20 世纪 60 年代末期的数据库技术有坚实的理论基础、成熟的商业产品和广泛的应用领域。本章引用了近年来我国颁布的一系列国家政策和标准，以及多位中外著名数据库专家的观点，遵循《全国计算机等级考试二级 Access 数据库程序设计考试大纲 (2025 年版)》的要求，对数据库基础理论进行了概述。

本章 1.1 节从数据管理技术经历的三个阶段：人工管理阶段→文件系统阶段→数据库系统阶段，引入了与数据库技术密切相关的基本术语：数据、大数据、数据库、数据库管理系统 DBMS 和数据库系统 DBS，介绍了信息、数据仓库、事务、索引、元宇宙等概念，着重说明了数据库系统的三级模式结构——外模式 - 模式 - 内模式，以及两层映像——外模式 / 模式映像和模式 / 内模式映像。本节对国产数据库的发展历程、两个数据厂商和开源数据库 OceanBase 和 openGauss 进行了简要介绍，并向奋斗在国产数据库研发一线的技术人员和立志创造优秀国产数据库产品的企业致敬。

本章 1.2 节从现实世界→信息世界→机器世界入手，按数据模型的分层，讨论了概念数据模型、逻辑数据模型和物理数据模型。逻辑模型中介绍了层次模型、网状模型、关系模型、面向对象模型、对象关系模型和 XML 模型。重点论述了概念模型的表示方法 E-R 图，关系模型的基本术语、性质和关系的三个完整性规则：实体完整性、参照完整性和用户自定义完整性。

本章 1.3 节从开发者的角度，介绍了数据库应用系统设计的 6 个阶段：需求分析→概念结构设计→逻辑结构设计→物理结构设计→数据库实施→数据库运行和维护。设计一个完善的数据库应用系统不可能一蹴而就，它往往是这 6 个阶段的不断反复。

按照章节顺序可总结出 9 个"三"：①数据管理技术经历三个阶段：人工管理、文件系统和数据库系统。②数据库系统的三级模式结构：外模式 (又称用户模式或子模式)、模式 (又称概念模式或逻辑模式) 和内模式 (又称存储模式)。③三个世界：现实世界、信息世界 (又称概念世界) 和数据世界 (又称机器世界或计算机世界)。④数据模型的三要素：数据结构、数据操作和数据完整性约束。⑤数据模型分为三层：按数据抽象的不同级别，分为概念数据模型、逻辑数据模型和物理数据模型。⑥ E-R 模型的三个基本要素：实体型 (用矩形表示)、属性 (用椭圆形表示) 和联系 (用菱形表示)。⑦两实体间的联系分为三种：一对一 (1:1)、一对多 (1:n) 和多对多 (m:n)。⑧掌握三种关系运算：选择运算、投影运算和连接运算。⑨关系模型的三个完整性规则：实体完整性、参照完整性和用户自定义完整性。

本章不仅阐述了数据库系统的核心理论，也涉及数据库领域的新成果、新标准和应用的新方向，提到多位中外杰出人物的姓名，读者可以自行查阅资料，进一步了解他（她）们的生平。

> **拓展阅读**
>
> 　　坚持守正创新是进一步全面深化改革必须牢牢把握、始终坚守的重大原则。守正和创新是辩证统一的，只有守正才能保证创新始终沿着正确方向前进，只有持续创新才能更好地守正。
> 　　我们要以一往无前的胆魄和勇气，顺应时代发展新趋势、实践发展新要求、人民群众新期待，大力推进理论创新、实践创新、制度创新、文化创新，以及其他各方面创新，为中国式现代化提供强大动力和制度保障。
> 　　资料来源：2025年1月16日出版的第2期《求是》杂志，中共中央总书记、国家主席、中央军委主席习近平的重要文章《进一步全面深化改革中的几个重大理论和实践问题》。

1.5 思考与练习

1.5.1 选择题

1. 数据库中存储的是（　　）。
   A. 数据库应用程序　　　　　　　　　　B. 数据模型
   C. 数据库管理系统　　　　　　　　　　D. 数据及数据之间的关系
2. 在数据库系统的三级模式结构中，描述数据物理结构和存储方式的是（　　）。
   A. 外模式　　　　B. 概念模式　　　　C. 内模式　　　　D. 关系模式
3. 按照数据抽象的不同级别，数据模型可分为三种模型，它们是（　　）。
   A. 小型、中型和大型模型　　　　　　　B. 网状、环状和链状模型
   C. 层次、网状和关系模型　　　　　　　D. 概念、逻辑和物理模型
4. E-R 模型适用于建立数据库的（　　）。
   A. 概念模型　　　　B. XML 模型　　　　C. 层次模型　　　　D. 物理模型
5. 在 E-R 模型中，表示属性的图形是（　　）。
   A. 菱形　　　　B. 椭圆形　　　　C. 矩形　　　　D. 直线
6. 用二维表来表示实体及实体间联系的数据模型是（　　）。
   A. XML 模型　　　　B. 层次模型　　　　C. 关系模型　　　　D. 网状模型
7. 在关系模型中，（　　）的值能唯一标识一个元组。
   A. 分量　　　　B. 索引　　　　C. 外码　　　　D. 主码

8. 下列实体之间存在多对多联系的是（　　）。
   A. 宿舍与学生　　　　B. 学生与课程　　　　C. 病人与病床　　　　D. 公司与职工
9. 一支球队由一名主教练、一名队医和若干球员组成，则队医和球员是（　　）联系。
   A. 一对一　　　　　　B. 一对多　　　　　　C. 多对一　　　　　　D. 多对多
10. 下列选项不属于关系运算的是（　　）。
    A. 连接　　　　　　　B. 投影　　　　　　　C. 比较　　　　　　　D. 选择
11. openGauss 是一款开源的（　　）数据库管理系统。
    A. 关系　　　　　　　B. 内存　　　　　　　C. 向量　　　　　　　D. 网状
12. （　　）是国家基础战略性资源和重要生产要素。
    A. 向量　　　　　　　B. 数据　　　　　　　C. 信息　　　　　　　D. AI

1.5.2　填空题

1. 数据库系统 DBS 的核心组成部分是_____，其英文缩写是_____。
2. 层次模型、网状模型和关系模型的数据结构依次是_____、_____和_____。
3. 关系数据库系统采用_____作为数据的组织方式。
4. 将 E-R 模型转换为关系模式时，实体和联系都可以表示为_____。
5. _____是指用户的应用程序与数据库中数据的物理存储是相互独立的。
6. 在数据库运行阶段，对数据库经常性的维护工作主要由_____完成。
7. 数据独立性是指_____和数据的组织结构相互独立的特性。
8. 在关系数据库的基本操作中，从表中抽取属性值满足条件列的操作称为_____。
9. 实体与实体之间的联系有_____、_____和_____3 种。
10. "顾客"与"商品"两个实体集之间的联系一般是_____。
11. 一个关系表的行称为_____或_____。
12. 自然连接是_____的等值连接。
13. 目前蚂蚁集团、网商银行的全部核心系统都由_____数据库支撑。
14. 2021 年 6 月 10 日，第十三届全国人民代表大会常务委员会第二十九次会议通过《中华人民共和国_____法》，规范数据处理活动，保障数据安全，促进数据开发利用，保护个人、组织的合法权益，维护国家主权、安全和发展利益。
15. 我国著名科学家钱学森在 1990 年将虚拟现实技术的元宇宙翻译为_____。
16. 由 2023 年 3 月组建的_____等 17 个部门联合发布《"数据要素 ×"三年行动计划 (2024—2026 年)》。

1.5.3　简答题

1. 请简述数据库系统的组成，并解释各组成部分的作用。
2. 数据库系统的三级模式结构和两层映像是什么？这两层映像的作用分别是什么？
3. E-R 模型有什么作用？构成 E-R 模型的基本要素是什么？
4. "一把钥匙开一把锁"中的钥匙和锁是两个实体，它们之间存在什么联系？
5. 数据模型在数据库设计中起什么作用？

6. 试述关系模型主要术语的含义。

7. 什么是关系的完整性？试举例说明关系的完整性约束条件。

8. 试述数据库应用系统的设计过程。

9. 我国数据管理经历了怎样的发展历程？

10. openGauss 是何企业研发的数据库管理系统？其资源包可以从哪里获取？

11. 本章中提及了哪些杰出人物？试简述中外两位人物的主要贡献。

12. 试用关系模式的规范化理论分析表 1-12 存在的问题，并将此学生成绩信息表分解成符合范式要求的关系模式。

表 1-12　学生成绩信息表

学号	姓名	专业	课程成绩						
			课程名	学时	学分	学期	任课教师编号	教师姓名	成绩
S001	刘英	SE	DB	64	4	3	T009	何宾先	90
⋮	⋮	⋮	⋮	⋮	⋮	⋮	⋮	⋮	⋮

第 2 章 "人工智能+" 数据技术

知识目标

1. 了解人工智能的定义、诞生与发展方向。
2. 熟悉人工智能的主要学派与重要分支。
3. 了解国家数据基础设施的内涵与总体技术架构。
4. 了解我国数据库产业现状。
5. 掌握数据库关键技术发展趋势。

素质目标

1. 培养学生的全球化视野和社会主义核心价值观。
2. 培养学生的批判性思维和传承中华文化的意识。

学习指南

本章的重点是 2.1 节、2.2 节和 2.4 节，难点是 2.4 节。

本章涉及人工智能和数据库的新技术，新名词较多，建议读者参看思维导图并利用 AI 工具辅助学习，提升学习效率。百度的文心一言、字节跳动的豆包、阿里巴巴的通义千问、华为的盘古、腾讯的混元、科大讯飞的星火认知、智谱 AI 的智谱清言、月之暗面的 Kimi、昆仑万维的天工 AI、360 的纳米搜索等 AI 工具注册后即可使用。本教程所有章节的学习，除了用传统的学习方式，还建议使用以上的国产 AI 工具给学习赋能。

思维导图

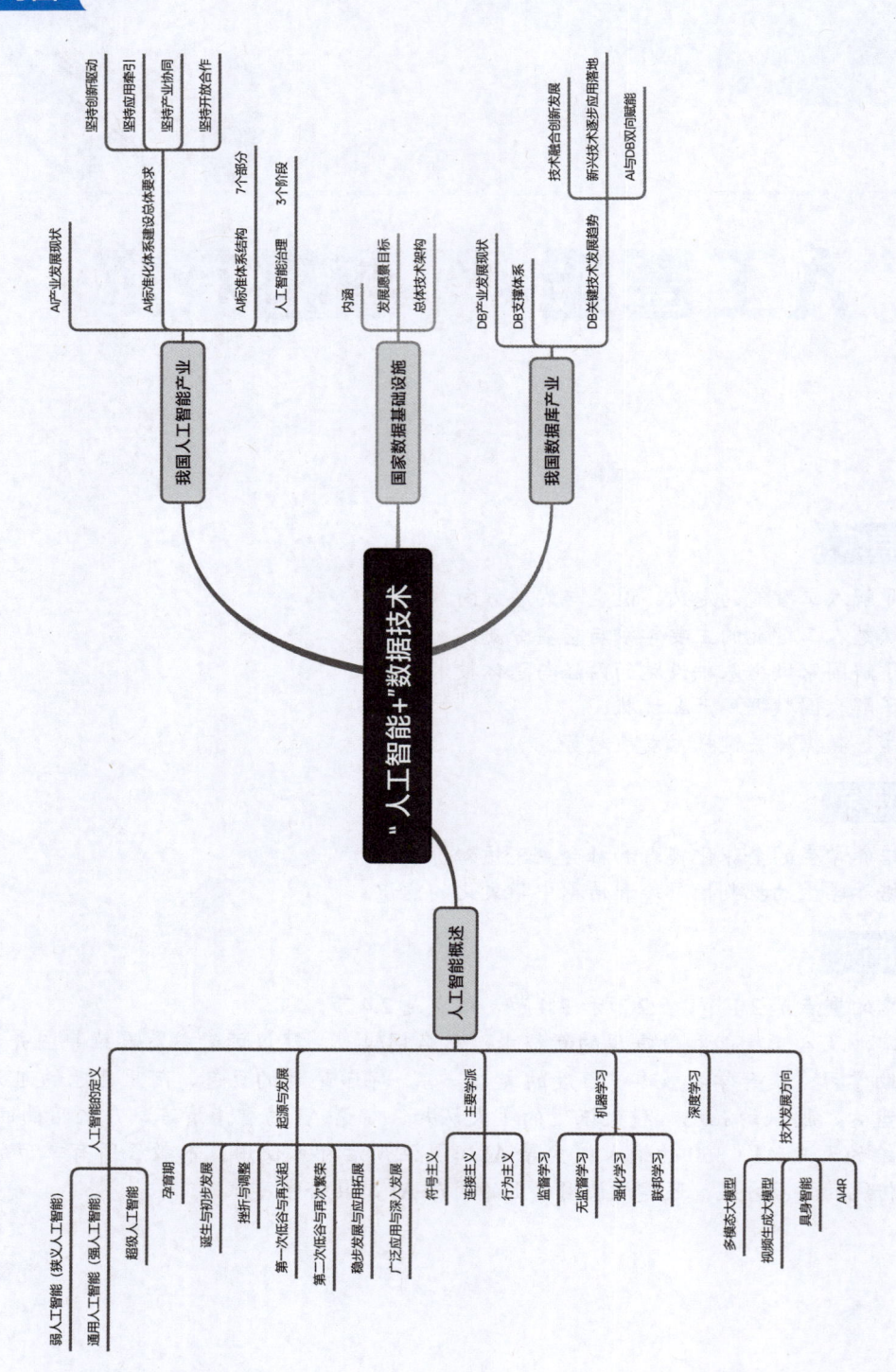

"人工智能 +" 数据技术

  为贯彻落实《国务院关于印发新一代人工智能发展规划的通知》(国发〔2017〕35 号), 2018 年教育部制定《高等学校人工智能创新行动计划》,该计划在加强重点领域应用中提及实施"人工智能 +"行动。

  2024 年 3 月 5 日,国务院《政府工作报告》明确指出:"深化大数据、人工智能等研发应用,开展'人工智能 +'行动,打造具有国际竞争力的数字产业集群。"这一政策导向为"人工智能 +"的发展提供了坚实的基础和广阔的空间。

  2024 年 3 月教育部正式启动人工智能赋能教育行动,宣布在国家智慧教育平台 (https://www.smartedu.cn/AIEducation) 上线"AI 学习"专栏,启动实施教育系统人工智能大模型应用示范行动。7 月,教育部宣布将打造人工智能通识课程体系,赋能理工农医文等各类人才培养。12 月,教育部吴岩副部长在 2024 世界慕课与在线教育大会指出,中国高等教育数字化秉持集成化、智能化、国际化的"3I"理念,坚持应用为王、共建共享、系统集成、能力为重,实现数字技术与教育教学的深度融合,正在推进一场"学习革命",深化"教学革命",进而走向"教育革命",走出一条中国特色高等教育数字化发展道路。2024 年末,国家终身教育智慧教育平台 (https://lifelong.smartedu.cn/home) 上线,主页设置人工智能专题。

  2025 年 1 月全国科学技术名词审定委员给出"人工智能 +"的含义:指将人工智能技术与各行各业深度融合,推动产业转型升级和创新发展的一种理念与实践。它不仅是将人工智能应用于某一特定领域,而是通过技术的集成与创新,实现对传统行业的全面赋能与重构。人工智能作为数字基础设施建设的重要组成部分,是新一轮科技革命和产业革命的核心驱动力。从技术层面来看,"人工智能 +"强调人工智能与其他先进技术协同发展,如与物联网、大模型、云计算等结合,形成综合性的技术解决方案。

2.1 人工智能概述

2.1.1 人工智能的定义

  人工智能 (Artificial Intelligence,AI) 自 1956 年诞生以来,引起了众多学科和不同专业背景的学者、企业家及各国政府的空前重视,已成为一门具有日臻完善的理论基础、日益广泛的应用领域和广泛交叉的前沿学科。像许多新兴学科一样,人工智能至今尚无统一定义。

  现行国家标准 GB/T 11457—2006《信息技术 软件工程术语》对人工智能的定义:"计算机科学的一个分支,专门研制执行通常与人的智能有关联的功能 (例如,推理、学习和自改进) 的数据处理系统;某一设备执行通常与人的智能有关联的功能 (例如,推理、学习和自改进) 的能力。" GB/T 41867—2022《信息技术 人工智能 术语》中的相关内容:"人工智能系统 (artificial intelligence system) 是针对人类定义的给定目标,产生诸如内容、预测、

45

推荐或决策等输出的一类工程系统。""人工智能计算资源包括中央处理单元(CPU)、图形处理单元(GPU)、神经网络处理单元(NPU)、现场可编程逻辑门阵列(FPGA)、数字信号处理器(DSP)、专用集成电路(ASIC)等。"

行业标准 YD/T 4994—2024《移动智能终端人工智能应用的个人信息保护技术要求及评估方法》对人工智能的表述:"能以人类智能(如推理和学习)相似的方式做出反应的计算机程序,包括语音识别、图像识别、自然语言处理和专家系统等。"

百度百科的人工智能定义:研究、开发用于模拟、延伸和扩展人的智能的理论、方法、技术及应用系统的一门新的技术科学。维基百科的人工智能定义:人工智能是计算机科学的一个分支,它企图了解智能的实质,并生产出一种新的能以人类智能相似的方式做出反应的智能机器。人工智能从诞生以来,理论和技术日益成熟,应用领域也不断扩大,可以设想,未来人工智能带来的科技产品,将会是人类智慧的"容器"。人工智能能够模拟人的意识和思维过程。人工智能不是人的智能,但能像人那样思考、也可能超过人的智能。

从宏观层面来看,人工智能可分为弱人工智能、通用人工智能和超级人工智能三个发展阶段。

(1) 弱人工智能(Narrow AI):也称狭义人工智能,是指专门针对特定任务的人工智能系统。例如,语音识别软件、推荐系统、自动驾驶汽车中的某些功能等。这些系统在特定任务上表现出色,但在其他领域则无法应用。

(2) 通用人工智能(Artificial General Intelligence,AGI):也称强人工智能,是指一种能够像人类一样思考、学习和执行多任务的人工智能系统,它具有高效的学习和泛化能力,能根据所处的复杂动态环境自主产生并完成任务,它具备自主感知、认知、决策、学习、执行和社会协作等能力,且符合人类情感、伦理和道德观念。全球生成式 AI 领军者 OpenAI 公司将 AGI 写在了自己的企业使命中。

(3) 超级人工智能(Artificial Superintelligence,ASI):是指在所有领域都远远超越人类智能水平的人工智能系统。这种系统不仅能够执行人类的所有任务,还能在这些任务上展现出前所未有的效率和创造力。ASI 目前还属于科幻和理论探讨的范畴。

2.1.2 人工智能的起源与发展

1. 孕育期(1956 年前)

人类对智能机器和人工智能的梦想和追求由来已久,可追溯到三千多年前。早在我国西周时期(公元前 1066—公元前 771 年)就有关于巧匠偃师献给周穆王一个能歌善舞的机械艺伎的记载。东汉时期(公元 25 年—220 年)杜诗发明了以水力为动力的鼓风机器"水排",用于冶金炉鼓风,大幅提高了冶炼效率;同时期张衡发明的指南车,通过精妙的齿轮传动系统实现定向功能,被视为最早的机器人雏形。图 2-1 所示为古代指南车复原模型。三国时期(公元 220 年—280 年)诸葛亮创造的木牛流马军粮运输装置,以其独特的机械结构和自主运动特性,堪称古代陆地军用机器人的杰出代表。这些古代智慧结晶,展现了中华民族在自动化机械领域的早期探索与卓越成就。

20 世纪初,乔治·布尔的《思维规律的研究》、德里希·弗雷格的《概念文字》、伯特兰·罗素和阿尔弗雷德·诺斯·怀特海的《数学原理》等著作在数理逻辑研究上取得重大突破，为人工智能的逻辑推理和符号处理奠定了理论基础。1943 年，沃伦·麦卡洛克和沃尔特·皮茨提出人工神经网络的概念并构建人工神经元的 MP 模型，开创了人工神经网络研究时代。1949 年，唐纳德·赫布出版《行为的组织》，提出 Hebb 学习规则，为机器学习中的人工神经网络的学习算法奠定基础。1950 年，阿兰·麦席森·图灵发表《计算机器与智能》(Computing Machinery and Intelligence) 论文，提出"图灵测试"，为判断机器是否具有智能提供了一种方法，被广泛认为是人工智能的开端，论文发表页面如图 2-2 所示。图灵被誉为人工智能之父。

图 2-1 指南车复原模型

图 2-2 阿兰·图灵的论文《计算机器与智能》

2. 诞生与初步发展 (1956 年至 20 世纪 60 年代末)

1956 年夏，年轻的数学助教约翰·麦卡锡和他的三位朋友马文·明斯基、纳撒尼尔·罗切斯特和克劳德·香农，邀请艾伦·纽厄尔和赫伯特·西蒙等科学家在美国的达特茅斯 (Dartmouth) 学院组织了一个夏季学术讨论班，历时两个月。参加会议的是在数学、神经生理学、心理学和计算机科学等领域从事教学和研究工作的学者，在会上第一次正式使用了人工智能这一术语，这标志着人工智能学科正式诞生。约翰·麦卡锡通常被认为是人工智能之父，因他首次提出"人工智能"概念，认为人工智能就是要让机器的行为看起来像是人类所表现出的智能行为一样；他还提出了"通用问题求解器"的概念，希望通过构建一种通用的算法，让计算机能够解决各种类型的问题。此外，他还开发了 LISP 编程语言，这是世界上最早的用于人工智能研究的编程语言之一，其灵活性使得它非常适合表达复杂的符号和操作，被广泛应用于 AI 研究，是人工智能发展的基石之一。

亚瑟·塞谬尔研制出具有自学能力的"跳棋程序"，能积累下棋经验、提高棋艺，开拓了"机器博弈""机器学习"方面的研究。

3. 挫折与调整 (20 世纪 60 年代末至 70 年代)

人们发现当时的计算机有限的内存和处理速度不足以解决实际的人工智能问题，也难以建立庞大的数据库帮助程序学习。由于研究进展未达预期，英国政府、美国国防部高级研究计划局等机构逐渐停止了对人工智能研究的资助。

尽管如此，这一时期仍有一些重要成果出现，如由斯坦福大学开发的第一个专家系统

DENDRAL 研制成功，标志着人工智能学科的新分支"专家系统"诞生；1972 年开始研制的医疗专家系统 MYCIN，主要用于辅助诊断和治疗细菌感染性疾病，它包含知识库（存储医学知识，如病原菌特性、药物抗菌谱等）、推理机（用于根据输入的患者症状等信息进行推理判断）等专家系统的典型组件该系统为其他专家系统的研究与开发提供了范例和经验。

4. 第一次低谷与再次兴起（20 世纪 70 年代至 80 年代末）

20 世纪 70 年代初开始，人工智能研究进入第一次寒冬，科学活动和商业活动衰退，持续近 20 年。

20 世纪 80 年代，卡耐基梅隆大学制造出可应用于工业领域的专家系统，企业和大学纷纷参与开发，世界 500 强企业中近一半都研制或使用了专家系统。同时，人工智能数学模型方面取得重大突破，1986 年的多层神经网络和 BP 反向传播算法，推动了神经网络技术的复兴。

5. 第二次低谷与再次繁荣（20 世纪 80 年代末至 90 年代末）

1987 年至 1993 年，苹果公司、IBM 推广的第一代台式机费用远低于专家系统的软硬件开销，专家系统实用性局限于特定情景，美国国防部高级研究计划局调整拨款方向，人工智能研究进入第二次寒冬。

1997 年，IBM 公司的"深蓝"电脑与国际象棋世界冠军卡斯帕罗夫对战并获得胜利，这是首个电脑系统在标准比赛时限内击败国际象棋世界冠军的事件，展示了人工智能在复杂任务处理上的能力。

6. 稳步发展与应用拓展（2000 年至 2022 年）

21 世纪初，卷积神经网络（Convolutional Neural Network，CNN）在图像识别任务上表现出色，推动了深度学习的兴起，为自动驾驶、医疗影像等应用奠定了基础。2011 年，IBM 公司的 Watson 在美国智力问答节目上击败两位人类冠军，展现了人工智能在自然语言处理和知识问答方面的能力。

人工智能在一些特定领域的应用逐渐成熟，如机器人技术的发展。美国 iRobot 公司推出了能避开障碍并自动设计行进路线的吸尘器机器人 Roomba。

2012 年 AlexNet 深度神经网络在 ImageNet 图像分类挑战赛上取得巨大成功，展示了深度神经网络在大型数据集上的强大表现，开启了深度学习的快速发展时代。2013 年，Facebook（现 Meta）、Google、百度等科技公司纷纷成立人工智能实验室或收购相关公司，加大在深度学习领域的投入。

2014 年聊天程序"尤金·古斯特曼"首次通过图灵测试。2015 年 Google 开源了第二代机器学习平台 TensorFlow。2016 年 Google 人工智能机器 AlphaGo 与世界围棋冠军李世石对弈，以 4:1 的总比分取得胜利，之后 AlphaGo 升级款又战胜了我国棋手柯洁，进一步证明了人工智能在复杂博弈领域的能力。

2017 年 Google 推出 Transformer 模型，为自然语言处理等领域带来重大变革。2018 年 OpenAI 公司开始推出以海量参数和强大生成能力著称的 GPT 系列模型，2020 年的 GPT-3 有 1750 亿参数，在自然语言理解、生成和总结等方面的表现接近人类水平。2022 年生成式人工智能（Generative AI）崛起，国内外掀起了一场大语言模型（Large Language

Model，LLM）浪潮，大语言模型的介绍与应用参见本书第 10 章。

7. 广泛应用与深入发展（2023 年至今）

2023 年大模型正式进入开源商用阶段，生成式预训练模型的应用成为人们日常生活中的热门工具，人工智能大规模应用元年到来。2024 年几乎所有重要的模型供应商都发布了多模态模型，人工智能正处于广泛应用与深入发展阶段，同时也在面临伦理、法律和社会影响等方面的挑战。未来，AI 的发展可能会更加注重可解释性、安全性，以及与人类的和谐共生。

2.1.3 人工智能的主要学派

目前人工智能的主要学术流派包括符号主义、连接主义和行为主义三种。这些学派各自拥有独特的理论基础、应用场景和技术手段，共同推动了人工智能技术的发展。三大主流学派的比较如表 2-1 所示。

表 2-1　人工智能三大主流学派的比较

比较内容	符号主义	连接主义	行为主义
别称	逻辑主义、心理学派或计算机学派	仿生学派、生理学派	进化主义、控制论学派
核心思想	模拟人脑思维的功能	模拟大脑神经网络的结构	模拟智能系统的行为
实现机制	模拟人脑思维流程，用符号表达方式来研究智能，实现搜索、推理、学习等能力	仿造人的神经系统，把人的神经系统的模型用计算的方式呈现，用它来仿造智能	基于自适应、自学习、自组织的感知 - 控制模型，模拟人在控制过程中的智能行为
面临问题	知识瓶颈	复杂性、算法黑箱	浅层智能
典型代表	机器定理证明	深度神经网络	波士顿后空翻机器人

1. 符号主义（Symbolism）

符号主义又称逻辑主义、心理学派或计算机学派。该学派认为人工智能源于数理逻辑，人的认知基元是符号，而且认知过程即符号操作过程。知识是信息的一种形式，是构成智能的基础，人工智能的核心问题是知识表示、知识推理和知识运用。

符号主义主要采用逻辑推理的方法来实现人工智能。例如，通过构建专家系统来模拟人类专家的知识和推理过程。专家系统中有一个知识库，里面存储了大量的规则和事实，以符号形式表示。当给定一个问题时，系统会根据这些规则和事实进行逻辑推理，从而得出结论。

符号主义在早期人工智能的发展中起到了关键作用。它推动了知识工程等领域的发展，使得许多基于规则的人工智能系统得以建立，为人工智能从理论走向实际应用迈出了重要的一步。在自然语言处理的早期阶段，符号主义方法也被用于语法分析和语义理解等方面。

2. 连接主义（Connectionism）

连接主义又称仿生学派或生理学派，其主要观点是人工智能可以通过模拟人脑的神经系统结构来实现。大脑是由神经元组成的复杂网络，神经元之间通过突触相互连接，智能活动是由大量神经元的集体活动所产生的。

连接主义的核心技术是人工神经网络。神经网络由大量的神经元节点组成，这些节点之间通过权重连接。在训练过程中，通过调整权重来学习输入和输出之间的关系。例如，在图像识别中，将大量的图像数据输入到神经网络中，神经网络通过反向传播算法等不断调整权重，使得对于不同的图像特征能够产生正确的分类输出。典型的神经网络结构卷积神经网络 CNN 在图像识别领域取得了巨大成功。

连接主义的发展推动了深度学习的兴起。随着计算能力的不断提升和大量数据的出现，神经网络能够学习到非常复杂的模式，在语音识别、图像识别、自然语言处理等诸多领域取得了突破性的成果。它改变了人工智能的发展方向，使得人工智能系统能够自动从数据中学习，而不是完全依赖人工编写的规则。

3. 行为主义 (Behaviourism)

行为主义又称进化主义或控制论学派，该学派认为智能行为可以在与环境的交互作用中不断进化和学习得到，强调智能是在感知环境和做出行动的循环过程中涌现出来的，而不是通过内在的符号表示或复杂的神经网络连接。

行为主义主要采用强化学习的方法。在强化学习中，智能体 (Agent) 在环境中采取行动，环境会根据智能体的行动给予奖励或惩罚，智能体通过不断尝试和调整自己的行为策略，以最大化长期累积奖励。例如，AlphaGo 通过强化学习与自我对弈的方式，不断学习围棋策略，根据胜负的反馈来调整下棋的策略，最终成为一个强大的围棋程序。

行为主义为机器人学和自适应控制系统的发展提供了重要的理论和方法支持。它使得智能体能够在复杂多变的环境中自主学习和适应，在自动驾驶、机器人导航等领域发挥着重要作用。通过强化学习方法开发的智能系统具有很强的适应性和灵活性，能够根据不同的环境和任务要求进行自我调整。

2.1.4 机器学习和深度学习

1. 机器学习 (Machine Learning)

机器学习是人工智能的一个重要分支，是一种能够根据输入数据训练模型的系统。它的主要目标是让计算机系统通过对模型进行训练，使计算机能够从新的或以前未见过的数据中得出有用的预测。

机器学习致力于研究如何通过计算的手段，利用经验来改善系统自身的性能。在计算机系统中，"经验"通常以"数据"形式存在。因此，机器学习所研究的主要内容是关于在计算机上从数据中产生"模型"(model) 的算法，即"学习算法"(learning algorithm)。有了学习算法，再把经验数据提供给它，它就能基于这些数据产生模型；在面对新的情况时，模型会提供相应的判断。

2. 深度学习 (Deep Learning)

深度学习是机器学习的一个子领域，其核心在于使用人工神经网络模仿人脑处理信息的方式，通过层次化的方法提取和表示数据的特征。虽然单层神经网络就可以做出近似预测，但是添加更多的隐藏层可以优化预测的精度和准确性。神经网络由许多基本的计算和存储单元组成，这些单元被称为神经元。神经元通过层层连接来处理数据，并且深度学习模型通常有很多层,因此被称为"深度"学习。深度学习模型能够学习和表示大量复杂的模式,在图像识别、语音识别和自然语言处理等任务中非常有效。

2.1.5 机器学习的类型

机器学习主要分为监督学习、无监督学习、强化学习和联邦学习等类型。图 2-3 所示为机器学习类型示意图。其中,监督学习就像一本有答案的教科书,模型可以从标记的数据中学习,即它有答案可以参考学习;无监督学习则更像一本无答案的谜题,模型需要自己在数据中找出结构和关系;介于两者之间的方法称为强化学习,其模型通过经验学习执行动作。

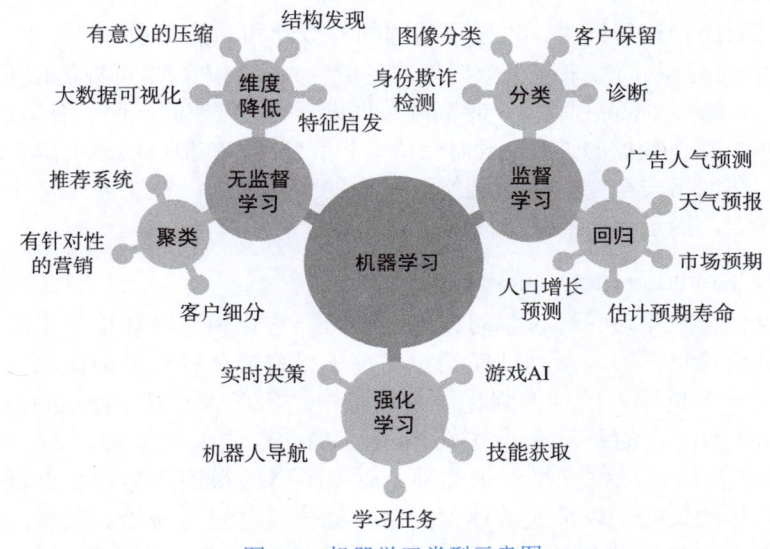

图 2-3 机器学习类型示意图

1. 监督学习 (Supervised Learning)

监督学习也称有导师学习或有监督学习,它使用已标记的训练数据,即数据集中的每个样本都包含输入特征和对应的输出标签(目标值)。模型的任务是学习输入和输出之间的映射关系,从而能够对新的输入数据进行准确的预测。

监督学习的主要类型是分类和回归。

在分类中,机器被训练成将一个组划分为特定的类,例如,邮件中的垃圾邮件过滤器分析用户以前标记为垃圾邮件的电子邮件,并将它们与新邮件进行比较,如果它们有一定的百分比匹配,则这些新邮件将被标记为垃圾邮件并发送到适当的文件夹中。又如,用很多猫猫狗狗的照片和照片对应的"猫""狗"标签进行训练,然后让模型根据没见过的照片判断照片中是猫还是狗。

在回归中,机器使用先前已标记的数据来预测未来。例如,使用气象事件的历史数据,如平均气温、湿度和降水量等,对未来天气进行预测。又如,使用一些房屋的特征数据,如面积、房间数量、房龄等和相应的房价作为标签进行训练,然后让模型根据没见过的房屋的特征预测房价。

2. 无监督学习(Unsupervised Learning)

无监督学习也称无导师学习或归纳性学习，它是利用未标记的数据进行学习的机器学习方法。在无监督学习中，数据没有预先定义的标签或目标值，模型需要自己发现数据中的结构、模式和规律。例如，给定一组用户的购物行为数据，无监督学习模型可以发现具有相似购物模式的用户群体，而不需要预先知道这些群体的定义。

无监督学习的主要类型是聚类、数据降维和异常检测。

聚类用于根据属性和行为对象进行分组。它与分类不同，因为这些组不是用户提供的。例如，在客户细分中，将具有相似特征的客户分为一组，以便企业进行针对性的营销；在生物学中，对基因序列进行聚类，以发现基因的相似性和功能类别。

数据降维通过找到共同点来减少数据集的变量。大多数大数据可视化技术使用降维来识别趋势和规则。在高维数据可视化中，将高维数据投影到低维空间，便于观察数据的分布和结构；在特征提取中，减少数据的维度，同时保留主要信息，能够提高后续机器学习模型的效率。

异常检测：在网络安全中，检测网络流量中的异常模式；在工业生产中，发现设备运行数据中的异常点，提示可能的故障。

3. 强化学习 (Reinforcement Learning)

强化学习也称再励学习、评价学习或增强学习，它让模型在环境里采取行动，获得结果反馈。模型从反馈里学习，从而能在给定情况下采取最佳行动来最大化奖励或是最小化损失。例如，在一个机器人控制的强化学习场景中，机器人 (智能体 agent) 在房间 (环境 environment) 中移动，它的每一个动作 (action)，如向前走、转弯等，都会得到一个奖励 (reward) 信号，如到达目标位置得到正奖励，碰撞障碍物得到负奖励，机器人通过不断尝试来学习最优的行动策略，以最快的速度到达目标位置并避免碰撞。又如，在一个游戏环境中，游戏的画面和游戏角色的状态构成环境状态，游戏角色的操作，如跳跃、攻击等，是动作空间，完成任务或获得高分得到正奖励，失败或扣分得到负奖励。

强化学习的主要应用场景是机器人控制、游戏行业和资源管理。

机器人控制：包括工业机器人的路径规划、无人机的自主飞行等，使机器人能够在复杂的环境中完成任务并避免危险。

游戏行业：训练游戏中的智能角色，如让游戏中的 NPC(Non-Player Character，非玩家角色) 能够根据环境和玩家的行为做出合理的反应；在棋类游戏中，训练智能体学会下棋策略。

资源管理：如数据中心的能源管理，通过调整服务器的工作状态来优化能源消耗，同时保证服务质量。

4. 联邦学习 (Federated Learning)

联邦学习由 Google AI 团队在 2016 年提出，主要是为了解决移动设备的模型训练问题，在保护用户隐私的同时进行模型协同训练。

联邦学习是指一种多个参与方在保证各自原始私有数据不出数据方定义的可信域的前提下，以保护隐私数据的方式交换中间计算结果，从而协作完成某项机器学习任务的模式。

例如，多个医院参与联邦学习，每个医院使用自己的患者数据在本地训练模型，然后将训练后的参数加密发送给一个中心服务器，中心服务器聚合这些参数得到一个更准确的疾病诊断模型，而在这个过程中患者的数据始终没有离开医院。

联邦学习的主要应用场景是隐私敏感和物联网领域。

隐私敏感领域：如金融行业，银行之间可以在不共享客户财务数据的情况下，共同训练风险评估模型；医疗行业，多家医疗机构可以联合训练疾病诊断或药物研发模型。

物联网 (Internet of Things，IoT) 领域：物联网是指通过各种信息传感器、射频识别技术、全球定位系统、红外感应器、激光扫描器等各种装置与技术，实时采集任何需要监控、连接、互动的物体或过程，采集其声、光、热、电、力学、化学、生物、位置等各种需要的信息，通过各类可能的网络接入，实现物与物、人与物之间的泛在连接，实现对物品和过程的智能化感知、识别和管理。大量的物联网设备，如智能家居设备、工业传感器等，可以通过联邦学习共同训练模型，用于设备故障预测、能源管理等，同时保护用户的隐私和设备数据安全。

2.1.6 AI 的技术发展方向

2024 年 4 月，中国工程院孙凝晖院士在十四届全国人大常委会举行的第十讲专题讲座《人工智能与智能计算的发展》中预测，人工智能的技术前沿将朝着以下 4 个方向发展。

1. 多模态大模型

从人类视角出发，人类智能是天然多模态的，人拥有眼、耳、鼻、舌、身、嘴 (语言)，从 AI 视角出发，视觉，听觉等也都可以建模为 token 的序列，可采取与大语言模型相同的方法进行学习，并进一步与语言中的语义进行对齐，实现多模态对齐的智能能力。

2. 视频生成大模型

OpenAI 公司于 2024 年 2 月发布文生视频模型 Sora，将视频生成时长从几秒钟大幅提升到一分钟，且在分辨率、画面真实度、时序一致性等方面都有显著提升。Sora 的最大意义是它具备了世界模型 (World Models) 的基本特征，即人类观察世界并进一步预测世界的能力。世界模型是建立在理解世界的基本物理常识之上，观察并预测下一秒将要发生什么事件。虽然 Sora 要成为世界模型仍然存在很多问题，但可以认为 Sora 具备了画面想象力和分钟级未来预测能力，这是世界模型的基础特征。

3. 具身智能

具身智能指有身体并支持与物理世界进行交互的智能体，如机器人、无人车等，通过多模态大模型处理多种传感数据输入，由大模型生成运动指令对智能体进行驱动，替代传统基于规则或者数学公式的运动驱动方式，实现虚拟和现实的深度融合。因此，具有具身智能的机器人，可以聚集人工智能的三大流派：以神经网络为代表的连接主义，以知识工程为代表的符号主义和控制论相关的行为主义，三大流派可以同时作用在一个智能体，预期会带来新的技术突破。

4. AI4R

AI4R(AI for Research) 已成为科学发现与技术发明的主要范式。由于人工智能大模型具有全量数据，具备上帝视角，借助深度学习的能力，人工智能大模型能够比人向前看更多步数。如果能实现从推断到推理的跃升，人工智能模型就有潜力具备像爱因斯坦那样的想象力和科学猜想能力，这将极大地提升人类科学发现的效率，打破人类的认知边界。

2.2 我国人工智能产业

为贯彻落实《国家标准化发展纲要》和《全球人工智能治理倡议》，进一步加强人工智能标准化工作系统谋划，加快构建满足人工智能产业高质量发展和"人工智能+"高水平赋能需求的标准体系，夯实标准对推动技术进步、促进企业发展、引领产业升级、保障产业安全的支撑作用，更好推进人工智能赋能新型工业化，2024年6月，工业和信息化部、中央网络安全和信息化委员会办公室、国家发展和改革委员会、国家标准化管理委员会等四部门印发了《国家人工智能产业综合标准化体系建设指南(2024版)》。本节内容主要来源于此指南。

2.2.1 AI产业发展现状

人工智能正成为发展新质生产力的重要引擎，加速与实体经济的深度融合，全面赋能新型工业化，深刻改变工业生产模式和经济发展形态，将对我国加快建设制造强国、质量强国、网络强国和数字中国发挥重要的支撑作用。

人工智能产业链包括基础层、框架层、模型层和应用层等4个部分。其中，基础层主要包括算力、算法和数据；框架层主要指用于模型开发的深度学习框架和工具；模型层主要指大模型等技术和产品；应用层主要指人工智能技术在行业场景的应用。

目前，我国人工智能产业在技术创新、产品创造和行业应用等方面实现了快速发展，形成庞大的市场规模。伴随以大模型为代表的新技术加速迭代，人工智能产业呈现出创新技术群体突破、行业应用融合发展、国际合作深度协同等新特点，亟需完善人工智能产业标准体系。

2.2.2 AI标准化体系建设总体要求

1. 坚持创新驱动

优化产业科技创新与标准化联动机制，加快人工智能领域关键共性技术研究，推动先进适用的科技创新成果高效转化成标准。

2. 坚持应用牵引

坚持企业主体、市场导向，面向行业应用需求，强化创新成果迭代和应用场景构建，协同推进人工智能与重点行业融合应用。

3. 坚持产业协同

加强人工智能全产业链标准化工作协同，加强跨行业、跨领域标准化技术组织的协作，打造大中小企业融通发展的标准化模式。

4. 坚持开放合作

深化国际标准化交流与合作，鼓励我国企事业单位积极参与国际标准化活动，携手全球产业链上下游企业共同制定国际标准。

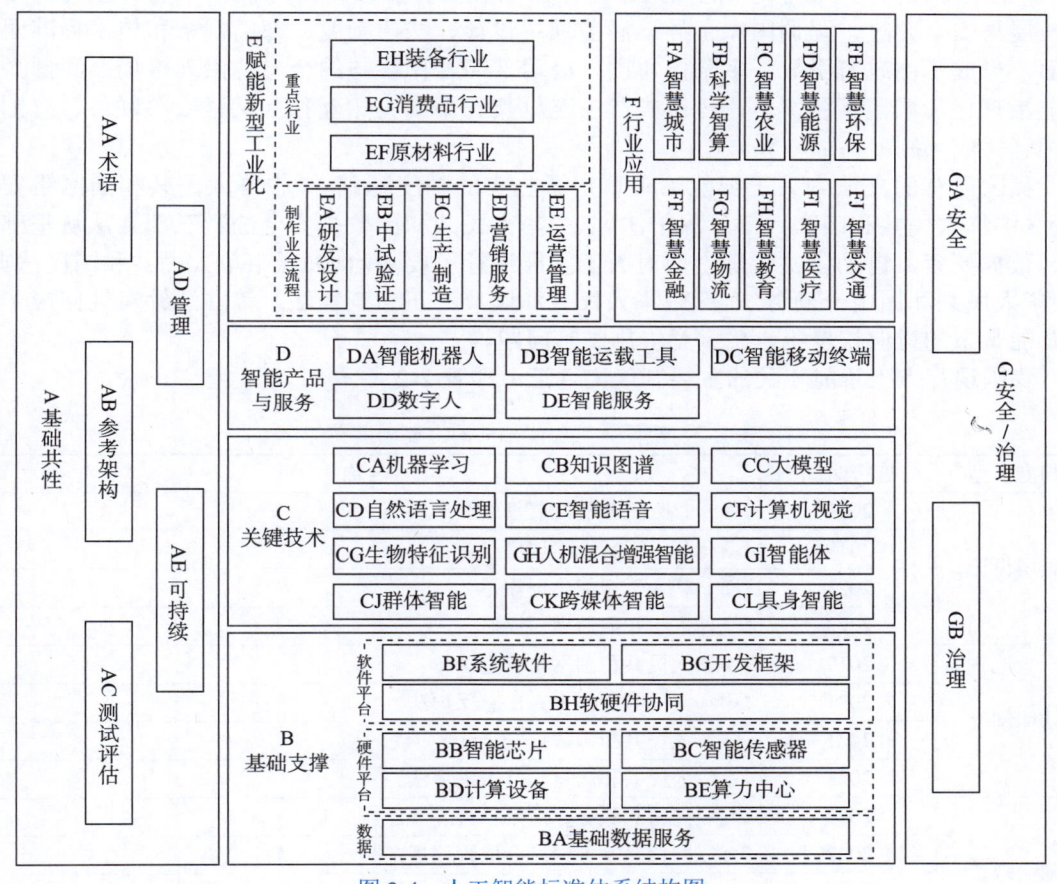

2.2.3 人工智能标准体系结构

人工智能标准体系结构包括基础共性、基础支撑、关键技术、智能产品与服务、赋能新型工业化、行业应用和安全/治理等 7 个部分，如图 2-4 所示。

图 2-4 人工智能标准体系结构图

(1) 基础共性标准是人工智能的基础性、框架性、总体性标准。

(2) 基础支撑标准主要规范数据、算法、算力等技术要求，为人工智能产业发展夯实技术底座。

(3) 关键技术标准主要规范人工智能文本、语音、图像，以及人机混合增强智能、智能体、跨媒体智能、具身智能等的技术要求，推动人工智能技术创新和应用。

(4) 智能产品与服务标准主要规范由人工智能技术形成的智能产品和服务模式。

(5) 赋能新型工业化标准主要规范人工智能技术赋能制造业全流程智能化以及重点行业智能升级的技术要求。

(6) 行业应用标准主要规范人工智能赋能各行业的技术要求，为人工智能赋能行业应用，推动产业智能化发展提供技术保障。

(7) 安全/治理标准主要规范人工智能安全、治理等要求，为人工智能产业发展提供安全保障。

2.2.4 人工智能治理

中国信息通信研究院发布的《人工智能治理蓝皮书(2024年)》显示，我国坚持人工智能发展与安全并重，强调国家主导，涵盖顶层设计、法律制度、部门规章和技术标准四大层面，形成了由政府引导、多部门协同、公司部门合作参与的全方位治理格局。我国人工智能治理已形成监管备案、伦理审查和安全框架三个维度相互独立又紧密关联，各有侧重又相辅相成的制度保障体系。

我国已有的立法为人工智能治理奠定了扎实的制度基础。《中华人民共和国网络安全法》《中华人民共和国个人信息保护法》《中华人民共和国数据安全法》三部立法从基础设施、数据要素、自动化决策等方面对人工智能进行了要素治理，《中华人民共和国民法典》《中华人民共和国电子商务法》《中华人民共和国反不正当竞争法》等立法针对性回应了人工智能带来的肖像权侵犯、恶意竞价排序等问题。

我国现行人工智能相关的主要制度文件汇总如表2-2所示。

表 2-2　我国人工智能相关的主要制度文件

制度类型	施行时间	名称
顶层设计	2017	《新一代人工智能发展规划》
	2019	《新一代人工智能治理原则》
	2021	《新一代人工智能伦理规范》
	2023	《全球人工智能治理倡议》
法律制度	2017	《中华人民共和国网络安全法》
	2021	《中华人民共和国个人信息保护法》
	2021	《中华人民共和国数据安全法》
	2021	《中华人民共和国科学技术进步法》
部门规章	2022	《互联网信息服务算法推荐管理规定》
	2022	《互联网信息服务深度合成管理规定》
	2023	《生成式人工智能服务管理暂行办法》
	2025	《人工智能生成合成内容标识办法》
技术标准	2020	《国家新一代人工智能标准体系建设指南》
	2022	《网络安全标准实践指南——生成式人工智能内容标识方法》
	2023	《生成式人工智能服务基本安全要求》
	2024	《人工智能安全治理框架》1.0版
	2024	《国家人工智能产业综合标准化体系建设指南(2024版)》

我国人工智能治理自 2017 年起至今经历了三个阶段，体现出急用先行的治理特点。

第一阶段 (2017—2020 年)，技术普及尚处于起步阶段，技术创新主要体现在语音助手、智能家居和无人机等智能设备的兴起，主要风险集中在数据隐私等问题。2017 年我国出台《互联网新闻信息服务新技术新应用安全评估管理规定》，要求涉及新技术和新应用的新闻信息服务开展安全评估。第一阶段主要以柔性治理为主，依靠政策引导和自愿参与等方式。

第二阶段 (2021—2022 年)，算法推荐技术逐渐成为数字经济的重要驱动力，其应用范围从电商、短视频拓展至金融、教育等多个领域。技术滥用的典型表现包括大数据杀熟、信息茧房效应、虚假信息等。2021 年，我国颁布《互联网信息服务算法推荐管理规定》，明确了平台、用户和政府三方主体的权责边界。第二阶段的治理特点是强化平台主体责任。

第三阶段 (2023 年至今)，生成式人工智能迅速崛起，典型风险主要包括深度伪造、知识产权纠纷、不可控风险、劳动替代等。2023 年，我国发布《生成式人工智能服务管理暂行办法》，明确了生成式 AI 服务提供者的责任，包括确保数据来源合规、生成内容的标识性要求等。第三阶段的治理特点体现为敏捷治理、多元治理等理念，推动多方共同构建跨领域、跨国界的治理生态。

2025 年 1 月，国家互联网信息办公室公布：2024 年，网信部门会同有关部门按照《生成式人工智能服务管理暂行办法》要求，持续开展生成式人工智能服务备案工作。截至 2024 年 12 月 31 日，共 302 款生成式人工智能服务在国家网信办完成备案，其中 2024 年新增 238 款备案；对于通过 API 接口或其他方式直接调用已备案模型能力的生成式人工智能应用或功能，2024 年共 105 款生成式人工智能应用或功能在地方网信办完成登记。

2.2.5 AI+ 数据中心"绿·智·弹性"解决方案

此案例摘自国家网信办信息化发展局指导、中国网络社会组织联合会编制的"数字化绿色化协同转型发展优秀案例集 (2024)"。资料来源：中国移动通信集团安徽有限公司。

1. 案例背景

随着信息化和数字化的飞速发展，数据中心成为现代社会不可或缺的重要组成部分。随着时间的推移和技术的更新换代，存量数据中心高能耗、高碳排放是目前面临的一个共性问题，不仅阻碍了数据中心的可持续发展，也对环境和社会造成了负面影响。

2. 案例介绍

1) 方案整体架构

如图 2-5 所示，数据中心"绿·智·弹性"解决方案架构主要分为三层，包含"绿色化""智能化""弹性伸缩"三大类技术方案，旨在实现存量数据中心绿色低碳节能、提质增效，助力企业可持续发展。

2) "绿色化"技术方案

"绿色化"主要包括引入绿电和先进的节能设备，通过引入光伏和储能系统、购买绿电等绿色能源，优化数据中心能源使用结构；引入先进的节能技术，提升数据中心能源使用效率，降低数据中心的能耗和碳排放。

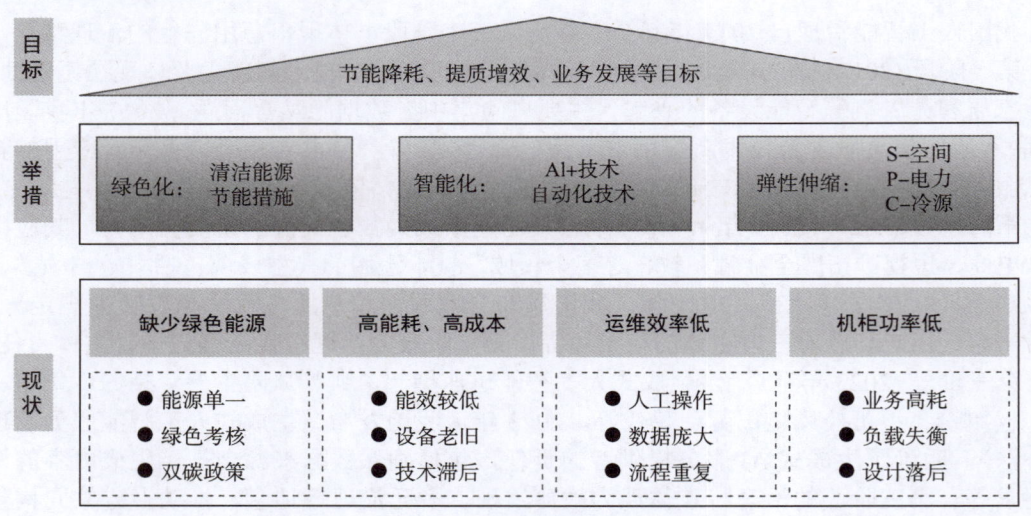

目标	节能降耗、提质增效、业务发展等目标
举措	绿色化：清洁能源 节能措施　　智能化：AI+技术 自动化技术　　弹性伸缩：S-空间 P-电力 C-冷源
现状	缺少绿色能源：●能源单一 ●绿色考核 ●双碳政策　　高能耗、高成本：●能效较低 ●设备老旧 ●技术滞后　　运维效率低：●人工操作 ●数据庞大 ●流程重复　　机柜功率低：●业务高耗 ●负载失衡 ●设计落后

图 2-5　方案架构图

3)"智能化"技术方案

"智能化"是利用"AI+"和自动化技术实现数据中心的节能降费、提质增效和安全提升的重要手段。AI 技术运用方面，实现了制冷系统的智能化调节和节能控制；基于设备运行声纹特征，快速区分故障状态，识别各种隐性故障。自动化技术方面，通过低代码"智巡"数字员工和巡检机器人有效提高巡检效率及准确性。

4)"弹性伸缩"技术方案

随着芯片技术的迭代升级，以 GPU 为代表的智算/超算业务发展，单机架功率显著增加。面向未来业务，数据中心需提供满足通算、智算、超算以及混合计算等多种算力承载能力。

为了应对这些挑战，数据中心提出基础设施弹性伸缩解决方案 (SPC+)：对数据中心空间利用、供电架构、制冷架构等进行弹性适配，通过模块化、池化等方法升级现有方案，避免基础设施建设完成后，由于业务需求变化带来的颠覆性调整。

3. 案例价值与成效

通过启动数据中心"绿·智·弹性"解决方案，应用"绿色化""智能化""弹性伸缩"等技术手段实现高效节能和低碳运维。截至 2024 年 6 月，数据中心年均 PUE(Power Usage Effectiveness) 降至 1.27，降幅达 35.6%，绿电使用率达到 27%，年均节电量超 1600 万度，节省电费支出 1120 万元，年减少碳排放 12 600 吨。通过 AI+ 智能化运维手段有效减少人工维护成本，年节约 206 万元维护费。

同时安徽移动将数据中心"绿·智·弹性"解决方案成功运用于移动云淮南节点、安徽省级政务云、省级医保云、合肥智算中心、六安智算中心、芜湖智算中心等各类通算、智算项目建设中，截至目前全省累计投产通算超 60 万核，交付智算算力超 1500P，上云总用户超 5.5 万家。通过高功率机柜的改造，预计每年新增带来智算租金收益 4500 万元。

2.3 国家数据基础设施

2.3.1 数据基础设施内涵

数据已成为与土地、劳动力、资本、技术等传统要素并列的新型生产要素。党的二十届三中全会提出"建设和运营国家数据基础设施,促进数据共享"。国家发展和改革委员会、国家数据局、工业和信息化部2024年12月31日印发《国家数据基础设施建设指引》。本节内容主要来源于此指引。

纵观人类经济发展史,每一轮产业变革都会孕育新的基础设施。农业经济时代,基础设施主要是农田水利设施。工业经济时代,公路、铁路、港口、机场、电力系统等成为关键基础设施。数字经济时代,网络设施、算力设施、应用设施等构建了数字基础设施。

建设和运营国家数据基础设施,进一步促进数据"供得出、流得动、用得好、保安全",对于支撑数据基础制度落地、构建全国一体化数据市场、培育发展新质生产力具有重要意义。

国家数据基础设施是从数据要素价值释放的角度出发,面向社会提供数据采集、汇聚、传输、加工、流通、利用、运营、安全服务的一类新型基础设施,是集成硬件、软件、模型算法、标准规范、机制设计等在内的有机整体。国家数据基础设施在国家统筹下,由区域、行业、企业等各类数据基础设施共同构成。网络设施、算力设施与国家数据基础设施紧密相关,并通过迭代升级,不断支撑数据的流通和利用。

2.3.2 发展愿景目标

国家数据基础设施是数据基础制度和先进技术落地的重要载体。

在数据流通利用方面,建成支持全国一体化数据市场、保障数据安全自由流动的流通利用设施,形成协同联动、规模流通、高效利用、规范可信的数据流通利用公共服务体系。

在算力底座方面,构建多元异构、高效调度、智能随需、绿色安全的高质量算力供给体系。

在网络支撑方面,构建泛在灵活接入、高速可靠传输、动态弹性调度的数据高速传输网络。

在安全方面,构建整体、动态、内生的安全防护体系。

在应用方面,支持传统行业转型升级,赋能人工智能等新兴产业发展。

总体实现"汇通海量数据、惠及千行百业、慧见数字未来"的美好愿景。

2.3.3 总体技术架构

国家数据基础设施具有数据采集、汇聚、传输、加工、流通、利用、运营、安全八大能力。技术总体架构如图2-6所示。

(1) 在数据采集方面,支持通过传感器、业务系统等手段采集相关数据。

(2) 在数据汇聚方面,通过标识编码解析、数据目录等,对数据进行高效接入、合理编目，实现数据广泛汇聚、存储和发布。

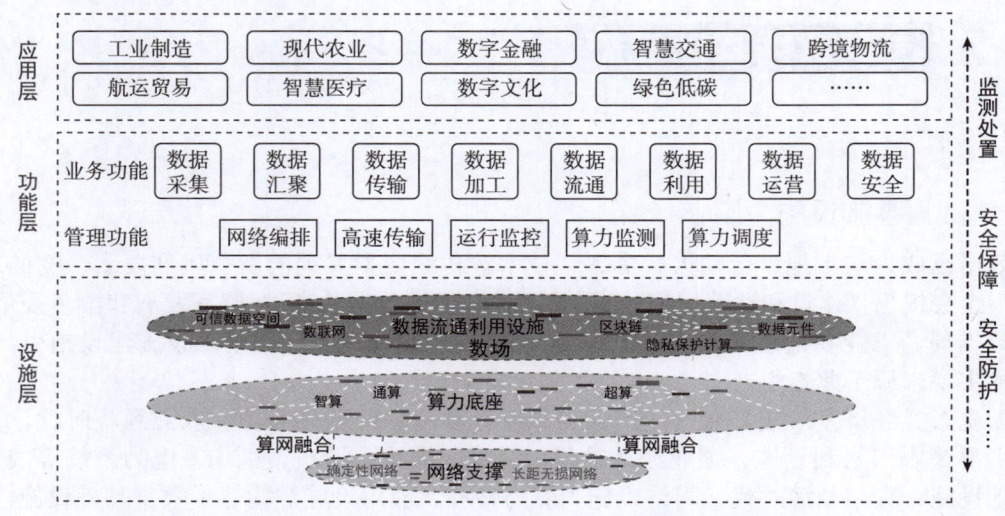

图 2-6 数据基础设施及网络、算力设施总体架构图

(3) 在数据传输方面，支持节点即时组网、数据高效传输。

(4) 在数据加工方面，为参与方提供高效便捷、安全可靠的数据清洗、计算服务，建立数据质量控制和评估能力，提高数据处理环节效率。

(5) 在数据流通方面，通过数据分类分级策略实现共享、交易等流通功能，为不同行业、不同地区、不同机构提供可信流通环境。

(6) 在数据利用方面，为数据应用方提供数据分析、数据可视化等能力，进一步降低数据应用门槛。

(7) 在数据运营方面，提供数据登记、监督管理、数据认证、合规保障等功能，有效支撑全国一体化数据市场有序运行。

(8) 在数据安全方面，提供动态全过程数据安全服务，包括防窃取、防泄露、防滥用、防破坏等。

2.4 我国数据库产业

2.4.1 数据库产业发展现状

在新一轮人工智能浪潮驱动下，全球数据库产业变革不断，多强竞争格局逐步形成。得益于国家战略引领，我国数据库产业进入蓬勃发展期和关键应用期。全球公有云数据库市场占比不断提升，以向量数据库为代表的非关系型数据库成为产业关注热点；我国开源产品知名度和国际影响力进一步提升，人员从业数量逐年扩大，学术产出规模增速强劲。

2023 年，阿里云连续第四年入选 Gartner 云数据库领导者象限，PingCAP 新增海外付费客户近百家，以 97.9% 的增长率超越 Snowflake、ClickHouse 和 Cockroach Labs，成为全球数据库管理系统市场增速最快的厂商。华为、金篆信科、南大通用、达梦数据、涛思数据和腾讯云分别在本地部署市场、金融级分布式数据库、分析型数据库、集中式事务数据库、时序数据库和向量数据库市场中具备核心竞争力。

根据中国通信标准化协会发布的《数据库发展研究报告 (2024 年)》，2024 年全球数据库市场规模已突破千亿美金大关，约为 1010 亿美元，企业数量和产品种类也在不断增加，中国数据库市场规模达到 74.1 亿美元 (约合人民币 522.4 亿元)，占全球的 7.34%。预计到 2028 年，中国数据库市场总规模将达到 930.29 亿元，市场复合年均增长率为 12.23%。

2.4.2 数据库支撑体系

1. 标准方面，我国数据库标准体系日益完善助力产业高质量发展

2021 年 10 月 10 日，国务院印发《国家标准化发展纲要》，明确强调"开展数据库等方面标准攻关，提升标准设计水平，制定安全可靠、国际先进的通用技术标准"，首次在标准化顶层文件中将数据库领域标准化攻关的重要性提升到前所未有的高度。

中国通信标准化协会大数据技术标准推进委员会 (CCSA TC601) 紧跟国家战略，围绕数据库领域标准化工作，设立数据库与存储工作组 (WG4)。自 2015 年起共推出 35 项标准，逐步构建以数据库产品、服务和应用为目标的标准体系。CCSA TC601 见证了我国数据库标准化工作的有序稳步进行，成为国家在数据库领域最重要的支撑单位，已搭建国内权威的第三方数据库评测体系。该评测体系见证了国内数据库产品由弱变强、产品生态逐渐丰富的过程，圈定了国内数据库厂商第一梯队，成为数据库产业标准化发展的风向标。.

2. 创新方面，非关系型数据库为重点，我国创新能力日益增强

从 VLDB、SIGMOD 和 ICDE 三个数据库领域权威的学术会议研究方向看，当前非关系型数据库研究内容数量占比完全超过关系型数据库。以 VLDB 为例，2021—2023 年，各领域论文总数 (非关系型、关系型、其他) 分别为 141、92 和 641 篇，关系型和非关系型数据库论文分别占三年论文总数量的 16.17% 和 10.55%。SIGMOD 各领域论文总数分别为 101、58 和 455 篇，非关系型数据库论文总数占 16.45%，关系型数据库论文总数占 9.45%。ICDE 各领域论文总数分别为 83、62 和 628 篇，非关系型数据库论文总数和关系型数据库论文总数占三年论文总数比例分别为 10.74% 和 8.02%，非关系型数据库占比略微超过关系型数据库。

综合分析全球论文研究主题，2023 年三大顶会较为火热的研究方向有图神经网络、推荐系统、数据科学、区块链、联邦学习、差分隐私、学习索引等。此外，数据库领域图数据库受关注度较高，分布式数据库、内存数据库等方向也是每年不可或缺的研究主题。

2.4.3 数据库关键技术发展趋势

随着智能化时代来临，业务应用场景不断丰富，数据库作为数据基础设施的重要组成部分，技术发展呈现出以下 3 个主要特征。

1. 技术融合创新发展

1) 云计算与数据库协同发展

随着数字化转型的不断深入，越来越多的企业选择使用云服务器代替传统机房建设。云原生数据库融合了传统数据库、云计算与新硬件技术的优势，为用户提供具备高弹性、高性能、海量存储能力，以及安全可靠特性的数据库服务。

云原生数据库的设计核心是一种能够充分利用平台的池化资源，更符合"资源弹性管理"理念的数据库架构。

云原生数据库概念虽起源于国外，但以阿里云、华为云、腾讯云为代表的国内厂商投入了大量资源进行研发。当前我国市场已经形成了相对成熟的云原生数据库应用模式，并且已经在不同场景中得到应用。虽然国产云原生数据库起步相对国外稍晚，但在国内发展迅猛。

人工智能与 Serverless 部署模式相结合，也为云原生数据库落地提供了更多可能性。通过人工智能的预测能力，人们可以提前预测业务负载情况，从而进行资源分配，并利用智能优化器持续降低性能开销。

2) 图技术洞悉数据关联价值

随着业务环境和计算场景的日益复杂，数据间的关联关系变得愈加丰富。图技术提供了一种能够代表现实世界中绝大多数事物关联关系的独特结构。与经典的表格或者矩阵不同，图上的节点和边并没有被赋予过多的权重，在数据处理过程中，分析图数据之间的关联关系能够高效地从海量数据中抽取有效信息。当前，图技术重点关注在图数据仓库 (Graph Data Warehouse)、大图模型 (Large Graph Models)、图内容生成、图联邦学习和基于图技术的检索增强生成 (Retrieval Augmented Generation，RAG) 技术。

图数据仓库也称图数仓，是一种以图形结构存储和管理数据的数仓解决方案，专门针对图数据进行优化，适合处理复杂的关系网络，如社交网络、推荐系统、知识图谱等。图数据仓库能够有效解决传统关系型数仓在以关系模型来组织和存储数据的过程中，存在的数据模型不直观、复杂关系的处理能力不足、图算法支持有限等局限。

3) 湖仓一体提升数据处理性能

大数据平台架构不断演进，以数据仓库 (Data Warehouse) 和数据湖 (DataLake) 为两类经典代表，近年来两项技术在演进过程中不断融合形成湖仓一体 (Data Lakehouse) 技术架构。湖仓一体平台将数据仓库的高性能及数据管理能力与数据湖的开放性和灵活性相融合，实现了海量异构数据的统一存储、计算、开发、管理和服务，从而解决了数据孤岛、数据冗余和系统维护等问题。随着智能时代的到来，能够对大规模数据进行高性能处理的湖仓一体技术成为 AI 大模型不可或缺的数据基础设施。一方面，湖仓一体的设计为大模型提供了高性能数据处理底座，另一方面，人工智能也使得实现仓内智能成为可能。

湖仓一体是指一种新型的开放式的存储架构，它打通了数据仓库和数据湖，将数据仓库的高性能及管理能力与数据湖的灵活性融合起来，底层支持多种数据类型并存，能实现数据间的相互共享，上层可以通过统一封装的接口进行访问，可同时支持实时查询和分析。

数据湖是指一种高度可扩展的数据存储架构，它专门用于存储大量原始数据和衍生数据，这些数据可以来自各种来源并以不同的格式存在，涵盖结构化、半结构化和非结构化数据。

2. 新兴技术逐步应用落地

近年来，政府部门在宏观层面不断发布相关政策，持续布局数据产业。数据要素、大语言模型的火热发展也为诸多新兴技术提供了更加广阔的应用空间。

1) 向量数据库提高了非结构化数据检索效率

向量数据库有效助力人工智能高速发展。中国信息通信研究院联合多家头部企业依托学术界与产业界的深度融合共同编制了《向量数据库技术要求》。它是业内首个向量数据库产品标准，包含基本功能、运维管理、安全性、兼容性、扩展性、高可用、工具生态共七大能力域，共计 47 个测试项。为向量数据库产品的研发、测试及选型提供参考。

2) 多模数据库支撑多样化需求

搭载多种数据库引擎的多模数据库在结构化与非结构化数据融合处理方面发挥了重要作用。多模数据库是原生支持多种数据模型，提供多模数据的存储、查询、管理、处理能力的数据库管理系统。在一个多模数据库中，用户可以同时使用多种数据模型来存储和处理数据，大大降低了数据库操作的复杂性，能够更好地支持不同场景下的多种数据类型处理，用户可以根据自己的需求选择合适的数据模型进行存储和访问。

多模数据管理的本质在于各个模态的数据都有其特定的建模方法，需要找到一个模型能够对多模态数据统一建模。根据多模数据库在查询优化方式、计算/存储引擎构建的不同，可将现有多模数据库系统分为两大类：基于单模数据库对其他模态数据的扩展支持和原生的多模数据库系统。常见的单模扩展多模数据库主要有 Oracle、PostgreSQL、MySQL 和 SQL Server 等，主流的原生多模数据库产品包括 OrientDB、ArangoDB、Lindorm 和 KaiwuDB 等。

随着人工智能技术的高速发展，对于视频、音频、图片和文本等多模态数据处理与分析，以及跨模访问成为当前业界重点关注的方向。

中国信息通信研究院联合阿里云计算有限公司、星环信息科技（上海）股份有限公司、北京九章云极科技有限公司等多家企业依托学术界与产业界的深度融合共同编制了《多模数据库技术要求》，包含基本能力、管理能力、安全性、兼容性、扩展性、高可用六大能力域，共计 33 个测试项。为多模数据库产品的研发、测试及选型提供参考。

3) 全密态数据库护航敏感数据

全密态数据库是指能够提供对应用透明的加解密能力，在数据库系统中数据的全生命周期以密文形式进行处理，同时密钥掌握在授权用户手中的数据库管理系统。近年来，随着数据要素市场不断完善，在数据可信流通过程中，全密态数据库发挥了重要作用。

全密态数据库技术理念抛开了传统的多点技术单点解决数据风险的问题，通过系统化思维建立了一套能够覆盖数据全生命周期的安全保护机制。这套机制使得用户在无感知的情况下就完成了数据的安全隐私保护，而攻击者和管理者都无法获取有效信息。

全密态数据库是数据库安全隐私保护的高级防御手段，但全密态数据库在当前仍存在一定的局限性，需要突破算法安全性和性能损耗等相关问题。

中国信息通信研究院联合华为技术有限公司、阿里云计算有限公司、蚂蚁科技集团股份有限公司、贝格迈思（深圳）科技有限公司等多家企业依托学术界与产业界的深度融合共同编制了《全密态数据库技术要求》，包含全周期数据库密态、密态数据处理、加密算法与密钥管理及数据库基本能力四大能力域，共计 30 个测试项。为全密态数据库产品的研发、测试以及选型提供参考。本标准也是业内首个全密态数据库产品标准。

4) 时空数据库绘制空天信息新蓝图

空天信息是构建空间基础设施，收集、存储、处理和分析来自空天领域信息并提供多样化服务的新兴产业，是迈入全互联时代涌现的最前沿新兴产业形态。时空数据是指在统一的时空参考下，地球或者其他星体上的所有与位置有关的地理要素或者现象的数据集合，是空天信息的重要组成部分。

时空数据库能够通过一库统管的方式对不同格式的时空数据进行处理，打破了传统时空数据处理平台限制。目前在交通物流、共享出行、车联网等领域，时空数据库已有广泛成熟的应用。

2024年上半年，中国信通院联合阿里云、星环科技及英视睿达等二十余家单位，在《时空数据库技术要求》的基础上进一步对时空数据库性能进行规范，包括几何对象管理、影像与格网对象管理、移动对象管理、表面网格对象管理及地理网格对象管理五大能力域。

未来时空数据库将与云计算技术更加深入结合，通过多模融合处理、与人工智能互相赋能等方式，更好地助力空天信息处理。

3. 人工智能与数据库双向赋能

OpenAI发布的文生视频模型Sora，大幅刷新行业多项指标，标志着AIGC(Artificial Intelligence Generated Content，人工智能生成内容)领域里程碑式的变革。人工智能的高速发展离不开海量数据的支撑，数据库作为存储和管理数据的基础底座，是人工智能技术不可或缺的组成部分。人工智能的高速发展，也同样深深影响着数据库技术的发展与变革。

1) AI for DB

人工智能技术的进步推动了数据处理技术的创新，大语言模型的高速发展也对数据库领域影响深远。一是数据库智能运维，数据库运维管理人员可以利用机器学习模型优化查询并提高其准确性，覆盖在性能参数采集、分析、配置、调优，以及SQL诊断和优化等各个环节，最终形成自感知、自配置、自优化、自诊断及自转换的全链路查询优化。二是大语言模型降低操作门槛，通过大语言模型，用户可以将自然语言描述转化成对应的SQL语句，有效辅助海量数据查询，降低数据库使用门槛。三是数据库自治模式实现自我管理。这一模式使得数据库实现自我管理和运维，在云计算的加持下实现数据库全生命周期自动化管理。

2) DB for AI

数据库是人工智能高速发展的重要基石，人工智能的产生、优化、发展及应用都离不开数据库的必要支撑。在库内集成机器学习算法、支撑大语言模型部署、提升检索精度等方面，数据库起到了举足轻重的作用。

2024年7月，中国通信标准化协会大数据技术标准推进委员会预测：为适应人工智能的多种发展需求，数据库技术会向着以下几种方向不断发展：一是以向量数据库为代表的向量数据处理能力不断增强，向量数据库与知识图谱相结合为高效RAG提供有力支撑；二是以多模数据库为代表的海量非结构化数据存储及管理能力持续发力，多模数据库能够更加灵活高效地处理及存储多种非结构化和半结构化数据；三是通过整合数据库能力便捷开发者进行全流程大模型搭建，实现LLM工程民主化，开发者可以通过SQL和UDF便捷地完成全流程大模型技术部署。

2.5 本章小结

"潮平两岸阔，风正一帆悬。"2024年政府工作报告首次提出"人工智能+"行动，"人工智能+"依托人工智能技术在"互联网+"连接的每个节点上重点发力，主要通过深度学习、大数据分析和自然语言处理等技术，使其具备类人的感知、推理、学习、理解和交互等能力，进而实现对海量数据的处理和分析，提取出有价值的信息，为决策提供科学依据。

本章2.1节从人工智能的定义开始，引出人工智能的起源与发展，介绍了人工智能的符号主义、连接主义和行为主义三个主要学术流派，人工智能的重要分支机器学习，以及机器学习的一个子领域深度学习，还详述了机器学习的四个类型：监督学习、无监督学习、强化学习和联邦学习，最后介绍了孙凝晖院士对AI技术发展方向的预测。

本章2.2节介绍了我国AI产业的现状、AI标准化体系建设总体要求、AI标准体系结构的七个部分，还介绍了我国AI治理的三个阶段，我国已形成监管备案、伦理审查和安全框架三个维度的AI治理，最后展示了一个优秀案例：AI+数据中心"绿·智·弹性"解决方案。实验案例参见本教程配套的《Access 2016数据库应用技术案例教程学习指导》。

本章2.3节强调了国家数据基础设施的内涵、发展愿景和总体技术架构，突出了数据作为新型生产要素的重要性，以及国家在建设和运营数据基础设施方面的战略部署。

本章2.4节介绍了我国数据库产业的发展现状和数据库支撑体系，重点阐述了数据库关键技术发展趋势，包括技术融合创新发展、新兴技术逐步应用落地、人工智能与数据库双向赋能。

通过本章的学习，读者应能够建立起对AI赋能数据库领域的全面认识，为后续的深入学习和探索打下坚实基础。

拓展阅读

促进人工智能助力教育变革。面向数字经济和未来产业发展，加强课程体系改革，优化学科专业设置。制定完善师生数字素养标准，深化人工智能助推教师队伍建设。打造人工智能教育大模型。建设云端学校等。建立基于大数据和人工智能支持的教育评价和科学决策制度。加强网络安全保障，强化数据安全、人工智能算法和伦理安全。

资料来源：中共中央、国务院印发的《教育强国建设规划纲要(2024—2035年)》。

2.6 思考与练习

2.6.1 选择题

1. 人工智能 (Artificial Intelligence, AI) 诞生于 (　　) 年。
   A. 1943　　　　　B. 1949　　　　　C. 1956　　　　　D. 2018
2. 从宏观层面，人工智能可分为三个发展阶段，不包括 (　　)。
   A. 弱人工智能　　　　　　　　　　B. 强人工智能
   C. 超级人工智能　　　　　　　　　D. 具身人工智能
3. 2017 年 Google 推出 (　　) 模型，为自然语言处理等领域带来重大变革。
   A. Transformer　　B. LSTM　　　　C. RNN　　　　　D. CNN
4. 机器学习类型不包括 (　　)。
   A. 监督学习　　　　B. 大模型学习　　C. 强化学习　　　D. 联邦学习
5. 无监督学习的类型不包括 (　　)。
   A. 聚类　　　　　　B. 回归　　　　　C. 数据降维　　　D. 异常检测
6. 世界上最早的用于人工智能研究的编程语言是 (　　)。
   A. Fortran　　　　B. Golang　　　　C. LISP　　　　　D. C++

2.6.2 填空题

1. 本章 AGI 和 AIGC 两个缩写的含义分别是_____和_____。
2. 人工智能三个主要的学术流派是_____、_____和_____。
3. 阿兰·麦席森·图灵于 1950 年发表《计算机器与智能》论文，提出_____，为判断机器是否具有智能提供了一种方法。
4. _____指有身体并支持与物理世界进行交互的智能体。
5. 人工智能产业链包括基础层、框架层、模型层和_____等 4 个部分。其中，基础层主要包括算力、算法和_____。
6. 大数据平台架构不断演进，以数据仓库和数据湖为两类经典代表，近年来，这两项技术在演进过程中不断融合形成_____技术架构。

2.6.3 简答题

1. 人工智能标准体系结构包括哪几个部分？
2. 国家数据基础设施的内涵是什么？
3. 人工智能与数据库之间如何双向赋能？
4. 人工智能如何赋能数据库应用技术的学习？
5. 请使用两种大语言模型工具，从三个不同维度预测数据库技术的发展。
6. 请你谈谈对人工智能伦理和人工智能安全的认识。

第 3 章 数据库和表

知识目标

1. 了解 Microsoft Access 的发展历程与特点。
2. 掌握创建和管理数据库的方法。
3. 了解数据库的基本操作。
4. 掌握建立表结构的方法及表记录的输入。
5. 掌握建立表对象之间的关联。
6. 熟练掌握表的基本操作。
7. 了解数据表格式的设置。

素质目标

1. 培养学生对社会资源合理利用的责任感。
2. 培养学生严谨细致的治学态度和对规则的尊重意识。

学习指南

本章的重点是 3.3.2 节、3.4 节、3.5 节和 3.6 节，难点是 3.5 节。

数据库是数据表、查询、窗体、报表、宏和模块等六种数据库对象的容器。数据表是数据库中存储数据的唯一对象。建议读者依据本章的思维导图理清知识脉络，在理解基本概念的基础上，注意细节，多上机操作实践。创建、打开和关闭数据库，建立和修改表结构，设置字段属性，输入数据与编辑表的内容，以及数据的筛选和表关系的建立与维护，这些都是 Access 中最基础也是最重要的操作。

思维导图

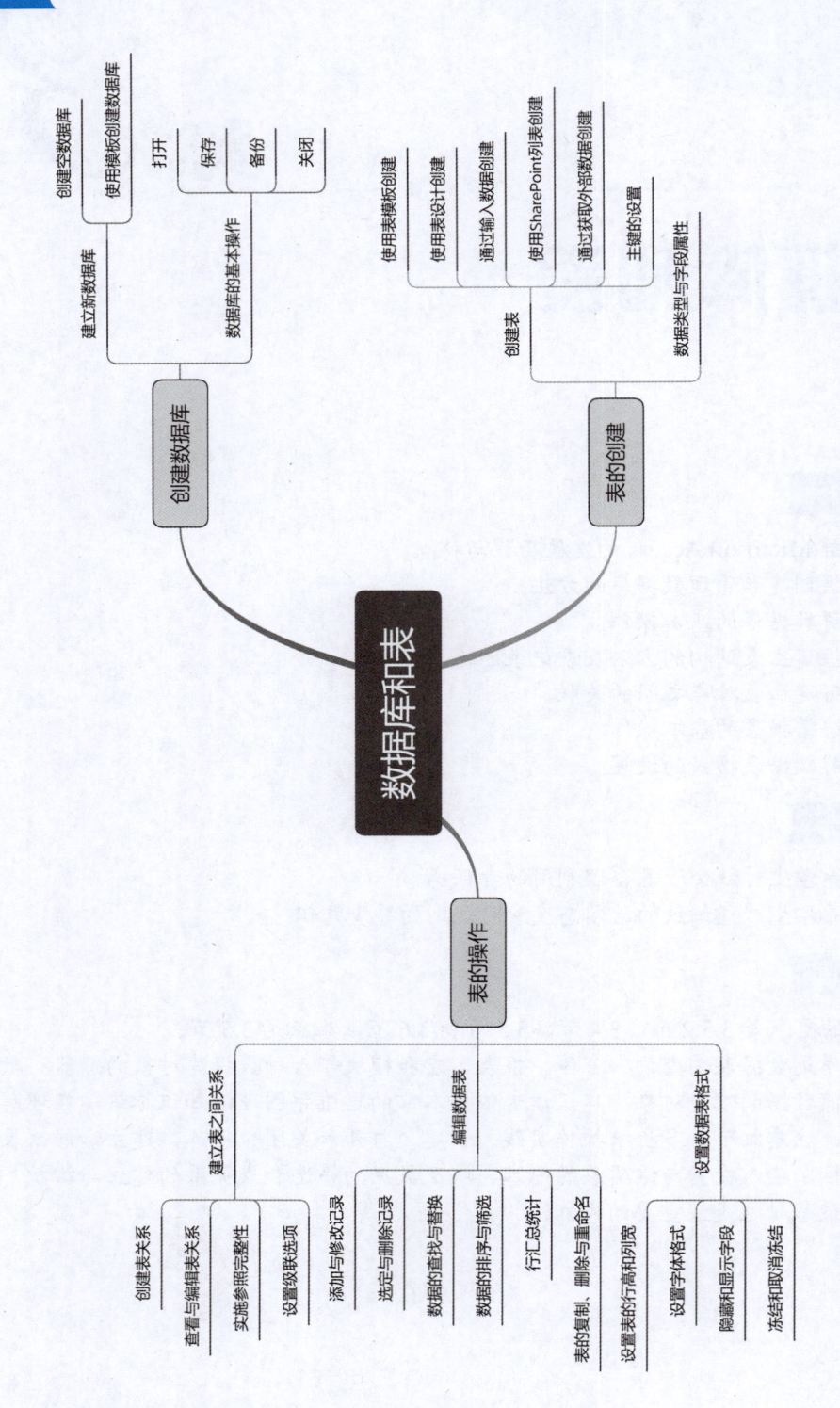

- 数据库和表
  - 创建数据库
    - 建立新数据库
      - 创建空数据库
      - 使用模板创建数据库
    - 数据库的基本操作
      - 打开
      - 保存
      - 备份
      - 关闭
  - 表的创建
    - 创建表
      - 使用表模板创建
      - 使用表设计创建
      - 通过输入数据创建
      - 使用SharePoint列表创建
      - 通过获取外部数据创建
    - 主键的设置
    - 数据类型与字段属性
  - 表的操作
    - 建立表之间关系
      - 创建表关系
      - 查看与编辑表关系
      - 实施参照完整性
      - 设置级联选项
    - 编辑数据表
      - 添加与修改记录
      - 选定与删除记录
      - 数据的查找与替换
      - 数据的排序与筛选
      - 行汇总统计
      - 表的复制、删除与重命名
    - 设置数据表格式
      - 设置表的行高和列宽
      - 设置字体格式
      - 隐藏和显示字段
      - 冻结和取消冻结

3.1 Access 数据库

3.1.1 Access 的发展历程

Microsoft Access 是微软公司发布的一个桌面关系数据库管理系统，它将数据库引擎 (Microsoft Jet Database Engine) 与图形用户界面和软件开发工具相结合，是 Microsoft Office 套装软件的一个成员，包含在专业版和高级版中，也能单独售卖。Microsoft Office 是一套由微软公司开发的软件套装，它包括 Word、Excel、PowerPoint、Access、Outlook、Visio 等多种组件，可以在 Microsoft Windows、Windows Phone、Mac 系列、iOS 和 Android 等操作系统上运行。

微软公司自 1992 年 11 月首次推出 Access，历经 Access 1.1 → Access 2.0 → Access for Windows 95 → Access 97 → Access 2000 → Access 2002 → Access 2003 → Access 2007 → Access 2010 → Access 2013 → Access 2016 → Access 2019 → Access 2021 → Access 2024 共 14 个版本的变迁，每个版本在公布之后一般有相继的修补程序推出，以改进其性能和稳定性。

基于 Windows 的 Microsoft Access 2016 于 2015 年 9 月推出，2016 年 7 月微软公司发布 64 位 Access 2016 版本的更新；2017 年 2 月，微软公司又发布 32 位 Access 2016 版本的修补程序。2021 年 3 月，微软公司再次对 Microsoft Access 2016 进行更新，添加了安全增强功能，为 VBA(Visual Basic for Applications) 项目提供更安全的版本。

微软公司宣称从 2022 年 11 月 7 日开始推出 Office 的新名称和全新外观：Office.com 更改为 Microsoft365.com；适用于 Windows 10 和 Windows 11 的 Office 应用更改为 Microsoft 365 应用；适用于移动设备的 Office 应用更改为 Microsoft 365 移动应用。

目前全国计算机等级考试 (NCRE) 二级"Access 数据库程序设计"将 Access 2016 列为考试软件 (本书后续章节中没有特殊原因将不再强调版本 2016，仅说明是 Access)。

1. .mdb 数据库文件

.mdb 是 Access 2000 格式的数据库文件扩展名，Access 2000、Access 2002 和 Access 2003 都使用这种格式，各类 Access 用户以这种格式的数据库文件开发了许多实用的数据库应用程序。

Access 每个版本自带帮助说明文档，当版本变化较大时，微软官方网站会提供使用说明。例如，可以从微软官方网站下载 Access 2003 至 Access 2007 交互式命令参考指南 "ac2003_2007CmdRef.exe"文件，在本地电脑上安装，生成一个"Access 2003 to Access 2007 command reference.exe"文件，执行该文件，将鼠标指针悬停在某个 Access 2003 菜单或按键上，可了解它在 Access 2007 中的新位置，单击该命令可查看演示跟随学习。

2. Access 2016 数据库文件

Access 2016 共有 4 种数据库文件格式，分别以 .accdb、.accdc、.accde 和 .accdt 为文件扩展名。其中 .accdb 是 Access 2016 默认的数据库文件格式；.accdc 格式是包含数字签名的数据库软件包，从原始的 .accdb 数据库文件中创建而成；.accde 格式用于可执行模式下的数据库文件；.accdt 格式用于数据库模板。

.accdb 是 Access 2007 格式的数据库文件扩展名，Access 2010、Access 2013、Access 2016、Access 2019 和 Access 2021 的数据库文件都使用这种格式，微软公司下一个版本的 Access 没有打算更换这种数据库文件格式。微软公司允许在高版本的 Access 中打开低版本创建的数据库文件。从 Microsoft Access 2010 到 2021 版本，系统界面没有大变化，用户可以保留以前的所有操作习惯。

在 Microsoft Office 2016 中，32 位和 64 位版本是对等的。对于以前的版本，微软公司的指导意见是：除非用户有非常大的数据报表需要处理，否则还是建议使用 32 位版本的 Access。现在则变成了：用户可以在 32 位和 64 位两者之间自由选择，但 64 位版本的 Access 更适合处理庞大的数据报表，而且更安全。

3.1.2 建立新数据库

Access 数据库可以组织、存储、管理文本、数字、图片、动画、声音等多种类型的数据。Access 数据库以独立文件形式存储，是一个容器对象，可容纳 6 种数据库对象：表、查询、窗体、报表、宏和模块。在使用 Access 存储管理数据时，应先创建数据库，再创建其他所需的数据库对象。

Access 有两种创建数据库的方法：一是先建立一个空数据库，再依据需求，向其中添加各种数据库对象；二是使用 Access 提供的模板，快速建立数据库。

1. 创建空数据库

空数据库是指没有任何对象的数据库，建好之后，再根据实际需要向空数据库中添加表、查询、窗体、报表、宏和模块等对象和数据，这样能够灵活地创建符合实际需要的数据库。

【例 3-1】在 D 盘根目录下创建"2024 教务管理"空数据库。

操作步骤：

(1) 启动 Access，进入 Backstage 视图，如图 3-1 所示。在左侧导航窗格中单击"新建"命令，在中间窗格区域单击"空白桌面数据库"选项，此时弹出如图 3-2 所示的对话框。

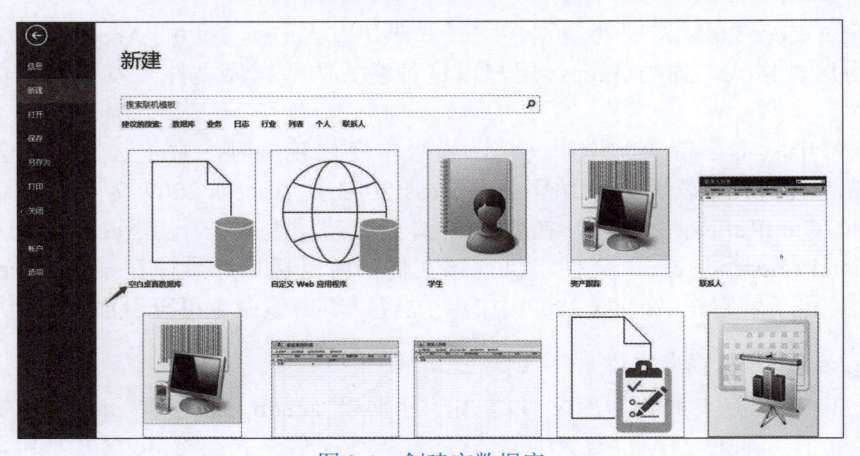

图 3-1 创建空数据库

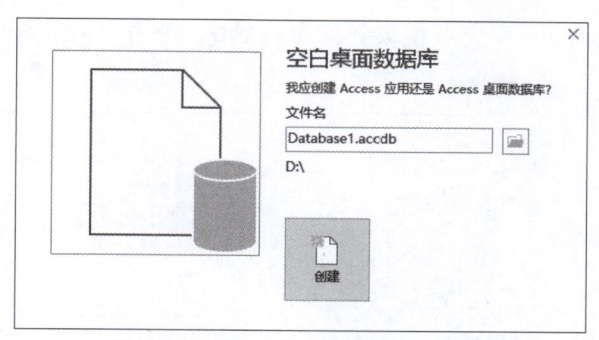

图 3-2　创建空白桌面数据库对话框

(2) 输入数据库名称和文件存储路径。在"文件名"文本框中有一个默认的数据库名"Database1.accdb",将主文件名改为"2024教务管理"。

(3) 在图 3-2 中单击"文件名"文本框右侧的文件夹图标，弹出"文件新建数据库"对话框，在该对话框中找到 D 盘并打开，单击"确定"按钮。图 3-2 中的"文件名"文本框下方显示将要创建的数据库的保存位置 D:\。

(4) 在图 3-2 中单击"创建"按钮，将自动打开图 3-3 所示窗口，这时已在 D 盘根目录下新建一个名为"2024教务管理"的空白数据库，并在数据库中自动创建了一个名为"表1"的数据表。

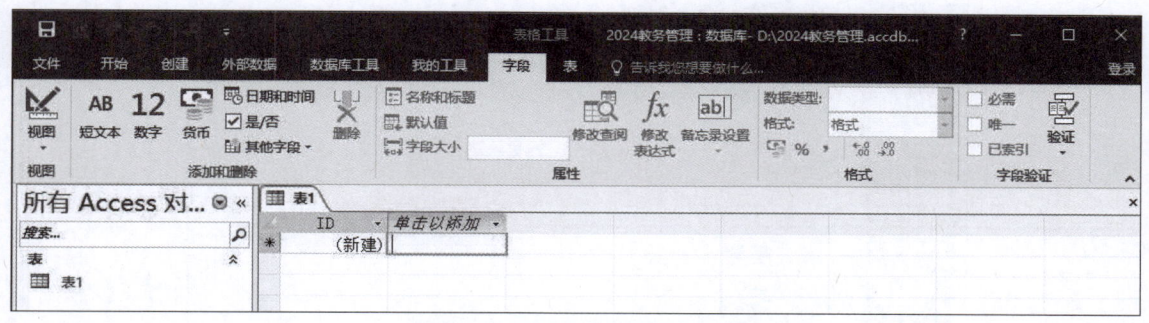

图 3-3　以数据表视图打开"表 1"

2. 使用模板创建数据库

Access 提供了如图 3-1 所示的多种数据库模板，如"资产跟踪""联系人""学生""任务管理""家庭库存""问题"和"营销项目"等。使用数据库模板，用户只需要进行一些简单操作，就可以方便快捷地创建一个包含表、查询、窗体、报表等多种数据库对象的数据库系统。

【例 3-2】利用 Access 的数据库模板，在 D 盘根目录下创建一个"学生"数据库。

操作步骤：

(1) 启动 Access，进入 Backstage 视图，如图 3-1 所示。在左侧导航窗格中单击"新建"命令，在中间窗格区域单击"学生"选项，此时会弹出如图 3-4 所示的对话框。

(2) 在图 3-4 所示界面中，输入数据库文件名"学生.accdb"，选择文件存储路径 D:\。

71

(3) 单击"创建"按钮,即完成模板数据库的创建,并自动打开如图 3-5 所示的"学生"数据库。

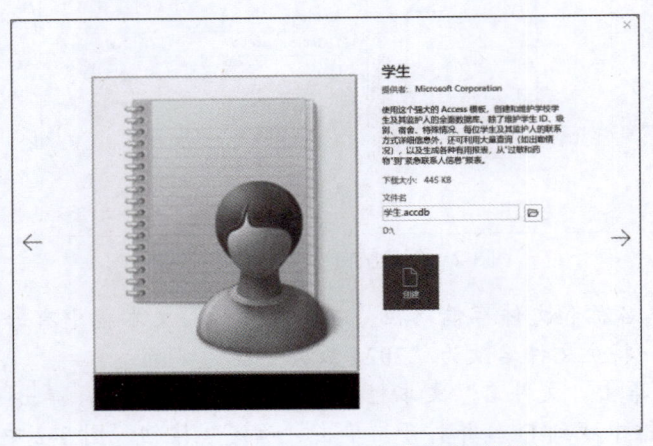

图 3-4 使用模板创建学生数据库对话框

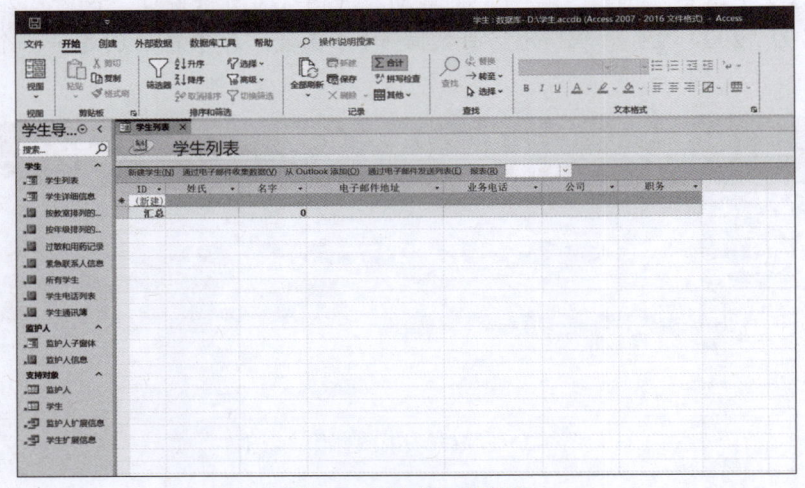

图 3-5 "学生"数据库

通过数据库模板可以快速创建基础数据库,但是这些数据库对象有时不太符合用户需求,需要对其进行修改。因此,如果能找到并使用与设计要求接近的模板,就先利用模板生成一个数据库,然后再进行修改,使其符合要求。如果没有满足要求的模板,或要将其他应用中的数据导入 Access,则建议不使用模板。

3.1.3 数据库的基本操作

数据库建好之后,可以在数据库中添加对象、修改对象或删除对象等。在进行这些操作之前应先打开数据库,操作结束后需保存和关闭数据库。

1. 打开数据库

打开数据库有两种方法：一是使用"打开"命令，二是利用"最近使用的文件"列表。

Access 提供了 4 种打开数据库的方式：打开、以只读方式打开、以独占方式打开和以独占只读方式打开。

(1) 打开：即以共享模式打开数据库，允许在同一时间有多位用户同时读取与写入数据库。

(2) 以只读方式打开：只能查看而无法编辑、更新数据库。

(3) 以独占方式打开：当有一个用户读取和写入数据库时，其他用户都无法使用该数据库。

(4) 以独占只读方式打开：具有只读和独占两种方式的属性。在一个用户以此模式打开某一个数据库以后，其他用户将只能以只读模式打开此数据库，而并非限制其他用户都不能打开此数据库。

【例 3-3】利用"最近使用的文件"列表，打开最近使用过的"学生"数据库。

操作步骤：

(1) 在 Access 窗口中，单击"文件"选项卡，在打开的 Backstage 视图中选择"打开"命令，如图 3-6 所示。

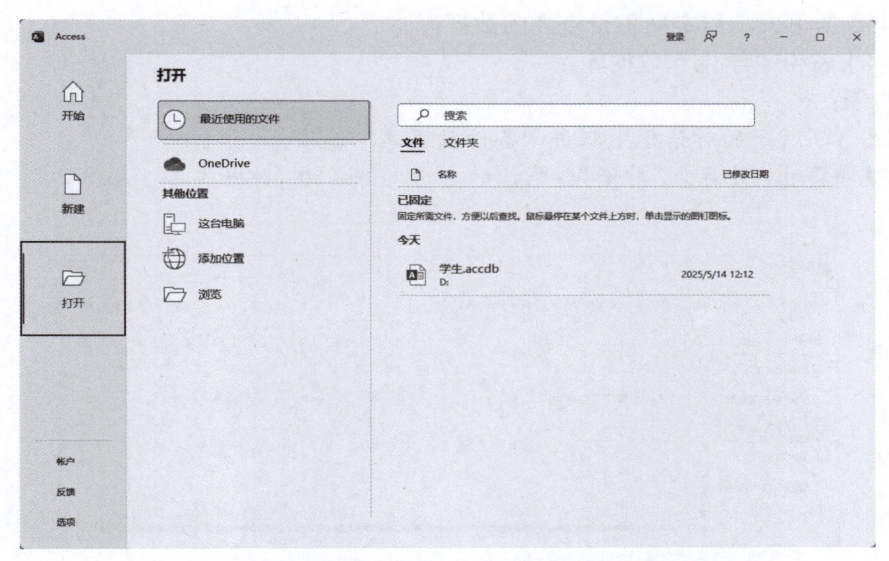

图 3-6　Backstage 视图的"最近使用的文件"列表

(2) 单击右侧窗格中的"最近使用的文件"列表，在列表中选中要打开的文件"学生.accdb"数据库。

2. 保存数据库

可以通过单击快速访问工具栏中的"保存"按钮、按 Ctrl+S 组合键、在 Backstage 视图中选择"保存"命令等方式来保存数据库文件，还可以将数据库文件另存。如图 3-7 所示，选择"数据库另存为"命令，可更改数据库的保存位置、文件名和文件类型。

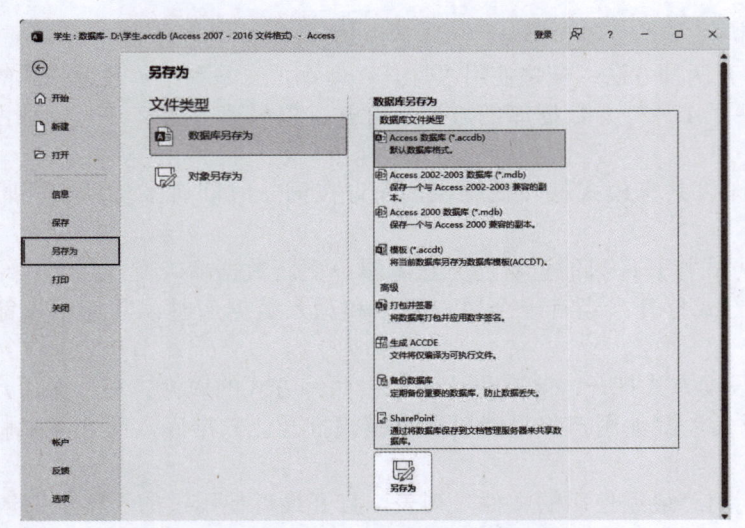

图 3-7 "数据库另存为"对话框

3. 备份数据库
为防止数据丢失，需定期备份重要的数据库。

【例 3-4】备份"学生"数据库。

操作步骤：

(1) 在图 3-7 所示的对话框中双击"备份数据库"选项。

(2) 系统将弹出"另存为"对话框，默认的备份文件名为"数据库名_备份日期"，如图 3-8 所示。

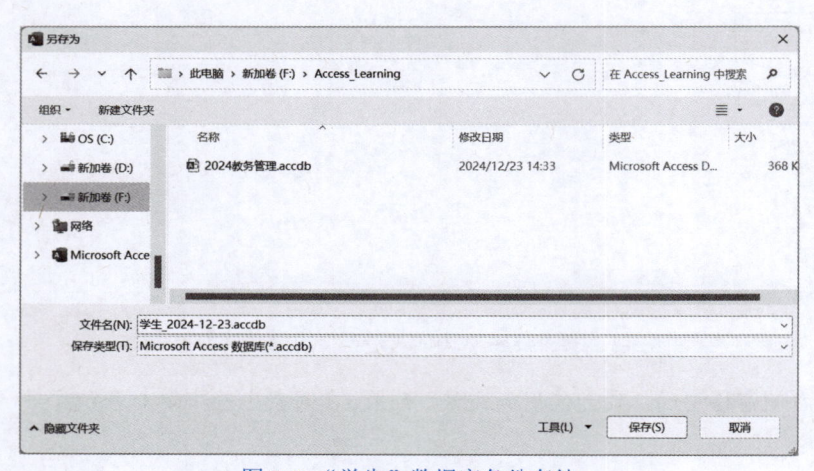

图 3-8 "学生"数据库备份存储

(3) 单击"保存"按钮，即可完成数据库的备份。

利用 Windows 的文件"复制"功能或者 Access 的数据库"另存为"功能都可以完成数据库的备份工作。

经常备份数据库，可有效地保护数据库的安全性，避免在电脑软硬件出现重大错误时数据全部丢失。

4. 关闭数据库

当不再需要使用数据库，数据库也已保存后，可以关闭数据库，释放内存空间。常用的关闭数据库方法如下。

(1) 单击 Access 窗口右上角"关闭"按钮。
(2) 双击 Access 窗口左上角控制菜单。
(3) 按 Alt+F4 组合键。
(4) 单击"文件"选项卡，在 Backstage 视图中选择"关闭"命令，如图 3-9 所示。

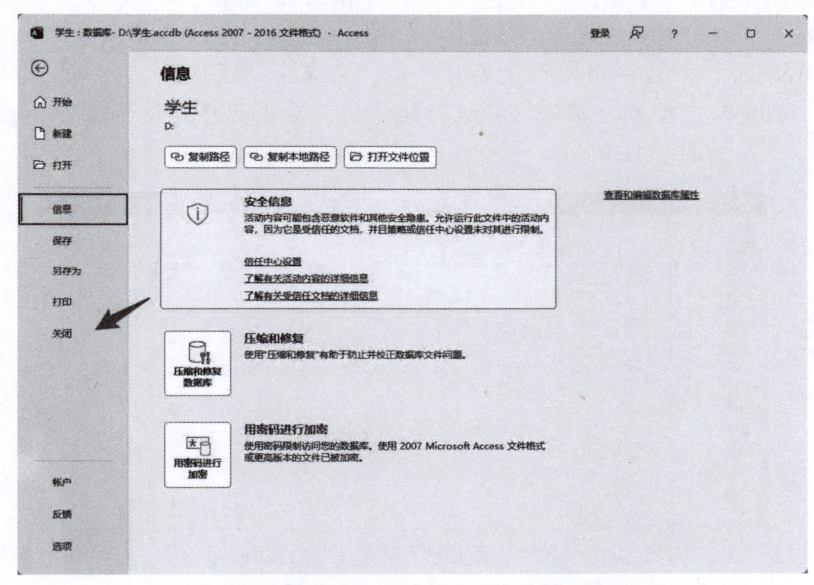

图 3-9 "关闭"命令关闭当前打开的数据库

3.2 创建表

表是 Access 数据库的核心和基础，是存储和管理数据的对象，也是数据库中其他对象的数据来源。创建好空数据库后，要先建立表对象和各表之间的关系，以提供数据的存储架构，然后逐步创建其他对象，最终形成完整的数据库。

下面介绍 5 种创建数据表的方法。

(1) 通过 Access "应用程序部件"内置的表模板来建立。
(2) 通过"表设计"建立，在表的"设计视图"中设计表，用户需要设置每个字段的各种属性。

(3) 和 Excel 表一样，直接在数据表中输入数据。Access 会自动识别存储在该数据表中的数据类型，并据此设置表的字段属性。

(4) 通过"SharePoint 列表"，在 SharePoint 网站建立一个列表，再在本地建立一个新表，并将其连接到 SharePoint 列表中。

(5) 通过从外部数据导入建立表。

3.2.1 使用内置模板创建表

对于一些常用的应用，如联系人、资产等信息，运用表模板会比手动方式更加方便和快捷。

【例 3-5】运用"应用程序部件"，创建一个包含"联系人"数据表的数据库"通讯录.accdb"。

操作步骤：

(1) 启动 Access，新建一个空白桌面数据库，命名为"通讯录"。

(2) 打开"创建"选项卡，单击"模板"组中的"应用程序部件"按钮，在弹出的列表中选择"联系人"，如图 3-10 所示。

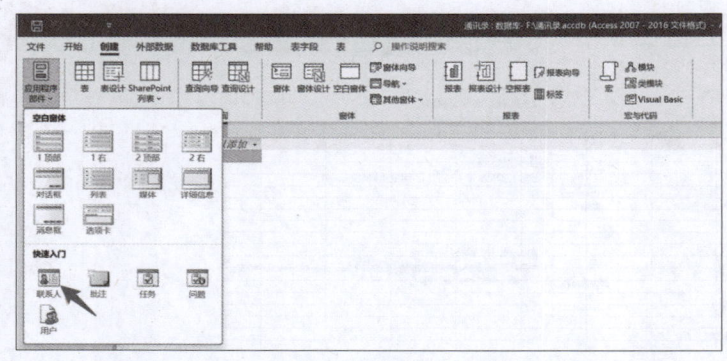

图 3-10 在"应用程序部件"中选择"联系人"

(3) 这样就创建了一个"联系人"表。此时双击左侧导航栏的"联系人"表，即建立一个数据表，如图 3-11 所示，接着可以在表的"数据表视图"中完成数据记录的创建、删除等操作。

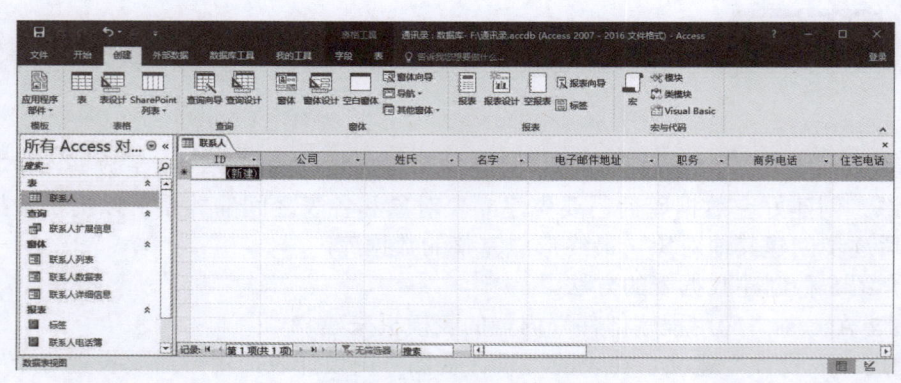

图 3-11 "联系人"表

提示：除标准的选项卡外，Access 2016 中还包含一些上下文选项卡。每当选择一个对象(如数据库表)时，将会在功能区中提供用于处理该对象的特殊工具。因为这个选项卡是针对当前使用命令的，是为方便后续继续完成命令而出现的，起到一个上下传承的作用，所以叫作上下文选项卡。如图 3-11 所示的"表格工具"。

3.2.2 使用表设计创建表

Access 2016 提供了查看数据表的四种视图方式：一是"设计视图"，用于创建和修改表的结构；二是"数据表视图"，用于浏览、编辑和修改表记录；三是"数据透视表视图"，用于按照不同的方式组织和分析数据；四是"数据透视图视图"，用于以图形的形式显示数据。其中，前两种视图是表的最基本也是最常用的视图。表模板中提供的模板类型是非常有限的，而且使用模板创建的数据表也不一定完全符合要求，必须进行适当的修改，在更多的情况下，必须自己创建一个新表。这些都需要用到"表设计器"，它是一种可视化工具，用于设计和编辑数据库中的表。

使用表的"设计视图"来创建表主要是设置表的各种字段的属性。它创建的仅仅是表的结构，表结构主要包括字段名、数据类型、字段属性等，各种数据记录还需要在"数据表视图"中输入。通常都是使用"设计视图"来创建表。

字段是通过在表设计视图的字段输入区输入字段名和字段数据类型而建立的。在实际应用中，不同的字段名需要设置该字段不同的数据类型。字段的命名规则：长度为 1～64 个字符，在 Access 中一个汉字当作一个字符；可以包含字母、数字、汉字、空格和其他字符，不能包含小数点"."、感叹号"!"、方括号"[]"等；字段不能用空格字符开头，也不能包含控制字符 (ASCII 值从 0~31 的字符)；字段名尽量不要与 Access 内置函数或者属性名称相同。同时，为避免在 VBA 代码中构造查询或引用表时引起错误，字段名尽量不使用空格字符，可使用下画线代替。字段的命名规则也适用于对 Access 的数据库对象 (如窗体、报表等) 和控件 (如按钮、文本框等) 的命名规则，只是控件名称的长度最多可达 255 个字符。

【例 3-6】 在"教务管理"数据库中，运用"表设计器"创建一个名为 Stu 的表。表结构如表 3-1 所示。

表 3-1　Stu 表结构

字段名	数据类型	字段大小
学号	文本	8
姓名	文本	4
性别	文本	1
是否团员	是 / 否	
出生日期	日期 / 时间	
生源地	文本	3
专业编号	文本	3
照片	OLE 对象	

操作步骤：

(1) 启动 Access 2016，打开数据库"教务管理"。

(2) 切换到"创建"选项卡，单击"表格"组中的"表设计"按钮，进入表的设计视图。

(3) 在"字段名称"栏中输入字段的名称"学号""姓名""性别"等内容；在"数据类型"下拉列表框中选择相应字段的数据类型，如表 3-1 所示；"说明"栏中的输入为选择性的，也可以不输入，如图 3-12 所示。

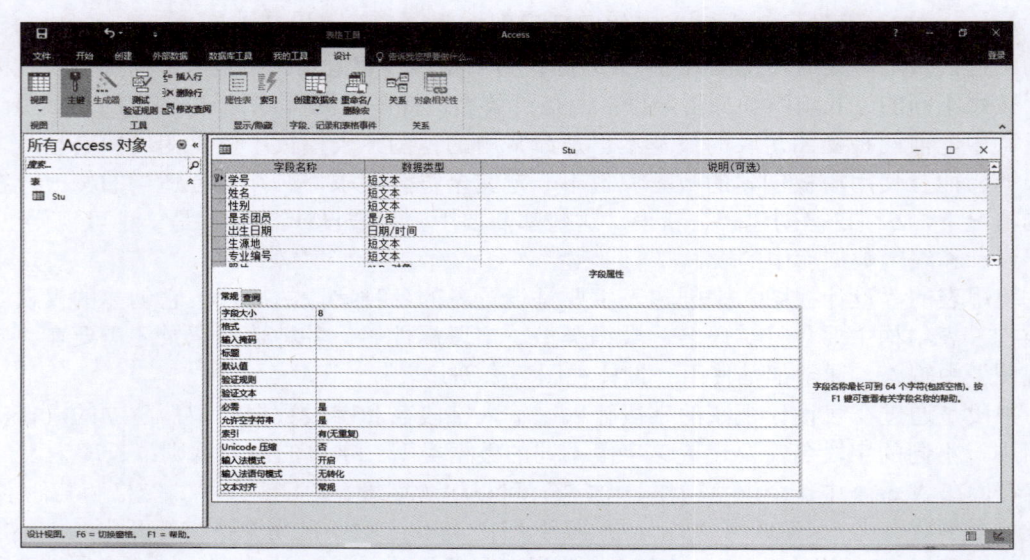

图 3-12　表结构设计结果

(4) 单击"保存"按钮，弹出"另存为"对话框，然后在"表名称"文本框中输入 Stu，再单击"确定"按钮，如图 3-13 所示。

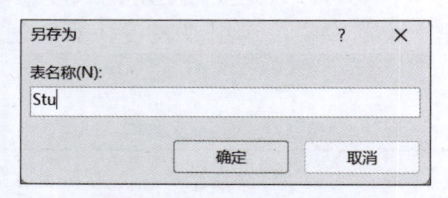

图 3-13　表名称文本框

(5) 这时将弹出图 3-14 所示的对话框，提示尚未定义主键，单击"否"按钮，暂时不设定主键。

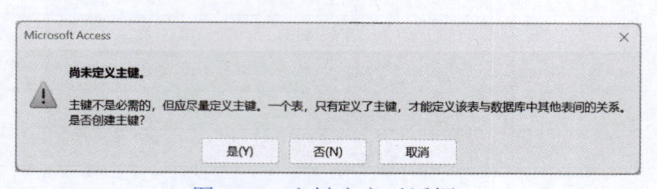

图 3-14　主键定义对话框

(6) 在"表格工具"的"设计"选项卡中单击"视图"按钮,切换到"数据表视图",这样就完成了利用表的"设计视图"创建表的操作。完成的数据表如图 3-15 所示。

图 3-15　Stu 数据表视图

3.2.3　通过输入数据创建表

通过直接输入数据创建表是指在空白数据表中添加字段名和数据,同时 Access 会根据输入的记录自动指定字段类型。

【例 3-7】在"教务管理"数据库中,通过直接输入数据创建一个名为 Major 的表。结构如表 3-2 所示。

表 3-2　Major 表结构

字段名	数据类型	字段大小
专业编号	文本	3
专业名称	文本	8
学院代号	文本	2

操作步骤:

(1) 打开"教务管理"数据库,切换到"创建"选项卡,单击"表格"组中的"表"按钮,自动生成名为"表1"的新表,并在"数据表视图"中打开。

(2) 选中"ID"字段列,单击"表格工具"的"字段"选项卡,在"属性"组中单击"名称和标题"按钮,如图 3-16 所示。

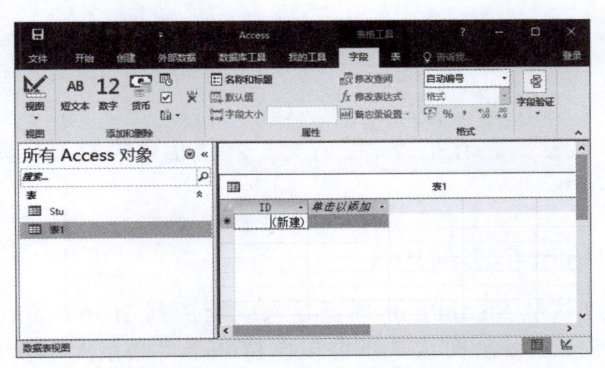

图 3-16　表格工具选项卡

(3) 打开"输入字段属性"对话框，在"名称"文本框中的输入"专业编号"，单击"确定"按钮，如图 3-17 所示。

(4) 在"单击以添加"下面的单元格中，输入"知识产权"，Access 自动为新字段命名为"字段 1"，如图 3-18 所示。重复步骤 (3) 的操作，把"字段 1"修改为"专业名称"。也可以双击"字段 1"进行修改。

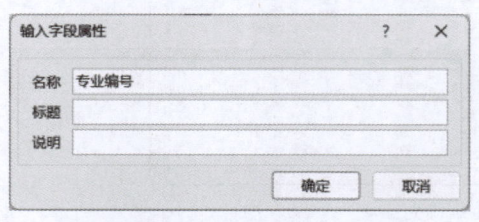

图 3-17 "输入字段属性"对话框

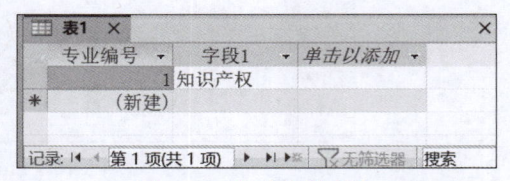

图 3-18 修改字段名称

(5) 重复步骤 (3)(4) 的操作，完成"学院代号"字段设置。选择相应的字段列，单击"表格工具"的"字段"选项卡，在"格式"组和"属性"组中，如表 3-2 所示，分别对"数据类型"和"字段大小"进行设置，如图 3-19 所示。

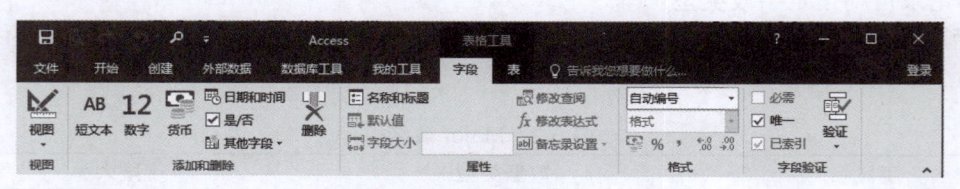

图 3-19 "字段"设置

(6) 直接在单元格中输入多条专业信息记录，使得数据表如图 3-20 所示。

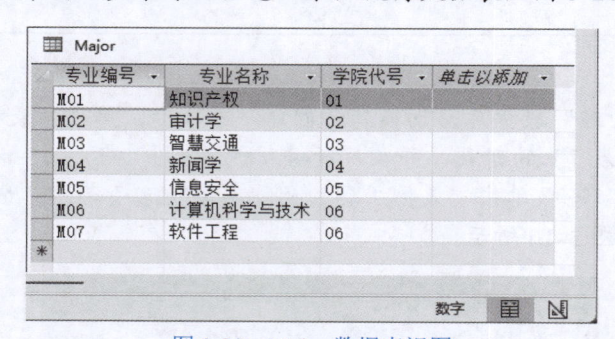

图 3-20 Major 数据表视图

(7) 单击"保存"按钮，在打开的"另存为"对话框中，输入数据表的名称 Major，然后单击"确定"按钮即可。

3.2.4 使用 SharePoint 列表创建表

可以在数据库中创建从 SharePoint 列表导入或链接到 SharePoint 列表的表。还可以使用内置模板创建新的 SharePoint 列表。下面以创建一个"联系人"表为例进行介绍。

操作步骤：

(1) 启动 Access 2016，打开建立的"示例表"数据库。

(2) 在"创建"选项卡的"表格"组中，单击"SharePoint 列表"，从弹出的下拉列表框中选择"联系人"选项，如图 3-21 所示。

(3) 弹出"创建新列表"对话框，输入要创建列表的 SharePoint 网站的 URL，并在"指定新列表的名称"和"说明"文本框中分别输入新列表的名称和说明，最后单击"确定"按钮，即可打开创建的表，如图 3-22 所示。

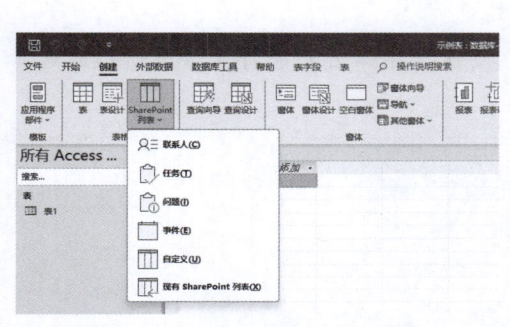

图 3-21 "SharePoint 列表"菜单　　　　　　　图 3-22 "创建新列表"对话框

3.2.5 通过获取外部数据创建表

在 Access 中，数据的导入是将其他文件格式转化成 Access 的数据和数据库对象。Access 可以导入和链接的数据源有：Microsoft Access，Microsoft Excel，Text 文本，HTML 文件等。导入的数据一旦操作完毕就与外部数据无关，如同整个数据"拷贝"过来。导入过程较慢，但操作较快。链接的数据只在当前数据库形成一个链接表对象，只是去"使用"它，其内容随着数据源的变化而变化，比较适合在网络上"资源共享"的环境中应用。链接过程快，但以后的操作较慢。

【例 3-8】将"数据源.xlsx"文件中的 Grade 表导入"教务管理"数据库表中。结构如表 3-3 所示。

表 3-3 Grade 表结构

字段名	数据类型	字段大小
学号	文本	8
课程编号	文本	5
平时成绩	数字	单精度型
期末成绩	数字	单精度型

操作步骤：

(1) 打开"教务管理"数据库，切换到"外部数据"选项卡，单击"导入并链接"组中的"Excel"按钮。如图 3-23 所示。

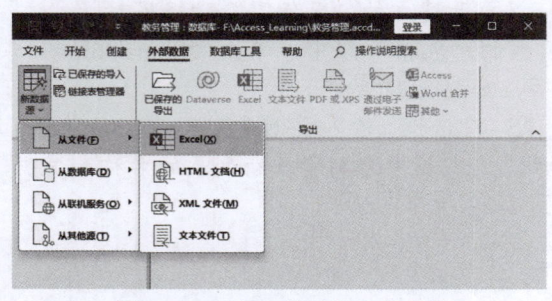

图 3-23 "导入并链接"的菜单

(2) 打开图 3-24 所示的对话框,单击"浏览"按钮,在弹出的"打开"对话框内选择需导入的 Excel 文件"数据源.xlsx"。

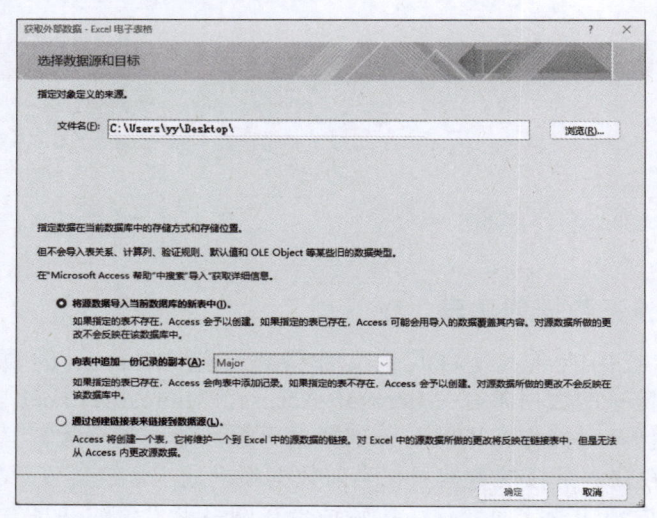

图 3-24 "获取外部数据-Excel 电子表格"对话框 1

(3) 在打开的"导入数据表向导"对话框 1 中,选中 Grade 工作表,单击"下一步"按钮,如图 3-25 所示。

(4) 在打开的"导入数据表向导"对话框 2 中,选中"第一行包含列标题"复选框,然后单击"下一步"按钮,如图 3-26 所示。

(5) 在打开的"导入数据表向导"对话框 3 中,选中相应的字段列,按照表 3-3 所示,可设置其字段选项值,然后单击"下一步"按钮,如图 3-27 所示。

(6) 在打开的"导入数据表向导"对话框 4 中,选中"不要主键",然后单击"下一步"按钮,如图 3-28 所示。

(7) 在打开的"导入数据表向导"对话框 5 中"导入到表:"的文本框内,输入 Grade,然后单击"完成"按钮,如图 3-29 所示。

(8) 在打开的"获取外部数据-Excel 电子表格"对话框 2 中,不勾选"保存导入步骤",

直接单击"关闭"按钮即可完成，如图 3-30 所示。

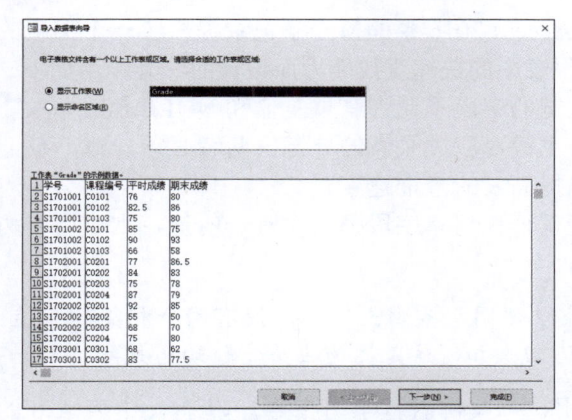

图 3-25 "导入数据表向导"对话框 1

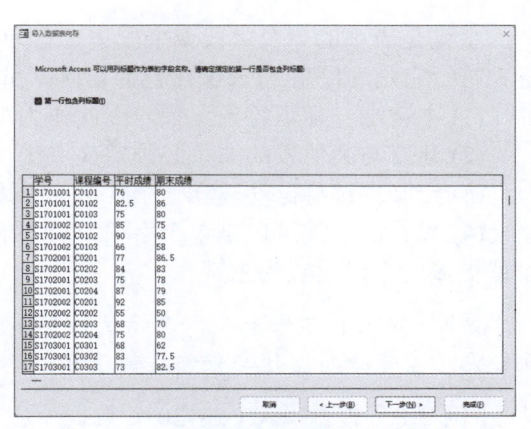

图 3-26 "导入数据表向导"对话框 2

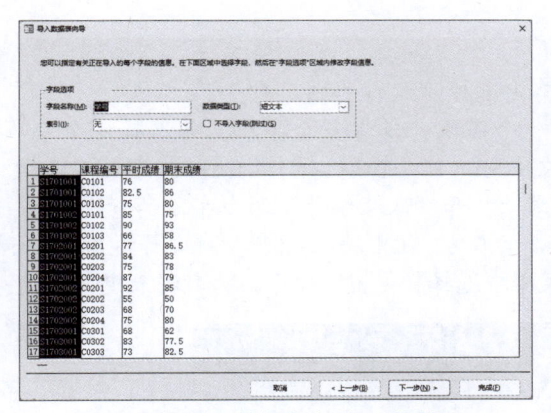

图 3-27 "导入数据表向导"对话框 3

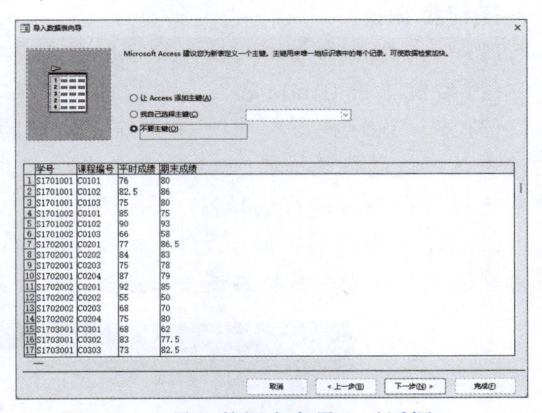

图 3-28 "导入数据表向导"对话框 4

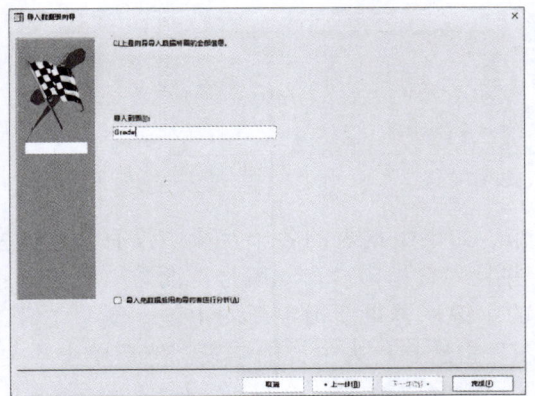

图 3-29 "导入数据表向导"对话框 5

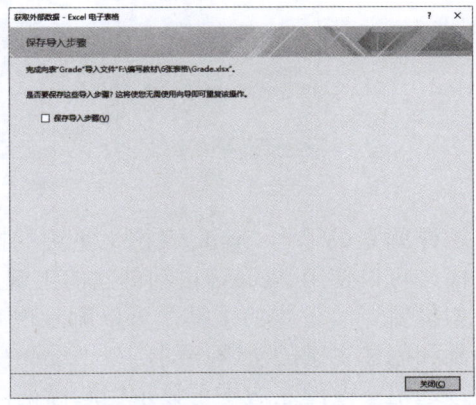

图 3-30 "获取外部数据 -Excel 电子表格"对话框 2

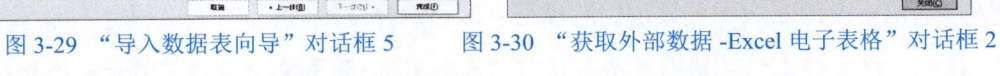

提示：使用"导入表"方法创建的表，所有字段的宽度都为默认值。

3.2.6 主键的设置

主键是表中的一个字段或字段集,它为 Access 2016 中的每一条记录提供了一个唯一的标识符。它是为提高 Access 在查询、窗体和报表中的快速查找能力而设计的。其作用如下。

(1) 主键唯一标识每条记录,因此作为主键的字段不允许有重复值和 NULL 值。

(2) 建立与其他表的关系必须定义主键,主键对应关系表的外键,两者必须一致。

(3) 定义主键将自动建立一个索引,可以提高表的查询速度。

(4) 设置的主键可以是单个字段,若不能保证任何单字段都包含唯一的值,则可以将两个或更多的字段设置为主键。

说明: NULL 值即空值,表示值未知。空值不同于空白或零值。没有两个相等的空值。比较两个空值或将空值与任何其他值相比均返回未知,这是因为每个空值均为未知。

【例 3-9】根据《Access 2016 数据库应用技术案例教程学习指导》附录 A 中表 A-6 的 Grade 表结构,设置 Grade 表的主键。

操作步骤:

(1) 双击打开建立的"教务管理"数据库。

(2) 右键单击 Grade 表,在弹出的快捷菜单中选择"设计视图"命令。

(3) 在"设计视图"中选择要作为主键的一个字段,或者多个字段。若选择一个字段,则单击该字段的行选择器;若选择多个字段,则按住 Shift 键(连续选择)或 Ctrl 键(不连续选择),然后选择每个字段的行选择器。本例中选择"学号"和"课程编号"两个字段的行选择器。

(4) 在"表格工具"的"设计"选项卡中,单击"工具"组中的"主键"按钮,如图 3-31 所示,或者在选定行内单击鼠标右键,在弹出的快捷菜单中选择"主键"命令,为数据表定义主键。

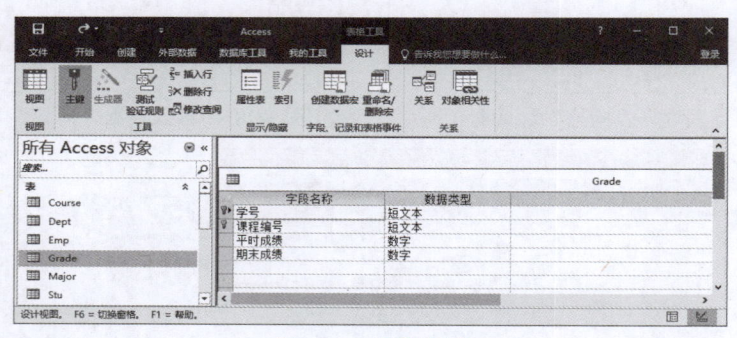

图 3-31 设置主键

这样就完成了为 Grade 表定义主键的操作。如果数据表的各个字段中没有适合做主键的字段,可以使用 Access 自动创建的主键,并且为它指定"自动编号"的数据类型。

如果要更改设置的主键,可以删除现有的主键,再重新指定新的主键。删除主键的操作步骤和创建主键的步骤相同,在"设计视图"中选择作为主键的字段,然后单击"主键"按钮,选定字段的左边不再显示钥匙标记,即已删除主键。

提示: 删除的主键必须没有参与任何"表关系",如果要删除的主键和某个表建立了表关系,Access 会警告必须先删除该关系。

3.3 数据类型与字段属性

创建表时，由于用户需求变化和数据变化等各种因素，表的结构设计可能需要调整。为使表结构更加合理，内容更加有效，需要对表的类型与属性进行设定和维护。

3.3.1 数据类型

表是由字段组成的，字段的信息则由数据类型表示。必须为表的每个字段分配一种字段数据类型。Access 2016 中提供的数据类型有 12 种。每个类型都有特定的用途，下面将分别进行详细介绍。

"文本"：最常用，作为默认数据类型。用于文字或文字和数字的组合，如住址；或是不需要计算的数字，如电话号码和邮编等。该类型最多可以存储 255 个字符。

"备注"：用于较长的文本或数字，如备忘录、简历等。最多可存储 65 535 个字符。不能作为键字段或索引字段。

"数字"：用于需要进行算术计算的数值数据，如年龄、数量等。用户可以使用"字段大小"属性来设置包含的值的大小。可以将字段大小设置为 1、2、4、8 或 16 个字节。

"日期/时间"：用于日期和时间格式的字段。如出生日期、参加工作日期等。默认 8 个字节。

"货币"：带 4 位小数的一种特殊固定格式，用于货币值并在计算时禁止四舍五入，如工资、金额等。系统自动将货币字段的数据精确到小数点前 15 位及小数点后 4 位。默认 8 个字节。

"自动编号"：由系统自动为新记录指定唯一顺序号或随机编号。不随记录删除变化。默认 4 个字节。

"是/否"：即布尔类型，用于字段只包含两个可能值中的一个。如：Yes/No、True/False、On/Off。字段大小 1 位。

"OLE 对象"：用于存储来自 Office 或各种应用程序的图像、文档、图形和其他对象。不能作为键字段或索引字段。OLE 对象必须在窗体或报表中用控件来显示。不能对 OLE 对象型字段进行排序、索引和分组。该类型最大可以存储 1GB。

"超链接"：用于存储网页文档地址。可以是 UNC 路径或 URL 网址，如电子邮件、网页等。数据类型三部分中的每部分最多含 2048 个字符。

"附件"：任何受支持的文件类型，与 OLE 对象的替代字段相比，有着更大的灵活性，Access 2016 创建的 .accdb 格式的文件是一种新的类型，与电子邮件的附件类似，它可以将图像、电子表格文件、文档、图表等各种文件附加到数据库记录中。不能作为键字段或索引字段。

"计算"：计算的结果。计算时必须引用同一张表中的其他字段。可以使用表达式生成器创建计算。

"查阅向导"：显示从表或查询中检索到的一组值，或显示创建字段时指定的一组值。查阅向导是一个特殊字段，是字段的一个属性。可以使用"列表框"或"组合框"选择另一个表或数据列表中的值。字段大小与用于执行查阅的主键字段大小相同，通常为4个字节。

提示：想要进一步了解如何确定表中字段的数据类型，可以单击表设计窗口中的"数据类型"列，然后按F1键，打开帮助的DataType属性来查看。

3.3.2 字段属性

在表的设计视图中，除要在视图的上方窗格中定义字段名称、数据类型等基本属性以外，通常还需要在视图的下方窗格中设置字段的其他属性，以进一步完善表的设计，保证数据使用的安全和方便。

在Access表中，一个字段通常有多个属性项。根据字段的数据类型不同，字段属性区也随之显示不同的属性设置，系统为各种数据类型的各项属性设定了默认值。如图3-32所示。

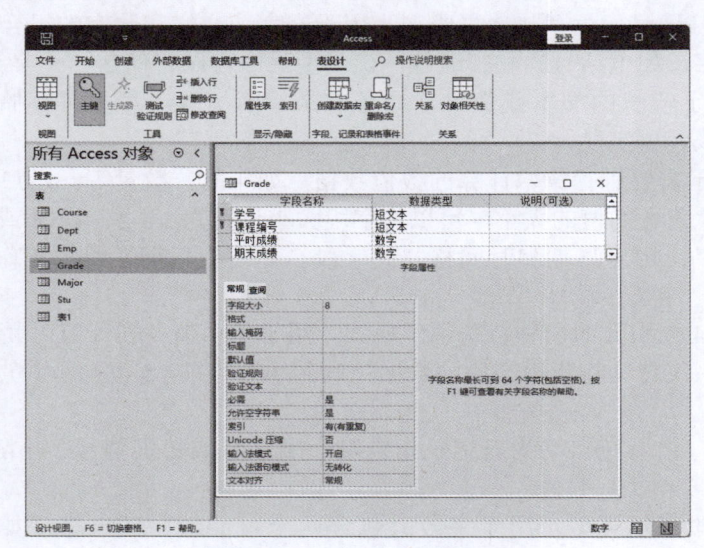

图3-32 字段常规属性

字段属性的详细说明如表3-4所示。

表3-4 字段属性说明

字段属性	说明
字段大小	规定文本型字段所允许填充的最大字符数，或数字型数据的类型和大小
格式	可以设置数据显示和打印的格式
小数位数	设置数字和货币数据的小数位数，默认值是"自动"
标题	设置在数据表视图及窗体中显示字段时所用的标题
默认值	设置字段的默认值，提高输入数据的速度。"自动编号"和"OLE对象"类型无默认值设置
输入掩码	用特殊字符掩盖实际输入字符，通常用于加密字段

续表

字段属性	说明
有效性规则	字段值的限制范围
有效性文本	当输入数据不符合有效性规则时显示的提示信息
必需	设置字段中是否必须有值，若设置为"是"，则字段不能为空
允许空字符串	是否允许长度为 0 的字符串存储在该字段中
索引	决定是否建立索引属性。有 3 个选项："无""有（无重复）"和"有（有重复）"

1. 设置字段大小

设置"字段大小"属性，可以控制字段使用的空间大小，只适用"文本""数字"和"自动编号"类型的字段，其他类型的字段大小都是固定的。

【例 3-10】在"教务管理"数据库中，设置 Stu 表的"生源地"字段大小为 5。

操作步骤：

(1) 双击打开"教务管理"数据库，右键单击 Stu 表，在弹出的快捷菜单中选择"设计视图"命令。

(2) 单击"生源地"字段的"字段名称"列，在"字段属性"区中的"字段大小"文本框内输入 5，如图 3-33 所示。

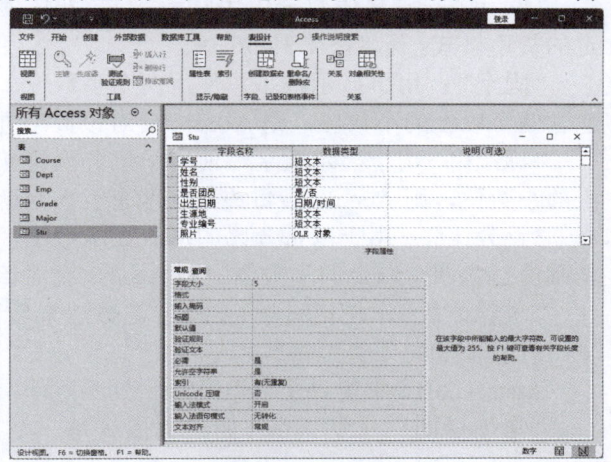

图 3-33　设置"字段大小"

提示： 如果文本字段中已经包含数据，减少字段大小可能会截断数据，造成数据丢失。

2. 设置格式属性

格式属性重新定义字段数据的显示和打印格式，只影响数据的显示而不影响输入和存储。

1) 文本型和备注型的格式

对于文本型和备注型字段，可以使用以下符号创建自定义格式。自定义格式为：< 格式符号 >;< 字符串 >。示例：在"生源地"字段中设置格式：@;"请输入生源地"，当生源地字段没有输入数据时显示：请输入生源地。

"@"：要求是文本字符（字符或空格，不足规定长度时自动在数据前补空格，右对齐）。示例：设置格式为 @@-@@，输入数据为 ABCD，显示数据为 AB-CD。

"&"：不要求是文本字符。示例：设置格式为 (&&)&&，输入数据为 1234，显示数据为 (12)34。

"<"：把所有英文字符变为小写。示例：设置格式为 <，输入数据为 Abcd，显示数据

为 abcd。

">"：把所有英文字符变为大写。示例：设置格式为 >，输入数据为 Abcd，显示数据为 ABCD。

"!"：把数据向左对齐。

"-"：把数据向右对齐。

2) 数字类型格式

Access 2016 中数据的数字类型有以下几种。

"常规数字"：(默认值) 以输入的方式显示数据。

"货币"：使用千位分隔符；应用 Windows 区域设置中指定的货币符号和格式。示例：¥3,456.79。

"欧元"：对数值数据应用欧元符号 (€)，但对其他数据使用 Windows 区域设置中指定的货币格式。示例：€ 3,456.79。

"固定"：用于显示数字，使用两个小数位，但不使用千位数分隔符。如果字段中的值包含两个以上的小数位，则 Access 会对该数字进行四舍五入。示例：3456.79。

"标准"：用于显示数字，使用千位分隔符和两个小数位。如果字段中的值包含两个以上的小数位，则 Access 会将该数字四舍五入为两个小数位。示例：3,456.79。

"百分比"：用于以百分比的形式显示数字，使用两个小数位和一个尾随百分号。如果基础值包含四个以上的小数位，则 Access 会对该值进行四舍五入。示例：12.30%。

"科学计数"：使用科学(指数)记数法来显示数字。示例：3.46E+03。

3) 日期和时间类型格式

Access 2016 中提供了以下几种日期和时间类型的数据。

"常规日期"：(默认值) 如果数值只是一个日期，则不显示时间；如果数值只是一个时间，则不显示日期。该设置是"短日期"与"长时间"设置的组合。示例：2024-12-26 17:20:30。

"长日期"：显示长格式的日期。具体取决于用户所在区域的日期和时间设置，示例：2024 年 12 月 26 日 星期四。

"中日期"：显示中等格式的日期，示例：24-12-26。

"短日期"：显示短格式的日期。具体取决于用户所在区域的日期和时间设置，示例：2017-03-15。

"长时间"：该格式会随着所在区域的日期和时间设置的变化而变化。示例：17:20:30。

"中时间"：显示的时间带"上午"或"下午"字样。示例：下午 5:20。

"短时间"：该格式会随着所在区域的日期和时间设置的变化而变化。示例：17:20。

4) 是 / 否类型格式

Access 2016 中提供了以下几种是 / 否类型的数据。

"是 / 否"：(默认值) 用于将 0 显示为"否 (No)"，并将任何非零值显示为"是 (Yes)"。

"真 / 假"：用于将 0 显示为"假 (False)"，并将任何非零值显示为"真 (True)"。

"开 / 关"：用于将 0 显示为"关 (Off)"，并将任何非零值显示为"开 (On)"。

默认显示控件为"复选框"，更改操作：在"字段属性"区域中单击"查阅"选项卡，单击"显示控件"文本框右侧向下箭头可以选择"复选框""文本框"或"组合框"。

【例 3-11】在"教务管理"数据库中,设置 Stu 表的"出生日期"字段为"短日期"。

操作步骤:

(1) 双击打开"教务管理"数据库,右键单击 Stu 表,在弹出的快捷菜单中选择"设计视图"命令。

(2) 单击"出生日期"字段的"数据类型"列,在"字段属性"区中单击"格式"文本框,在右侧单击黑色向下箭头,单击选择"短日期",如图 3-34 所示。

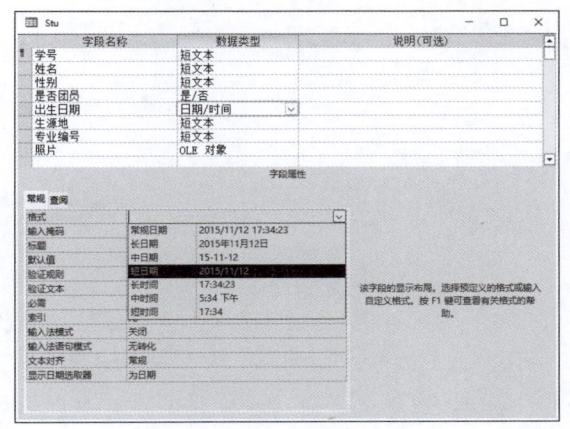

图 3-34 设置"格式"属性

3. 标题

标题属性用来指定在"数据表视图"中该字段名标题按钮上显示的名称。如果不输入任何文字,默认情况下将字段名作为该字段的标题。

4. 默认值

默认值是新记录在数据表中自动显示的值。为某字段指定一个默认值,当用户增加新的记录时,Access 会自动为该字段赋予这个默认值。默认值只是初始值,可以在输入时改变设置,其作用是减少输入时的重复操作。

5. 设置数据的有效性规则

"有效性规则"用于对字段所接受的值加以限制,它是一个逻辑表达式,用该逻辑表达式对记录数据进行检查。有效性规则可以是自动的,如检查数值字段的文本或日期值是否合法。有效性规则也可以是用户自定义的。

"有效性文本"往往是一句有完整语句的提示句子,当数据记录违反该字段"有效性规则"时便弹出提示窗口。其内容可以直接在"有效性文本"文本框内输入,或光标定位于该文本框时按 Shift+F2 组合键,在弹出的"缩放"对话框中输入。

【例 3-12】在"教务管理"数据库中,设置 Stu 表的"性别"字段只能输入"男"或"女"。

操作步骤:

(1) 打开"教务管理"数据库,右键单击 Stu 表,在弹出的快捷菜单中选择"设计视图"命令。

(2) 选择"性别"字段,在"字段属性"区中单击"有效性规则"文本框内输入:" 男 " or" 女 "(注意输入的引号为英文半角符号)。

(3) 在"字段属性"区中单击"有效性文本"文本框内输入:性别必须是男或女(提示信息无须加引号)。如图 3-35 所示,保存当前设置。

(4) 在"开始"选项卡"视图"组中,选择"数据表视图"命令,或者双击左侧窗格中的 Stu 表,测试有效性规则的效果。在任意行"性别"字段文本框内输入非"男"或"女"的字,再在其他数据上单击,将弹出提示对话框,如图 3-36 所示。最后单击"确定"按钮。

图 3-35　设置"有效性规则"属性　　　　　图 3-36　报错提示对话框

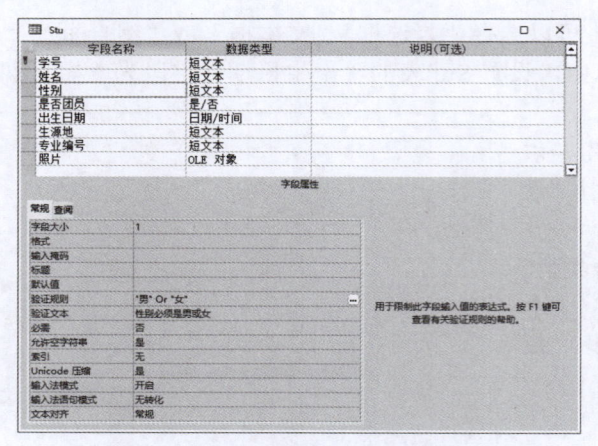

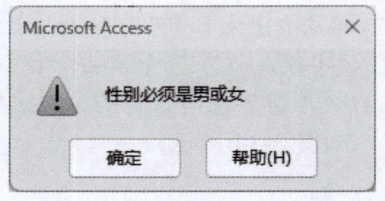

提示：有效性规则的设置也可以由"表达式生成器"生成。具体方法：在"设计视图"中，单击"有效性规则"文本框右侧的"表达式生成器"按钮[...]，弹出对话框，如图 3-37 所示。输入相应规则，单击"确定"按钮即可。

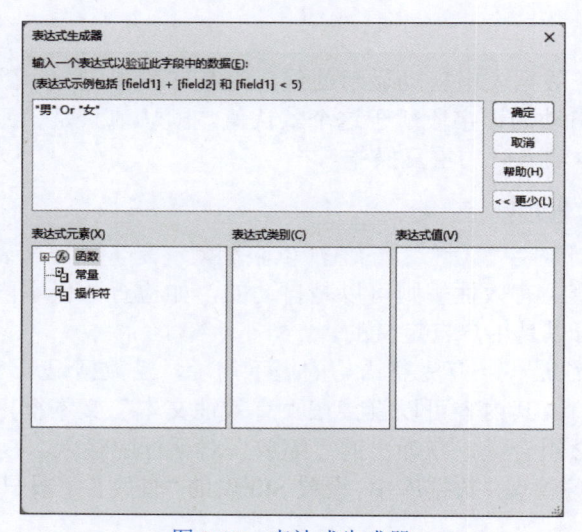

图 3-37　表达式生成器

可见设置有效性规则的方法是很简单的，关键是要熟悉规则的各种表达式，常用的规则表达式如下。

- Is Not NULL：不能为空值。
- ＜＞0：要求输入值非零。
- >=0：输入值不得小于零。
- 50 or 100：输入值为 50 或者 100 中的一个。
- Between 50 And 100：输入值必须介于 50 与 100 之间，它等于">=50 And <=100"。
- <#01/01/2025#：输入 2025 年之前的日期。

- \>= #01/01/2025# And <#01/01/2026#：必须输入 2025 年的日期。
- Year(Date( ))-Year([出生日期])：用当前系统日期函数和取年份函数计算年龄。
- " 男 " or " 女 " 或者 In (" 男 "," 女 ")：性别只能输入男或女。

虽然有效性规则中的表达式不使用任何特殊语法，但是在创建表达式时，还是得牢记下列规则。(注意输入的符号为英文半角符号。)

- 将表字段的名称用方括号括起来，如 [年龄]= Year(Date( ))-Year([出生日期])。
- 将日期用"#"号括起来，如 <#01/01/2026#。
- 将字符串值用双引号括起来，如 " 张三 " 或 " 李四 "。
- 用逗号分隔项目，并将列表放在圆括号内，如 In(" 北京 "," 巴黎 "," 莫斯科 ")。

6. 设置输入掩码

输入掩码是用户为输入的数据定义的格式，并限制不允许输入不符合规则的文字和符号。它和格式属性的区别是：格式属性定义数据显示的方式，而输入掩码属性定义数据的输入方式，并可对数据输入做更多的控制以确保输入正确的数据。输入掩码属性用于文本、日期 / 时间、数字和货币型字段。在显示数据时，格式属性优先于输入掩码。Access 不仅提供了预定义输入掩码模板，如邮政编码、身份证号码、密码等，而且允许用户自定义输入掩码。自定义输入掩码格式为：< 输入掩码的格式符号 >;<0、1 或空白 >;< 任何字符 >。其中第一部分是指定输入掩码的本身，即输入掩码字符定义数据的输入格式，输入掩码字符串使用的占位符如表 3-5 所示。第二部分设置数据的存储方式，如果为 0，则按显示的格式存放；如果为 1，则只存放数据。第三部分用来定义一个标明输入位置的符号，默认情况下使用下画线。第一部分是必需的，后两部分可以省略。

表 3-5　用于创建输入掩码的占位符

占位符	功能描述
空串	无输入掩码
0	必须输入数字 (0 ～ 9)，不允许使用加号 + 和减号－。 例如，掩码：(00)0-000，示例：(12)3-234
9	可选择输入数字或空格，不允许使用加号 + 和减号－。 例如，掩码：(99)9-999，示例：(12)3-234，( )3-234
#	可选择输入数字或空格，允许使用加号 + 和减号－，空白会转换为空格。 例如，掩码：####，示例：+123，9 9-
L	必须输入英文字母，字母大小写均可。 例如，掩码：LLLL，示例：aaaa，AaBb
?	可选择输入英文字母或空格，字母大小写均可。 例如，掩码：????，示例：a a，Aa
A	必须输入英文字母或数字，字母大小写均可。 例如，掩码：(00)AA-A，示例：(12)3B-a
a	可选择输入英文字母、数字或空格。字母大小写均可。 例如，掩码：aaaa，示例：5a5a，A 3

续表

占位符	功能描述
&	必须输入任意字符或空格。 例如，掩码：&&&&，示例：!5a%
C	可选择输入任意字符或空格。 例如，掩码：CCCC，示例：!5a%
<	使其后所有字符转换为小写。 例如，掩码：LL<LL，示例：输入 AAAA，显示 AAaa
>	使其后所有字符转换为大写。 例如，掩码：LL>LL，示例：输入 aaaa，显示 aaAA
\(反斜线)	将下一个字符显示为原义字符。也可以通过在左右放置双引号的方式将其显示为原义字符。 例如，掩码：\A，示例：A
!	使输入掩码从右到左显示，而不是从左到右显示。可以在输入掩码中的任何地方包括感叹号
密码	文本框中输入的任何字符都按字面字符保存，但显示为星号 *
. , ; : - /	小数点占位符及千位、日期与时间的分隔符。(实际使用的字符将根据 Windows "控制面板"中"区域设置属性"对话框中的设置而定)

【例 3-13】 在"教务管理"数据库中，为 Stu 表的"专业编号"字段设置"输入掩码"属性。

操作步骤：

(1) 双击打开"教务管理"数据库，右键单击 Stu 表，在弹出的快捷菜单中选择"设计视图"命令，如图 3-38 所示。

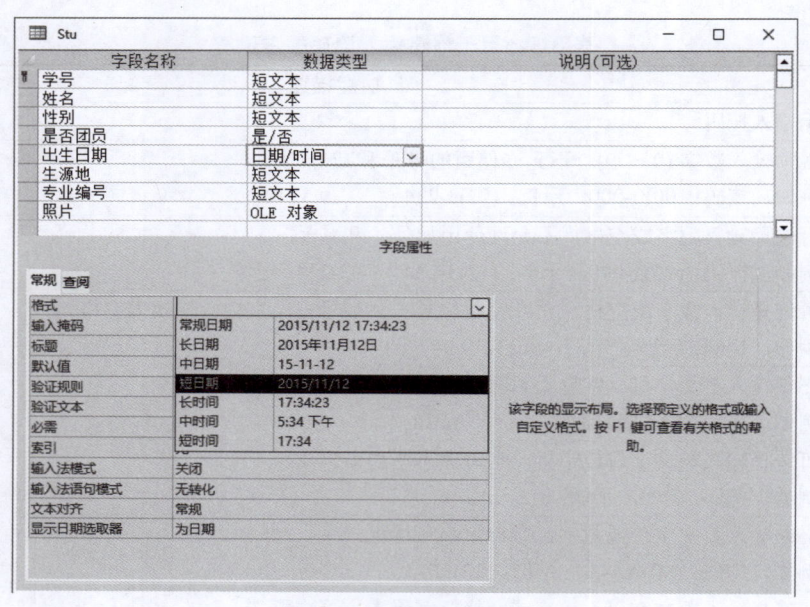

图 3-38 打开设计视图

(2) 选中"专业编号"字段，单击"字段属性"区中的"输入掩码"文本框，输入"\M00"，如图 3-39 所示。

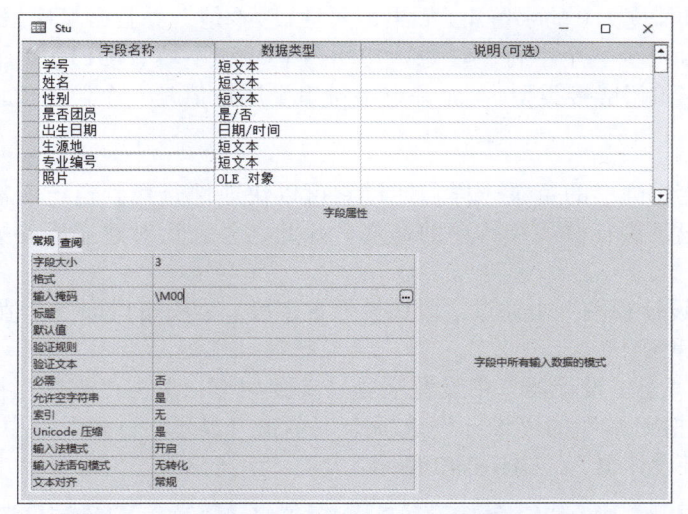

图 3-39 "输入掩码"文本框

(3) 单击左上角"保存"工具栏按钮 , 完成输入掩码的创建。

双击 Stu 表, 进入"数据表视图", 当输入数据时, 显示效果如图 3-40 所示, 输入的数字将替代下画线。

提示: 输入掩码设置也可以由预定义输入掩码模板生成。具体方法: 在"设计视图"中, 选中字段, 单击"字段属性"区中的"输入掩码"文本框右方的省略号按钮[...], 弹出"输入掩码向导"对话框, 如图 3-41 所示。选择一种"输入掩码"预设格式, 按向导提示信息完成即可。

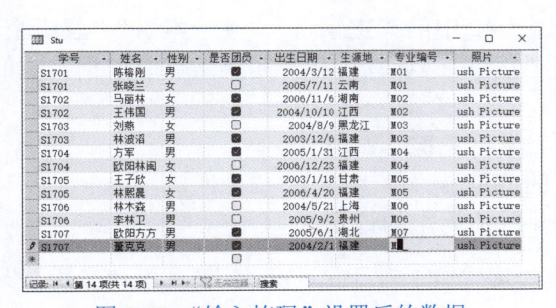

图 3-40 "输入掩码"设置后的数据 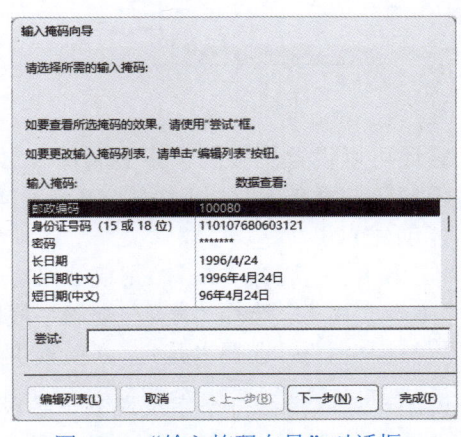　　　　图 3-41 "输入掩码向导"对话框

7. 必填字段

如果该属性设为"是", 则对于每一个记录, 用户必须在该字段中输入一个值。

8. 允许空字符串

空字符串是指长度为 0 的字符串。如果该属性设为"是",并且必填字段属性也设为"是",则该字段必须包含至少一个字符。注意,空引号 ("") 和不填 (NULL) 是不同的。该属性只适用于文本、备注和超链接类型。"允许空字符串"属性值是一个逻辑值,默认值为"否"。

9. 设置索引

索引的作用就如同书的目录一样,通过它可以快速地查找到自己所需要的章节。创建索引可以加快对记录进行查找和排序的速度,除此之外它还对建立表的关系和验证数据的唯一性有作用。

(1) 在表的"设计视图"中通过字段属性设置字段。索引可以取三个值:"无""有 (有重复)"和"有 (无重复)"。

(2) 还可以在"索引设计器"中设置字段。步骤如下:单击"视图"按钮进入表的"设计视图",在"表格工具"的"设计"选项卡下单击"显示/隐藏"组中的"索引"按钮,系统将弹出"索引设计器",如图 3-42 所示。

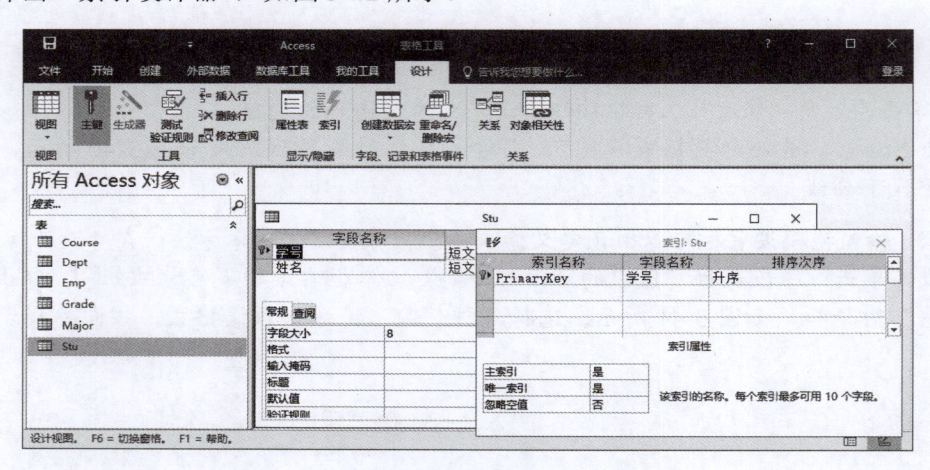

图 3-42 设置索引

它还可以设置更多的"索引属性",如图 3-42 中的"主索引""唯一索引""忽略空值"等,但应该注意的是,"备注""OLE 对象""附件""计算"和"超链接"等数据类型的字段不能创建索引。

"主索引":选择"是",则该字段将被设置为主键。

"唯一索引":选择"是",则该字段中的值是唯一的。

"忽略空值":选择"是",则该索引将排除值为空的记录。

说明:可以根据一个字段或多个字段来创建索引。对于 Access 数据库中的字段,如果符合以下所有条件,推荐对该字段设置索引。

- 字段的数据类型为文本型、数字型、货币型或日期/时间型。
- 常用于查询字段。

- 常用于排序字段。

索引可帮助加快搜索和选择查询的速度，但在添加或更新数据时，索引会降低性能。如果在包含一个或更多个索引字段的表中输入数据，则每次添加或更改记录时，Access 都必须更新索引。如果目标表包含索引，则通过使用追加查询或通过追加导入的记录来添加记录也可能会比平时慢。

3.4 建立表之间的关系

表关系是数据库中非常重要的一部分，甚至可以说，表关系就是 Access 作为关系型数据库的根本。

Access 是关系型数据库管理系统，设计 Access 的目的之一就是消除数据冗余 (重复数据)。它将各种记录信息按照不同的主题，安排在不同的数据表中，通过在建立了关系的表中设置公共字段，实现各个数据表中数据的引用。图 3-43 所示为 "教务管理" 数据库中所有表之间的关系。

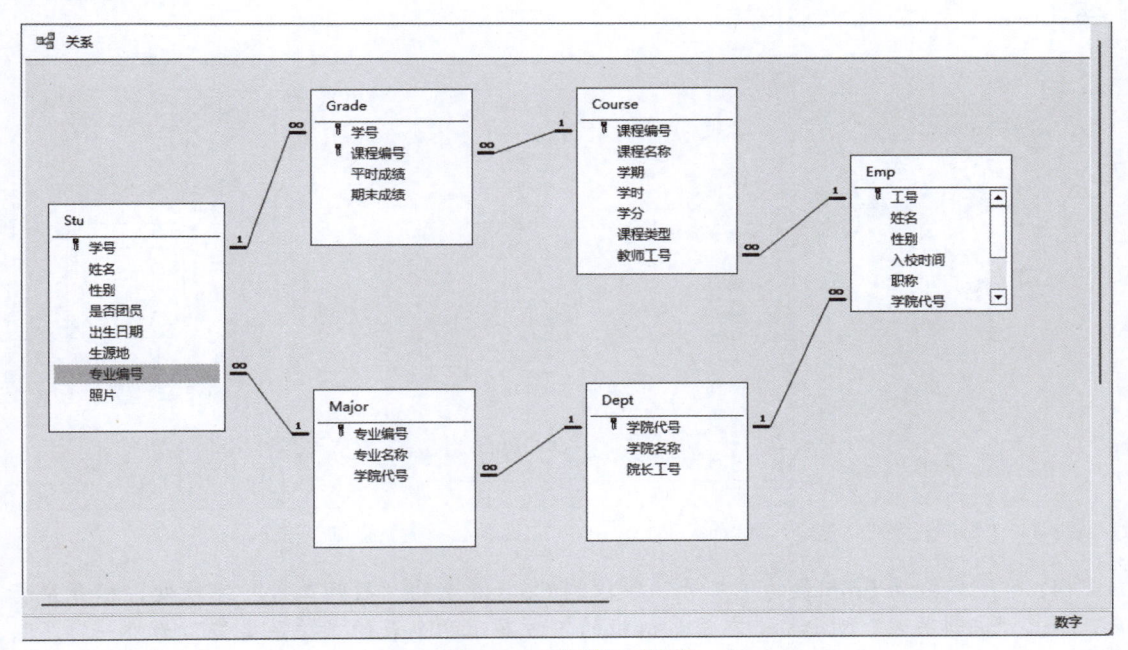

图 3-43 "关系" 对话框

在关系型数据库中，两个表之间的匹配关系可以分为一对一、一对多和多对多三种。一对一这种关系并不常见，因为多数与此方式相关的信息都可以存储在一个表中。在 Access 中，多对多关系可通过两个一对多关系实现。

3.4.1 创建表关系

关系表征了事物之间的内在联系。在同一数据库中，不同表之间的关联是通过主表的主键字段和子表的外键字段来确定的，即公共字段。它们的字段名称不一定相同，但如果字段的类型和"字段大小"属性一致，就可以正确地创建实施参照完整性的关系。

【例 3-14】在"教务管理"数据库中，建立各表之间的关系，如图 3-43 所示。

操作步骤：

(1) 双击打开"教务管理"数据库，单击"数据库工具"选项卡或者"表格工具"的"表"选项卡下的"关系"按钮，进入"关系"窗口。

(2) 单击"设计"选项卡下的"显示表"按钮，或者在"关系"视图内单击鼠标右键，在弹出的快捷菜单中选择"添加表"命令，弹出"添加表"对话框，显示数据库中所有表的列表，如图 3-44 所示。

(3) 选择 Course、Dept、Emp、Grade、Major 和 Stu 六张表，单击"添加"按钮，添加所有表到"关系"窗口中，根据《Access 2016 数据库应用技术案例教程学习指导》附录 A 中表 A-1 至表 A-6，在表的"设计视图"中，设置每张表的"主键"及公共字段的"字段大小"属性。如图 3-45 所示。

提示：在 Access 中，用户可以设置以下三种主键：自动编号主键、单字段主键和多字段主键。

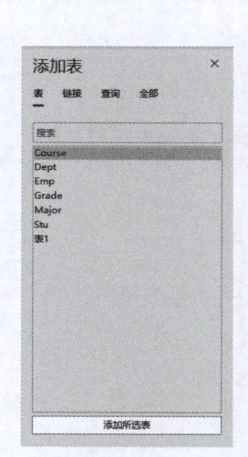

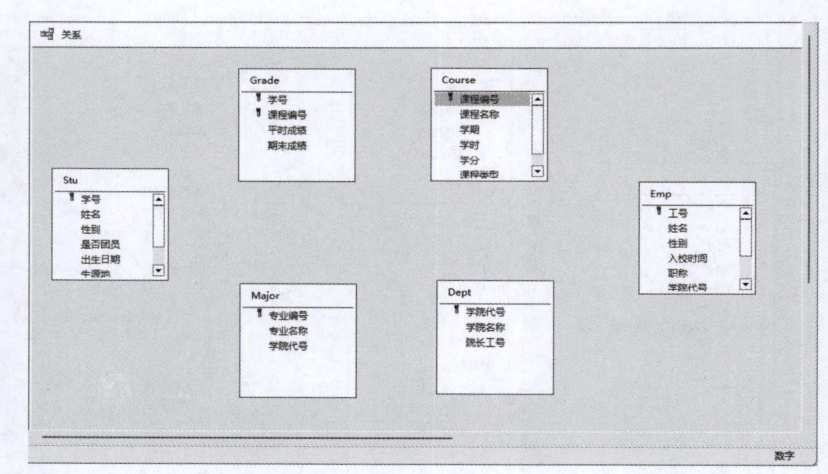

图 3-44 "添加表"对话框　　　　图 3-45 关系窗口

(4) 用鼠标拖动 Emp 表的"工号"字段到 Course 表的"教师工号"字段处，松开鼠标后，弹出"编辑关系"对话框，在该对话框的下方显示两个表的"关系类型"为"一对多"，如图 3-46 所示。

(5) 如果要在两张表间建立参照完整性，选中"实施参照完整性"复选框，再单击"创建"按钮，返回"关系"窗口，可以看到，在"关系"窗口中两个表字段之间出现了一条关系连接线，如图 3-47 所示。

(6) 重复操作步骤 (4)(5)，完成如图 3-47 所示的"一对多"关系，在"关系工具"的"设计"

选项卡，单击"关系"组中的"关闭"按钮，关闭"关系"窗口。在弹出的提示对话框中，单击"是"按钮，保存数据库中各表的关系。

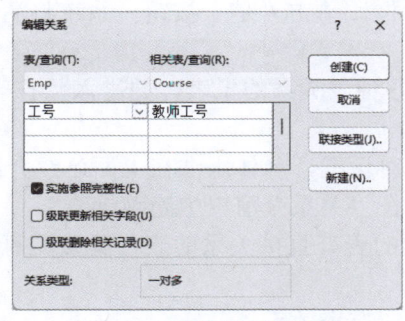

图 3-46 编辑关系对话框

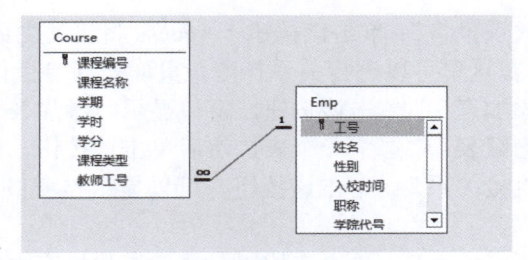

图 3-47 "一对多"关系

（7）在左侧导航窗格中，双击 Emp 表，切换到 Emp 表的"数据表视图"，可以看到，在数据表的左侧多出了"+"标记。这表明存在一对多的关系，且该表为主表。单击该"+"展开按钮，即以"子表"的形式显示出该教师讲授的课程情况，Course 表为子表，如图 3-48 所示。单击"-"收缩按钮，就可以关闭子数据表。多层主/子表可以逐层展开，最多可以展开 7 层子表。

图 3-48 主/子表

3.4.2 查看与编辑表关系

有时要对创建的表关系进行查看、修改、隐藏、打印等操作，有时还必须维护表数据的完整性，这就要涉及表关系的修改等。

对表关系的一系列操作都可以通过"关系设计"选项卡下的"工具"和"关系"组中的功能按钮来实现，如图 3-49 所示。

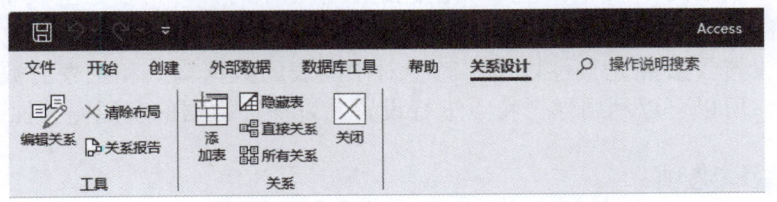

图 3-49 "关系设计"选项卡

97

"编辑关系"：对表关系进行修改，单击该按钮，弹出"编辑关系"对话框，在该对话框中，可以进行实施参照完整性、设置联接类型、新建关系等操作。如图 3-46 所示。

"清除布局"：单击该按钮，弹出清除确认对话框，单击"是"按钮，系统将清除窗口中的布局。

"关系报告"：单击该按钮，Access 将自动生成各种表关系的报表，并进入"打印预览"视图，在这里可以进行关系打印、页面布局等操作。

"添加表"：单击该按钮，窗口显示"添加表"对话框，具体用法在上面已经介绍过。

"隐藏表"：选中一个表，然后单击该按钮，则在"关系"窗口中隐藏该表。

"直接关系"：单击该按钮，可以显示与窗口中的表有直接关系的表，隐藏无直接关系的表。

"所有关系"：单击该按钮，显示该数据库中的所有表关系。

"关闭"：单击该按钮，退出"关系"窗口，如果窗口中的布局没有保存，则会弹出提示对话框，询问是否保存。

对表关系进行编辑，主要是在"编辑关系"对话框中进行的。表关系的设置主要包括实施参照完整性、级联选项等方面。

要删除表关系，必须在"关系"窗口中删除关系线。先选中两个表之间的关系线（关系线显示得较粗），然后按下 Delete 键，即可删除表关系。

说明：删除表关系时，如果选中了"实施参照完整性"复选框，则同时会删除对该表的参照完整性设置，Access 将不再自动禁止在原来表关系的"多"端建立孤立记录。

如果表关系中涉及的任何一个表处于打开状态，或正在被其他程序使用，用户将无法删除该关系。必须先将这些打开或使用着的表关闭，才能删除关系。

修改表关系是在"编辑关系"对话框中完成的。选中两个表之间的关系线（关系线显示得较粗），然后单击"关系设计"选项卡下的"编辑关系"按钮，或者直接双击连接线，将弹出"编辑关系"对话框，即可在该对话框中进行相应的修改。

3.4.3 实施参照完整性

参照完整性是在数据库中规范表之间关系的一些规则，它的作用是保证数据库中表关系的完整性和拒绝能使表的关系变得无效的数据修改。

数据表设置"实施参照完整性"以后，在数据库中编辑数据记录时就会受到以下限制。
- 不可以在"多"端的表中输入主表中没有的记录。
- 当"多"端的表中含有和主表相匹配的数据记录时，不可以从主表中删除这个记录。
- 当"多"端的表中含有和主表相匹配的数据记录时，不可以在主表中更改主表中的主键值。

对数据库设置了参照完整性以后，就会对中间表的数据输入和主表的数据修改进行非常严格的限制，所以可以利用这个特点进行设置，以保证数据的参照完整性。

3.4.4 设置级联选项

数据库操作有时需要更改表关系一端的值，在这种情况下，需要在 Access 的一次操作中自动更新所有受影响的行。这样，便可进行完整更新，以使数据库不会处于不一致的状态（即更新某些行，而不更新其他行）。

在 Access 中，可以通过选中"级联更新相关字段"复选框来避免这一问题。如果实施了参照完整性并选中"级联更新相关字段"复选框，当更新主键时，Access 将自动更新参照主键的所有字段。

数据库操作也可能需要删除某一行及其相关字段。因此，Access 也支持设置"级联删除相关记录"复选框。如果实施了参照完整性并选中"级联删除相关记录"复选框，则当删除包含主键的记录时，Access 会自动删除参照该主键的所有记录。

说明：如果主键选中"级联更新相关字段"复选框，将没有意义，因为用户无法更改"自动编号"字段中的值。

3.5 编辑数据表

数据表存储着大量的数据信息，使用数据库进行数据管理，在很大程度上是对数据表中的数据进行管理。因此数据表的重要性不言而喻。本节将着重介绍数据表的一些操作方法。

3.5.1 向表中添加与修改记录

表是数据库中存储数据的唯一对象，对数据库添加数据，就是向表中添加记录。使用数据库时，向数据库输入数据和修改数据，是操作数据库必不可少的操作。

增加新记录有三种方法：

(1) 直接将光标定位在表的最后一行。
(2) 单击"记录指示器"上最右侧的"新（空白）记录"按钮。如图 3-50 所示。

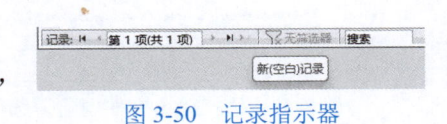

图 3-50　记录指示器

(3) 在"数据"选项卡的"记录"组中，单击"新记录"按钮。

【例 3-15】向 Stu 表中添加一条学号为 S1707003 的学生记录，并为其"照片"字段插入图片。

操作步骤：

(1) 打开"教务管理"数据库，然后从导航窗格中双击 Stu 表，打开其"数据表视图"。
(2) 使光标定位在最后一条记录的"学号"单元格中，输入要添加的记录"S1707003"。表会自动添加一条空记录。该记录在选择器上显示为星号"*"，表示是一条新记录。
(3) 使光标定位在此记录的"照片"字段单元格中，单击鼠标右键，从弹出的快捷菜单中选择"插入对象"，如图 3-51 所示。

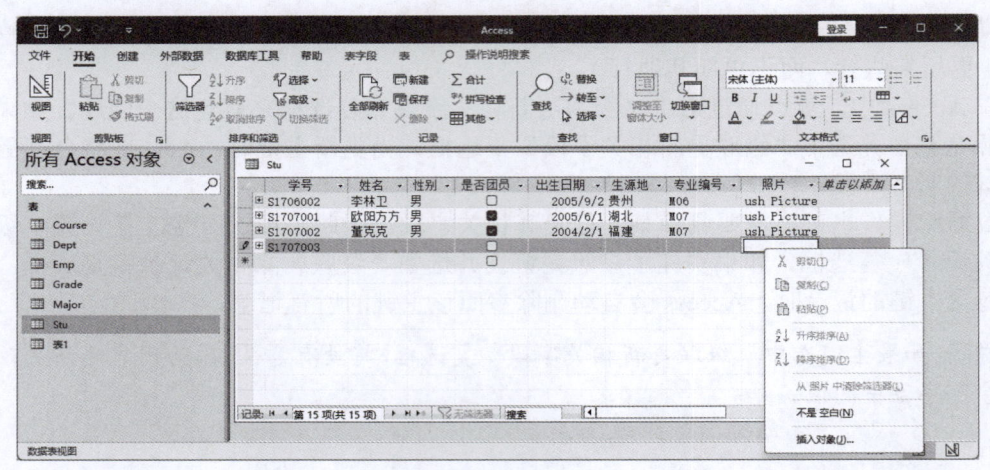

图 3-51　插入对象

(4) 在对话框中选择"由文件创建"选项,如图 3-52 所示,单击"浏览"按钮后,打开"浏览"对话框窗口,在选定的目录中选择需要的照片,单击"打开"按钮,如图 3-53 所示。返回图 3-52 所示页面,单击"确定"按钮完成。

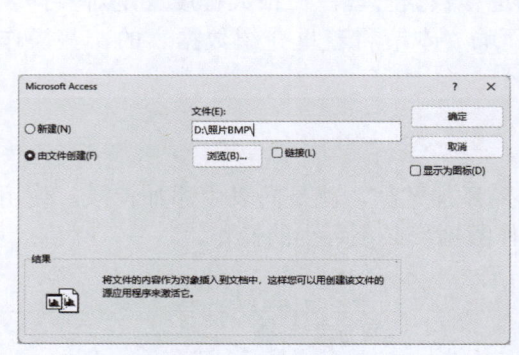

图 3-52　选择"由文件创建"选项　　　　图 3-53　"浏览"窗口

(5) 双击添加记录"照片"字段,系统可运行相应应用程序打开插入的图片。

说明:Access 数据库将"OLE 对象"字段数据类型指定为"二进制"或"长二进制"类型。添加一个 OLE 对象,如 Windows 画图或 Word 文档的位图,Access 将为二进制图形数据添加一个特殊的标题(用于识别源程序)。其他应用程序不会在 Access 创建的 OLE 对象字段中读取数据,如 SQL Server 的 Varbinary 和 Image 字段。

3.5.2　选定与删除记录

操作数据库时,选定与删除表中的记录也是必不可少的操作。
1) 选定记录的方法
(1) 拖动鼠标选择记录。

(2) 用"记录指示器"选择记录，如图 3-50 所示。
(3) 单击"开始"选项卡"查找"组中的"转至"按钮。
2) 删除记录的方法
(1) 右键单击选定记录，在弹出的快捷菜单中选择"删除记录"命令。
(2) 选定记录，按键盘上的 Delete 键。
(3) 选定记录，单击"开始"选项卡"记录"组中的"删除"按钮。

【例 3-16】删除 Stu 表中学号为 S1707003 的学生记录。

操作步骤：
(1) 打开"教务管理"数据库，然后从导航窗格中双击 Stu 表，打开其"数据表视图"。
(2) 单击表最左侧的灰色区域，即选定行，此时光标变成向右的黑色箭头。单击右键，在弹出的快捷菜单中选择"删除记录"命令即可，如图 3-54 所示。
(3) 在弹出的图 3-55 所示对话框中单击"是"按钮，即可删除该条记录。

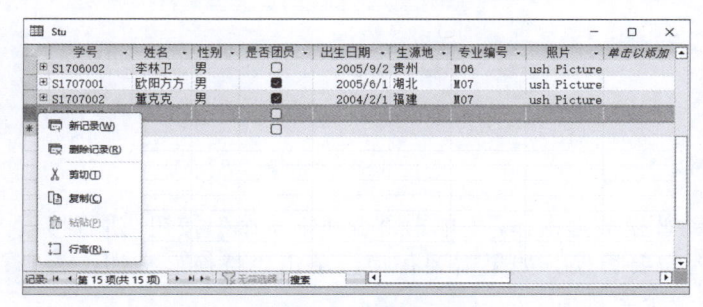

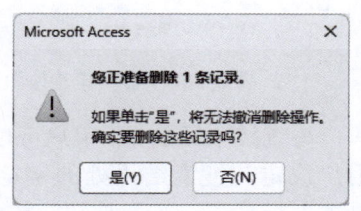

图 3-54　删除记录　　　　　　　　　图 3-55　确认"删除记录"对话框

提示： 慎重执行此操作，记录一旦被删除就不能恢复。

3.5.3　数据的查找与替换

为了查找海量数据中的特定数据，就必须使用"查找"和"替换"功能。数据的查找和替换是利用"查找和替换"对话框进行的，如图 3-56 所示。

在 Access 中，用户可以通过以下两种方法打开"查找和替换"对话框。
(1) 单击"开始"选项卡"查找"组中的"查找"按钮。
(2) 按下 Ctrl+F 组合键。

启动"查找和替换"对话框后，即可设定查找和替换的"查找范围"、"匹配"字段、"搜索"方向和是否"区分大小写"等条件。

"查找内容"：接受用户输入的查找内容。用户需要在"查找内容"文本框中输入要查询的内容，该文本框自动记录以前曾经搜索过的内容，用户可以在下拉列表框中查看以前的搜索记录。

"查找范围"：在该下拉列表框中设置查找的范围，是整个数据表，还是仅仅一个字段列中的值。默认值是当前光标所在的字段列。

"匹配"：设置输入内容的匹配方式，可以选择"字段任何部分""整个字段""字段开头" 3 个选项。

"搜索"：控制搜索方向，是指从光标当前位置"向上""向下"还是"全部"搜索。

"区分大小写"：选中该复选框，将对输入的查找内容区分大小写。在搜索时，小写字母和大写字母是按不同的内容进行查找的。

在输入查找内容以后，单击"查找下一个"按钮，系统将对数据表进行搜索，查找"查找内容"文本框中的内容。

切换到"替换"选项卡，"替换"界面和"查找"界面有一些区别，如图3-57所示。

"查找内容"等下拉列表框和"查找"选项卡中的一样，具有相同的作用。用户可以看到，在"替换"选项卡中多了"替换为"下拉列表框和"替换""全部替换"按钮。

当对数据信息进行替换时，首先在"查找内容"文本框中输入要查找的内容，然后在"替换为"文本框中输入想要替换的内容。

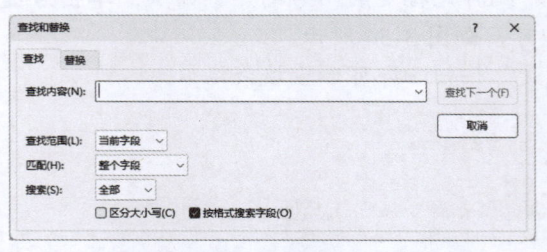

图3-56 "查找和替换"对话框　　　　图3-57 "替换"界面

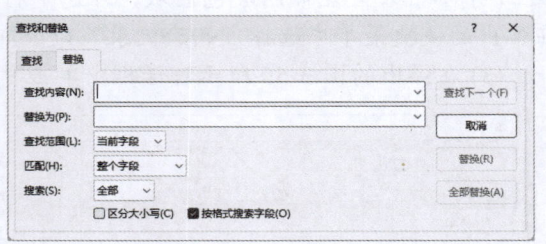

与查找不同的是，用户可以手动替换数据操作，先单击"查找下一个"按钮，进行搜索，用户决定该搜索结果处的字符是否需要替换。如果需要替换，单击"替换"按钮；否则，单击"查找下一个"按钮，检索下一个字符串。

用户也可以单击"全部替换"按钮，自动完成所有匹配数据的替换，Access不会询问任何问题。如果没有相匹配的字符，则Access会弹出图3-58所示的提示框。

提示：若替换错误，可以使用组合键Ctrl+Z撤销。

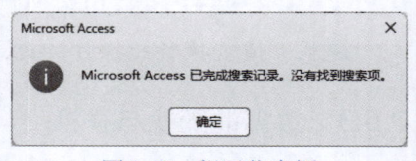

图3-58 提示信息框

3.5.4 数据的排序与筛选

排序和筛选是两种常用的数据处理方法，对数据进行排序和筛选可以为用户提供极大的便利。

1. 数据排序

数据排序是最常用到的操作之一，也是最简单的数据分析方法。可以按照文本、数值或日期值进行数据的排序。对数据库的排序主要有两种方法：一种是利用工具栏的简单排序；另一种是利用窗口的高级排序。各种排序和筛选操作都在"开始"选项卡的"排序和筛选"组中进行，如图3-59所示。

【例3-17】在Stu表中按"姓名"字段降序排列。

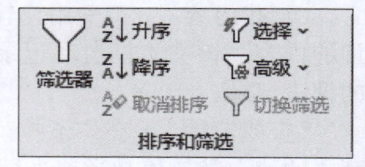

图3-59 "排序和筛选"组

操作步骤：

(1) 打开"教务管理"数据库，然后从导航窗格中双击Stu表，打开其"数据表视图"。

(2) 将光标定位到"姓名"列中，单击"开始"选项卡的"排序和筛选"组中的"降序"按钮，或在此列的任意位置单击鼠标右键，在弹出快捷菜单中单击"降序"按钮 $\frac{Z}{A}\downarrow$，对数据进行排序，如图 3-60 所示。

简单排序存在两个问题，即当记录中有大量的重复记录或者需要同时对多个列进行排序时，简单排序就无法满足需要。对数据进行高级排序可以很简单地解决这类问题，它可以将多列数据按指定的优先级进行排序。也就是说，数据先按第一个排序准则进行排序，当有相同的数据出现时，再按第二个排序准则排序，以此类推。

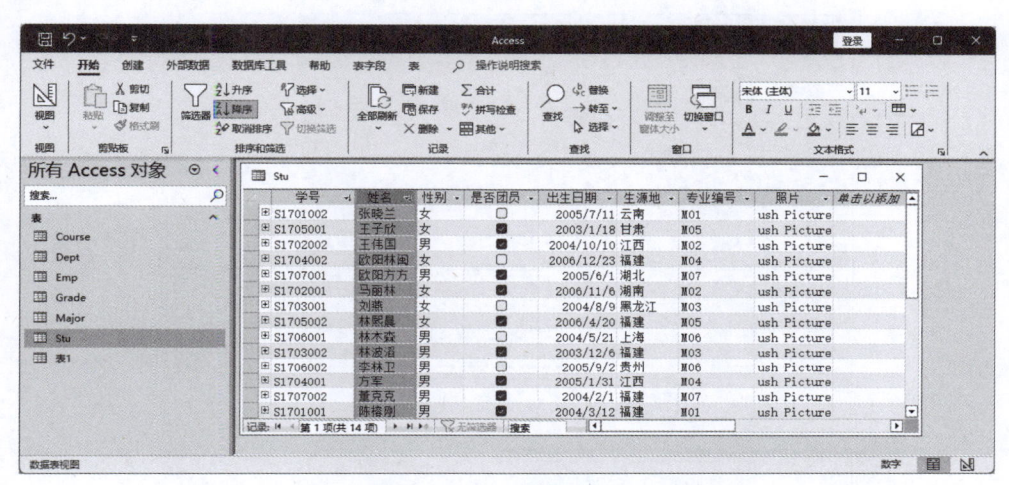

图 3-60　单字段简单排序

【例 3-18】在 Stu 表中按第一排序为"性别"降序，第二排序为"专业编号"升序。
操作步骤：
(1) 打开"教务管理"数据库，然后从导航窗格中双击 Stu 表，打开其"数据表视图"。
(2) 单击"开始"选项卡的"排序和筛选"组中的"高级"按钮，如图 3-61 所示。

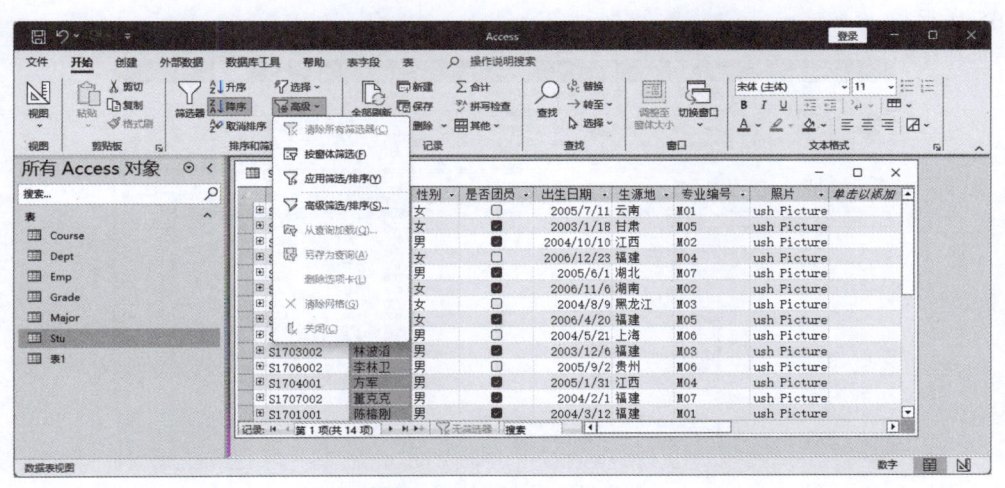

图 3-61　"高级"排序菜单

(3) 在弹出的菜单中选择"高级筛选/排序"命令,系统将进入排序筛选窗口。如图 3-62 所示,可以看到上面例 3-17 建立的简单查询在该窗口中的设置。

(4) 在查询设计网格的"字段"行中,选择"性别"字段,"排序"行中选择"降序";在另一列中选择"专业编号"字段和"升序"排序方式,如图 3-63 所示。

(5) 这样就完成了一个高级排序的创建。保存该排序查询为"性别查询",如图 3-64 所示。关闭查询的"设计视图"。

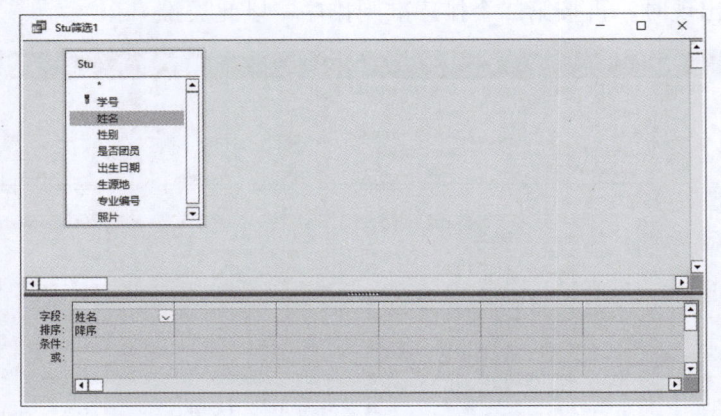

图 3-62 "高级筛选/排序"窗口

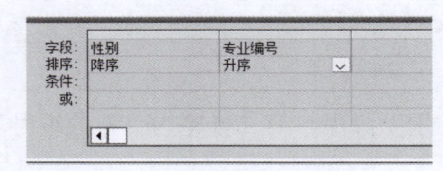

图 3-63 设置排序方式

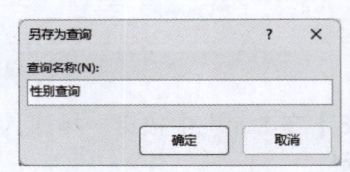

图 3-64 保存排序查询

(6) 双击打开左边导航窗格中的"性别查询"查询,即可实现对数据表的排序,如图 3-65 所示。

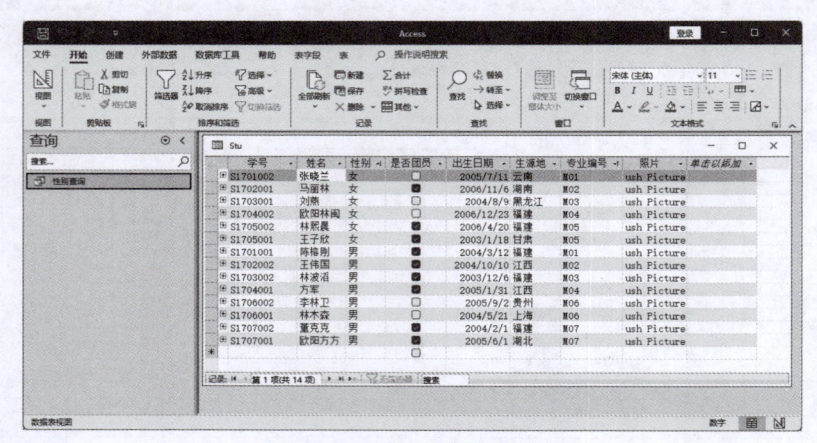

图 3-65 多个字段排序数据

这里使用的"高级筛选/排序"操作,其实就是一个典型的选择查询。"高级筛选/排序"就是利用创建的查询来实现排序的。

2. 筛选数据

在 Access 中,可以利用数据的筛选功能,过滤掉数据表中不关心的信息,而返回想看的数据记录,从而提高工作效率。

建立筛选的方法有多种,下面就以 Stu 表为例,介绍两种筛选的方法。

方法 1:通过鼠标右键建立筛选。

在表的"数据表视图"中,用户可以在相应类型的记录中单击鼠标右键,在弹出的快捷菜单中选中相应命令,建立简单的筛选。如图 3-66 所示。

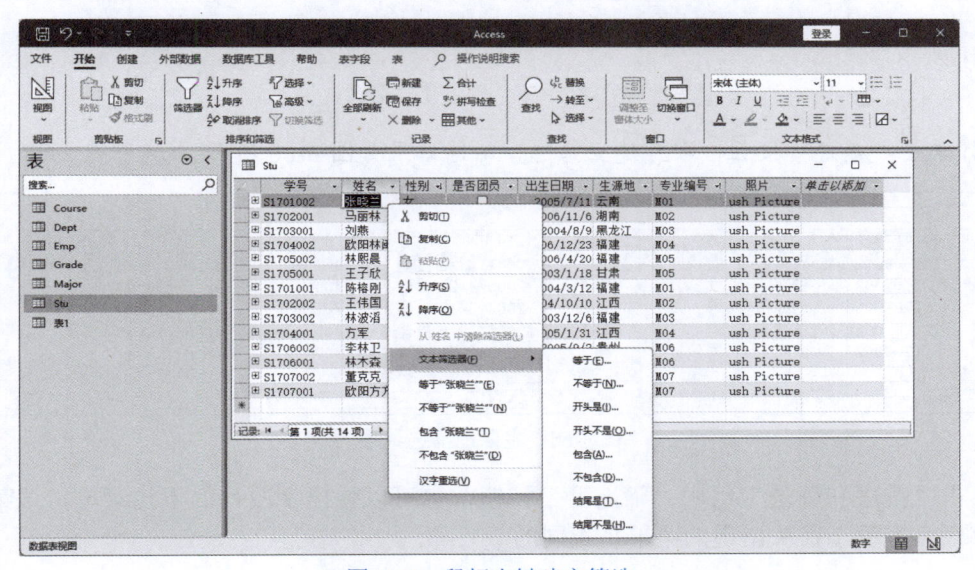

图 3-66　鼠标右键建立筛选

方法 2:通过字段列下拉菜单建立筛选。

用户也可以在"数据表视图"中,通过单击字段旁的小箭头,在弹出的下拉菜单中选择相应的筛选操作。

【例 3-19】在 Stu 表中筛选生源地为"福建"的学生信息。

操作步骤:

(1) 打开"教务管理"数据库,然后从导航窗格中双击 Stu 表,打开其"数据表视图"。

(2) 单击"生源地"字段列中的小箭头,弹出筛选操作菜单。在菜单中也可以看到"文本筛选器"命令,可以通过这些命令,建立各种筛选。

(3) 筛选操作菜单显示了该列中不同的字符串,各个字符串前面有复选框,选择不同的复选框可以设定不同的筛选条件。在本例中单击"(全选)"复选框,清空,再选中"福建"复选框,如图 3-67 所示。

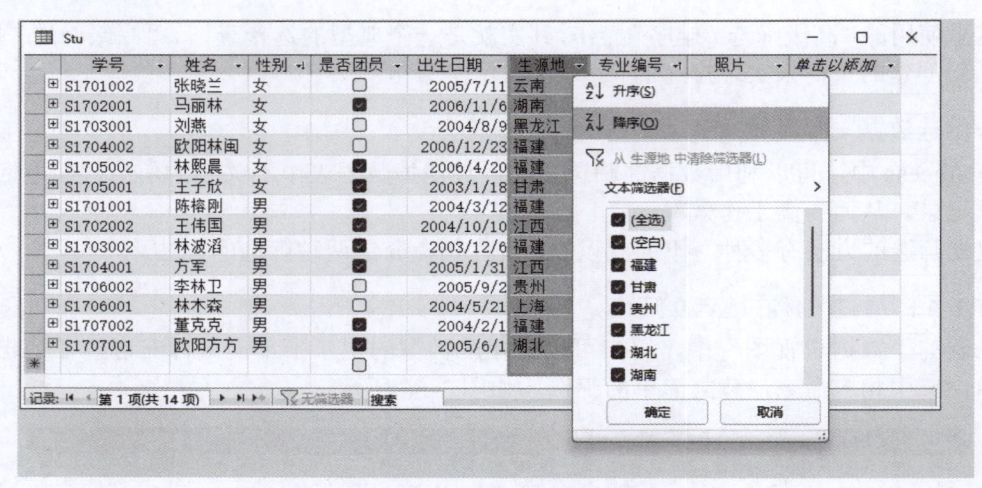

图 3-67　下拉菜单建立筛选

(4) 单击"确定"按钮，即可建立筛选，筛选结果如图 3-68 所示。

图 3-68　生源地筛选结果

单击"排序和筛选"组中"筛选器"按钮，也可以弹出字段列的下拉菜单，该菜单和单击字段名右侧小箭头出现的菜单是相同的。

3.5.5　行汇总统计

对数据表中的行进行汇总统计是一项常见且有用的数据库操作。汇总行与 Excel 表中的"汇总"行非常相似。可以从下拉列表中选择 COUNT 函数或其他的常用聚合函数（例如 SUM、AVERAGE、MIN 或 MAX）来显示汇总行。聚合函数对一组值进行计算并返回单一的值。

【例 3-20】在"教务管理"数据库中，统计 Grade 表的"期末成绩"的平均分。

操作步骤：

(1) 打开"教务管理"数据库，然后从导航窗格中双击 Grade 表，打开其"数据表视图"。

(2) 在"开始"选项卡的"记录"组中，单击"合计"按钮 Σ，在 Grade 表的最下部，自动添加一个空汇总行，如图 3-69 所示。

(3) 单击"期末成绩"列的汇总行的单元格，出现一个下拉箭头，单击下拉箭头，在打开的"汇总的函数"列表框中，如图 3-70 所示，选择"平均值"。

图 3-69　汇总行

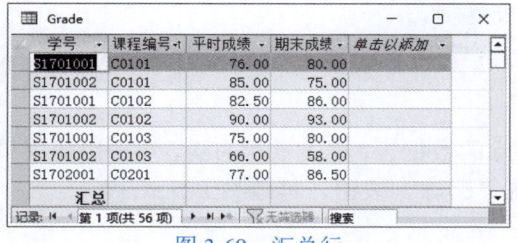

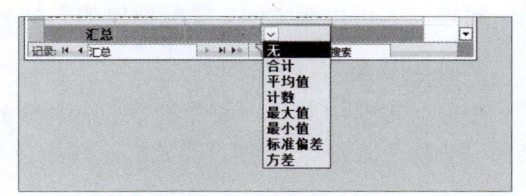

图 3-70　"汇总的函数"列表框

(4) 计算平均分的结果显示在单元格中，如图 3-71 所示。

图 3-71　汇总统计结果

若不需要显示汇总行，应隐藏汇总行。方法是在数据表视图中打开表或查询，在"开始"选项卡的"记录"组中，单击"合计"按钮Σ，Access 隐藏"汇总"行。当再显示该行时，系统会记住每列应用的函数，显示为以前的状态。

3.5.6　表的复制、删除与重命名

表是数据库的核心，它的修改将会影响整个数据库。不能修改已打开或正在使用的表，必须先将其关闭。

1. 表的复制

(1) 在导航窗格中单击"表"对象，选中准备复制的数据表，单击鼠标右键，弹出快捷菜单，选择"复制"命令，或在"开始"选项卡中单击"复制"按钮，再或按 Ctrl+C 组合键。

(2) 在数据窗口空白处，单击鼠标右键，弹出快捷菜单，选择"粘贴"命令，或在"开始"选项卡中单击"粘贴"按钮，再或按 Ctrl+V 组合键。

(3) 弹出"粘贴表方式"对话框，如图 3-72 所示。在"表名称:"文本框中输入表名，在"粘贴选项"中选择粘贴方式。

- 仅结构：只复制表结构，不包括记录。建立一个与原表具有相同字段名和属性的空表。
- 结构和数据：同时复制表的结构和记录。新表就是原表的一份完整的副本。
- 将数据追加到已有的表：将选定表中的所有记录添加到另一个表结构相同表的最后。

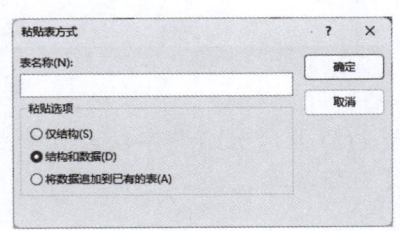

图 3-72　"粘贴表方式"对话框

107

(4) 单击"确定"按钮，完成当前数据库的表复制。

此外，还可以用 Ctrl+ 鼠标拖曳的方式复制表，默认同时复制表的结构和记录。

2. 表的删除

在导航窗格中单击"表"对象，选中准备删除的数据表，单击鼠标右键，弹出快捷菜单，选择"删除"命令，或在"开始"选项卡中单击"删除"按钮，再或按 Delete 键。

3. 表的重命名

在导航窗格中单击"表"对象，选中准备重命名的数据表，单击鼠标右键，弹出快捷菜单，选择"重命名"命令，或者按 F2 键，在原表处直接命名。更名后，Access 会自动更改该表在其他对象中的引用名。

3.6 设置数据表格式

在数据表视图中，可以自行对表的格式进行设置，如调整行宽、列高，设置字体的格式，字段列的隐藏和冻结等，操作与 Excel 表相同。

3.6.1 设置表的行高和列宽

【例 3-21】设置 Stu 表中"姓名"字段行高为 16，列宽为 20。

操作步骤：

(1) 打开"教务管理"数据库，然后从导航窗格中双击 Stu 表，打开其"数据表视图"。

(2) 右键单击表左侧的行选项区域，在弹出的下拉菜单中选择"行高"命令，如图 3-73 所示。

(3) 弹出"行高"对话框，在文本框中输入要设置的行高数值 16，再单击"确定"按钮，如图 3-74 所示。

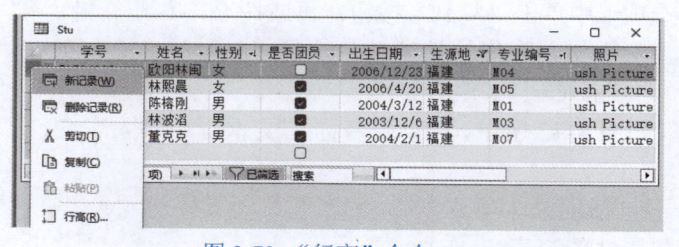

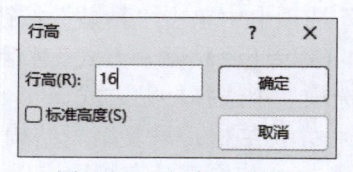

图 3-73 "行高"命令　　　　图 3-74 "行高"对话框

(4) 在"姓名"字段名上单击右键，在弹出的快捷菜单中选择"字段宽度"命令，如图 3-75 所示。

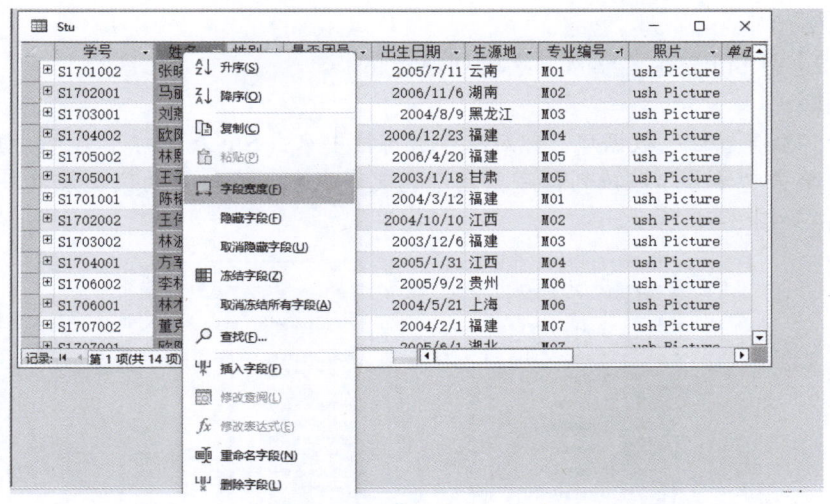

图 3-75 "字段宽度"命令

(5) 在弹出的"列宽"对话框中输入 20 的列宽,单击"确定"按钮即可,结果如图 3-76 所示,"姓名"这一列的列宽变宽。

图 3-76 行列变化结果

3.6.2 设置字体格式

Access 2016 提供了数据表字体的文本格式设置功能,用户可设置字体的格式。

在数据库的"开始"选项卡的"文本格式"组中,有字体的格式、大小、颜色及对齐方式等功能按钮,如图 3-77 所示。Access 中设置字体的方法与 Microsoft Word 相同。

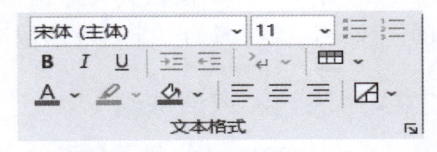

图 3-77 "文本格式"命令

3.6.3 隐藏和显示字段

隐藏列是使数据中的某一列数据不显示,需要时再把它显示出来,这样做的目的是便于查看表中的主要数据。

109

1. 隐藏列

【例 3-22】将 Stu 表中"学号"字段列隐藏起来。

操作步骤：

(1) 打开"教务管理"数据库，然后从导航窗格中双击 Stu 表，打开其"数据表视图"。

(2) 右键单击"学号"字段列，字段列颜色变成灰色，在打开的快捷菜单中单击"隐藏字段"命令，如图 3-78 所示。

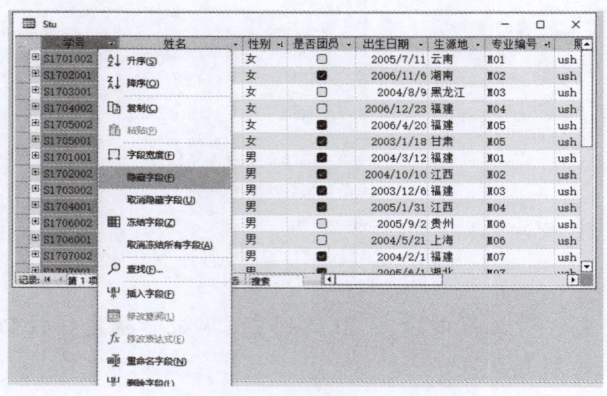

图 3-78 "隐藏字段"命令

(3) "学号"字段即被隐藏，结果如图 3-79 所示。

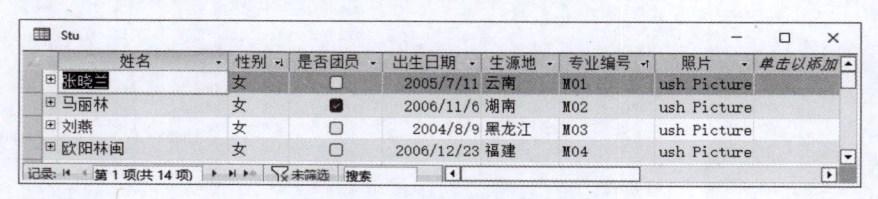

图 3-79 "隐藏字段"结果

2. 取消隐藏列

如果希望把隐藏的列重新显示，操作步骤如下。

(1) 右键单击任意字段列，在弹出的如图 3-78 所示快捷菜单中，单击"取消隐藏字段"命令。

(2) 弹出"取消隐藏列"对话框，勾选已经隐藏的列。如勾选"学号"复选框，单击"关闭"按钮，被隐藏的"学号"字段立即显示出来。

3.6.4 冻结和取消冻结

Access 2016 还提供了字段的冻结功能。当冻结某个（或多个）字段列后，无论怎样利用水平滚动条显示字段，这些被冻结的列总是可见的，并且它们总是显示在窗口的最左边。通常冻结列是把表中重要的或主要信息的字段冻结起来。

【例 3-23】冻结"教务管理"数据库中 Emp 表的"工号"和"姓名"字段。

操作步骤：

(1) 打开“教务管理”数据库，然后从导航窗格中双击 Emp 表，打开其“数据表视图”。

(2) 按住 Shift 键的同时单击“工号”和“姓名”字段列标题，字段列颜色变成灰色，单击右键，在弹出的如图 3-78 所示快捷菜单中，单击“冻结字段”命令。“工号”和“姓名”字段出现在最左边，即被冻结，不能被拖动，结果如图 3-80 所示。

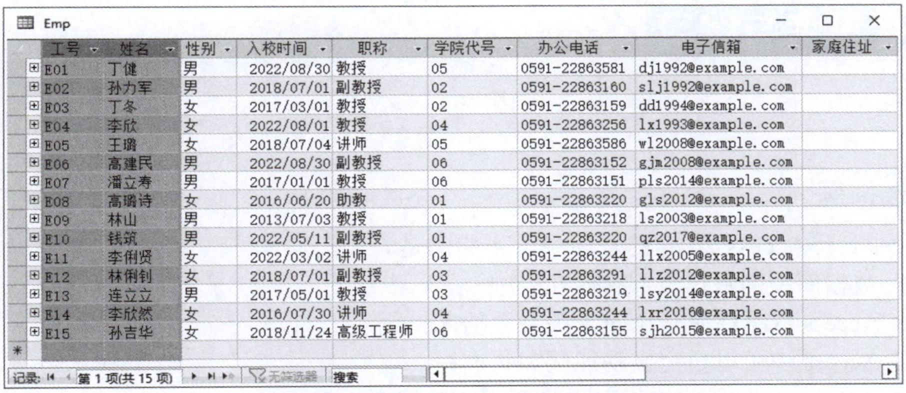
Emp

工号	姓名	性别	入校时间	职称	学院代号	办公电话	电子信箱	家庭住址
E01	丁健	男	2022/08/30	教授	05	0591-22863581	dj1992@example.com	
E02	孙力军	男	2018/07/01	副教授	02	0591-22863160	slj1992@example.com	
E03	丁冬	女	2017/03/01	教授	02	0591-22863159	dd1994@example.com	
E04	李欣	女	2022/08/01	教授	04	0591-22863256	lx1993@example.com	
E05	王璐	女	2018/07/04	讲师	05	0591-22863586	wl2008@example.com	
E06	高建民	男	2022/08/30	副教授	06	0591-22863152	gjm2008@example.com	
E07	潘立寿	男	2017/01/01	教授	06	0591-22863151	pls2014@example.com	
E08	高璐诗	女	2016/06/20	助教	01	0591-22863220	gls2012@example.com	
E09	林山	男	2013/07/03	教授	01	0591-22863218	ls2003@example.com	
E10	钱筑	男	2022/05/11	副教授	01	0591-22863220	qz2017@example.com	
E11	李俐贤	女	2022/03/02	讲师	04	0591-22863244	llx2005@example.com	
E12	林俐钊	女	2018/07/01	副教授	03	0591-22863291	llz2012@example.com	
E13	连立立	男	2017/05/01	教授	03	0591-22863219	lsy2014@example.com	
E14	李欣然	女	2016/07/30	讲师	04	0591-22863244	lxr2016@example.com	
E15	孙吉华	女	2018/11/24	高级工程师	06	0591-22863155	sjh2015@example.com	

记录: 第 1 项(共 15 项) 无筛选器 搜索

图 3-80 冻结后的 Emp 表

在任意字段列标题上单击右键，在弹出的如图3-78所示快捷菜单中，单击“取消冻结所有字段”命令，字段被取消冻结后即可拖动。

3.7 本章小结

“循序而渐进，熟读而精思。”本章介绍了 Microsoft Access 数据库的发展历程，以及 Access 2016 数据库的基本知识，包括使用模板创建数据库、创建空数据库，打开、关闭数据库等管理数据库的基本方法。数据表是数据库的基础对象，创建数据库后，下一步通常是在该数据库中创建数据表。本章还介绍了多种创建 Access 2016 数据表的方法，并说明了如何根据需要设置表字段的数据类型和字段属性。

本章要求掌握对数据表结构的编辑、修改和格式设置；对数据表记录的编辑和修改；数据表之间关系的创建。主键是数据表中记录的唯一标识，对多个数据表同时进行操作时，需要通过主键建立关系，以实现多个数据表之间的互相访问。

拓展阅读

中国古代数据管理体系的形成与发展，根植于中央集权制度对信息掌控的内在需求。早在三千年前，中国便已萌生先进的数据分类思想。《易·系辞上》提出“方以类聚，物以群分”，奠定了基本分类理念。而《尚书·禹贡》在此基础上更进一步，首次展现复合分组的统计概念,将田地和赋税划分为上、中、下三等,每等再细分为三级,构建了"三等九级"的精细分类体系。

资料来源:基于国产大语言模型 DeepSeek 的总结。

3.8 思考与练习

3.8.1 选择题

1. 下列关于 Access 2016 的叙述中,正确的是( )。
   A. 数据库中的数据全部存储在表中
   B. Access 数据库是一个对象关系数据库
   C. Access 中可以自定义功能区和状态栏
   D. 在 Access 导航窗格中可以打开表和数据库文件
2. 下列关于 Access 2016 的叙述中,正确的是( )。
   A. 状态栏位于 Access 窗口左侧,可查看视图模式、属性提示和进度信息
   B. 数据库中的表、窗体和报表 3 种对象可存储数据
   C. 数据库压缩是将数据库文件中多余的没有使用的空间交还给系统
   D. 数据库中两表之间的关系可以定义为多对多关系
3. 下列关于 Access 2016 的叙述中,错误的是( )。
   A. 为防止非法用户进入数据库,可以给数据库设置密码
   B. 可以通过数据库文件格式的转换来防止用户对表中数据的修改
   C. 可以将另一个 Access 数据库中的各个对象导入当前数据库
   D. 可以将 SharePoint 列表、XML 文件导入当前数据库
4. 在数据表的设计视图中,数据类型不包括( )类型。
   A. 文本   B. 逻辑   C. 数字   D. 备注
5. 图书表中有一个"图书封面"字段,用于存储图书封面的图像信息,该字段的类型应设置为( )。
   A. 备注   B. OLE 对象   C. 文本   D. 查阅向导
6. 值为"True/False"的数据类型是( )。
   A. 备注   B. 是/否   C. 文本   D. 数字
7. 当文本型字段取值超过 255 个字符时,应改用( )数据类型。
   A. 备注   B. OLE 对象   C. 数字   D. 自动编号
8. 以下( )不是压缩和修复数据库的作用。
   A. 减小数据库占用空间   B. 提高数据库打开速度
   C. 美化数据库   D. 提高运行效率

9. 若要控制数据表中"学号"字段只能输入数字，则应设置（　　）。
   A. 显示格式　　　　　　　　　B. 输入掩码
   C. 默认值　　　　　　　　　　D. 记录有效性
10. 能够用"输入掩码向导"创建输入掩码的字段类型有（　　）。
    A. 文本和日期/时间　　　　　B. 数字和文本
    C. 货币和数字　　　　　　　　D. 数字和日期/时间
11. 若文本型字段的输入掩码设置为"###-###"，则正确的输入数据是（　　）。
    A. 010-ABC　　　　　　　　　B. 077-123
    C. a b-123　　　　　　　　　 D. ###-###
12. 下列关于主键的叙述中，错误的是（　　）。
    A. 作为主键的字段中不允许出现重复值和空值
    B. 数据库中每张表都必须具有一个主关键字
    C. 使用自动编号是创建主键最简单的方法
    D. 不能确定任何一个字段的值是唯一时，可将两个以上的字段组合成为主键
13. 下列关于 Access 数据表的叙述中，正确的是（　　）。
    A. 数据表相互之间存在联系，但用独立的文件名保存
    B. 数据表相互之间存在联系，是用表名表示相互间的联系
    C. 数据表相互之间不存在联系，完全独立
    D. 数据表既相对独立，又相互联系
14. 如果字段内容是声音文件，则该字段的数据类型应定义为（　　）。
    A. 超链接　　　B. 长文本　　　C. 查阅向导　　　　D. OLE 对象
15. 下列不属于 Access 提供的数据筛选方式是（　　）。
    A. 高级筛选　　　　　　　　　B. 按内容排除筛选
    C. 选择筛选　　　　　　　　　D. 使用筛选器筛选

3.8.2　填空题

1. Access 2016 有_____、_____、_____和_____4 种数据库文件格式。
2. 日期型字段的格式有常规日期、_____、_____和_____等。
3. 新建数据表时，一般首先要创建表的_____，再输入_____。
4. 把外部数据转换为 Access 数据库中的表的操作称为_____。
5. 在数据表视图中，_____某字段后，无论用户怎么水平滚动窗口，该字段总是可见的，并且总是显示在窗口的最左边。
6. 将文本型字符串"4""6""12"按升序排序，则排序的结果为_____。
7. 如果学号由 8 位阿拉伯数字组成，其中不能包含空格，则学号字段正确的输入掩码是_____。
8. 排序是根据当前表中_____或_____字段的值来对整个表中所有记录进行重新排列。

3.8.3　简答题

1. 数据库与数据表的关系是什么？
2. 格式和输入掩码属性有什么区别？
3. 字段的"有效性规则"和"有效性文本"属性有何作用？
4. 查阅向导型数据和文本型数据录入时有什么区别？
5. 描述对数据表多列排序的方法。
6. 如何自定义快速访问工具栏？
7. 导航窗格中可以显示哪些信息？
8. 在 Backstage 视图中，如何设置快速访问 5 个最近的数据库？

第 4 章 查 询

知识目标

1. 理解查询的基本概念。
2. 掌握使用查询向导创建查询的方法。
3. 熟练掌握使用设计视图创建查询的方法，掌握查询条件设置的技巧。
4. 掌握查询的计算方法，掌握参数查询设计方法。
5. 掌握各种操作查询的设计方法。
6. 理解简单的 SQL 命令。

素质目标

1. 培养学生的数据分析能力。
2. 培养学生的科学决策能力。

学习指南

本章的重点是 4.3 节、4.4 节、4.5 节、4.6 节和 4.7 节，难点是 4.5 节和 4.7 节。

本章主要的学习内容是有关查询的知识，以及创建查询的方法。依据思维导图的知识脉络，全面理解本章的知识点，对重点内容要理解并掌握。读者宜采用理论学习和上机练习相结合的方法进行学习，对于本章的例题和实验案例，要在理解的基础上勤上机练习。结合本章的知识点和例题案例，通过比较分析，掌握各种查询的特点。

思维导图

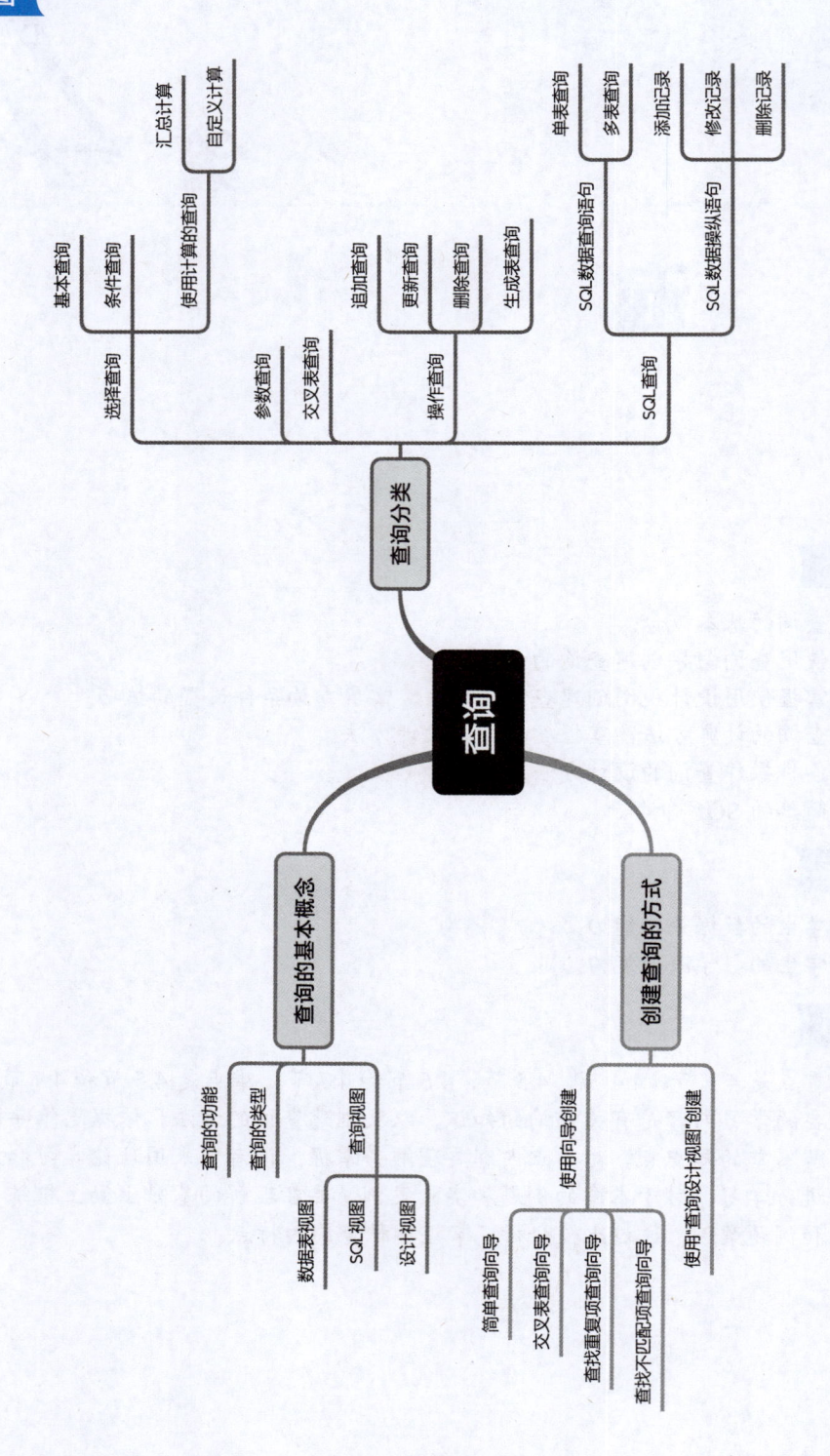

查询

- **查询的基本概念**
  - 查询的功能
  - 查询的类型
  - 查询视图
    - 数据表视图
    - SQL视图
    - 设计视图

- **查询分类**
  - 选择查询
    - 基本查询
    - 条件查询
    - 使用计算的查询
      - 汇总计算
      - 自定义计算
  - 参数查询
  - 交叉表查询
  - 操作查询
    - 追加查询
    - 更新查询
    - 删除查询
    - 生成表查询
  - SQL查询
    - SQL数据查询语句
      - 单表查询
      - 多表查询
    - SQL数据操纵语句
      - 添加记录
      - 修改记录
      - 删除记录

- **创建查询的方式**
  - 使用向导创建
    - 简单查询向导
    - 交叉表查询向导
    - 查找重复项查询向导
    - 查找不匹配项查询向导
  - 使用"查询的设计视图"创建

4.1 查询概述

数据库中往往存放大量的数据，如果用户想要从中获取满足要求的信息，就需要通过查询来实现。查询 (Query) 是 Access 数据库中最重要和最常见的应用，是 Access 数据库中的一个重要对象。查询不仅可以从一个或多个表中检索出符合条件的数据，还能修改、删除、添加数据，并对数据进行计算等。

所谓查询就是根据给定的条件从数据库的一个或多个数据源中筛选出符合条件的记录，构成一个动态的数据记录集合，供使用者查看、更改和分析使用。查询是一个独立的、功能强大的、具有计算功能和条件检索功能的数据库对象。查询的结果以二维表的形式显示，是动态数据集合，每执行一次查询操作都会显示数据源中最新的数据。查询实际上就是将分散的数据按一定的条件重新组织起来，形成一个动态的数据记录集合，这个记录集并没有存储在数据库中，只是在查询运行时从查询数据源中提取并创建。当关闭查询时，动态数据记录集合会自动消失。

4.1.1 查询的功能

Access 查询的主要作用如下。

1) 选择字段

选择字段是指可以选择数据表中的部分字段进行查询，而不必包括数据表中的所有字段。

2) 选择记录

选择记录是指根据指定的条件查找所需记录，只有符合条件的记录才能在查询的结果中显示出来。

3) 完成编辑记录功能

编辑记录包括添加记录、修改记录和删除记录等。在 Access 数据库中，可以使用查询对表中记录进行添加、修改和删除等操作。

4) 完成计算功能

查询不仅可以找到满足条件的记录，而且可以在建立查询的过程中进行各种统计计算。

5) 通过查询建立新表

利用查询得到的结果可以建立一个新的数据表。

6) 通过查询为窗体或报表提供数据

用户可以建立一个条件查询，将该查询的结果作为窗体或报表的数据源。当用户每次打开窗体或打印报表时，该查询就会检索出符合条件的最新数据。

4.1.2 查询的类型

根据对数据源的操作方式及查询结果，可将 Access 查询分为以下几种类型：选择查询、参数查询、交叉表查询、操作查询和 SQL 查询。

1) 选择查询

选择查询是最常见的查询类型，主要用于浏览、检索和统计数据库中的数据。它根据指定的查询条件，从一个或多个数据源中提取数据并显示结果，还可以对记录进行分组，并对记录进行总计、计数、平均及相关计算。

利用选择查询可以方便地查看一个或多个表中的部分数据。查询的结果是一个数据记录动态集，可以对动态集中的数据记录进行修改、删除，也可以增加新记录，对动态集所做的修改会自动写入与动态集相关联的表中。

2) 参数查询

参数查询是一种交互式的查询，通过人机交互输入的参数，查找相应的数据。在执行参数查询时，会弹出对话框，提示用户输入相关的参数信息，然后按照这些参数信息进行查询。例如，可以设计一个参数查询，在对话框中提示用户输入日期，然后检索该日期的所有记录。

3) 交叉表查询

交叉表查询利用行列交叉的方式，对数据源的数据进行计算和重构，以便更好地分析数据，即对字段进行分类汇总，汇总结果显示在行与列交叉的单元格中，这些汇总包括指定字段的和值、平均值、最大值、最小值等。交叉表查询将这些数据分组，一组列在数据表的左侧，一组列在数据表的上部。

4) 操作查询

操作查询是在操作中更改记录的查询，操作查询又可分为 4 种类型：删除查询、追加查询、更新查询和生成表查询。

(1) 删除查询：可以从一个或多个表中删除一组记录。

(2) 追加查询：可将一个或多个表中的记录添加到一个或多个表的尾部。

(3) 更新查询：可根据指定条件对一个或多个表中的记录进行更改。

(4) 生成表查询：利用一个或多个表中的全部或部分数据创建新表。

5) SQL 查询

SQL(Structured Query Language，结构化查询语言) 是标准的关系型数据库语言。SQL 查询是指用户使用 SQL 语句创建的查询。

4.1.3　查询视图

查询共有 3 种视图，分别是数据表视图、SQL 视图和设计视图。打开任意查询，单击功能区"视图"按钮下方的箭头，可以查看查询视图选择菜单，如图 4-1 所示。

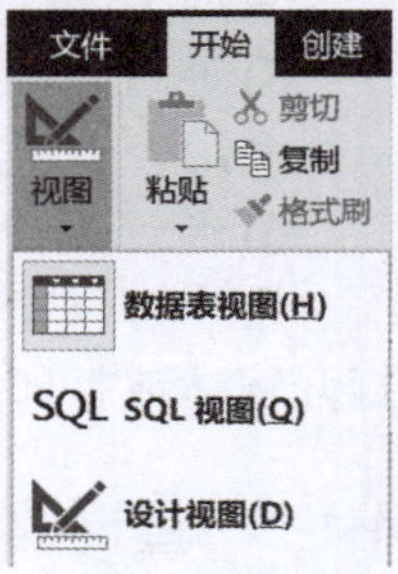

1) 数据表视图

数据表视图是查询的数据浏览界面，以表格形式显示查询的结果。数据表视图可被看成虚拟表，它并不代表任何的物理数据，只是用来查看数据的视窗而已。

2) SQL 视图

SQL 是一种用于数据库的结构化查询语言，许多数据库管理系统都支持该语言。SQL 查询是指用户通过使用 SQL 语句创建的查询。SQL

图 4-1　查询视图

视图是用于查看和编辑 SQL 语句的窗口。

3) 设计视图

设计视图就是查询设计器，用户可以通过该视图创建和修改各种类型的查询。

4.2 创建查询的方式

创建查询有两种方式：一种是"查询向导"，另一种是"查询设计"视图。

4.2.1 使用向导创建查询

Access 提供了 4 种向导方式创建简单的选择查询，分别是"简单查询向导""交叉表查询向导""查找重复项查询向导"和"查找不匹配项查询向导"，以帮助用户从一个或多个表中查询出有关信息。

1. 简单查询向导

使用"简单查询向导"创建查询比较简单，用户可以在向导提示下选择表和表中字段，一步一步创建查询，这种方式简单易操作，缺点是功能比较单一，不能设置查询条件。

【例 4-1】使用"简单查询向导"建立"Stu 查询"，查询"教务管理"数据库中 Stu 表的学号、姓名、性别、出生日期、生源地的信息。

操作步骤：

(1) 在"创建"选项卡"查询"组中单击"查询向导"按钮，如图 4-2 所示。

(2) 选择"简单查询向导"，如图 4-3 所示。

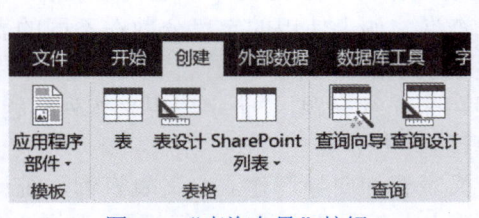

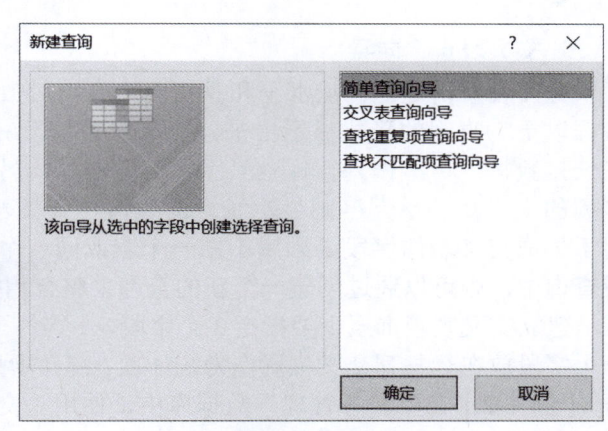

图 4-2 "查询向导"按钮　　　　图 4-3 选择"简单查询向导"

(3) 选择字段：学号、姓名、性别、出生日期、生源地，如图 4-4 所示。

(4) 在"请为查询指定标题"文本框中输入查询名称：Stu 查询，如图 4-5 所示。

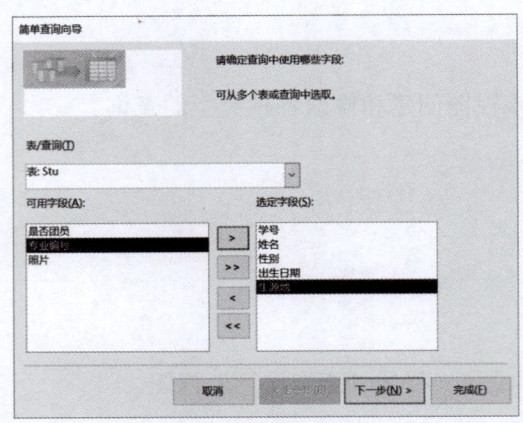

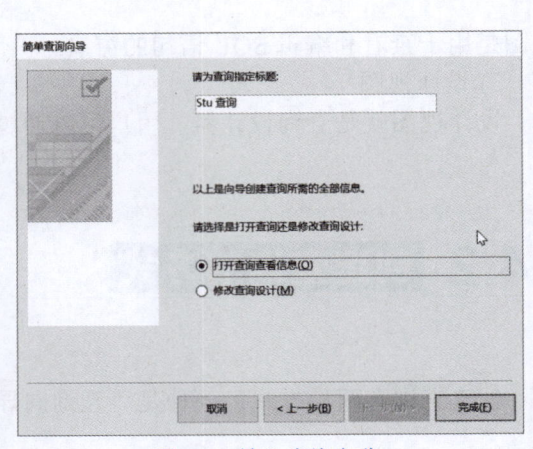

图 4-4　选择字段　　　　　　　　　图 4-5　输入查询名称

(5) 查询结果如图 4-6 所示。

图 4-6　查询结果

2. 交叉表查询向导

交叉表查询是一种从水平和垂直两个方向对数据表进行分组统计的查询方法，可以将数据以更为直观的形式显示出来。交叉表类似于 Excel 电子表格，它按"行、列"形式分组安排数据：一组作为行标题显示在表的左部，另一组作为列标题显示在表的顶部，而行与列的交叉点的单元格则显示统计的数值。交叉表的数据源可以是基本表也可以是查询。用于生成交叉表的字段必须属于同一个表或同一个查询。如果使用的字段分散在不同的表或查询中，则可以通过创建一个新的查询来整合相关的数据。

建立交叉表查询至少要指定 3 个字段，一个字段用来作行标题，一个字段用来作列标题，一个字段放在行与列交叉位置作为统计项(统计项只能有 1 个)。

【例 4-2】在"教务管理"数据库中，使用"交叉表查询向导"建立交叉表查询，统计各专业的学生生源分布情况。数据源为 Stu 表，选择"专业编号"字段作为行标题，选择"生源地"作为列标题，"学号"作为计数统计项。

操作步骤：

(1) 选择交叉表查询向导，如图 4-7 所示。

(2) 选择数据源为 Stu 表，如图 4-8 所示。

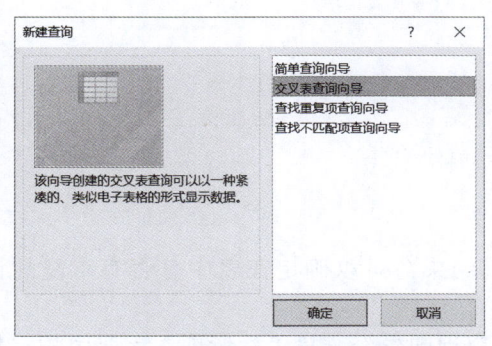

图 4-7　选择交叉表查询向导

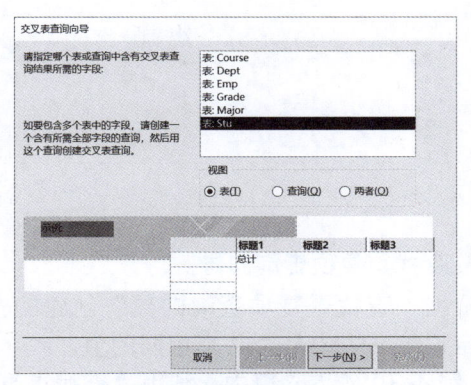

图 4-8　数据源：Stu 表

(3) 单击"下一步"，选择"专业编号"字段作为行标题，如图 4-9 所示。
(4) 单击"下一步"，选择"生源地"字段作为列标题，如图 4-10 所示。

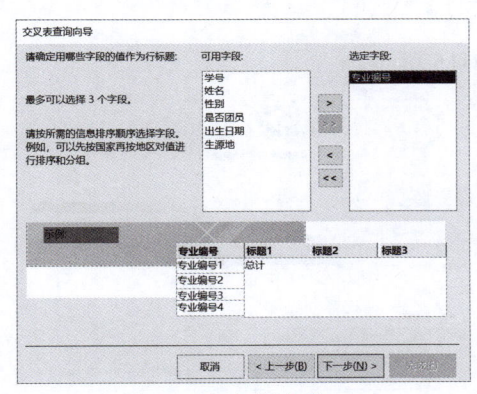

图 4-9　行标题字段

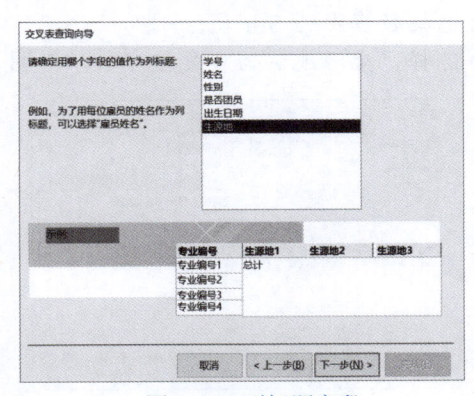

图 4-10　列标题字段

(5) 单击"下一步"，选择"学号"作为计数统计项，如图 4-11 所示。
(6) 单击"下一步"，在打开的对话框中输入查询名称，如图 4-12 所示。

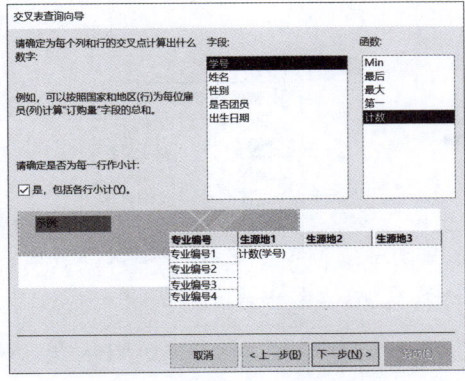

图 4-11　统计项

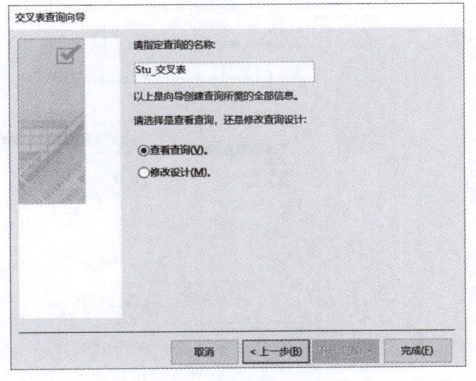

图 4-12　输入查询名称

(7) 单击"完成",显示交叉表查询结果,即各专业学生生源地统计情况,如图 4-13 所示。

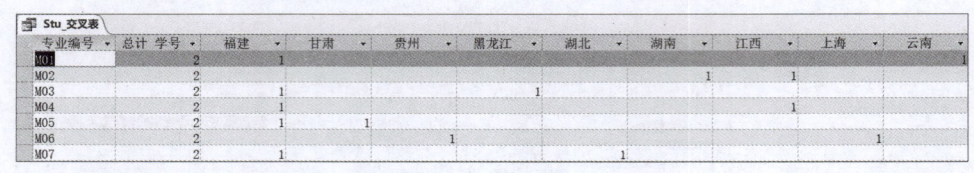

图 4-13　交叉表查询结果

3. 查找重复项查询向导

根据"查找重复项查询向导"创建的查询结果,可以确定在表中是否有重复的记录,或确定记录在表中是否共享相同的值。

【例 4-3】 在 Stu 表中,利用"查找重复项查询向导"查找"生源地"字段中的重复值,选择"姓名"为另外的查询字段。

操作步骤:

(1) 选择"查找重复项查询向导",如图 4-14 所示。
(2) 选择数据源为 Stu 表。
(3) 选择"生源地"为重复值字段,如图 4-15 所示。

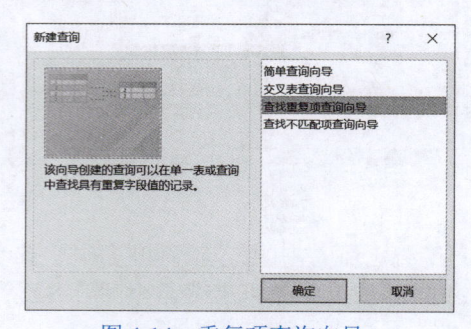

图 4-14　重复项查询向导　　　　图 4-15　重复值字段

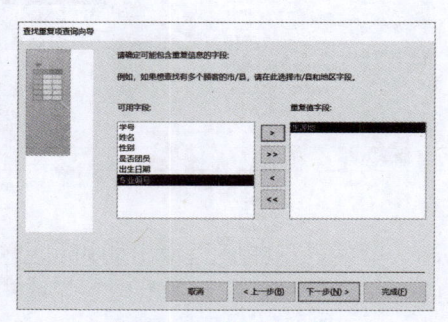

(4) 选择"姓名"为另外的查询字段,如图 4-16 所示。
(5) 执行查询命令,显示并保存查询结果,如图 4-17 所示。

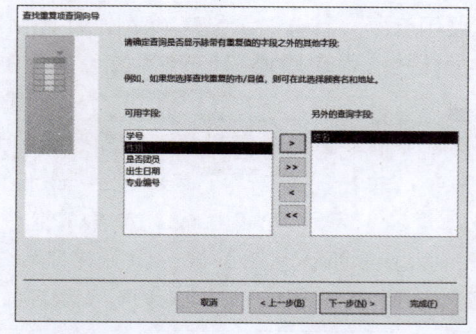

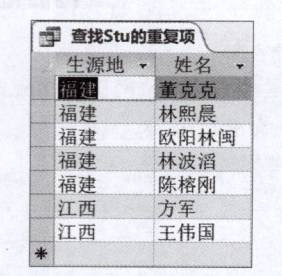

图 4-16　另外的查询字段　　　　图 4-17　生源地重复查询结果

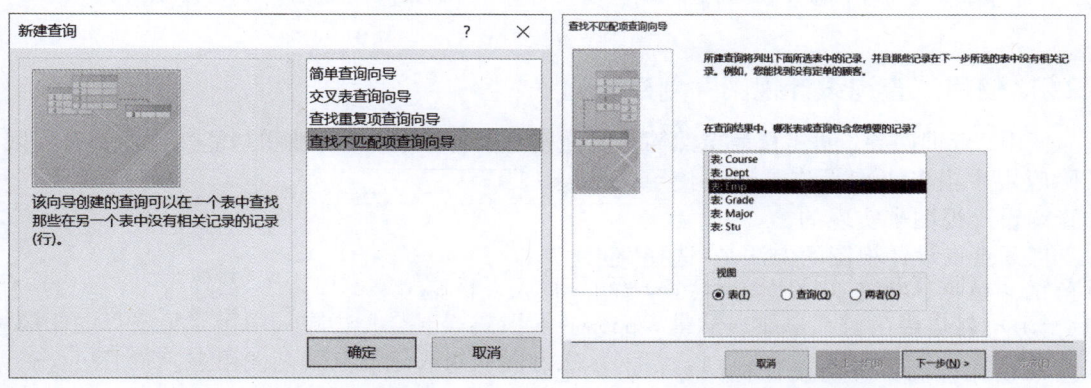

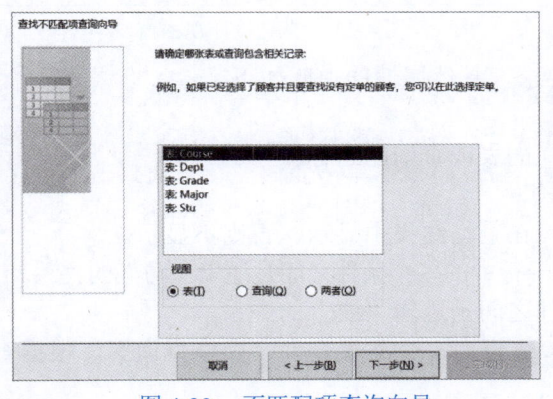

4. 查找不匹配项查询向导

"查找不匹配项查询向导"的作用是供用户在一个表中找出另一个表中所没有的相关记录。在具有一对多关系的两个数据表中，对于"一"方的表中的每一条记录，在"多"方的表中可能有一条或多条甚至没有记录与之对应。使用不匹配项查询向导，就可以查找出那些在"多"方没有对应记录的"一"方数据表的记录。

【例 4-4】使用"查找不匹配项查询向导"，基于 Emp 表和 Course 表查找没有教授任何课程的教师。

操作步骤：

(1) 选择"查找不匹配项查询向导"，如图 4-18 所示。

(2) 指定查询将列出来的表为 Emp 表，如图 4-19 所示。

图 4-18　不匹配项查询向导

图 4-19　指定查询将列出的表

(3) 单击"下一步"，指定包含相关记录的另一张表为 Course 表，如图 4-20 所示。

(4) 单击"下一步"，确定两个表中匹配的字段，即共有的字段，如图 4-21 所示。

图 4-20　不匹配项查询向导

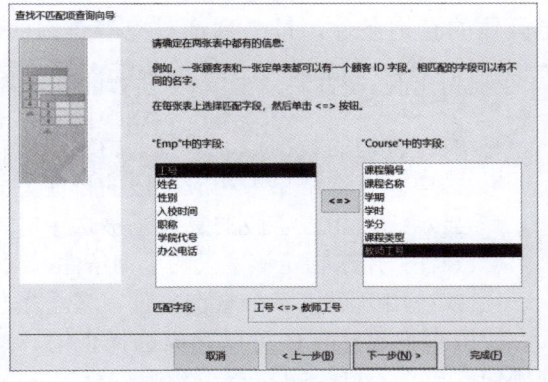

图 4-21　确定匹配字段

(5) 单击"下一步"，选择查询结果中所需的字段，如图 4-22 所示。

(6) 单击"下一步"，为查询指定标题后，单击"完成"，显示查询结果，如图 4-23 所示。

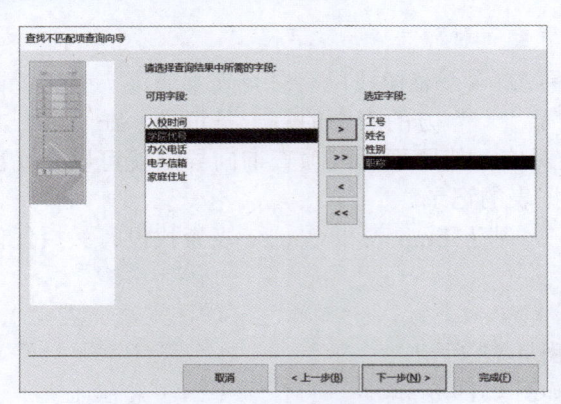

图 4-22　选择查询结果中所需的字段

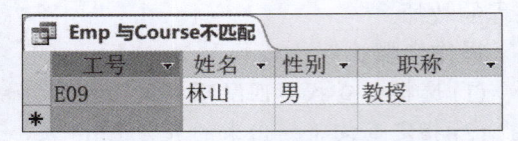

图 4-23　显示没有教授课程的教师

4.2.2　使用"查询设计视图"创建查询

使用"查询向导"创建查询虽然简单方便，但这种方式在灵活性和功能性方面都有局限，实际应用中很多查询操作是通过使用 Access 的查询设计视图来实现的。

打开查询设计视图的方法是：选择"创建"菜单项，单击"查询设计"按钮，在弹出的"显示表"对话框中添加所需要的表，即可打开查询设计视图。查询设计视图窗口分为上下两个部分，如图 4-24 所示。

上部为数据源显示区，用于显示查询所涉及的数据源，可以是表，也可以是查询。下部为查询设计区，由行和列组成，用来指定具体的查询条件，每一列都对应着查询的

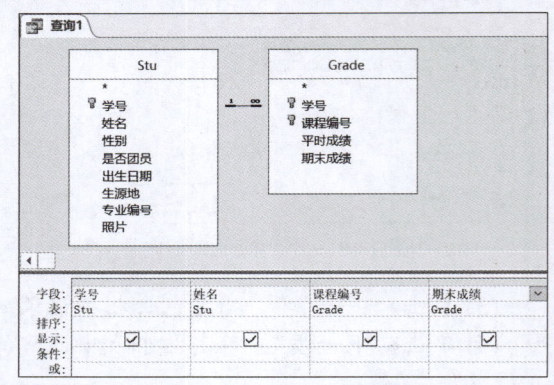

图 4-24　查询设计视图窗口

一个字段，每一行都表明字段的属性设置及要求，具体属性的说明如下。

- 字段：查询中所需要的字段。
- 表：查询的数据源，即查询中字段所在的表或查询的名称。
- 排序：查询结果中相应字段的排序方式。
- 显示：当相应字段的复选框被选中时，在查询结果中显示，否则不显示。
- 条件：用来指定该字段的查询条件。同一行中的多个条件之间是逻辑"与"的关系。
- 或：用来提供多个查询条件，多个条件之间是逻辑"或"的关系。

使用查询设计视图可以完成选择查询、参数查询、交叉表查询、操作查询等，根据查询操作的要求不同，可按以下步骤进行。

(1) 向查询添加表。
(2) 向查询添加字段。
(3) 设置排序准则。
(4) 设置查询条件。

(5) 查看查询结果。
(6) 保存查询。

4.3 选择查询

选择查询是最常见的查询类型，它是从一个或多个有关系的表中将满足要求的记录提取出来。使用选择查询还可以对记录进行分组，并且可对记录进行总计、计数，以及求平均值等其他类型的计算。

4.3.1 创建不带条件的查询

不带条件的选择查询是从表中选取若干或全部字段的所有记录，而不包含任何条件的查询。

【例 4-5】建立一个名为"例 4-5 成绩查询"的查询，该查询显示"学号""姓名""课程编号""课程名称""平时成绩"和"期末成绩"字段。

操作步骤：

(1) 打开查询设计视图，向查询添加 Stu 表、Grade 表和 Course 表。

(2) 向查询添加字段："学号""姓名""课程编号""课程名称""平时成绩"和"期末成绩"。添加字段有几种方法：一是选中所需字段，将其拖到设计网格的字段行上；二是双击选中的字段；三是单击设计网格中字段行要放置字段的位置，单击下拉箭头，从下拉列表中选择所需字段，如图 4-25 所示。

(3) 单击快速访问工具栏的"保存"按钮，或者选择查询标题上右键菜单的"保存"项，保存查询并将其命名为"例 4-5 成绩查询"。

(4) 单击"设计"选项卡，单击"运行"按钮或者单击"视图"按钮切换到数据表视图，可以显示查询结果，即学生的所有课程成绩信息，如图 4-26 所示。

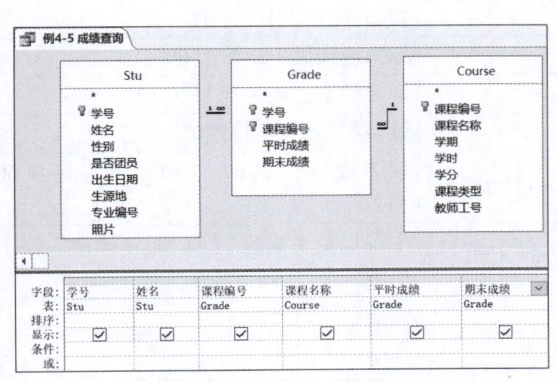

图 4-25 添加查询字段

图 4-26 查询的数据表视图

4.3.2 查询条件

Access 查询设计区中的"条件"行和"或"行,是用来设置查询条件的。可以在查询设计视图中单击要设置条件的字段,在字段的"条件"单元格中输入相应的条件表达式;或者可以在"条件"单元格中右击,从弹出的快捷菜单中选择"生成器"命令,从而使用"表达式生成器"输入条件表达式。Access 在运行查询操作时,会从指定表中筛选出符合条件的记录并对其进行显示。

查询条件表达式是运算符、常量、字段值、函数、字段名和属性等的任意组合,能够计算出一个结果。运算符是构成查询条件的基本元素,在 Access 的条件表达式中,可以使用加 (+)、减 (−)、乘 (*)、除 (/) 等算术运算符,等于 (=)、不等于 (< >)、小于 (<)、小于或等于 (< =)、大于 (>)、大于或等于 (> =) 等关系运算符,也可以使用逻辑运算符和特殊运算符。如表 4-1、表 4-2、表 4-3 和表 4-4 所示。

此外要注意,表达式中除了中文,其他所有字符都必须在英文输入法状态下输入;在表达式中引用字段名,要用"[]"括起来;表达式中的日期数据需要用"#"括起来。

表 4-1 算术运算符

运算符	功能	表达式举例	说明
^	一个数的乘方	3^2	3 的 2 次方,结果为 9
*	两个数相乘	3*2	3 和 2 相乘,结果为 6
/	两个数相除	5/2	5 除以 2,结果为 2.5
\	两个数整除(不四舍五入)	5\2	5 除以 2,取整数 2
Mod	两个数取余	5 Mod 2	5 除以 2,余数为 1
+	两个数相加	3+2	3 和 2 相加,结果为 5
−	两个数相减	3−2	3 减去 2,结果为 1

表 4-2 关系运算符

运算符	功能	表达式举例	说明
<	小于	[期末成绩]<100	期末成绩小于 100
<=	小于或等于	[期末成绩]<=100	期末成绩小于或等于 100
>	大于	[出生日期]>#2004-01-01#	出生日期在 2004 年 1 月 1 日之后 (不包括 2004 年 1 月 1 日)
>=	大于或等于	[期末成绩]>=60	期末成绩大于或等于 60
=	等于	[姓名]="刘莉雅"	姓名等于"刘莉雅"
<>	不等于	[姓名]<>"刘莉雅"	姓名不等于"刘莉雅"
Between And	介于两值间	[期末成绩]Between 60 And 70	期末成绩介于 60 与 70 之间,包含 60 和 70
In	在一组值中	[生源地] In("福建","江西","湖南")	生源地是"福建""江西""湖南"三个中的一个
Is Null	字段为空	[性别] Is Null	性别字段为空
Like	匹配模式	[姓名] Like "陈*" [姓名] Like "陈?"	姓陈的所有人 姓陈且姓名只有两个字的所有人

表 4-3 逻辑运算符

运算符	功能	表达式举例	说明
Not	逻辑非	Not Like "陈 *"	不是以"陈"开头的字符串
And	逻辑与	[期末成绩]>=60 And[期末成绩]<=70	期末成绩介于 60 与 70 之间,包含 60 和 70
Or	逻辑或	[期末成绩]<60 Or[期末成绩]>=90	期末成绩小于 60 或期末成绩大于等于 90
Eqv	逻辑相等	A Eqv B 1<2 Eqv 2>1	A 与 B 同值,结果为真,否则为假 1<2 Eqv 2>1 结果为假
Xor	逻辑异或	A Xor B 1<2 Xor 2>1	A 与 B 同值,结果为假,否则为真 1<2 Xor 2>1 结果为真

表 4-4 通配符

通配符	功能	表达式举例	说明
*	表示任意多个字符或汉字	[姓名] Like "陈 *"	姓名由任意多个字符组成,首字符为"陈"
?	表示任意一个字符或汉字	[姓名] Like "陈 ?"	姓名由两个字符组成,首字符为"陈"

4.3.3 创建带条件的选择查询

【例 4-6】建立一个查询,查询"IT 创新创业指导"课程的所有学生成绩,并从高到低显示,该查询显示字段包括"课程名称""学号""姓名""平时成绩"和"期末成绩"。

操作步骤:

(1) 指定数据源:Stu 表、Grade 表和 Course 表。

(2) 定义查询字段:"课程名称""学号""姓名""平时成绩"和"期末成绩"。

(3) 设置查询条件:在"课程名称"列的条件栏上,输入"IT 创新创业指导",在"期末成绩"列的排序栏上选择"降序",如图 4-27 所示。

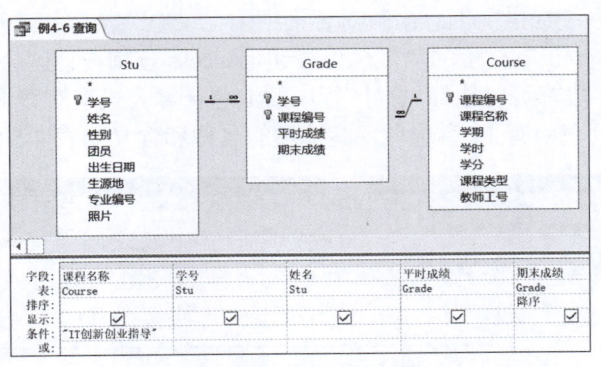

图 4-27 设置查询条件

(4) 执行查询命令或切换到数据表视图,显示并保存查询结果,如图 4-28 所示。

如果要查询"IT 创新创业指导"课程中平时成绩在 85 分到 90 分之间的所有学生的成绩信息,且

图 4-28 查询结果显示

查询结果不显示课程名称,则可以按如图 4-29 所示设置查询条件,查询结果如图 4-30 所示。这里查询条件涉及"课程名称"及"平时成绩"两个字段,并且要同时满足两个条件,故将这两个条件设置在"条件"行上,表示"与"的关系。

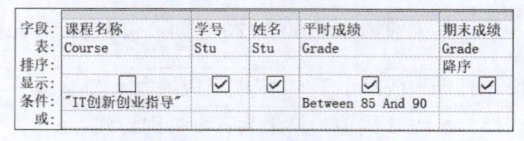

图 4-29　查询条件　　　　　　　图 4-30　查询结果

如果查询条件是"或"的关系,则可以把其中一个条件放在"或"行。例如,若要查询所有课程平时成绩大于等于 90 分或者期末成绩大于等于 90 分的学生成绩信息,则可以按如图 4-31 所示设置查询条件,查询结果如图 4-32 所示。

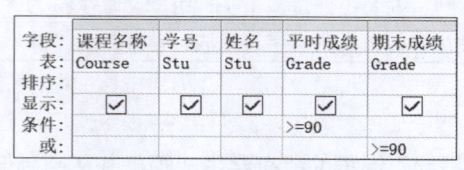

图 4-31　查询条件　　　　　　　图 4-32　查询结果

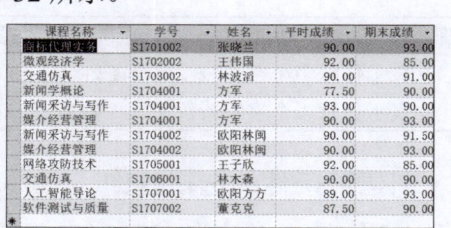

4.3.4　在查询中使用计算

在实际应用中,经常需要对查询结果进行复杂的数据统计计算,可以通过在查询中增加计算来完成。在 Access 查询中,有两种类型的计算:汇总计算和自定义计算。

1. 汇总计算

汇总计算是使用系统提供的汇总函数对查询中的记录组或全部记录进行分类汇总计算。在查询的设计视图中,单击工具栏上的"汇总"按钮,Access 查询设计区会显示一行"总计"行,如图 4-33 所示。每个字段都可以选择"总计"行中的汇总计算公式来对查询记录进行计算。在"总计"行单元格的下拉列表中有 12 个选项,其选项的名称和含义如表 4-5 所示。

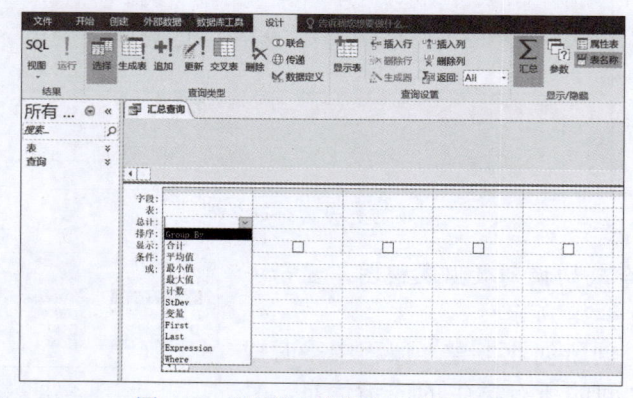

图 4-33　"汇总"按钮和"总计"行

表 4-5 汇总计算

名称	功能
分组 (Group By)	对记录按字段值分组
合计	计算指定字段值的和
平均值	计算指定字段值的平均值
最大值	计算指定字段的最大值
最小值	计算指定字段的最小值
计数	计算一组记录中记录的个数
标准差 (StDev)	计算一组记录中某字段值的标准偏差
变量	计算一组记录中某字段值的标准方差
第一条记录 (First)	返回一组记录中某字段的第一个值
最后一条记录 (Last)	返回一组记录中某字段的最后一个值
表达式 (Expression)	创建一个由表达式产生的计算字段
条件 (Where)	指定分组条件以便选择记录

【例 4-7】根据 Course 表和 Grade 表，按照"课程名称"分组，统计选修各门课程的人数，并计算每门课程的期末成绩的平均分、最高分、最低分。

操作步骤：

(1) 选择数据源：Course 表和 Grade 表。

(2) 指定字段：课程名称、学号、期末成绩、期末成绩、期末成绩。

(3) 单击工具栏上的"汇总"按钮，在查询设计区添加"总计"行，并进行如下设置：课程名称"总计"行设置为 Group By，表示按照课程名称分组；学号"总计"行设置为计数，表示统计选修该课程的人数；第 1 个期末成绩"总计"行设置为平均值，表示在分组的基础上，对每一组记录计算平均值；第 2 个期末成绩"总计"行设置为最大值；第 3 个期末成绩"总计"行设置为最小值。如图 4-34 所示。

(4) 修改字段显示名，格式为"显示名字：字段名"，将字段"学号"改为"人数：学号"；第 1 个"期末成绩"改为"平均值：期末成绩"；第 2 个"期末成绩"改为"最大值：期末成绩"；第 3 个"期末成绩"改为"最小值：期末成绩"。如图 4-35 所示。

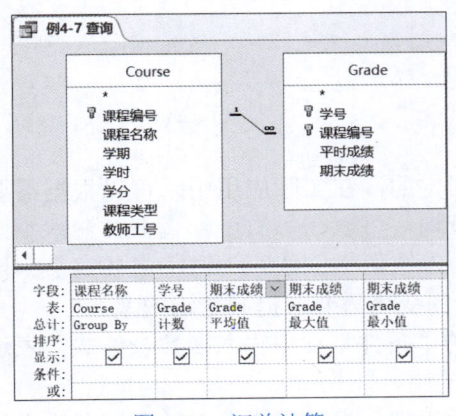

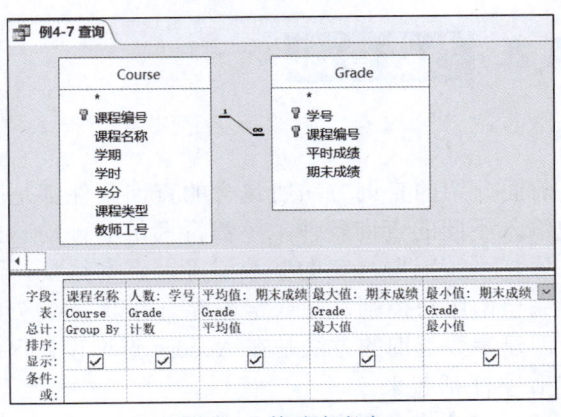

图 4-34 汇总计算   图 4-35 修改字段名

(5) 执行查询，显示并保存查询结果，如图 4-36 所示。

2. 自定义计算

Access 查询的自定义计算是自己定义计算表达式，用于对查询结果中的一个或多个字段进行数值、日期等计算。

【例 4-8】根据 Stu 表、Course 表和 Grade 表，计算"IT 创新创业指导"课程的学生综合成绩（平时成绩和期末成绩各占 50%），列出姓名、课程名称、平时成绩、期末成绩和综合成绩。

操作步骤：

(1) 指定数据源：Stu 表、Course 表和 Grade 表。

(2) 选择查询字段：姓名、课程名称、平时成绩、期末成绩，在"期末成绩"右边空白列的字段栏输入"综合成绩:[平时成绩]*0.5+[期末成绩]*0.5"。如图 4-37 所示。

(3) 执行查询，显示并保存查询结果，如图 4-38 所示。

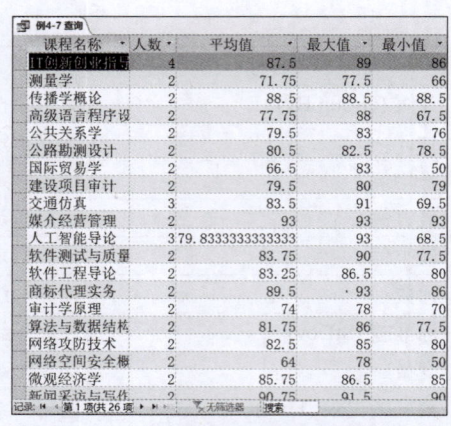

图 4-36　修改名称后的数据表视图

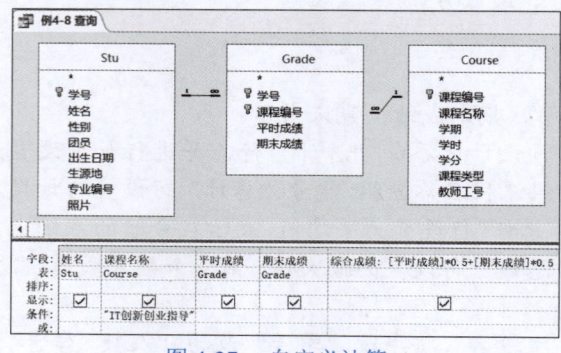

图 4-37　自定义计算

图 4-38　查询数据表视图

4.4　参数查询

前面介绍的查询方法所包含的查询条件都是固定的，在实际应用中，可以根据需要灵活地输入不同的查询条件。参数查询是一种动态查询，可以在每次运行查询时输入不同的条件值，系统根据给定的参数值确定查询结果，而参数值在创建查询时不需要定义。这种查询完全由用户控制，在一定程度上可以适应应用的变化需要，提高查询效率。

创建参数查询的方法是在 Access 查询设计区的"条件"行中输入参数表达式，表达式用方括号 [] 括起来。

【例 4-9】在"教务管理"数据库中，创建参数查询，根据用户输入的课程名称进行期末成绩查询，要求显示这个课程所有期末成绩大于或等于 90 分的学生姓名、课程名称、期末成绩。

操作步骤：

(1) 指定数据源：Stu 表、Course 表和 Grade 表。

(2) 在"课程名称"的"条件"栏上输入"[请输入课程名称 :]"，在"期末成绩"的"条件"栏上输入">=90"，如图 4-39 所示。[] 里的字符是用户在输入查询参数时对话框上的提示文字。

(3) 执行查询，屏幕显示对话框，如图 4-40 所示，输入"交通仿真"，单击"确定"按钮。此时显示的就是根据输入参数"交通仿真"查询的课程期末成绩大于或等于 90 分的学生信息，如图 4-41 所示。

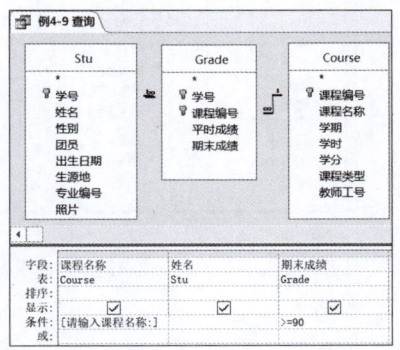

图 4-39　参数查询

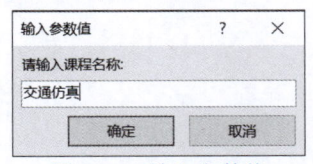

图 4-40　输入参数值

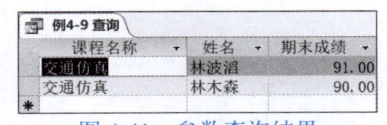

图 4-41　参数查询结果

4.5　交叉表查询

交叉表查询主要用来汇总和重构数据库中的数据，使得数据组织结构更加紧凑，数据显示更有可观性。交叉表实际上是将记录水平分组和垂直分组，一组列在数据表的左侧，一组列在数据表的上部，在水平分组与垂直分组的交叉位置显示计算结果。

【例 4-10】在"教务管理"数据库中，使用交叉表查询选修各门课程的男女学生期末成绩平均值。以"课程名称"字段为"行标题"，以"性别"字段为"列标题"，以"期末成绩"字段为"值"。

操作步骤：

(1) 指定数据源：Stu 表、Course 表和 Grade 表。

(2) 单击工具栏上的"交叉表"按钮，Access 查询设计区多了两行："总计"行和"交叉表"行。

(3) 设置"课程名称"字段的"总计"行：Group By，"交叉表"行：行标题。设置"性别"字段的"总计"行：Group By，"交叉表"行：列标题。设置"期末成绩"字段的"总计"行：平均值，"交叉表"行：值。如图 4-42 所示。

(4) 执行查询，显示并保存查询结果。如图 4-43 所示。

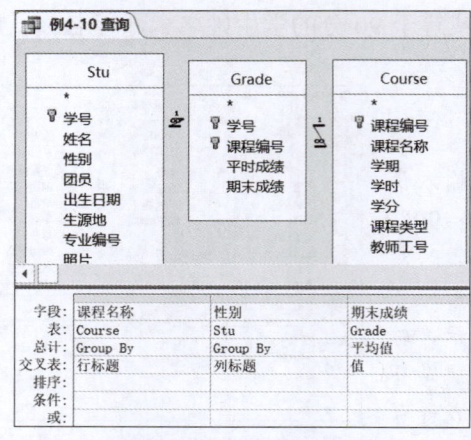

图 4-42　交叉表查询

图 4-43　交叉表查询结果

4.6 操作查询

选择查询、参数查询和交叉表查询都是按照用户的需求，根据一定的条件从已有的数据源中选择满足特定条件的数据形成一个动态集，将已有的数据源再组织或增加新的统计结果，这种查询方式没有改变数据源中原有的数据。与上述查询方式不同，操作查询用于对数据库进行复杂的数据管理操作，可根据需要在数据库中增加一个新的表，以及对数据库中的数据进行增加、删除和修改等操作。Access 的操作查询包括以下几种。

(1) 追加查询，将数据源中符合条件的记录追加到另一个表的尾部。
(2) 更新查询，对一个或多个表中满足条件的记录进行修改。
(3) 删除查询，对一个或多个表中满足条件的一组记录进行删除操作。
(4) 生成表查询，利用从一个或多个表中提取的数据来创建新表。

4.6.1 追加查询

追加查询是将数据源中符合条件的记录追加到另一个表的尾部。数据源可以是表或查询，追加的去向是另一个表。

【例 4-11】先复制 Stu 表的表结构，备份空表"Stu 的副本"。然后创建追加查询，将 Stu 表中"生源地"是福建的学生的数据追加到表"Stu 的副本"。

操作步骤：

(1) 复制 Stu 表的表结构，备份空表"Stu 的副本"。在"粘贴选项"中选择"仅结构"单选按钮。
(2) 向查询添加 Stu 表。
(3) 选择 Stu 表所有的字段，在"生源地"的条件栏中输入："福建"。

(4) 单击工具栏上的"追加"按钮,在图 4-44 所示对话框中选择"Stu 的副本"表。

(5) 单击工具栏上的"执行"按钮,执行查询。在弹出的提示对话框单击"是",如图 4-45 所示。

(6) 查询结果:查看"Stu 的副本"表的内容,如图 4-46 所示。

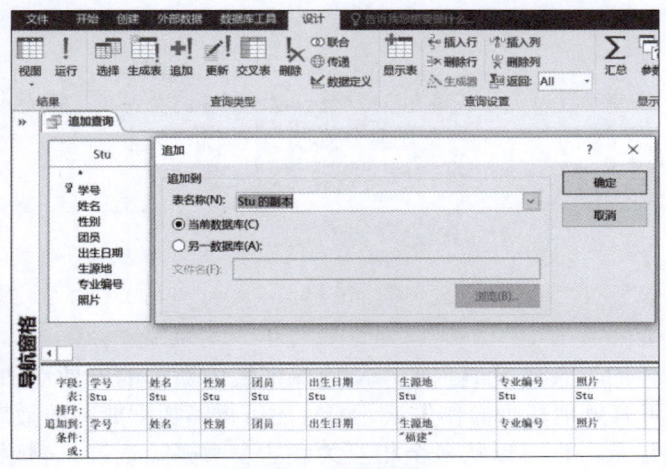

图 4-44　追加查询

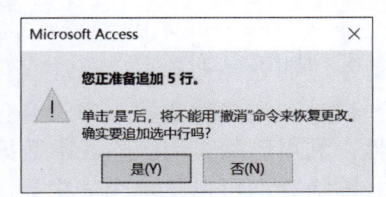

图 4-45　提示对话框

图 4-46　"Stu 的副本"表内容

4.6.2　更新查询

在数据表视图中可以对记录进行修改,但当需要修改符合一定条件的批量记录时,使用更新查询是更有效的方法,它能对一个或多个表中满足条件的记录进行批量修改。如果在表间关系中设置了级联更新,那么运行更新查询也能引起多个表的变化。

【例 4-12】创建更新查询,将表"Stu 的副本"生源地字段值为"福建"的记录,更改为"福建省"。

操作步骤:

(1) 向查询添加"Stu 的副本"表。

(2) 单击工具栏上的"更新"按钮。

(3) 选择"生源地"字段,设置条件为:"福建",更新到:"福建省",如图 4-47 所示。

(4) 执行查询。

(5) 查询结果:查看"Stu 的副本"表的内容,如图 4-48 所示。

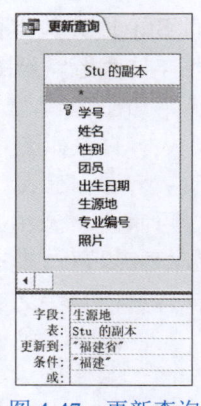

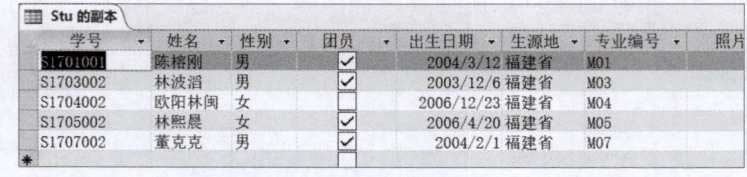

图 4-47　更新查询　　　　　图 4-48　"Stu 的副本"表内容

4.6.3　删除查询

删除查询能将数据表中符合条件的记录成批地删除，从而保证表中数据的有效性和有用性。利用删除查询删除表中数据可有效地减少操作失误，同时还可提高数据删除的效率。

删除查询可以从单个表中删除记录，也可以从多个相互关联的表中删除记录。删除查询删除的是整条记录，如果要从多个表中删除相关记录，则必须满足以下条件：已经定义了表间的相互关系；在"关系"对话框中已选中"实施参照完整性"复选框；同时在"关系"对话框中已选中"级联删除相关记录"复选框。

【例 4-13】创建删除查询，删除表"Stu 的副本"中性别为"女"的记录。

操作步骤：
(1) 向查询添加"Stu 的副本"表。
(2) 单击工具栏上的"删除"按钮。
(3) 选择"性别"字段，设置条件为："女"，如图 4-49 所示。
(4) 执行查询。
(5) 查询结果：查看"Stu 的副本"表的内容，如图 4-50 所示。

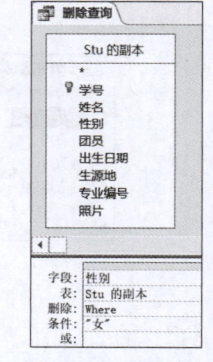

图 4-49　删除查询

图 4-50　"Stu 的副本"表内容

4.6.4　生成表查询

生成表查询是利用从一个或多个表中提取的数据来创建新表的一种查询，它能将查询结果保存成新的数据表，使得查询结果由动态数据集合转化为静态的数据表。生成表查询创建的新表继承源表字段的数据类型，但不继承源表字段的属性和主键设置。

【例 4-14】创建生成表查询，新表命名为"不及格学生成绩单"，表中字段有"课程名称""姓名"和"期末成绩"。

操作步骤：

(1) 向查询添加 Stu 表、Grade 表、Course 表。

(2) 选择字段：课程名称、姓名、期末成绩。期末成绩字段条件设置为 <60。

(3) 单击工具栏上的"生成表"按钮，出现"生成表"对话框，在"表名称"栏输入"不及格学生成绩单"。如图 4-51 所示。

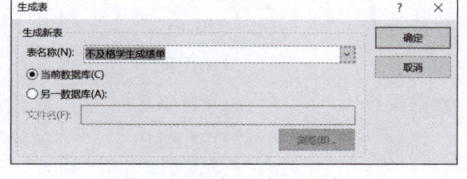

图 4-51 生成表对话框

(4) 执行查询，出现提示框，如图 4-52 所示。

(5) 查询结果：生成新表，查看"不及格学生成绩单"表的内容，如图 4-53 所示。

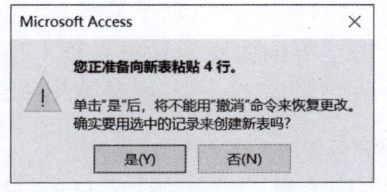

图 4-52 生成表查询运行提示框

图 4-53 "不及格学生成绩单"表内容

4.7　SQL 查询

4.7.1　SQL 概述

SQL(Structured Query Language，结构化查询语言)是关系型数据库系统的标准语言。目前大多数的关系数据库管理系统，如 SQL Server、MySQL、Microsoft Access、Oracle 等都使用 SQL 语言。常见的 SQL 命令如表 4-6 所示。SQL 语言的功能包括数据定义、数据查询、数据操纵和数据控制 4 个部分。主要特点如下。

- SQL 语法简单，类似于自然语言，简单易学。
- SQL 是一种非过程语言，用户只需描述"做什么"，不需要关注"怎么做"。
- SQL 是一种面向集合的语言。通过集合操作，用户可以轻松地对数据库中的数据进行筛选、排序、分组和聚合等处理。这个特性使得它在处理和分析大量数据时非常高效和方便。
- SQL 既可独立使用，又可嵌入到其他语言中使用。
- SQL 具有定义、查询、操纵和控制一体化功能。

表 4-6　常见的 SQL 命令

SQL 功能	命令	描述
数据定义	CREATE	创建一个新的表，一个表的视图，或者数据库中的其他对象
	ALTER	修改一个现有的数据库中的对象，如一个表
	DROP	删除整个表，或者表的视图，或数据库中的其他对象
数据查询	SELECT	从一个或多个表中检索某些记录
数据操纵	INSERT	创建一个记录
	UPDATE	修改记录
	DELETE	删除记录
数据控制	GRANT	给一个用户分配权限
	REVOKE	收回用户授予的权限

4.7.2　SQL 数据查询语句

SQL 语言提供了 Select 语句来完成查询功能。

Select 语句基本的语法结构如下。

```
SELECT [ALL /DISTINCT] <目标列表表达式>[,<目标列表表达式>]…
FROM <表名或视图名>[,<表名或视图名>]…
[WHERE <条件表达式>]
[GROUP BY <列名 1>[ HAVING< 条件表达式>]]
[ORDER BY< 列名2> [ASC/ DESC]]
```

其中：方括号 ([ ]) 内的内容是可选的，尖括号 (< >) 内的内容是必须出现的。

(1) SELECT 子句：用于指定要查询的字段数据，只有指定的字段才能在查询中出现。如果希望检索到表中的所有字段信息，那么可以使用星号 (*) 来代替列出的所有字段的名称，列出的字段顺序与表定义的字段顺序相同。

(2) ALL 返回 SQL 语句中符合条件的全部记录；DISTINCT 则省略查询结果中包含重复数据的记录。

(3) FROM 子句：用于指出要查询的数据来自哪个或哪些表 (也可以是视图)，可以对单个表或多个表进行查询。若查询数据来自多个表，则表名用逗号隔开。

(4) WHERE 子句：用于给出查询的条件，只有与这些选择条件匹配的记录才能出现在查询结果中。在 WHERE 后可以跟条件表达式，还可以使用 IN、BETWEEN、LIKE 表示字段的取值范围。

(5) GROUP BY 子句用于将结果按字段名分组。如果 GROUP BY 子句带有 HAVING 短语，则将显示那些经 GROUP BY 子句分组并满足 HAVING 子句中条件的记录。

(6) ORDER BY 子句表示根据指定的表达式进行排序，ASC 表示升序，DESC 表示降序，默认为 ASC 升序排序。

1. 单表查询

(1) 查询指定列。

【例 4-15】在 Stu 表中查询所有学生的学号、姓名。

```
Select 学号 ,姓名
From Stu;
```

(2) 查询所有列。

【例 4-16】在 Stu 表中查询所有学生的全部记录。

```
Select *
From Stu;
```

(3) 查询满足条件的记录 (WHERE 子句)。

【例 4-17】在 Stu 表中查询生源地是福建的所有学生的学号、姓名。

```
Select学号,姓名
From Stu
Where生源地="福建";
```

【例 4-18】在 Emp 表中查询职称是教授或副教授的所有教师的记录。

```
Select *
From Emp
Where职称="教授" Or 职称="副教授";
```

【例 4-19】在 Stu 表中查询年龄 18 岁以上 (含 18 岁) 的所有学生的记录。

```
Select *
From Stu
Where year(date( ))-year(出生日期)>=18;
```

(4) 查询结果排序。

【例 4-20】在 Grade 表中查询选修课程编号为"C0101"的学生的记录，查询结果按期末成绩降序排列。

```
Select *
From Grade
Where 课程编号 ="C0101"
Order by期末成绩 Desc;
```

2. 多表查询

Access 数据库往往包含多个表，可以通过表和表之间的联系查询所需的信息。多表查询的数据来自多个表，表和表之间必须有适当的连接条件，一般是在 WHERE 子句中指明连接的条件。

【例 4-21】在 Stu、Course、Grade 表中查询期末成绩在 60 与 90 分之间 (含 60 与 90 分) 的学生的姓名、课程名称、期末成绩。

```
Select Stu. 姓名 ,Course. 课程名称 ,Grade. 期末成绩
From Grade, Stu, Course
Where 期末成绩 >=60 And 期末成绩 <=90
And  Stu. 学号 = Grade. 学号
And  Course.课程编号= Grade.课程编号;
```

4.7.3 SQL 数据操纵语句

1. 添加记录

功能：将新记录数据添加到指定 < 表名 > 中。
格式：

```
INSERT INTO < 表名 >[(< 属性列 1>[, < 属性列 2>.....)]
    VALUES(<常量1>[,<常量2>].......)
```

【例 4-22】将一个新学生记录 (学号：S1801001 ；姓名：李四；性别：男；团员：TRUE ；出生日期：2005-01-01 ；生源地：福建；专业编号：M01) 插入到 Stu 表中，SQL 代码如下。

```
INSERT INTO Stu ( 学号 , 姓名 , 性别 , 团员 , 出生日期 , 生源地 , 专业编号 )
VALUES ("S1801001", "李四", "男", TRUE, #2005-01-01#, "福建", "M01");
```

2. 修改记录

功能：对表中一行或多行中的某些列值进行修改。
格式：

```
UPDATE< 表名 >
SET< 列名 >=< 表达式 >[,< 列名 >=< 表达式 >].....
[WHERE<条件>];
```

【例 4-23】将 Stu 表中学号为 S1801001 的学生的性别改为"女"，SQL 代码如下。

```
UPDATE Stu
SET 性别 = " 女 "
WHERE 学号="S1801001";
```

3. 删除记录

功能：删除指定 < 表名 > 中满足 < 条件 > 的所有记录数据。
格式：

```
DELETE
FROM < 表名 >
[WHERE <条件>];
```

【例 4-24】将 Stu 表中学号为 S1801001 的学生的所有信息删除掉，SQL 代码如下：

```
DELETE
FROM Stu
WHERE 学号="S1801001";
```

4.7.4 使用 SQL 语句创建查询

1. SQL 视图

SQL 视图是用于显示和编辑 SQL 查询的视图窗口。在 Access 中，任何一个查询都对应一个 SQL 语句。当使用查询设计视图创建一个查询时，Access 会自动构造对应的 SQL 语句。在"视图"按钮的下拉菜单中选择"SQL 视图"命令，或者在查询名字右键菜单中选择"SQL 视图"，即可切换到 SQL 视图查看或修改当前查询所对应的 SQL 语句，如图 4-54 所示。

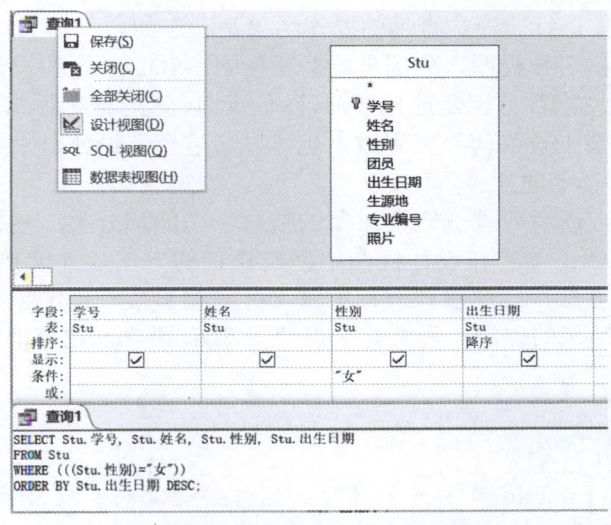

图 4-54　查询及对应的 SQL 视图

2. SQL 查询的创建

创建 SQL 查询的操作步骤如下。

(1) 打开数据库，单击"创建"选项卡中的"查询设计"按钮。

(2) 关闭打开的"显示表"对话框，把视图切换到"SQL 视图"，有一条默认的 SELECT 语句，此时就可以输入需要的 SQL 语句，如图 4-55 所示。语句输入完成后，可以单击窗口的"运行"按钮执行该语句或者切换到数据表视图，查询结果如图 4-56 所示，显示出所有成绩为 60 分以下的学生学号及期末成绩。

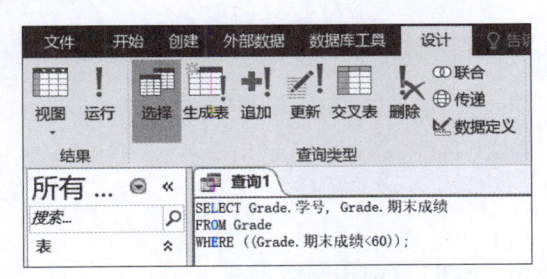

图 4-55　输入 SQL 语句　　　　图 4-56　查询结果

4.8 本章小结

"千淘万漉虽辛苦,吹尽狂沙始到金。"查询是 Access 数据库的一个重要对象,是以数据表(或查询)作为数据源,对数据进行一系列检索、加工的操作。查询可以根据条件从一个或几个数据表(或查询)中检索数据,并同时对数据进行统计、分类和计算,还可以根据用户的要求对数据进行排序。查询的操作结果是动态的。

Access 为查询提供 3 种视图,分别是数据表视图、SQL 视图和设计视图。

Access 查询有 5 种类型,分别是选择查询、参数查询、交叉表查询、操作查询和 SQL 查询。

Access 查询可以基于查询向导来完成,也可以通过查询设计器来完成,还可以在 SQL 视图中直接输入 SQL 语句建立。

通过本章的学习,读者应理解查询对象的概念、功能和分类;掌握使用查询向导创建各种查询的方法和步骤;掌握在设计视图中创建查询的方法,并能熟练设置查询的条件;掌握计算查询的创建方法;理解参数查询的意义并掌握参数查询的创建方法;掌握操作查询的创建及查看查询结果的方法;理解并掌握使用 SQL 语言创建查询的方法;能根据实际情况创建各种查询。

拓展阅读

> SQL注入(SQL Injection)是一种常见的网络安全漏洞。攻击者通过在应用程序的输入字段中插入恶意的SQL代码,诱使数据库执行非授权操作,从而操控数据库查询,获取、修改或删除数据。
>
> 企业和组织必须依照《中华人民共和国数据安全法》要求,搭建完善数据安全管理体系,运用防火墙、入侵检测系统等技术手段,并采取安全培训、制定应急响应预案等必要举措,有效防范 SQL 注入等安全威胁,保障数据的安全性、完整性与可用性,降低数据泄露风险,维护组织的合法权益和行业秩序。
>
> 资料来源:基于国产大语言模型 DeepSeek 的总结。

4.9 思考与练习

4.9.1 选择题

1. Access 支持的查询类型有(　　)。
   A. 选择查询、交叉表查询、参数查询、SQL 查询和操作查询
   B. 基本查询、选择查询、参数查询、SQL 查询和操作查询

C. 多表查询、单表查询、交叉表查询、参数查询和操作查询
　　D. 选择查询、统计查询、参数查询、SQL 查询和操作查询
　2. 如果在数据库中已有同名的表，则要通过查询覆盖原来的表，应该使用的查询类型是（　　）。
　　A. 生成表　　　　　　B. 追加　　　　　　C. 删除　　　　　　D. 更新
　3. 使用向导创建交叉表查询的数据源是（　　）。
　　A. 数据库文件　　　　B. 表　　　　　　　C. 查询　　　　　　D. 表或查询
　4. 在学生表中建立查询，"姓名"字段的查询条件设置为"Is Null"，运行该查询后，显示的记录是（　　）。
　　A. 姓名字段不为空的记录　　　　　　　　B. 姓名字段为空的记录
　　C. 姓名字段中不包含空格的记录　　　　　D. 姓名字段中包括空格的记录
　5. 查询中用来显示查询结果的视图是（　　）。
　　A. 设计视图　　　　　　　　　　　　　　B. 数据表视图
　　C. SQL 视图　　　　　　　　　　　　　　D. 窗体视图
　6. 要对一个或多个表中的一组记录进行全局性的更改，可以使用（　　）。
　　A. 更新查询　　　　　　　　　　　　　　B. 删除查询
　　C. 追加查询　　　　　　　　　　　　　　D. 生成表查询
　7. 在 SQL 查询中，GROUP BY 的含义是（　　）。
　　A. 选择行条件　　　　　　　　　　　　　B. 对查询进行分组
　　C. 对查询进行排序　　　　　　　　　　　D. 选择列字段
　8. 关于查询和表之间的关系，下面说法中正确的是（　　）。
　　A. 查询的结果是建立了一个新表
　　B. 查询的记录集存在于用户保存的地方
　　C. 查询中所存储的只是在数据库中筛选数据的准则
　　D. 每次运行查询时，Access 便从相关的地方调出查询形成的记录集，这是物理上就已经存在的
　9. 如果想显示姓名字段中包含"李"字的所有记录，则应在条件行输入（　　）。
　　A. 李　　　　　　　B. Like 李　　　　　C. Like" 李 *"　　　D. Like"* 李 *"
　10. "学生表"中有"学号""姓名""性别"和"入学成绩"等字段，执行 SQL 命令"Select Avg(入学成绩) From 学生表 Group by 性别"的结果是（　　）。
　　A. 按性别顺序计算并显示所有学生的平均入学成绩
　　B. 计算并显示所有学生的平均入学成绩
　　C. 按性别分组计算并显示不同性别学生的平均入学成绩
　　D. 计算并显示所有学生的性别和平均入学成绩

4.9.2　填空题

　1. 在 Access 中，_____查询的运行一定会导致数据表中的数据发生变化。
　2. 操作查询可以分为删除查询、更新查询、_____和追加查询。

3. 在交叉表查询中，只能有一个_____和值，但可以有一个或多个_____。

4. 在 Grade 表中，查找成绩在 75 与 85 之间 (含 75 和 85) 的记录时，条件为_____。

5. 在创建查询时，有些实际需要的内容在数据源的字段中并不存在，但可以通过在查询中增加_____来完成。

6. 如果要在某数据表中查找某文本型字段，内容以 "S" 开头、以 "L" 结尾的所有记录，则应该使用的查询条件是_____。

7. 交叉表查询将表中的_____进行分组，一组列在数据表的左侧，一组列在数据表的上部。

8. 若要将 2024 年以前入学的学生信息全部改为离校，则适合使用_____查询。

9. 利用对话框提示用户输入参数的查询过程称为_____。

10. 查询建好后，要通过_____来获得查询结果。

4.9.3 简答题

1. 什么是查询？查询有哪些类型？
2. 什么是选择查询？什么是操作查询？
3. 选择查询和操作查询有何区别？
4. 查询有哪些视图方式？各有何特点？

第 5 章

窗 体

知识目标

1. 了解窗体的功能、类型、视图和构成。
2. 掌握不同的创建窗体的方法。
3. 掌握窗体中常用控件的功能和用法。
4. 能熟练地在设计视图中对窗体及窗体上的控件进行设计和修饰。
5. 熟悉导航窗体的设计,能够设置启动窗体。

素质目标

1. 培养学生精益求精的工匠精神。
2. 培养学生细致分析、解决问题的能力。

学习指南

本章的重点是 5.2.4 节、5.3.3 节、5.3.5 节和 5.3.6 节,难点是 5.3.3 节和 5.3.6 节。

本章介绍的"窗体"是 Access 数据库中一个非常重要的对象,要学好窗体,首先要了解窗体的类型、视图和构成,还要掌握窗体和窗体上的控件各自的常用属性和事件,掌握常用控件的功能和用法,并参照实验案例举一反三,多动手操作。

思维导图

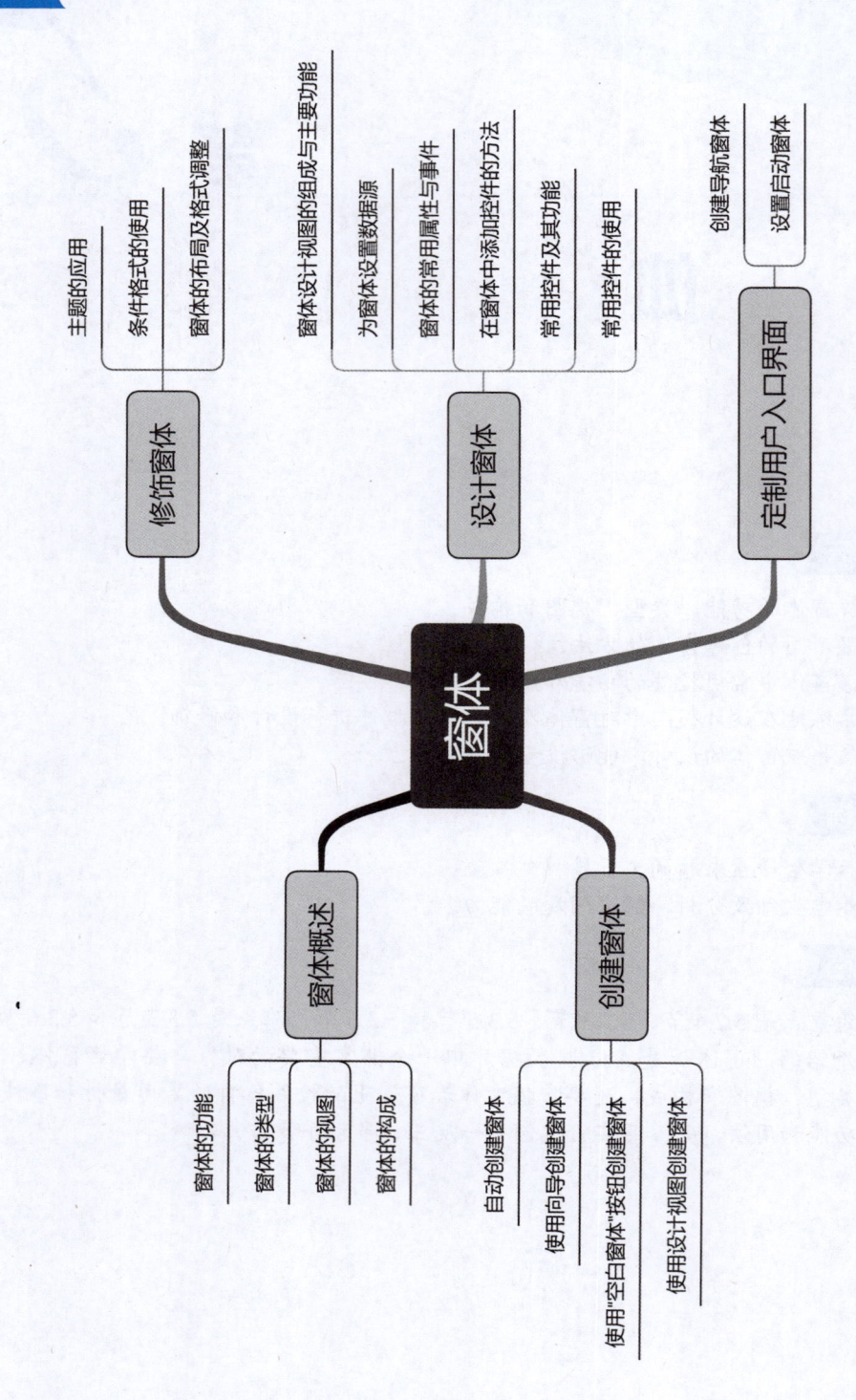

- 窗体
  - 修饰窗体
    - 主题的应用
    - 条件格式的使用
    - 窗体的布局及格式调整
  - 设计窗体
    - 窗体设计视图的组成与主要功能
    - 为窗体设置数据源
    - 窗体的常用属性与事件
    - 在窗体中添加控件的方法
    - 常用控件及其功能
    - 常用控件的使用
  - 定制用户入口界面
    - 创建导航窗体
    - 设置启动窗体
  - 窗体概述
    - 窗体的功能
    - 窗体的类型
    - 窗体的视图
    - 窗体的构成
  - 创建窗体
    - 自动创建窗体
    - 使用向导创建窗体
    - 使用"空白窗体"按钮创建窗体
    - 使用设计视图创建窗体

5.1 窗体概述

窗体 (Form) 又叫表单，是 Access 数据库的重要对象之一，可用于为数据库应用程序创建用户界面，是用户和 Access 应用程序间的接口。每个窗体必须有唯一的名字，建立窗体时默认的窗体名为窗体 1、窗体 2 等。在程序设计阶段，用户通过往窗体内添加、编辑控件进行程序界面的可视化设计；在程序运行阶段，用户通过窗体上的控件来输入信息、观察结果及控制程序的运行。

窗体自身并不存储数据，它可以有数据源，也可以没有数据源。窗体的数据源可以是表、查询或 SQL 语句。"绑定"窗体是直接连接到数据源（如表或查询）的窗体，并可用于输入、编辑或显示来自该数据源的数据。另外，也可以创建"未绑定"窗体，该窗体没有直接链接到数据源，但仍然包含操作应用程序所需的命令按钮、标签或其他控件。

窗体本身是一个对象，它有自己的属性、事件和方法，以便控制窗体的外观和行为。窗体又是其他对象的容器，几乎所有的控件都是设置在窗体上的。

5.1.1 窗体的功能

通过窗体，用户不仅可以方便地从数据库中查询数据，向数据库输入、修改或删除数据，而且还可以作为控制驱动界面，将用户创建的数据库有关对象合理组织起来，形成一个功能完整、风格统一的数据库应用系统，达到控制应用程序流程的效果。

具体来说，窗体有以下几种功能。

(1) 显示和编辑数据。

窗体最基本的应用是用来显示和编辑数据库中的数据。用户可以用不同的风格显示数据库中的数据，而且可以通过窗体添加、删除、修改和查询数据，甚至可以利用窗体所结合的 VBA 代码进行更复杂的操作。用窗体来显示并浏览数据比用表和查询显示数据更加灵活直观。

(2) 控制应用程序的流程。

用户通过向窗体添加命令按钮，并将其与宏或 VBA 代码相结合，每当单击命令按钮时即可执行所设定的相应操作，从而达到控制程序流程的目的。导航窗体是这一功能的典型应用。

(3) 接受数据的输入。

用户可以将窗体设计为数据库中数据输入的接口。例如，通过窗体接受用户的数据输入，用于向表中添加数据。

(4) 交互信息显示和打印数据。

窗体可以显示一些提示、说明、错误、警告或解释等信息，帮助用户进行操作，实现系统与用户的交互功能。用户也可以利用窗体打印指定的数据，实现报表的部分功能。

5.1.2 窗体的类型

Access窗体的分类方法有多种，通常根据窗体功能或根据数据的显示方式来分类。

1. 根据窗体功能分类

按功能可将窗体分为如下4种类型：数据操作窗体、控制窗体、信息显示窗体和交互信息窗体。

(1) 数据操作窗体。主要用于对表或查询进行显示、浏览、输入、修改等操作，如图5-1所示。

(2) 控制窗体。主要用于操作和控制程序的运行，它通过命令按钮、选项组、列表框和组合框等控件对象来响应用户的操作，如图5-2所示。

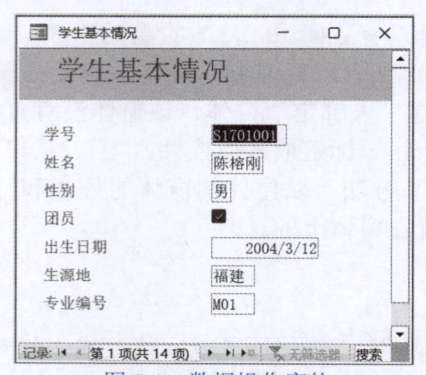

图 5-1 数据操作窗体

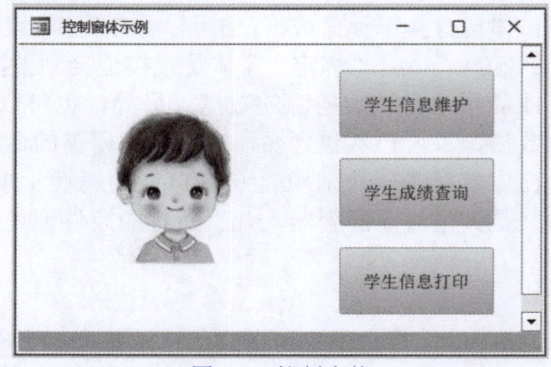

图 5-2 控制窗体

(3) 信息显示窗体。主要用于以数值或图表的形式显示信息，如图5-3所示。

(4) 交互信息窗体。可以是用户自定义的，也可以是系统自动产生的。主要用于接受用户输入，显示各种警告、提示信息等，如图5-4所示。

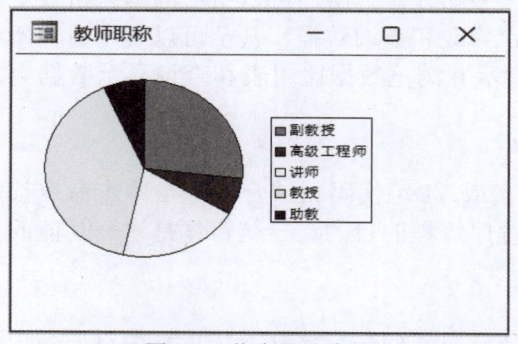

图 5-3 信息显示窗体

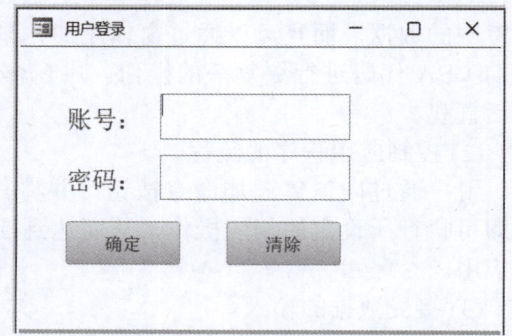

图 5-4 交互信息窗体

2. 根据数据的显示方式分类

按数据的显示方式可将窗体分为如下4种类型：纵栏式窗体、表格式窗体、数据表窗体和主/子窗体。

(1) 纵栏式窗体。每个页面只显示一条记录，字段以列的形式排列，每列的左边显示字段名，右边显示字段内容。用户可以通过窗体底部的记录导航按钮查看下一条或上一条记录。如图 5-1 所示。

(2) 表格式窗体。一个页面可以同时显示多条记录，避免了因为记录内容太少而造成窗体空间浪费的情况。在窗体页眉处包含窗体标签及字段名称标签。如图 5-5 所示。

(3) 数据表窗体。从外观上看，数据表窗体与数据表视图、查询结果显示界面相同，可以在一个窗口内显示多条记录。如图 5-6 所示。

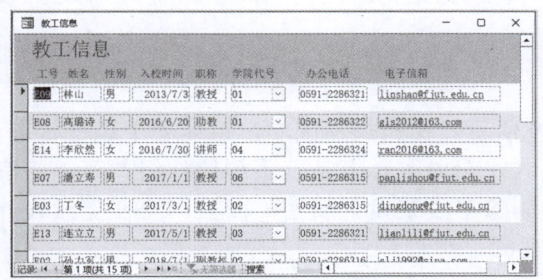

图 5-5　表格式窗体　　　　　　　图 5-6　数据表窗体

(4) 主 / 子窗体。当两张表之间具有一对多关系时，可以用主 / 子窗体来显示相关联的数据。主窗体只能显示为纵栏式布局，子窗体可以为数据表窗体或表格式窗体。如图 5-7 所示，Stu 表作为主窗体的数据，Course 表和 Grade 表作为子窗体的数据，用来显示每个学生所学课程的成绩。

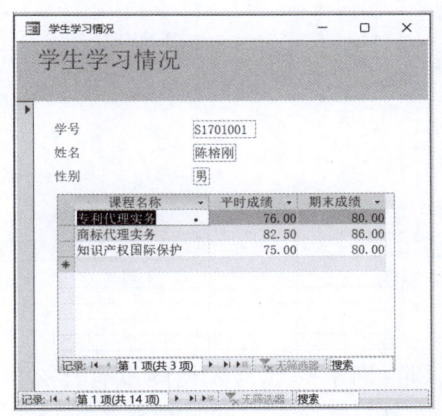

图 5-7　主 / 子窗体

在子窗体中可以创建二级子窗体，即子窗体内又可以含有子窗体。当用户在主窗体内编辑数据或添加记录时，Access 会自动保存相关修改到子窗体对应的表中。

5.1.3　窗体的视图

在 Access 2016 数据库中，窗体有 4 种视图：设计视图、窗体视图、布局视图和数据表视图。窗体在不同的视图中完成不同的任务，它们可以通过工具栏按钮进行切换。

1. 设计视图

设计视图是用来创建、修改和美化窗体的。在设计视图中可以完成各种个性化窗体的设计工作，如设置窗体的高度、宽度等属性，添加或删除控件，编辑控件，调整字体的大小和颜色，设置数据来源等。图 5-8 所示为图 5-1 所示的"数据操作窗体"的设计视图。

2. 窗体视图

窗体视图是窗体设计的最终结果，是窗体运行(或称为打开)时的视图，是提供给用户使用数据库的操作界面。在窗体视图下不能对窗体的结构做任何修改。图 5-8 所示的"设计视图"切换到"窗体视图"即如图 5-1 所示。

3. 布局视图

布局视图也可用于修改窗体设计，如图 5-9 所示。在布局视图中，窗体处于运行状态，因此用户可在更改窗体设计的同时看到数据。这些布局实际上是一系列控件组，可以将它们作为一个整体来调整，还可以在布局视图中删除字段或设置属性，而且用户在更改设计的同时可以立即看到更改后的效果而无须切换视图。

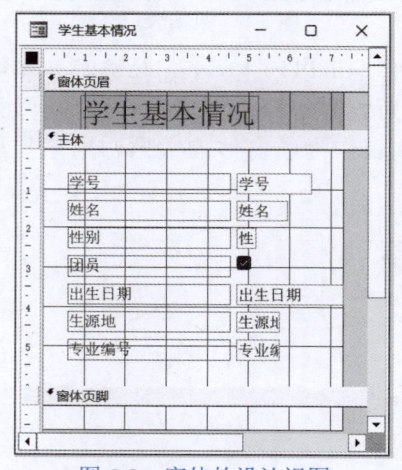

图 5-8　窗体的设计视图　　　　图 5-9　窗体的布局视图

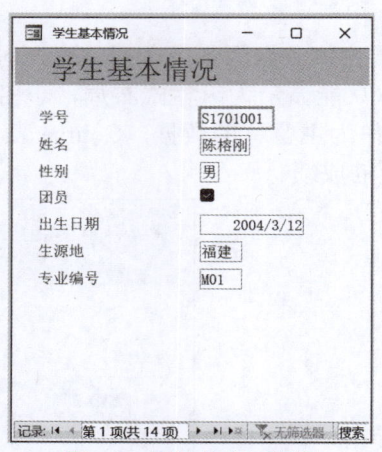

4. 数据表视图

窗体的数据表视图与表和查询中的数据表视图没有什么区别，它以表格形式显示表、窗体、查询中的数据，主要是为了方便用户同时查看多条记录，也可以编辑字段、添加和删除数据、查找数据等。并不是所有窗体都有数据表视图，只有数据源来自表和查询的窗体才会有数据表视图，如图 5-6 所示。

5. 视图间切换

在窗体视图中，单击"开始"选项卡"视图"组中的"视图"按钮，在弹出的下拉列表中可以切换视图；在设计视图中，单击"窗体设计工具"中"表单设计"选项卡"视图"组中的"视图"按钮，在弹出的下拉列表中可以切换视图；在布局视图中，单击"窗体布局工具"中"窗体布局设计"选项卡"视图"组中的"视图"按钮，在弹出的下拉列表中可以切换视图，如图 5-10 所示。

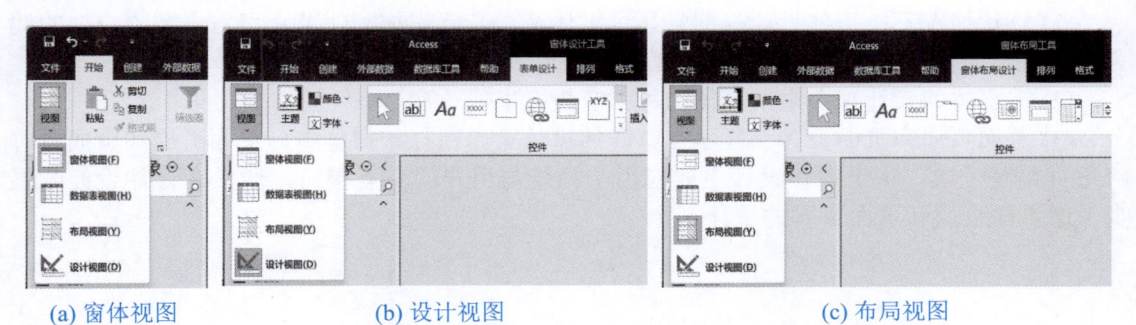

(a) 窗体视图　　　　　　　　(b) 设计视图　　　　　　　　(c) 布局视图

图 5-10　不同视图下"视图"按钮及其下拉列表

5.1.4　窗体的构成

窗体通常由窗体页眉、窗体页脚、页面页眉、页面页脚和主体 5 部分构成，每一部分称为窗体的"节"，如图 5-11 所示。所有窗体必有主体节，其他节可以通过设置确定有无。只有在设计视图中可以看到窗体的各个节。

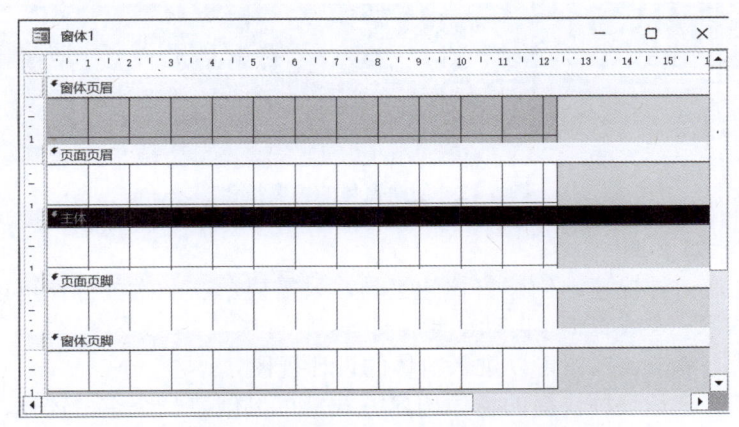

图 5-11　窗体的构成

- 窗体页眉：位于窗体的顶部位置，一般用于显示窗体的标题、徽标和使用说明等不随记录改变的信息。在"窗体视图"中，窗体页眉显示在窗体的顶部；打印窗体时，窗体页眉打印输出到文档的开始处。窗体页眉不会出现在"数据表视图"中。
- 页面页眉：显示在打印的窗体每一页的顶部，用于显示页码、日期和列标题等用户要在每一打印页上方显示的信息。
- 主体：是窗体的主要部分，通常用于显示窗体数据源中的记录数据。
- 页面页脚：显示在打印的窗体每一页的底部，用于显示页码、日期、页面摘要和本页汇总等用户要在每一打印页下方显示的信息。
- 窗体页脚：位于窗体的底部位置，作用与窗体页眉基本相同，一般用于显示对记录的操作说明、放置命令按钮等。

以下几点需要说明。

(1) 默认情况下，窗体设计视图只显示主体节，若要添加其他节，可右击节中空白的地方，在弹出的快捷菜单中选择"页面页眉/页脚"或"窗体页眉/页脚"。

(2) 在窗体的设计视图中，窗体的每个节最多出现一次。

(3) 页面页眉和页面页脚只显示在打印的窗体上。在打印窗体中，页面页眉和页面页脚将每页重复一次。由于窗体设计主要应用于系统与用户的交互接口，通常在窗体设计时很少考虑页面页眉和页面页脚的设计。

5.2 创建窗体

Access 的"创建"选项卡上的"窗体"选项组提供了多种创建窗体的功能按钮。其中包括"窗体""窗体设计"和"空白窗体" 3 个主要按钮，还有"窗体向导""导航"和"其他窗体" 3 个辅助按钮，如图 5-12 所示。

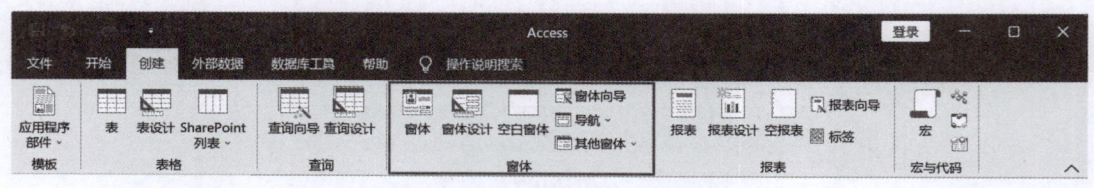

图 5-12　创建窗体的主要按钮

各按钮的功能如下。

"窗体"：这是一种快速地创建窗体的工具，只需要单击一次鼠标便可以利用当前打开（或选定）的数据源（表或查询）自动创建窗体。

"窗体设计"：单击该按钮可以进入窗体的设计视图。

"空白窗体"：这是一种快捷的窗体构建方式，可以创建一个空白窗体，在这个窗体上能够直接从字段列表中添加绑定型控件。

"窗体向导"：这是一种辅助用户创建窗体的工具。通过提供的向导建立基于一个或多个数据源的不同布局的窗体。

"导航"：用于创建具有导航按钮的窗体，也称为导航窗体。导航窗体有 6 种不同的布局格式，但创建方式是相同的。

"其他窗体"：可以创建特定的窗体，包含"多个项目""数据表""分割窗体"和"模式对话框"选项。"多个项目"可利用当前打开（或选定）的数据源创建表格式窗体，可以显示多个记录；"数据表"可利用当前打开（或选定）的数据源创建数据表形式的窗体；"分割窗体"可以同时提供同一数据源的两种视图，即窗体视图和数据表视图，两种视图连接到同一个数据源，并且总是相互保持同步；如果在窗体的某个视图中选择了一个字段，则在窗体的另一个视图中会选择相同的字段；"模式对话框"用于创建带有命令按钮的对话框窗体，该窗体总是保持在系统的最上面，如果没有关闭该窗体，则不能进行其他操作(登录窗体即属于这种窗体)。

注意：一般可以用向导创建数据操作类的窗体，但这类窗体的版式设计是固定的，创建后经常还需要切换到设计视图进行调整和修改。控制窗体和交互信息窗体只能在"设计视图"下手工创建。

5.2.1 自动创建窗体

Access 提供了多种方法自动创建窗体，它们的基本步骤都是先打开(或选定)一个表或查询，然后选用某种自动创建窗体的工具创建窗体。

1. 使用"窗体"按钮创建纵栏式窗体

使用"窗体"按钮创建窗体，其数据源来自某个表或某个查询，窗体布局结构简单整齐。这种方法创建的窗体是一种显示单条记录的纵栏式窗体。

【例 5-1】使用"窗体"按钮创建课程信息的纵栏式窗体。

操作步骤：

(1) 打开"教务管理"数据库，在"表"对象中选择 Course 表。

(2) 在"创建"选项卡的"窗体"组中单击"窗体"按钮，系统将创建 Course 表对应的纵栏式窗体，并进入布局视图，如图 5-13 所示，可通过窗体最下方的导航按钮浏览表中的记录。

说明：如果 Course 表和 Grade 表存在关系，则窗体中不仅显示当前数据源 Course 表中的所有字段，还会以子窗体的形式在下方显示与其存在一对多关系的 Grade 表中的相关记录。

(3) 根据需要对布局进行进行调整后，单击快捷访问工具栏上的"保存"按钮，打开"另存为"对话框，将窗体命名为"例 5-1"，如图 5-14 所示，单击"确定"按钮，完成该窗体的创建。

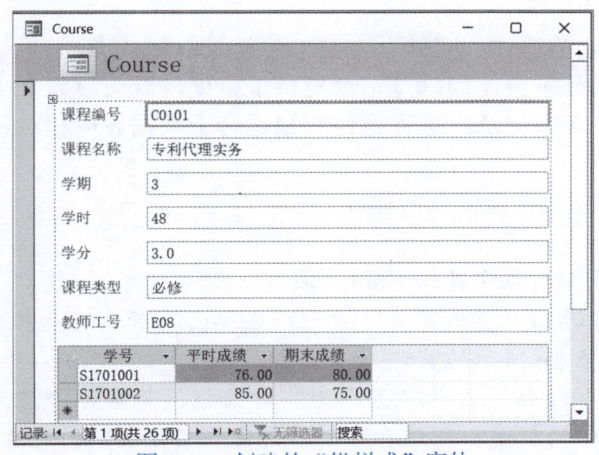

图 5-13　创建的"纵栏式"窗体　　　　图 5-14　保存窗体

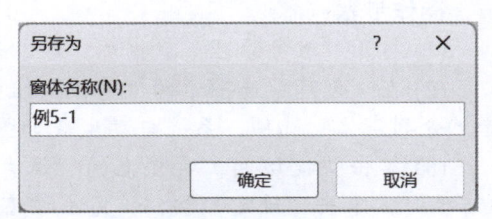

2. 使用"多个项目"选项创建表格式窗体

"多个项目"是在一个窗体上显示多个记录的一种表格式窗体布局形式，数据源为打开(或选定)的表或查询。

【例 5-2】 使用"多个项目"命令按钮创建专业信息窗体。

操作步骤：

(1) 打开"教务管理"数据库，在"表"对象中选择 Major 表。

(2) 在"创建"选项卡的"窗体"组中单击"其他窗体"按钮，在弹出的下拉列表中选择"多个项目"选项，系统自动生成 Major 表对应的表格式窗体，进入布局视图，如图 5-15 所示。

(3) 根据需要对布局进行调整后，单击快捷访问工具栏上的"保存"按钮，打开"另存为"对话框，将窗体命名为"例 5-2"，单击"确定"按钮，完成该窗体的创建。

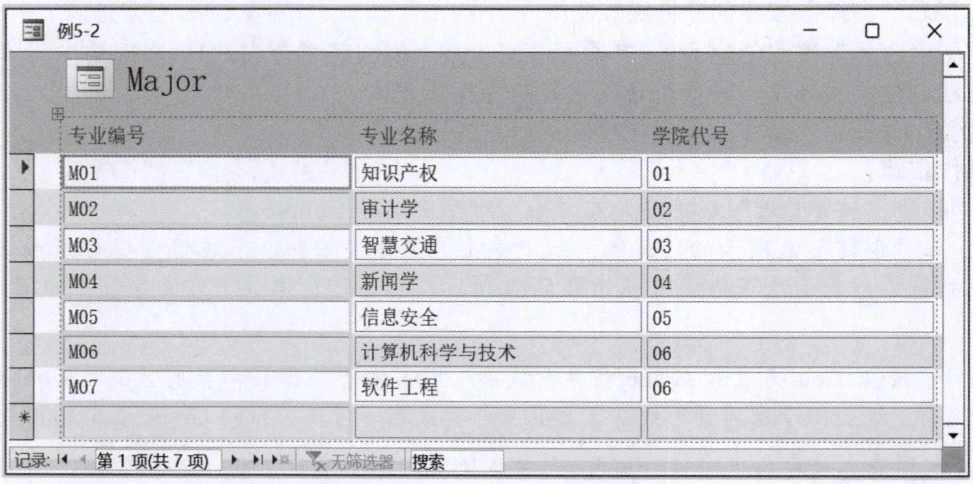

图 5-15　创建的"多个项目"窗体

3. 使用"分割窗体"选项创建分割窗体

"分割窗体"是一种具有两种布局形式的窗体。窗体上方是单一记录纵栏式布局方式，下方是多个记录的数据表布局方式。这种分割窗体为浏览记录提供了方便，既可以宏观上浏览多条记录，又可以微观上明细地浏览一条记录。这种窗体特别适合于数据表中记录很多，又需要浏览某一条记录明细的情况。

【例 5-3】 使用"分割窗体"命令按钮创建课程信息窗体。

操作步骤：

(1) 打开"教务管理"数据库，在"表"对象中选择 Course 表。

(2) 在"创建"选项卡的"窗体"组中单击"其他窗体"按钮，在弹出的下拉列表中选择"分割窗体"选项，系统自动生成如图 5-16 所示的窗体。

(3) 单击快捷访问工具栏上的"保存"按钮，打开"另存为"对话框，将窗体命名为"例 5-3"，单击"确定"按钮，完成该窗体的创建。可以看到，单击窗体下方表中的记录，上方同步显示该条记录。

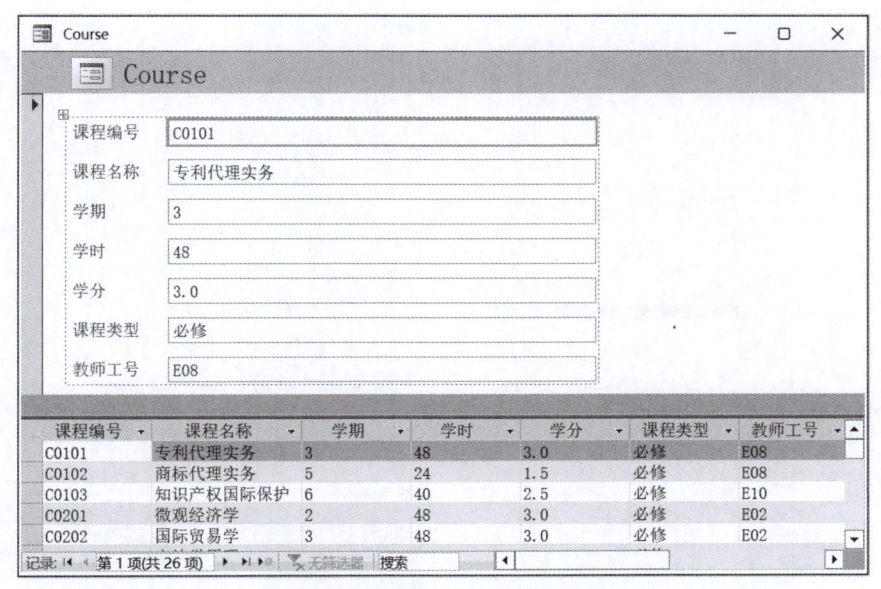

图 5-16　创建的"分割窗体"

4. 使用"模式对话框"选项创建对话框窗体

"模式对话框窗体"是一种交互信息窗体,带有"确定"和"取消"两个按钮。这类窗体的特点是其运行时总是浮在系统界面的最上面,在退出该窗体之前不能打开或操作其他数据库对象,登录窗体就属于这类窗体。

5.2.2　使用向导创建窗体

使用"窗体"按钮、"其他窗体"按钮等工具创建窗体虽然方便快捷,但是在内容和形式上都受到很大的限制,不能满足用户自主选择显示内容和显示方式的要求。而使用"窗体向导"创建窗体可以在创建过程中选择数据源和字段、设置窗体布局等,所创建的窗体可以是纵栏式、表格式或数据表式,其创建的过程基本相同。

1. 用向导创建基于单个数据源的窗体

【例 5-4】使用窗体向导创建 Course 表的表格式窗体,窗体内显示表的所有字段。

操作步骤:

(1) 在"创建"选项卡上的"窗体"组中单击"窗体向导"按钮,打开"窗体向导"对话框。

(2) 在"表/查询"下拉列表框中选择 Course 表,单击 >> 按钮选择所有字段,设置结果如图 5-17 所示。单击"下一步"按钮,进入"窗体向导"对话框的下一界面。

(3) 在界面右侧选择"表格"单选按钮,设置结果如图 5-18 所示。单击"下一步"按钮,进入"窗体向导"对话框的下一界面。

(4) 可指定窗体标题为"课程信息",设置结果如图 5-19 所示。单击"完成"按钮,这时可以看到新建的窗体,如图 5-20 所示。

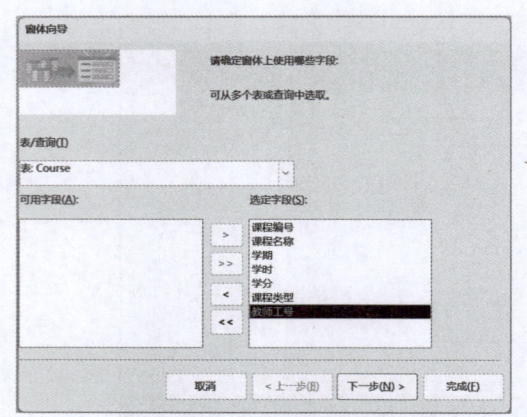

图 5-17　确定窗体上的字段

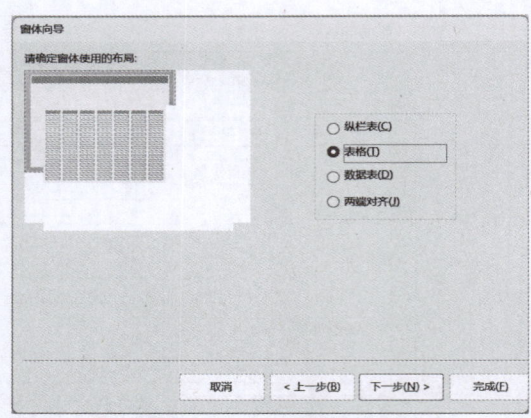

图 5-18　确定窗体布局

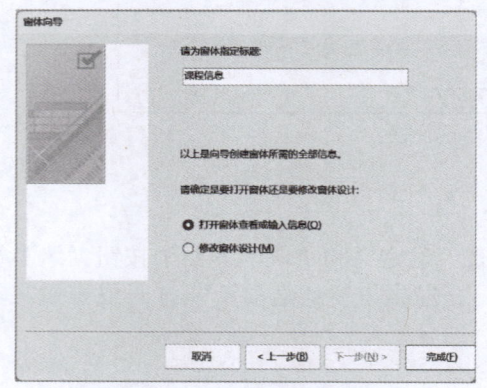

图 5-19　指定窗体标题

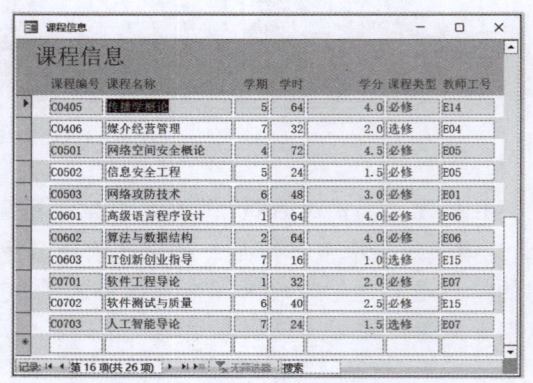

图 5-20　使用向导创建的窗体

使用窗体向导创建窗体后，系统会自动为窗体命名。如果用户对此名称不满意，则可在关闭窗体后修改窗体名称。

2. 用向导创建基于多个数据源的窗体

当多个数据源中的数据来自具有一对多关系的表中时，所创建的窗体即为主/子窗体。主/子窗体是指一个窗体中可以包含另一个窗体，基本窗体称为主窗体，窗体中的窗体称为子窗体。其中主窗体显示关系中"一"方的数据，子窗体显示关系中"多"方的数据。主窗体是纵栏式布局，子窗体可以是表格式或数据表式布局。在主窗体中修改当前记录会引起子窗体中记录的相应改变。

【例 5-5】使用窗体向导创建"学生学习情况"窗体，显示所有学生的学号、姓名、课程名称、学分和期末成绩，窗体标题为"学生学习情况"。

操作步骤：

(1) 在"创建"选项卡上的"窗体"组中单击"窗体向导"按钮，打开"窗体向导"对话框。

(2) 在"表/查询"下拉列表框中选择 Stu 表，将"学号""姓名"字段添加到"选定字段"列表中。使用相同方法将 Course 表中的"课程名称"字段、"学分"字段和 Grade 表中的"期末成绩"字段添加到"选定字段"列表中，选择结果如图 5-21 所示。单击"下一步"按钮，

154

进入"窗体向导"对话框的下一界面。

(3) 在"请确定查看数据的方式"列表框中选择"通过 Stu"选项,系统会自动选择下方的"带有子窗体的窗体"单选按钮,如图 5-22 所示。单击"下一步"按钮,进入"窗体向导"对话框的下一界面。

说明:"查看数据的方式"即按什么方式对数据进行分组。

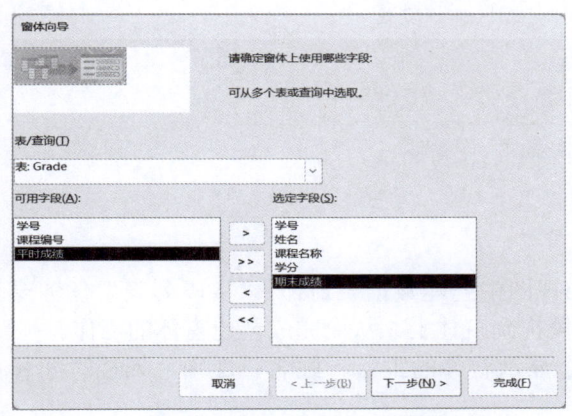

图 5-21　确定窗体上的字段

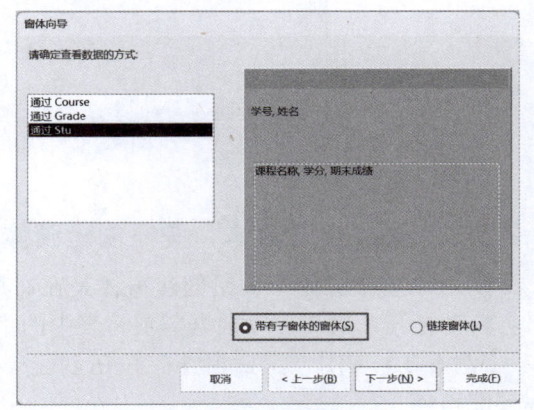

图 5-22　确定查看数据的方式

(4) 选中右侧的"数据表"单选按钮,如图 5-23 所示。单击"下一步"按钮,进入"窗体向导"对话框的下一界面。

(5) 确定窗体标题为"学生学习情况",子窗体名称为"成绩",如图 5-24 所示。单击"完成"按钮,即可看到如图 5-25 所示的主/子窗体。

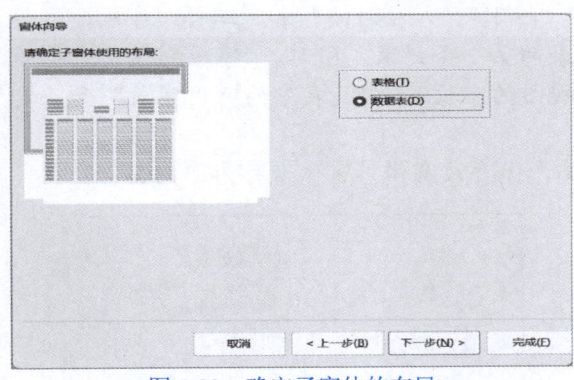

图 5-23　确定子窗体的布局

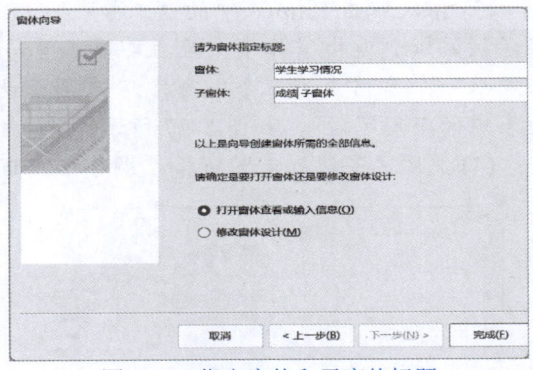

图 5-24　指定窗体和子窗体标题

在此例中,数据来源于 3 个表,且这 3 个表之间存在主从关系,因此选择不同的查看数据方式会产生不同结构的窗体。例如,第 (3) 步选择了"通过 Stu"表查看数据,因此所建窗体中,主窗体显示学生表记录,子窗体显示课程及成绩表记录。如果选择通过"Grade"表查看数据,则将创建为单一窗体,显示三个数据源连接后产生的所有记录。

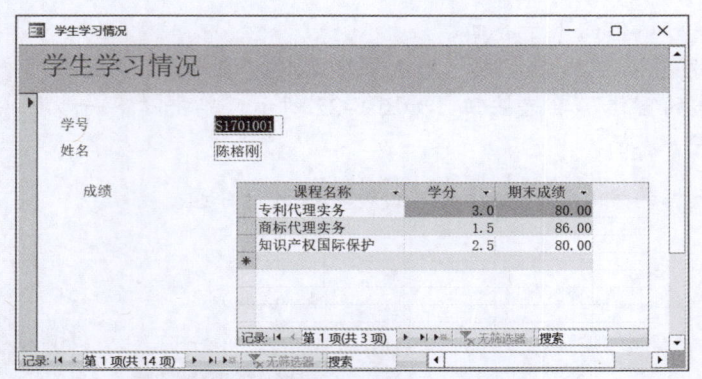

图 5-25　向导创建的主/子窗体

5.2.3　使用"空白窗体"按钮创建窗体

使用"空白窗体"按钮创建窗体是在布局视图中创建数据表窗体,"字段列表"任务窗格会自动打开,用户可以根据需要将表中的字段拖到窗体上,从而完成创建窗体的工作。

【例 5-6】使用"空白窗体"按钮创建一个显示教师的工号、姓名、性别、入校时间和职称的窗体。

操作步骤:

(1) 在"创建"选项卡上的"窗体"组中单击"空白窗体"按钮,打开一个空白窗体,同时打开"字段列表"窗格。

(2) 单击"字段列表"窗格中的"显示所有表"链接,单击 Emp 表左侧的⊞图标,展开 Emp 表所包含的字段,如图 5-26 所示。

(3) 依次双击 Emp 表中的"工号""姓名""性别""入校时间"和"职称"字段,这些字段被添加到空白窗体中,且立即显示 Emp 表的第一条记录。同时,"字段列表"窗格的布局从一个窗格变为三个小窗格:"可用于此视图的字段""相关表中的可用字段"和"其他表中的可用字段",如图 5-27 所示。

(4) 关闭"字段列表"窗格,调整控件布局,保存该窗体,窗体名称为"例 5-6"。

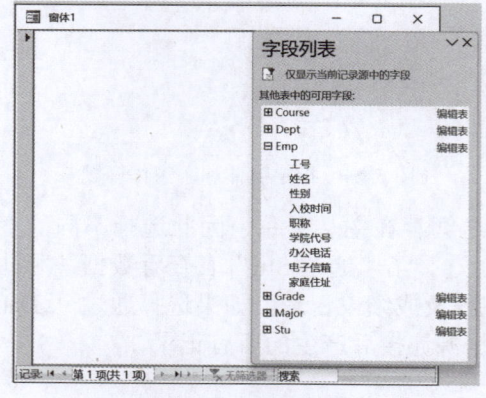

图 5-26　空白窗体

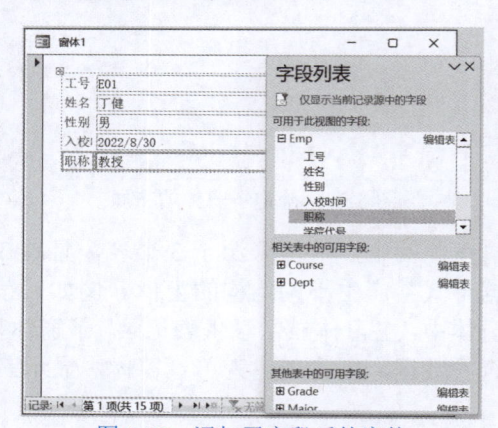

图 5-27　添加了字段后的窗体

5.2.4 使用设计视图创建窗体

利用自动创建窗体和窗体向导等工具可以创建多种窗体，但这些窗体只能满足用户一般的显示与功能要求，而且有些类型的窗体用向导无法创建。对于复杂的、功能多的窗体，需要在设计视图下进行创建。

窗体设计视图的使用详见 5.3 节。

5.3 设计窗体

在 Access 数据库中，使用自动创建和向导创建的窗体，它们的所有控件都是系统根据选定的数据源自动加载到窗体中的，其格式、大小和位置都是系统按默认形式给定的，在实际应用中并不能很好地满足用户的需要，只是一个初步设计的窗体。而且有些类型的窗体只能在"设计视图"中创建。使用"设计视图"可以从无到有地创建一个界面友好、功能完善的窗体，也可以对用自动创建和向导创建的窗体进行再设计，使之更加美观、功能更加完善。在窗体的设计视图中，用户可以在窗体中添加各种控件、设置窗体及控件的属性、定义窗体及控件的各种事件过程，从而设计出功能更强大、界面更友好的窗体。

使用"设计视图"设计窗体的步骤通常分为 3 步：首先在设计视图中新建一个空表单（窗体）；再向其中添加相应的控件；最后对窗体和控件进行属性设置和编写程序代码。窗体设计的核心即是控件对象的设计。

5.3.1 窗体设计视图的组成与主要功能

打开窗体设计视图后，在功能区中会出现"窗体设计工具"，由"表单设计""排列""格式"3 个选项卡组成。其中，"表单设计"选项卡提供了设计窗体时用到的主要工具，包括"视图""主题""控件""页眉/页脚"及"工具"5 个组，如图 5-28 所示。

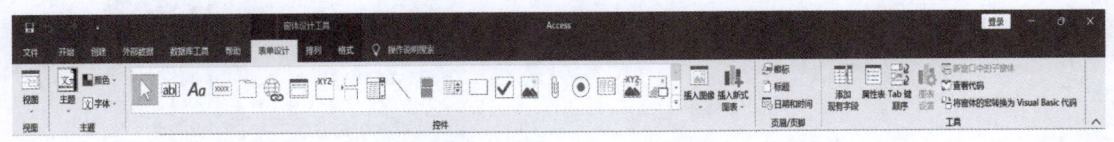

图 5-28 "窗体设计工具"下的"表单设计"选项卡

5 个组的基本功能如下。

视图：直接单击该按钮可切换窗体视图和布局视图，单击其下方的下拉按钮，可选择进入其他视图。

主题：可设置整个系统的视觉外观，包括主题、颜色和字体三个按钮，单击每一个按钮，均可打开相应的下拉菜单，在菜单中选择选项进行相应的格式设置。

控件：设计窗体的主要工具，由多个控件组成。限于空间的大小，在控件组中不能一屏显示出所有控件。

页眉/页脚：用于设置窗体页眉/页脚和页面页眉/页脚。

工具：提供设置窗体及控件属性等的相关工具，包括添加现有字段、属性表、Tab 键次序等按钮。单击属性表按钮可以打开/关闭属性表窗格。

5.3.2　为窗体设置数据源

多数情况下，窗体都是基于某一个表或查询建立起来的，窗体内的控件通常显示的是表或查询中的字段值。当使用窗体对表或查询的数据进行操作时，需要指定窗体的数据源。窗体的数据源可以是表、查询或 SQL 语句。

添加窗体的数据源有两种方法。

方法 1：使用"字段列表"窗格添加数据源。进入窗体"设计视图"后，在窗体设计工具"表单设计"选项卡的"工具"组中，单击"添加现有字段"按钮，打开"字段列表"窗格，单击"显示所有表"按钮，将会在窗格中显示数据库中的所有表，单击"+"号可以展开所选定表的字段，如图 5-29 所示。将字段直接拖拽到窗体中，即可创建和字段相绑定的控件。

方法 2：使用"属性表"窗格添加数据源。进入窗体"设计视图"后，在窗体设计工具"表单设计"选项卡的"工具"组中，单击"属性表"按钮，或者右击窗体，在弹出的快捷菜单中选择"属性"命令，打开属性表窗格，如图 5-30 所示。切换到"数据"选项卡，选择"记录源"属性，在下拉列表框中选择需要的表或查询，或者直接输入 SQL 语句。如果需要创建新的数据源，则可以单击"记录源"属性右侧的生成器按钮，打开查询生成器，用与查询设计相同的方法，根据需要创建新的数据源。

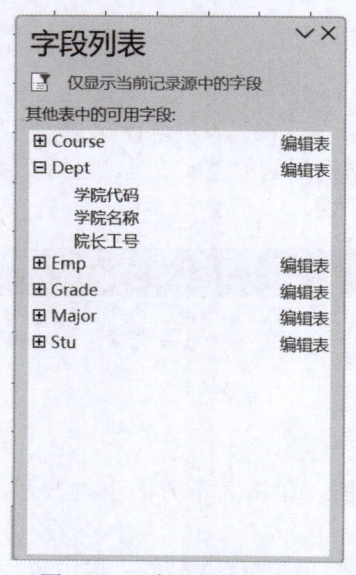

图 5-29　"字段列表"窗格

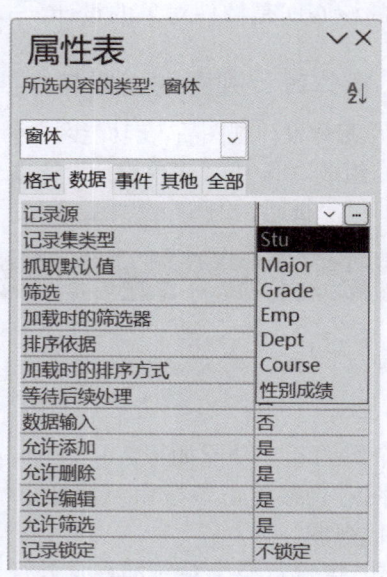

图 5-30　"属性表"窗格

以上两种方法在使用上有些区别：使用"字段列表"方式添加的数据源只能是表，而使用"属性表"的记录源属性则可以选择表、查询或直接输入 SQL 语句。

5.3.3 窗体的常用属性与事件

窗体本身是一个对象，它有自己的属性、方法和事件，以便控制窗体的外观和行为。窗体又是其他对象的载体或容器，几乎所有的控件都是设置在窗体上的。

用户每新建一个窗体，Access 即自动为该窗体设置了默认属性。设置窗体的属性可在"设计视图"的"属性表"窗格 (图 5-30) 中手工设置，也可以在系统运行时由 VBA 代码动态设置。"属性表"窗格上方的下拉列表是当前窗体上所有对象的列表，可从中选择要设置属性的对象，也可以直接在窗体上选中对象，列表框将显示被选中对象的控件名称。窗格中包含 5 个选项卡，分别是"格式""数据""事件""其他"和"全部"，其中"格式"选项卡包含了窗体或控件的外观属性，"数据"选项卡包含了与数据源、数据操作相关的属性，"事件"选项卡包含了窗体或当前控件能够响应的事件，"其他"选项卡包含了名称、控件提示文本等其他属性，"全部"选项卡则是前面 4 个选项卡的综合。各选项卡中左侧是属性名称，右侧是属性值。

要设置某一属性，需先单击要设置属性对应的属性值框，然后在框中输入一个设置值或表达式。如果框中显示有下拉箭头，则可以单击该箭头，从列表中选择一个值。如果框中显示有生成器按钮，则单击该按钮显示一个生成器或显示选择生成器的对话框，通过生成器设置属性值。窗体的基本属性如表 5-1 所示。

表 5-1 窗体的基本属性

属性名称	属性标识	功能
标题	Caption	决定窗体的标题栏上显示的文字信息
默认视图	DefaultView	决定窗体打开时的显示形式，可在"单个窗体""连续窗体""数据表"和"分割窗体"4 个选项中选取
自动居中	AutoCenter	决定窗体打开时是否自动居于屏幕中央。如果设置为"否"，则窗体打开时居于窗体设计视图最后一次保存时的位置
导航按钮	NavigationButtons	决定窗体显示时是否有导航条，其值有"是""否"两个选项
记录选择器	RecordSelectors	决定窗体显示时是否有记录选择器，其值有"是""否"两个选项
分隔线	DividingLines	决定窗体显示时是否在记录间画线，其值有"是""否"两个选项
滚动条	ScrollBars	决定窗体显示时是否有滚动条，需在"两者均无""只水平""只垂直"和"两者都有"4 个选项中选取
最大化最小化按钮	MinMaxButtons	决定窗体标题栏的右侧是否使用 Windows 标准的"最大化"和"最小化"按钮
自动调整	AutoResize	决定窗体显示时是否自动调整窗口大小以保证显示完整信息，其值有"是""否"两个选项
记录源	RecordSource	决定窗体的数据源，即窗体绑定的表或查询

事件是一种预先定义好的特定的动作，由用户或系统激活。它是能够被对象识别的动作。窗体作为对象，能够对事件作出响应。与窗体有关的常用事件有以下几种。

(1) 单击 (Click) 事件：单击窗体的空白区域时会触发 Click 事件。

(2) 打开 (Open) 事件：当窗体打开时发生 Open 事件。
(3) 关闭 (Close) 事件：当窗体关闭时发生 Close 事件。
(4) 加载 (Load) 事件：当打开窗体并且显示了它的记录时发生 Load 事件。
(5) 卸载 (Unload) 事件：当窗体关闭，记录被卸载，从屏幕上消失之前触发 Unload 事件。
(6) 激活 (Activate) 事件：当窗体获得焦点成为激活窗口时发生 Activate 事件。
(7) 停用 (Deactivate) 事件：当窗体不再是激活窗口时发生 Deactivate 事件。
(8) 调整大小 (Resize) 事件：当窗体第一次显示时或窗体大小发生变化时发生 Resize 事件。
(9) 成为当前 (Current) 事件：当窗体第一次打开，或焦点从一条记录移动到另一条记录时，或在重新查询窗体的数据源时发生 Current 事件。
(10) 计时器触发 (Timer) 事件：当窗体的计时器间隔 (TimerInterval) 属性所指定的时间间隔已到时发生 Timer 事件。

首次打开窗体时，事件将按如下顺序发生：Open—Load—Resize—Activate—Current。
关闭窗体时，事件将按如下顺序发生：Unload—Deactivate—Close。

为了使得对象在某一事件发生时能够做出所需要的反应，必须针对这一事件编写相应的代码来完成相应的功能。实际上，窗体和控件的事件都有很多。下面通过一个简单的例子来介绍一下事件的使用，为后面更复杂的编程做铺垫。

【例 5-7】创建一个用文本框来动态显示系统时间的窗体，如图 5-31 所示。
操作步骤：
(1) 在"创建"选项卡下的"窗体"组中，单击"窗体设计"按钮，创建一个空白窗体。
(2) 在"属性表"窗格中，选择"窗体"对象的"格式"选项卡，将窗体的"记录选择器"和"导航按钮"属性设置为"否"，"滚动条"属性设置为"两者均无"。
(3) 在窗体空白处添加一个文本框 Text0，将文本框的"字号"设为 16，"文本对齐"设为"居中"，"大小"为"正好容纳"，将附加标签 Label1 的"标题"设为"当前时间"，"大小"为"正好容纳"。
(4) 在"属性表"窗格中，选择"窗体"对象的"事件"选项卡，将窗体的"计时器间隔"属性值设为 1000，然后单击"计时器触发"事件右侧的生成器按钮，打开"选择生成器"对话框，在对话框中选中"代码生成器"，打开如图 5-32 所示的代码编写窗口，并输入图中所示程序代码。
(5) 返回 Access，保存窗体为"例 5-7"，切换到"窗体视图"模式，显示结果如图 5-31 所示。

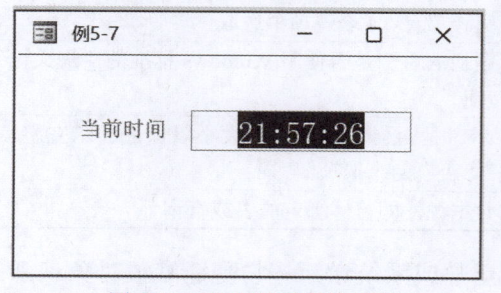

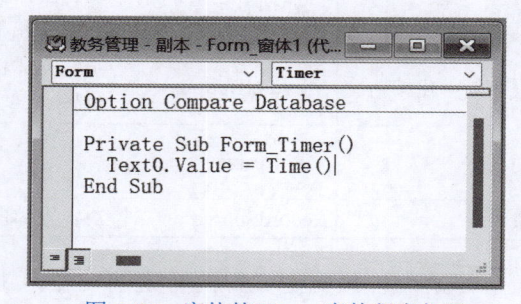

图 5-31　动态显示系统时间　　　　图 5-32　窗体的 Timer 事件程序代码

提示： 窗体的计时器间隔(TimerInterval)属性值以毫秒为单位。当计时器间隔属性值为"0"时，表示关闭计时器触发事件。当窗体切换到"窗体视图"模式时，文本框显示的时间与系统时间是同步的，其中 Timer() 为系统时间函数。

5.3.4 在窗体中添加控件的方法

在设计视图中设计窗体，需要用到各种控件。在窗体中添加控件的步骤如下。
(1) 新建窗体或打开已有的窗体，切换到"设计视图"。
(2) 在窗体设计工具"表单设计"选项卡的"控件"组中单击所需的控件。
(3) 将光标移到窗体空白处单击，可以创建一个默认尺寸的控件；或者直接拖曳鼠标，在画出的矩形区域内创建一个控件。
(4) 也可以打开"字段列表"窗口，将数据源字段列表中的字段直接拖曳到窗体中，创建和字段相绑定的控件。
(5) 设置控件的属性。

5.3.5 常用控件及其功能

控件是窗体或报表中的对象，是窗体或报表的重要组成部分，可用于输入、编辑或显示数据。在窗体上添加的每一个对象都是控件。例如，对于窗体而言，文本框是一个用于输入和显示数据的常见控件；对于报表而言，文本框是一个用于显示数据的常见控件。

"控件"组集成了窗体设计中用到的控件，常用控件及其功能如表 5-2 所示。

表 5-2 常用控件名称与功能

控件	控件名称	功能
▶	选择对象	用于在窗体中选取控件、移动控件。默认状态下，该工具是启用的；选择其他工具时，该工具被暂停使用
ab|	文本框	用于显示、输入或编辑窗体的数据源字段，显示计算结果或接受用户输入
Aa	标签	用于显示固定的说明性文本。标签也能附加到另一个控件上，用于显示该控件的说明性文本
xxxx	按钮	用于执行各种操作
📁	选项卡	用于创建一个多页的选项卡控件，为窗体同一区域定义多个页面
🌐	链接	用于在窗体中添加链接，以快速访问网页和文件
🗔	导航	用于创建导航标签，以显示不同的窗体或报表
XYZ	选项组	用于显示一组选项值，但每次只能选择其中一个选项
⊢⊣	分页符	用于在窗体中开始一个新屏幕，或在打印窗体中开始一个新页

续表

控件	控件名称	功能
	组合框	用于提供一个可编辑文本框和一系列控件的潜在值，用户既可以从列表中选择输入数据，也可以在文本框中输入新值
	直线	用于在窗体中画线，以突出显示数据或分隔窗体/报表中的不同控件
	切换按钮	作为独立控件绑定到"是/否"字段，或作为未绑定控件用来接受用户输入数据，或与选项组配合使用
	列表框	用于显示一系列控件的潜在值，供用户选择输入数据
	矩形	用于在窗体中画矩形，以突出显示数据或分隔窗体/报表中的重要内容
	复选框	作为独立控件绑定到"是/否"字段，或作为未绑定控件用来接受用户输入数据，或与选项组配合使用
	未绑定对象	用于在窗体中显示非绑定 OLE 对象，该对象不是来自表的数据，当在记录间移动时，该对象将保持不变
	附件	用于在窗体中添加附件
	选项按钮	作为独立控件绑定到"是/否"字段，或作为未绑定控件用来接受用户输入数据，或与选项组配合使用
	子窗体/子报表	用于在窗体或报表中加载另一个子窗体或报表，以显示来自多个表的数据
	绑定对象	用于在窗体中显示绑定 OLE 对象，该对象与表中的字段相关联，当在记录间移动时，将显示不同的数据
	图像	用于在窗体中显示静态图片，静态图片不是 OLE 对象，一旦将图片添加到窗体或报表中，就不能在 Access 内对其进行编辑
	Web 浏览器	用于在窗体中添加超链接，浏览指定网页或文件的内容
	图表	用于在窗体中添加图表
	控件向导	用于打开或关闭"控件向导"，使用控件向导可以为设置控件的相关属性提供方便
	ActiveX 控件	提供一个列表，用户可从中选择所需的 ActiveX 控件添加到当前窗体中

在 Access 中，按照控件与数据源的关系可将控件分为"绑定型""非绑定型"和"计算型" 3 种：

- 绑定型控件：其数据源是表或查询中的字段的控件称为绑定型控件。使用绑定型控件可以显示数据库中字段的值，值可以是文本、日期、数字、是/否值、图片或图形。
- 非绑定型控件：不具有数据源（如字段或表达式）的控件称为非绑定型控件。可以使用非绑定型控件显示信息、图片、线条或矩形。例如，显示窗体标题的标签就是非绑定型控件。

- 计算型控件：其数据源是表达式（而非字段）的控件称为计算型控件。通过定义表达式来指定要用作控件的数据源的值。表达式可以是运算符（如 = 和 +）、控件名称、字段名称、返回单个值的函数以及常数值的组合。表达式可以使用来自窗体或报表的基础表或查询中的字段的数据，也可以使用来自窗体或报表中的另一个控件的数据。

提示：通过添加计算字段可在表中执行计算，或通过在查询网格的"字段"行中输入表达式，在查询中执行计算。之后，只需将窗体和报表绑定到这些表或查询，即可在窗体或报表上显示计算，而无须创建计算控件。

每一个对象都有自己的属性，在"属性表"窗格可以看到所选对象的属性值。需要注意的是，不同的对象有许多相同的属性；但不是所有对象都具有下面提到的属性，例如，文本框就没有 Caption 属性。改变一个对象的属性，其外观也相应地发生变化。控件的常用属性如表 5-3 所示。

表 5-3 控件常用属性

属性名称	属性标识	功能
名称	name	标识控件名，同一个窗体内的控件名称必须唯一
标题	caption	设置控件显示的文字信息
格式	Format	用于自定义数字、日期、时间和文本的显示方式
边框样式	BorderStyle	设置控件边框的显示方式，如"透明""实线""虚线"等
前景色	forecolor	定义控件的前景色（字体颜色）
背景色	backcolor	定义控件的背景色
字体名称	fontname	设置控件内文本的字体
字号	fontsize	设置控件内文本的字号 与字体有关的属性还有：fontbold-加粗，fontItalic-斜体，fontUnderline-下画线等
可用	enabled	控制控件是否允许操作 值为 True：允许用户进行操作，并对操作作出响应 值为 False：禁止用户进行操作，此时控件呈暗淡色
可见性	visible	控制控件是否可见 值为 True：窗体运行时控件可见 值为 False：窗体运行时控件隐藏起来，用户看不到，但控件本身存在
高度、宽度	height,width	指定控件的高度、宽度
左边距、上边距	left,top	决定控件的起点（距离直接容器的左边和上边的度量）
控件来源	controlsource	确定控件绑定的数据源，一般为表的字段名
输入掩码	InputMask	设定控件的输入格式，仅对文本型或日期型数据有效
默认值	DefaultValue	设定一个计算型控件或非绑定型控件的初始值

说明：

(1) Access 中的颜色由红、绿和蓝 3 种基色组合而成，使用 RGB 函数进行设置，其形式为 RGB(x,y,z) (x,y,z 的取值范围为 0~255)。

(2) "控件来源"属性告诉系统如何检索或保存在窗体中要显示的数据。如果控件来源中包含一个字段名，那么在控件中显示的就是数据表中该字段值，对控件中的数据所进行的任何修改都将被保存在这个字段中；如果控件来源为空，则在控件中显示的数据将不会保存在数据表的任何字段中；如果控件来源为一个计算表达式，那么控件会显示计算结果。

5.3.6 常用控件的使用

为了在窗体和报表中正确地使用控件来实现预定的功能，必须正确了解各种控件的功能和特性。属性用于表示控件的状态，改变控件的属性值即可改变控件的状态。选中某一个控件，然后在"属性"窗口中设置它的属性值。下面结合实例介绍如何使用控件。

1. 标签 (Label)

标签用于显示固定的说明性文本，不能显示字段或表达式的值，属于非绑定型控件。

标签有两种：独立标签和关联标签。独立标签是与其他控件没有联系的标签，用来添加纯说明性文字；关联标签是链接到其他控件(通常是文本框、组合框、列表框等)上的标签，这种两个相关联的控件称为复合控件。在默认情况下，将文本框、组合框等控件添加到窗体或报表中时，Access 都会自动在控件左侧加上关联标签。如果创建控件时按住 Ctrl 键，则不会添加关联标签。

提示：一行文字如果超过标签的宽度，则会自动换行，也可以通过调整标签的宽度来调整文字的布局。如果要强制换行，可以按 Ctrl + Enter 组合键。

标签最主要的属性是标题 (Caption)。标签主要用来显示(输出)文本信息，但不能作为输入信息的界面，也就是说标签控件的内容只能通过 Caption 属性来设置或修改，不能直接在窗体上编辑。添加一个标签控件后如果不立即输入其标题内容，标签将被自动删除。

因为标签仅起到在窗体上显示文字的作用，所以一般无须编写事件过程。

2. 文本框 (Text)

文本框是一个文本编辑区域，用户可以在这个区域内输入、编辑和显示正文内容。默认状态下，文本框只能输入单行文本，并且最多可以输入 2048 个字符。

文本框可以是绑定型的也可以是非绑定型的。绑定型文本框用来与某个字段绑定，可以显示、编辑该字段的内容；非绑定型文本框用来显示计算的结果或接受用户输入的数据(但该数据不保存)。

当用户在窗体上添加一个文本框时，Access 默认在文本框左侧加上关联标签——"自动标签"。如果不需要关联标签，可以在添加文本框的同时按住 Ctrl 键。

主要属性介绍如下。

(1) 控件来源 (ControlSource)：用于设置与文本框绑定的字段。窗体运行时，文本框中显示出数据表中该字段的值。而用户对文本框内数据所进行的任何修改都将被保存到该字段中。

(2) 默认值 (DefaultValue)：用于设置非绑定型文本框或计算型文本框的初始值。
(3) 输入掩码 (InputMask)：用于设置数据的输入格式，仅对文本型和日期型数据有效。
(4) 值 (Value)：文本框提交 (输出) 的值或文本框获得焦点时输入新值前的原有值。该属性只在窗体运行状态下有效，在设计视图中不能使用。

因为文本框主要用于编辑文字，所以一般无须编写事件过程。

3. 命令按钮 (Command)

在窗体中，命令按钮的功能是被单击后执行各种操作。

主要属性介绍如下。

(1) 标题 (Caption)：其属性值就是显示在按钮上的文字。在设置 Caption 属性时，如果在某个字母前加"&"符号，则标题中的该字母将带有下画线，并成为快捷键。窗体运行时，当用户按下 Alt+ 快捷键，便可激活该命令按钮，执行它的 Click 事件过程。

(2) 图片标题排列 (PictureCaptionArrangement)：定义标题相对于图像的位置，有无图片标题 (仅图片无文字)、常规 (排列方式取决于系统区域设置，对于从左向右阅读的语言，标题将显示在右侧)、顶部 (文字在上图片在下)、底部 (图片在上文字在下)、左边 (文字在左图片在右)、右边 (图片在左文字在右) 等几种类型。

(3) 图片类型 (PictureType)：定义图片是链接、嵌入还是共享。

(4) 图片 (Picture)：设置要在按钮上显示的图片，在属性框中输入图片文件的路径和文件名，如位图文件 (.bmp) 或图标文件 (.ico)，可以在命令按钮上同时显示图片和标题。

单击 (Click) 事件是命令按钮最常用的事件。使用命令按钮向导，可以快速创建多种系统预定义的命令按钮，无须编写代码即可执行系统预定义的功能。创建按钮时，如果在弹出的"命令按钮向导"对话框中单击"取消"按钮，则创建的按钮为自定义按钮，需要编写相应的宏或事件过程并附加到按钮控件的"单击"事件属性中，从而完成某项操作。

下面通过两个例子来学习标签、文本框和命令按钮的使用方法。

【例 5-8】在"教务管理"数据库中创建一个显示学生基本信息的窗体，如图 5-33 所示。
操作步骤：

(1) 在"创建"选项卡下的"窗体"组中，单击"窗体设计"按钮，打开窗体的设计视图。

(2) 右键单击窗体空白处，在快捷菜单中选择"窗体页眉/页脚"命令，为窗体添加页眉和页脚。

(3) 在窗体的页眉处添加一个标签控件，输入"学生基本信息"作为标签的标题。在"标签"属性表窗口的"格式"选项卡中，把"字体名称"设为"隶书"，"字号"设为"28"，"前景色"设为"突出显示"。然后将标签移到适当位置，大小调整至合适。将"窗体"的"记录源"属性设为"Stu"，"记录选择器"和"导航按钮"属性设为"否"，"最大化最小化按钮"属性设为"无"，"分隔线"属性设为"是"。

(4) 在"表单设计"的"工具"组中单击"添加现有字段"按钮，打开"字段列表"对话框，依次双击 Stu 表的"学号""姓名""性别""团员""出生日期"和"生源地"字段，窗体的主体节中将添加绑定到这些字段的控件。调整这些控件到适当位置后，关闭"字段列表"对话框。

(5) 在"控件"组中单击"文本框"按钮，按住 Ctrl 键然后在窗体页脚处拖放出一个矩形，添加一个文本框，将其"默认值"属性设为"=date( )"，"格式"改为"长日期"，"特殊效果"改为"蚀刻"。

（6）在"控件"组中单击"按钮"按钮，在窗体主体节的右侧适当位置拖放出一个矩形，系统将打开"命令按钮向导"对话框，在"类别"中选择"记录导航"，在"操作"中选择"转至前一项记录"，单击"下一步"按钮，进入"请确定在按钮上显示文本还是显示图片"向导，单击"文本"单选按钮，并将右侧文本框中的内容改为"上一条(&P)"，单击"下一步"按钮，进入"请指定按钮的名称"向导，直接单击"完成"按钮。

用同样的方法添加一个按钮："类别"为"记录导航"，"操作"为"转至下一项记录"，"显示文本"为"下一条(&N)"。

用同样的方法添加一个按钮："类别"为"窗体操作"，"操作"为"关闭窗体"，"显示文本"为"退出(&E)"。

使用快捷菜单中的"对齐"和"大小"功能调整命令按钮控件的布局和大小至满意为止。

（7）保存该窗体为"例5-8"，生成的窗体如图5-33所示。此时的设计视图如图5-34所示。

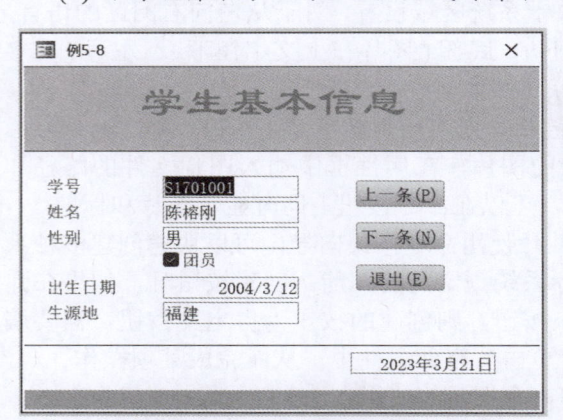

图5-33　生成的显示学生基本信息窗体 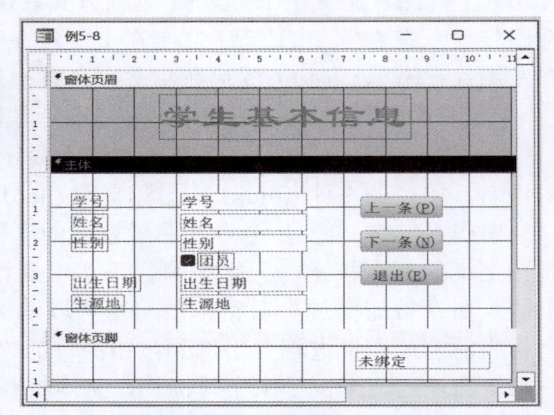　　　　图5-34　添加控件后的设计视图

【例5-9】设计一个窗体，输入半径后，单击"计算"按钮，文本框中将显示圆的面积，如图5-35所示。

操作步骤：

（1）在"创建"选项卡下的"窗体"组中，单击"窗体设计"按钮，打开窗体的设计视图。

（2）在"控件"组中单击"文本框"按钮，在窗体主体节中拖放出一个矩形，弹出"文本框向导"对话框，各属性取默认设置，单击"完成"按钮，添加文本框Text0，修改文本框附加标签的标题为"请输入圆半径："。

用同样的方法再添加一个文本框Text2，修改文本框附加标签的标题为"圆面积："。

（3）在"控件"组中单击"按钮"按钮，在窗体主体节的适当位置拖放出一个矩形，系统将打开"命令按钮向导"对话框，单击"取消"按钮，添加一个自定义命令按钮Command4，修改它的标题为"计算"。

（4）在"表单设计"的"工具"组中单击"属性表"按钮，在"属性表"窗格中，选择"Command4"对象的"事件"选项卡，单击"单击"事件右侧的生成器按钮，打开"选择生成器"对话框，在对话框中选中"代码生成器"，打开代码编写窗口，在Command4对象的"Click"事件中输入按钮的单击事件代码，如图 5-36 所示。

(5) 保存窗体，命名为"例 5-9"。

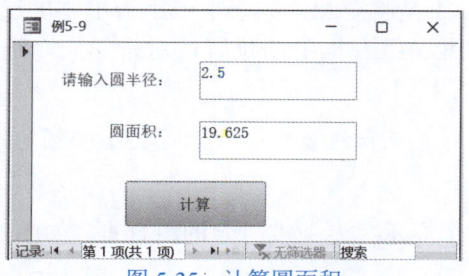

图 5-35　计算圆面积

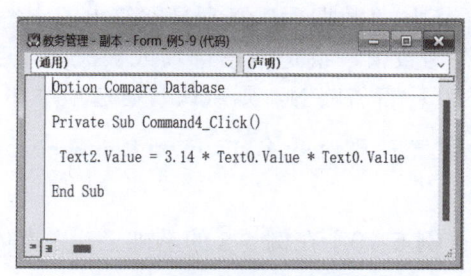

图 5-36　Command4 的单击事件代码

4. 列表框 (List) 和组合框 (Combo)

列表框和组合框在属性设置和使用上基本相同，都能在数据输入时为用户提供直接选择而不必输入，既保证了输入数据的正确性，又提高了输入速度。列表框由列表框和一个附加标签组成，可以包含一列或几列数据，用户只能从列表中选择值，不能输入数据。而组合框是组合了文本框和列表框特性的一种控件，既可以在数据列表中进行选择，也可以输入数据。组合框平时显示为一个带下拉箭头按钮的文本框，单击下拉箭头按钮，组合框将在列表框中列出可供用户选择的选项，当用户选定某项后，该项内容显示在文本框上。若选项中没有用户需要的数据，则可直接在文本框中进行输入。列表框和组合框中的选项数据可以来自数据表或查询，也可以是用户提供的一组数据。

列表框和组合框有"绑定型"和"非绑定型"两种。若要保存选择的值，则创建绑定型；若要使用选择的值来决定其他控件内容，则创建非绑定型。

在窗体上添加列表框/组合框时，Access 默认会自动打开向导，帮助用户创建列表框/组合框。列表框/组合框的主要属性如表 5-4 所示。

表 5-4　列表框/组合框的主要属性

属性名称	属性标识	功能
控件来源	ControlSource	用于设置与列表框/组合框绑定的字段
默认值	DefaultValue	用于设置列表框/组合框的初始值
行来源类型	rowsourcetype	可供选择的数据选项的数据源类型，有三个属性值："表/查询""值列表"和"字段列表"
行来源	rowsource	可供选择的数据选项的数据源，不同的行来源类型需对应设置不同的行来源属性
数据项个数	listcount	可供用户选择的选项个数，只在运行状态有效
选定项下标号	listindex	选定项的下标号，无选定项则为 -1，只在运行状态有效
值	value	选定项的值，只在运行状态有效

注意：列表框/组合框中选项的下标号是从 0 开始的。

列表框和组合框中的选项可以简单地在设计状态通过"行来源"属性设置，也可以在程序中用 AddItem 方法来添加，用 RemoveItem 方法删除。它们的用法如下。

对象 . Additem 数据项 [, N]

对象 . Removeitem N

其中，"数据项"必须是字符串或字符串表达式，是将要加入列表框或组合框中的选项；"N"为数值，决定新增选项或被删除项目在列表框/组合框中的位置，对于第一个选项，N 为 0；若省略 N，则默认新增选项添加在最后。

注意： 要使用 AddItem 和 RemoveItem 方法，列表框和组合框的行来源类型必须为"值列表"。

【例 5-10】 在例 5-8 的基础上，为窗体添加一个显示"专业编号"的组合框，如图 5-37 所示。

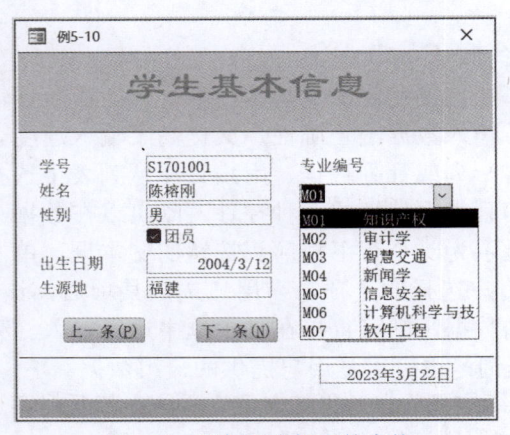

图 5-37　添加组合框后的窗体

操作步骤：

（1）用"设计视图"打开例 5-8 的窗体，调整"主体"节的控件布局，使其能有添加控件的空间。

（2）在"控件"组中单击"组合框"按钮，在窗体主体中的右侧拖放出一个矩形，松开鼠标后弹出"组合框向导"第一步，选中"使用组合框获取其他表或查询中的值"单选按钮。单击"下一步"按钮，进入"组合框向导"对话框的下一界面。

（3）选择组合框的数据源为"表: Major"，单击"下一步"按钮，进入"组合框向导"对话框的下一界面。

（4）将"专业编号"和"专业名称"字段添加到"选定字段"列表框中，单击"下一步"按钮，进入"组合框向导"对话框的下一界面。

（5）将第一个排序关键字设置为"专业编号"，并指定以"升序"方式排序，单击"下一步"按钮，进入"组合框向导"对话框的下一界面。

（6）手动调整组合框中两列的宽度，并取消默认的"隐藏键列"选项，单击"下一步"按钮，进入"组合框向导"对话框的下一界面。

（7）这一步要确定组合框中哪一列含有准备在数据库中存储或使用的数值，这里选择"专业编号"，单击"下一步"按钮，进入"组合框向导"对话框的下一界面。

窗　体 05

(8) 这里选择"将该数值保存在这个字段中："，并选定"专业编号"字段作为保存值的字段，如图 5-38 所示。这样当用户在这个组合框中进行选择后，所做更改将被保存到 Stu 表的"专业编号"字段中。单击"下一步"按钮，进入"组合框向导"对话框的下一界面。

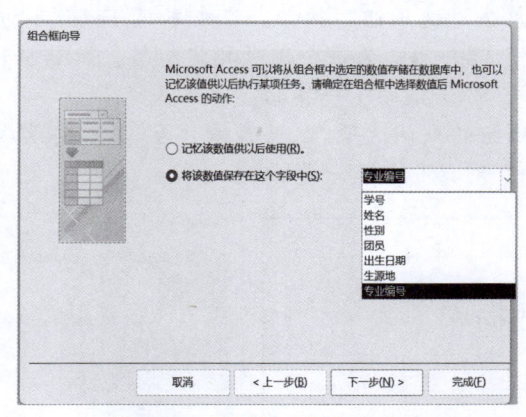

图 5-38　设置组合框绑定字段

(9) 输入"专业编号"作为组合框的标签。单击"完成"按钮，系统会在窗体的主体节中创建一个包含关联标签的组合框，并将其绑定到"专业编号"字段。调整标签和组合框的位置与大小。

(10) 使用"文件""另存为""对象另存为"功能将窗体另存为"例 5-10"，切换到窗体视图，单击组合框的下拉按钮将显示出该组合框中包含的选项，如图 5-37 所示。

本例中，使用"组合框向导"为窗体添加了一个组合框控件，也可以先添加控件后再通过"属性"窗口设置完成。

列表框控件的添加方法与组合框类似，请自行练习。

5. 选项组 (Frame)

选项组是一种容器型控件，由一个选项组框架和一组"选项按钮"或"复选框"或"切换按钮"组成。选项组用来显示一组有限选项的集合，在选项组中每次只能选择一个选项。例如，在输入性别时可以使用一个选项组，内含两个单选按钮，一个表示男性，另一个表示女性。

如果选项组绑定到某个字段，则只是选项组框架本身绑定到此字段，而不是选项组框架内的选项按钮、复选框或切换按钮。选项组内每个选项的"选项值"属性只能设置为数字而不能是文本。在使用时，选定项的"值"会被自动保存在选项组的 Value 属性中。

添加选项组的方法：可以用"选项组向导"添加；也可以先添加"选项组"控件，然后在"选项组"控件上添加"选项按钮""复选框"或"切换按钮"等控件，最后通过"属性"窗口设置相关属性完成。

【例 5-11】创建一个用选项组来设置文本框字号的窗体，如图 5-39 所示。
操作步骤：
(1) 在"创建"选项卡下的"窗体"组中，单击"窗体设计"按钮，打开窗体的设计视图。
(2) 在"属性表"窗格中，选择"窗体"对象的"格式"选项卡，将窗体的"记录选择

169

器"和"导航按钮"属性设置为"否","滚动条"属性设置为"两者均无"。

(3) 在窗体空白处添加一个不带标签的文本框 Text0,将文本框的"文本对齐"设为"居中","默认值"为"Access 数据库"。

(4) 在"控件"组中单击"选项组"按钮,在文本框 Text0 下方拖放出一个矩形,松开鼠标后弹出"选项组向导"第一步,为每个选项指定标签,如图 5-40 所示。单击"下一步"按钮,进入"选项组向导"对话框的下一界面。

(5) 这一步要确定选项组的默认选项,这里选择"否,不需要默认选项"。单击"下一步"按钮,进入"选项组向导"对话框的下一界面。

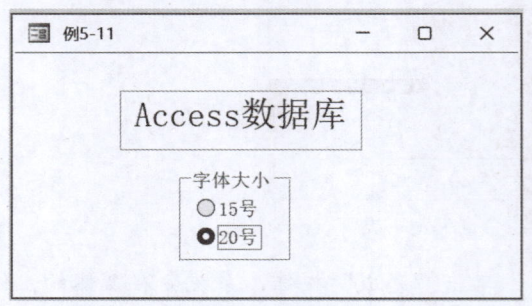

图 5-39　用选项组设置文本框字号 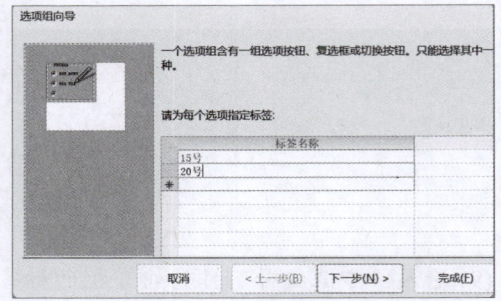　　　　图 5-40　为每个选项指定标签

(6) 这一步要为每个选项赋值,此处的"值"都只能设置为数值而不能设置为文本,如图 5-41 所示。单击"下一步"按钮,进入"选项组向导"对话框的下一界面。

(7) 这一步确定选项组中使用的控件类型为"选项按钮",选项组样式为"蚀刻",单击"下一步"按钮,进入"选项组向导"对话框的下一界面。

(8) 输入选项组标题为"字体大小",单击"完成"按钮,系统会在文本框下方创建一个选项组 Frame1。调整文本框与选项组的位置与大小。

(9) 在"属性表"窗格中,选择"Frame1"对象的"事件"选项卡,单击"单击"事件右侧的生成器按钮,打开"选择生成器"对话框,在对话框中选中"代码生成器",打开代码编写窗口,并输入图 5-42 所示的程序代码。

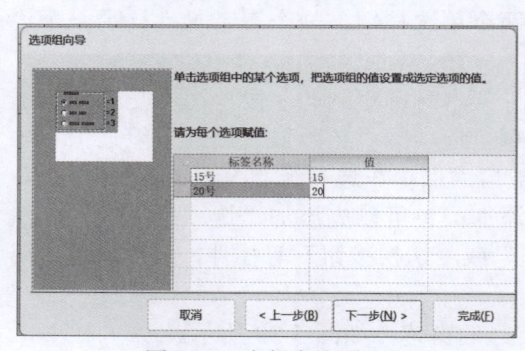

图 5-41　为每个选项赋值 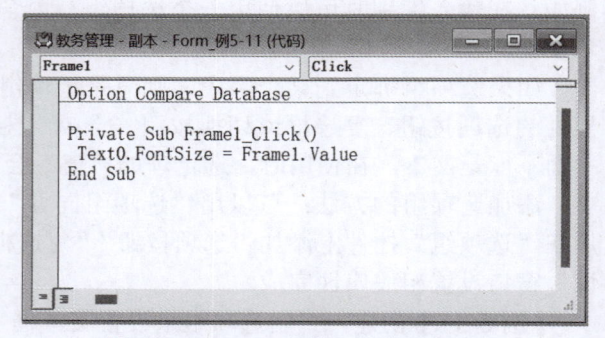　　　　图 5-42　Frame1 的单击事件程序代码

(10) 返回 Access,将窗体保存为"例 5-11",切换到窗体视图,单击选项组中的单选按钮即可改变文本框中文字的大小,如图 5-39 所示。

6. 图像

Access 中可以使用图像 (Image) 控件或 OLE 对象控件来显示图片 (位图)。

图像控件主要用于美化窗体。图像控件的创建比较简单，单击"选项"组中的"图像"按钮，在窗体的合适位置上单击，系统提示"插入图片"对话框，选择要插入的图片文件即可。然后可以通过"属性"窗口进一步设置相关属性。

OLE 对象控件分为"非绑定对象框"和"绑定对象框"两种。用"非绑定对象框"插入图片，一般也用来美化窗体，它是静态的，且不论窗体是在设计视图还是窗体视图，都可以看到图片本身。

而"绑定对象框"显示的图片来自数据表，在表的"设计视图"中，该字段的数据类型应定义为"OLE"对象。数据表中保存的图片只能在窗体的"窗体视图"下才能显示出来，在"设计视图"下只能看到一个空的矩形框。"绑定对象框"的内容是动态的，随着记录的改变，它的内容也随之改变，例如可用于显示 Stu 表中的"照片"字段。

7. 选项卡

当窗体中的内容太多而无法在一页全部显示时，可以使用选项卡进行分页。将相关控件放在选项卡控件的各页上，可以减轻混乱程度，并使数据处理更加容易。选项卡控件的每一页都可以作为文本框、组合框或命令按钮等其他控件的容器。操作时只需单击选项卡中各页的标签，就可以在多个页面间进行切换。

【例 5-12】创建"学生信息浏览"窗体，在窗体中使用选项卡控件，一个页面显示学生基本信息，另一个页面显示学生专业信息，如图 5-43 所示。

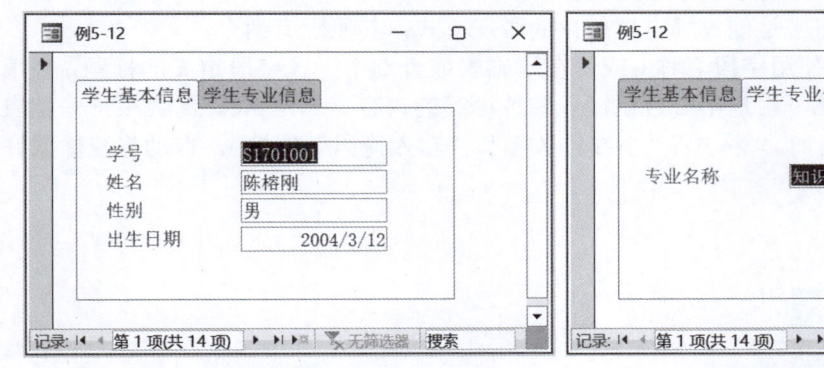

(a) 页 1 显示结果　　　　(b) 页 2 显示结果

图 5-43　用"选项卡"显示学生信息

操作步骤：

(1) 打开一个新窗体的设计视图，单击窗体的"记录源"属性末尾的生成器按钮"…"，在弹出的"查询生成器"中添加表 Stu 和表 Major，依次双击学号、姓名、性别、出生日期和专业名称字段，然后关闭查询生成器，保存对 SQL 语句的更改。

(2) 在"控件"组中单击"选项卡"控件按钮，在窗体主体节中拖拽出一个合适大小的选项卡区域。系统默认"选项卡"为 2 个页，可根据需要使用鼠标右键插入新页。

(3) 打开"属性表"窗格，分别设置"页 1"和"页 2"的"标题"属性为"学生基本信息"

和"学生专业信息"。

(4) 单击"学生基本信息"页面,在"字段列表"中同时选中"学号""姓名""性别"和"出生日期"字段,拖放到"学生基本信息"页面中。

(5) 单击"学生专业信息"页面,在"字段列表"中选中"专业名称"字段并拖放到"学生专业信息"页面中。

(6) 把窗体保存为"例 5-12",切换到窗体视图,显示结果如图 5-43 所示。

注意:以上步骤 (4) 中,如果选项卡页上没有显示选择框,在执行下一步时控件将不会正确附加到该页上。若要确认控件是否正确附加到该页上,请单击选项卡控件上的其他页,刚才添加的控件应该消失,然后在我们单击原先的选项卡页时再次出现。

提示:在创建窗体或报表时,首先添加和排列所有绑定型控件可能会最有效,特别是当窗体上的大多数控件都是绑定型控件时更是如此。然后,可以在布局视图或设计视图中,通过使用"设计"选项卡上的"控件"组中的工具,添加非绑定型控件和计算控件来完成设计。

将选定字段从"字段列表"窗格拖动到窗体或报表,可以创建绑定到该字段的控件。"字段列表"窗格显示窗体的基础表或查询的字段。若要显示"字段列表"窗格,请在布局视图或设计视图中打开对象,然后在"设计"选项卡上的"工具"组中,单击"添加现有字段"。当双击"字段列表"窗格中的某个字段时,Access 会向对象添加该字段的相应控件类型。

另外,如果已经创建非绑定型控件并且想将它绑定到字段,则可以通过标识控件从中获得其数据的字段,将控件绑定到该字段。在控件的"属性表"中的"控件来源"属性框中键入某个字段的名称,即将该字段绑定到控件。

使用"字段列表"窗格是创建绑定型控件的最佳方式,其原因有两个:

一是 Access 会自动使用字段名称(或者在基础表或查询中为该字段定义的标题)来填写控件附带的标签,因此,用户不必自己键入控件标签的内容。二是 Access 会根据基础表或查询中字段的属性(例如,"格式""小数位数"和"输入掩码"属性),自动将控件的许多属性设置为相应的值。

5.4 修饰窗体

窗体的基本功能设计完成后,要对窗体上的控件及窗体本身的一些格式进行设定,使窗体界面看起来更加友好,布局更加合理,使用更加方便。除通过设置窗体和控件的"格式"属性来进行修饰外,还可以通过应用主题和条件格式等功能进行外观设计。

5.4.1 主题的应用

主题是修饰和美化窗体的一种快捷方法,它是一套统一的设计元素和配色方案,可以使数据库中的所有窗体具有统一的色调。在"窗体设计工具"的"表单设计"选项卡中,"主题"组包含"主题""颜色"和"字体"3个按钮。

【例 5-13】对"教务管理"数据库应用主题。

操作步骤：

(1) 打开"教务管理"数据库某一个窗体的设计视图。

(2) 在"窗体设计工具"的"设计"选项卡中，单击"主题"组中的"主题"按钮，打开"主题"列表，如图 5-44 所示，在列表中双击所需的主题。

可以看到，窗体页眉节的背景色发生了变化。此时打开其他窗体，会发现所有窗体的外观均发生了变化，而且外观的颜色是一致的。

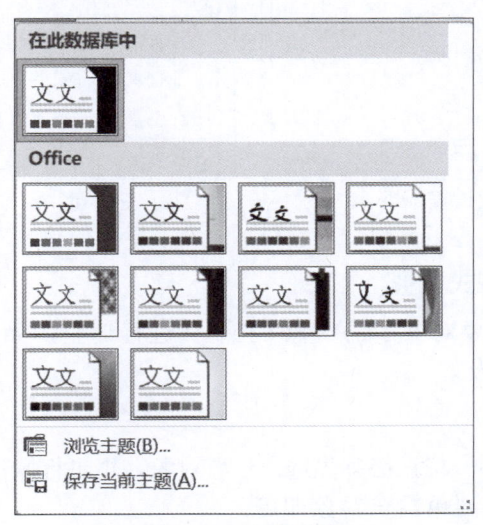

图 5-44　主题列表

5.4.2　条件格式的使用

除可以使用"属性表"窗格设置控件的格式属性外，还可以根据控件的值，按照某个条件设置相应的显示格式。

【例 5-14】使用"数据表"命令按钮创建一个成绩信息窗体，对"期末成绩"字段应用条件格式，使窗体中"期末成绩"字段值显示为不同的颜色：60 分以下（不含 60 分）用红色显示，60~90 分（不含 90 分）用蓝色显示，90 分以上（含 90 分）用绿色显示。

操作步骤：

(1) 在"教务管理"数据库中选择 Grade 表，然后在"创建"选项卡的"窗体"组中单击"其他窗体"按钮，在弹出的下拉列表中选择"数据表"选项，系统自动生成 Grade 表对应的数据表窗体。

(2) 切换到"设计视图"，选中绑定"期末成绩"字段的文本框控件，在"窗体设计工具"的"格式"选项卡上的"控件格式"选项组中，单击"条件格式"按钮，打开"条件格式规则管理器"对话框。

(3) 在"显示其格式规则"下拉组合框中选择"期末成绩"选项，单击"新建规则"按钮，打开"新建格式规则"对话框。设置字段值小于 60 时,字体颜色为"红色",单击"确定"按钮。重复此步骤,设置字段值介于 60 和 90(不含 90)之间和字段值大于或等于 90 的条件格式。设置结果如图 5-45 所示。

(4) 切换到"窗体视图",显示结果如图 5-46 所示。

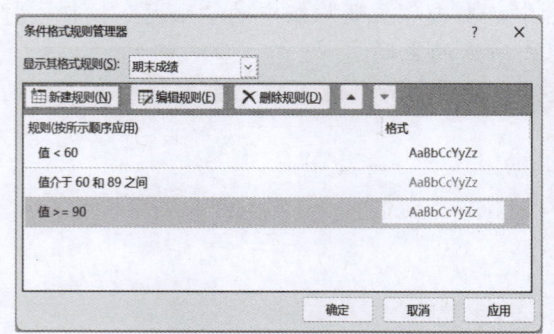

图 5-45　条件格式设置结果

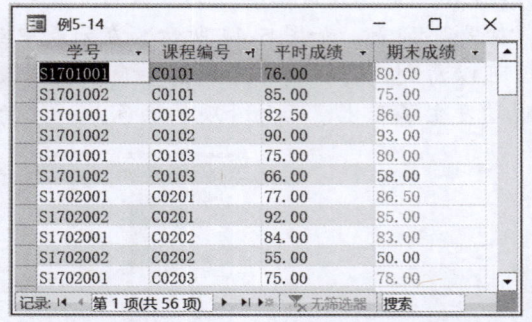

图 5-46　窗体视图下的显示结果

5.4.3　窗体的布局及格式调整

在设计窗体时,经常要对其中的对象(控件)进行调整,如位置、大小、排列等,以使界面更加有序、美观、友好。

1. 选择对象

和其他 Office 应用程序一样,必须先选定设置对象,再进行操作。选定对象的方法如下。

(1) 选定一个对象,只要单击该对象即可。

(2) 选定多个不相邻对象,按住 Shift 键或 Ctrl 键的同时单击各个对象。

(3) 选定多个相邻对象,只要在空白处按住鼠标左键拖动,拉出一个虚线的矩形框,将矩形框中的所有对象全部选中。

(4) 选定所有对象(包括主体、页眉/页脚等),只要按住 Ctrl+A 键即可全部选中。

对象被选中后,其四周会出现可以调整大小的控制柄,而且左上角还有用于移动对象的控制柄(较大的灰色方块)。

2. 移动对象

选定对象后,当鼠标移动到该对象的边沿时,鼠标变为"十字"箭头形,这时按住左键拖动鼠标即可移动对象。若该对象是关联对象,则关联的两个对象将一起移动;若只要移动其中一个对象,则把鼠标移到该对象左上角的灰色方块处,鼠标变为"十字"箭头形时即可移动该对象。

3. 调整对象大小

调整对象大小的方法有以下 4 种。

(1) 选定对象后,将鼠标移到对象四周的控制柄(即小方块)处,当鼠标变为双向箭头时,按住鼠标左键拖动,即可调整对象的大小。若拖动鼠标左键的同时按住 Shift 键,则可以做精细调整。

(2) 选定对象后，将鼠标移到对象上单击右键，在弹出的快捷菜单中选择"大小"命令来调整对象的大小。

(3) 在"窗体设计工具"中，选择"排列"选项卡，在"调整大小和排序"组中单击"大小/空格"选项，从中选择需要的操作。

(4) 使用"属性表"窗格，在"格式"选项卡中设置"宽度"和"高度"的具体数值。

4. 对齐对象

窗体中多个控件的排列布局不仅影响美观，而且影响工作效率。虽然可以用鼠标拖动来调整对象的排列顺序和布局，但这种方法工作效率低，很难达到理想的效果。使用系统提供的控件对齐方式命令，可以很方便地设置对象的对齐效果。选定多个对象后，使用类似调整对象大小的 (2) 和 (3) 方法打开"对齐"子菜单，选择其中的一种对齐方式，可以使选中的对象向所需的方向对齐。

5. 对象间距

选定多个对象后，使用类似调整对象大小的 (3) 方法打开"间距"子菜单，选择其中的一种间距方式，可以方便地调整多个对象之间的间距，包括垂直方向和水平方向的间距。可以将无规则的多个对象之间的间距调整为等距离，也可以逐渐增大或减少原来的距离。

5.5 定制用户入口界面

窗体是用户和应用程序之间的接口，其作用不仅是为用户提供输入数据、修改数据和显示处理结果的界面，更主要的是可以将已经建立的数据库对象集成在一起，为用户提供一个具有统一风格的数据库应用系统。

用户入口界面是用户与系统进行交互的主要通道，一个功能完善、界面美观、使用方便的用户界面可以极大地提高工作效率。Access 提供的导航窗体可以方便地将各项功能集成起来，形成数据库应用系统。

5.5.1 创建导航窗体

Access 提供了一种新型的窗体，称为导航窗体。在导航窗体中，用户可以选择导航按钮的布局，在所选布局上直接创建导航按钮，并通过这些按钮将已建数据库对象集成在一起，实现各已建对象直接的快速跳转。导航窗体有 6 种不同的布局格式，但创建方式是相同的。

【例 5-15】使用"导航"按钮创建"教务管理"系统的控制窗体。

操作步骤：

(1) 在"创建"选项卡的"窗体"组中单击"导航"按钮，在弹出的下拉列表中选择一种所需的窗体样式，本例选择"水平标签和垂直标签，左侧"选项，进入导航窗体的布局视图。

(2) 在水平标签上添加一级功能：单击上方的"新增"按钮，输入"学生管理"，添加一个一级功能按钮。用同样的方法添加"教师管理""课程管理""授课管理""选课管理"和"退出系统"等其他一级功能按钮。

(3) 在垂直标签上添加二级功能，如创建"学生管理"的二级功能按钮：单击"学生管理"按钮，然后单击左侧的"新增"按钮，输入"学生基本信息浏览"，这样就在"学生管理"功能按钮下添加了一个二级功能按钮。用同样的方法添加"学生管理"功能按钮下其他的二级功能按钮"学生基本信息输入"和"学生基本信息打印"。

(4) 为"学生管理"的"学生基本信息浏览"按钮添加功能：切换到设计视图，右键单击"学生基本信息浏览"功能按钮，选择快捷菜单中的"属性"，打开"属性表"窗格，单击"事件"选项卡中"单击"事件右侧的生成器按钮，打开"选择生成器"对话框，在对话框中选中"代码生成器"，打开代码编写窗口，输入程序代码：DoCmd.OpenForm "例 5-12"。用相同的方法为其他功能按钮添加功能。

(5) 修改导航窗体标题：此处可以修改两个标题。一是修改导航窗体上方的标题，选中导航窗体上方显示"导航窗体"文字的标签控件，将其标题属性设置为"教务管理系统"；二是修改导航窗体标题栏上的标题，在"属性表"窗格上方的对象下拉列表框中选择"窗体"对象，将其标题属性设置为"教务管理系统"。

(6) 切换到"窗体视图"，单击"学生基本信息浏览"按钮，此时将会打开例 5-12 中所创建的窗体，如图 5-47 所示。

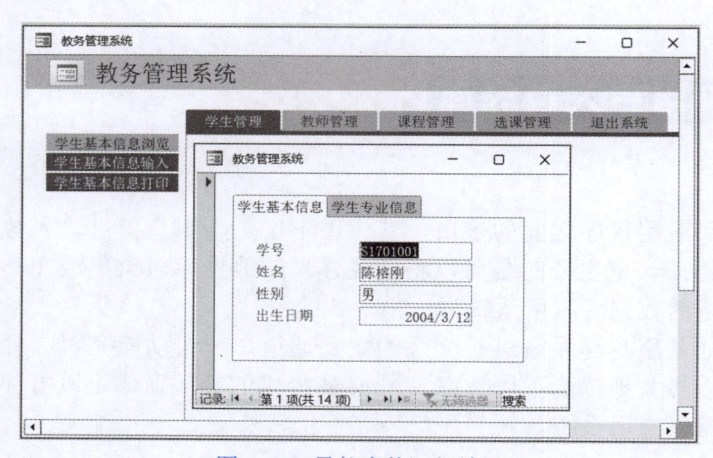

图 5-47　导航窗体运行效果

5.5.2 设置启动窗体

完成导航窗体的创建后，每次启动数据库时都需要双击该窗体。如果希望在打开数据库时自动打开该窗体，那么需要设置其启动属性。

操作步骤：

(1) 打开"教务管理"数据库，在"文件"选项卡中选择"选项"菜单，打开 Access 选项对话框。

(2) 设置窗口标题栏显示信息：单击左侧窗格中的"当前数据库"选项，在右侧窗格中的"应用程序标题"文本框中输入"教务管理"。这样在打开数据库时，在 Access 窗口的标题栏上会显示"教务管理"。

(3) 设置自动打开的窗体：在"显示窗体"下拉列表框中选择一个窗体，比如例 5-15 中创建的导航窗体，将该窗体作为数据库启动后显示的第一个窗体，这样在打开"教务管理"数据库时，Access 会自动打开该窗体。

(4) 取消选中"显示导航窗格"复选框，这样在下一次打开数据库时，导航窗格将不再出现，单击"确定"按钮完成设置。

设置完成后需要重新启动数据库。当再打开"教务管理"数据库时，系统将自动打开导航窗体。

提示： 若某一个数据库设置了启动窗体，在打开数据库时想终止自动运行的启动窗体，则可以在打开这个数据库的过程中按住 Shift 键。

5.6 本章小结

"窗含西岭千秋雪，门泊东吴万里船。"通过本章的学习，读者应了解 Access 窗体的作用、类型和构成，掌握 Access 窗体的创建与设计方法，掌握常用控件的使用，了解导航窗体设计和设置启动窗体的方法。

窗体是用户和数据库之间的接口，数据的使用与维护大多数都是通过窗体来完成的。使用窗体向导能够创建各种类型的窗体，如纵栏式、表格式、数据表、主/子窗体等。

在窗体设计视图中，设计者可以对窗体和控件属性进行设置，设计具有个性化的用户界面。常用的控件包括标签、文本框、组合框、列表框、选项组、命令按钮等。

为了使创建的窗体具有整体性和实用性，具有类似 Windows 的应用系统特性，则需要增加主窗体（导航窗体）用于功能模块选择，并且设置启动窗体。

拓展阅读

劳动谱写时代华章，奋斗创造美好未来。希望广大劳动群众大力弘扬劳模精神、劳动精神、工匠精神，爱岗敬业、创新创造，踊跃投身以高质量发展推进中国式现代化的火热实践，为全面推进强国建设、民族复兴伟业而不懈奋斗。各级党委和政府要关心爱护广大劳动群众，切实实现好、维护好、发展好劳动者合法权益，激励广大劳动群众在辛勤劳动、诚实劳动、创造性劳动中成就梦想。

资料来源：习近平总书记向全国广大劳动群众致以节日祝贺和诚挚慰问，新华社北京2024年4月30日电。

5.7 思考与练习

5.7.1 选择题

1. 窗体类型中不包括（　　）。
   A. 纵栏式　　　　B. 数据表　　　　C. 表格式　　　　D. 文档式
2. 在 Access 中，按照控件与数据源的关系可将控件分为（　　）。
   A. 绑定型、非绑定型、对象型　　　　B. 计算型、非计算型、对象型
   C. 对象型、绑定型、计算型　　　　　D. 绑定型、非绑定型、计算型
3. 不能作为窗体的记录源 (RECORDSOURCE) 的是（　　）。
   A. 表　　　　B. 查询　　　　C. SQL 语句　　　　D. 报表
4. 为使窗体在运行时能自动居于显示器的中央，应将窗体的（　　）属性设置为"是"。
   A. 自动调整　　B. 可移动的　　C. 自动居中　　D. 分割线
5. 确定一个控件在窗体或报表上的位置的属性是（　　）。
   A. Width 或 Height　　　　　　B. Top 或 Left
   C. Width 和 Height　　　　　　D. Top 和 Left
6. 假设在教师信息表中有"职称"字段，包含"教授""副教授"和"讲师"三种值，则用（　　）控件录入"职称"数据是最佳的。
   A. 标签　　　　B. 图像框　　　　C. 文本框　　　　D. 组合框
7. （　　）属性可返回组合框中数据项的个数。
   A. ListCount　　B. ListIndex　　C. ListSelecked　　D. ListValue
8. 向列表框中添加一项数据，可以用下面的（　　）方法。
   A. RemoveItem　　B. ListItem　　C. InsertItem　　D. AddItem
9. 下面对选项组的"选项值"属性描述正确的是（　　）。
   A. 只能设置为文本　　　　　　B. 可以设置为数字或文本
   C. 只能设置为数字　　　　　　D. 不能设置为数字或文本
10. 在窗体的各个部分中，位于（　　）中的内容在打印预览或者打印时才会显示。
    A. 窗体页眉　　B. 窗体页脚　　C. 主体　　D. 页面页脚

5.7.2 填空题

1. 能够唯一标识某一控件的属性是_____。
2. 在 Access 数据库中，如果窗体上输入的数据总是取自表或查询中的字段数据，或取自某固定内容的数据，可以使用_____或_____或_____控件来完成。
3. 在创建主/子窗体之前，必须设置_____之间的关系。

5.7.3　简答题

1. 简述窗体的主要功能。
2. 窗体有几种视图？各有什么作用？
3. 什么是"绑定型"对象？什么是"非绑定型"对象？请各举一例说明。
4. 什么情况下需要使用"标签"？什么情况下需要使用"文本框"？请各举一例说明。

第 6 章　报　表

知识目标

1. 了解报表的作用，掌握报表的类型。
2. 掌握使用"报表向导"创建报表的方法。
3. 能够使用报表"设计视图"创建和编辑报表。
4. 能够在报表中使用"排序、分组和汇总"对报表进行分组和汇总计算。
5. 能够使用"图表"控件创建图表报表。
6. 了解报表的导出。

素质目标

1. 培养学生严谨的科学作风。
2. 培养学生团队协作的能力。

学习指南

本章的重点是 6.1.2 节、6.2.3 节、6.3.2 节和 6.3.3 节，难点是 6.3.2 节和 6.3.3 节。

本章主要学习内容是使用"报表向导"快捷创建报表和使用"设计视图"创建、编辑报表的方法。读者应依据思维导图的知识脉络，区分报表和窗体的异同点；熟悉报表的类型和组成；熟悉报表创建的几种快捷方法，尤其是熟练掌握使用"报表向导"创建报表的步骤；掌握使用报表设计视图创建和编辑报表的方法和步骤。读者要在上机操作中熟练掌握报表创建和编辑的步骤。

06 报 表

思维导图

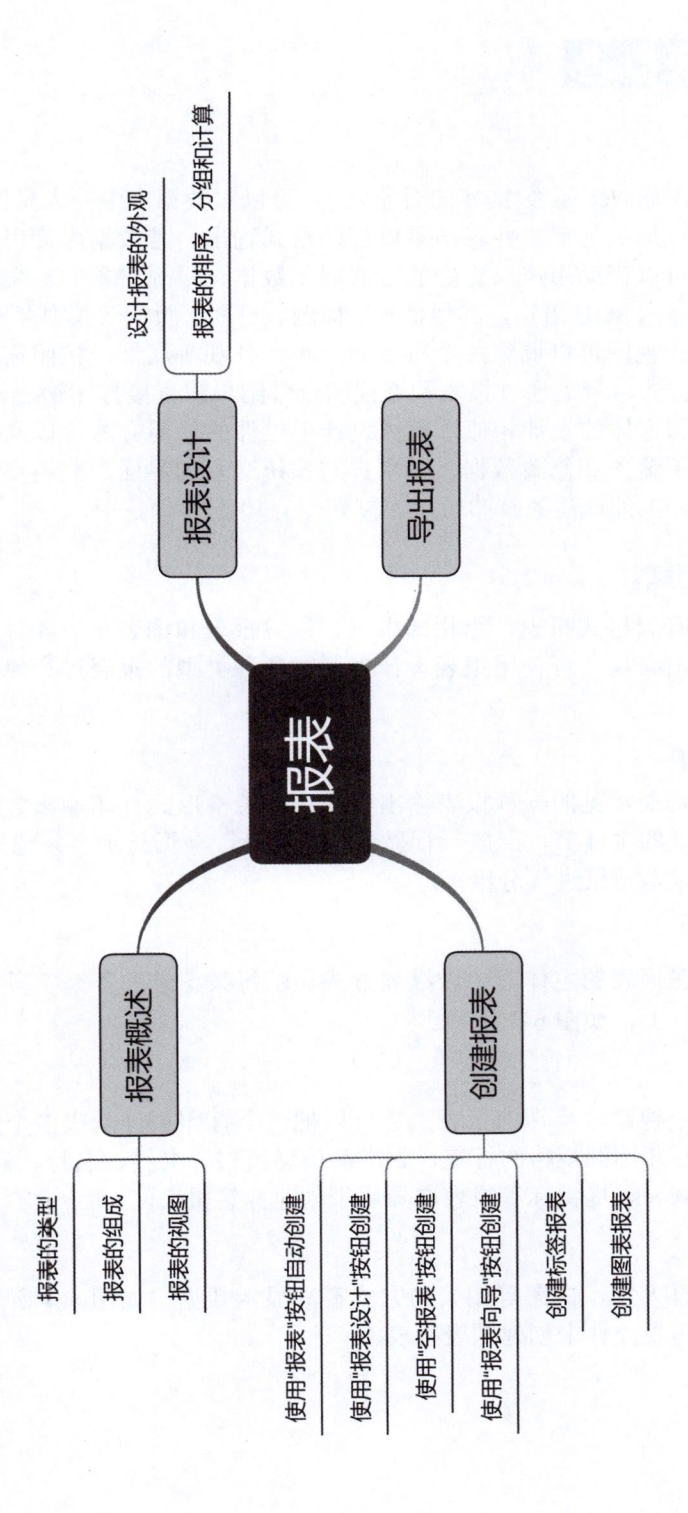

- **报表**
  - 报表设计
    - 设计报表的外观
    - 报表的排序、分组和计算
  - 导出报表
  - 报表概述
    - 报表的类型
    - 报表的组成
    - 报表的视图
  - 创建报表
    - 使用"报表"按钮自动创建
    - 使用"报表设计"按钮创建
    - 使用"空报表"按钮创建
    - 使用"报表向导"按钮创建
    - 创建标签报表
    - 创建图表报表

6.1 报表概述

报表 (Report) 是 Access 数据库的对象之一，可以对数据库中的大量原始数据进行分组、排序、汇总计算等加工处理，并将结果以打印格式输出，是数据库应用系统打印输出数据最主要的形式，可以帮助用户以更好的方式展示数据。报表对象的数据来源可以是已有的表、查询或是新建的 SQL 语句，其他信息 (标题、日期、页码等) 则存储在报表的设计中，用户通过报表设计视图可以调整每个对象的大小、外观等属性，按照需要的格式设计数据信息打印显示的方式，最后通过报表预览视图查看结果或直接打印输出。

报表的设计和窗体的设计相似，窗体设计中控件的使用方法可以同样应用在报表设计中。窗体主要用于输入和修改数据，是用户与系统交互的界面，强调交互性；报表则主要用于数据库数据加工处理后的打印输出，没有交互功能。

6.1.1 报表的类型

Access 报表有表格式报表、纵栏式报表、标签报表和图表报表 4 种类型，不同类型的报表有不同的输出布局，可使用报表设计视图对各种类型的报表进行修改，以满足用户的需求。

1. 表格式报表

表格式报表是最常见的一种报表输出格式，以表格形式打印输出数据库数据信息，数据信息显示在报表的主体节，一般一行显示一条记录，一页显示多条记录，如图 6-1 所示。表格式报表还可以对记录进行分组汇总。

2. 纵栏式报表

纵栏式报表在报表的主体节中以纵列方式显示每条记录的各个字段，每个字段信息显示在一个独立的行上，如图 6-2 所示。

3. 标签报表

标签报表是一种比较特殊的报表，它可以把一个打印页分割成多个规格、样式一致的区域，主要用于打印不同规格的标签，如产品信息价格、书签、名片、信封及邀请函件等，如图 6-3 所示。Access 提供标签报表向导用于创建标签报表。

4. 图表报表

图表报表以直方图、饼图等图表的方式直观显示数据，如图 6-4 所示。Access 在报表设计视图中提供图表控件来创建图表报表。

图 6-1　表格式报表

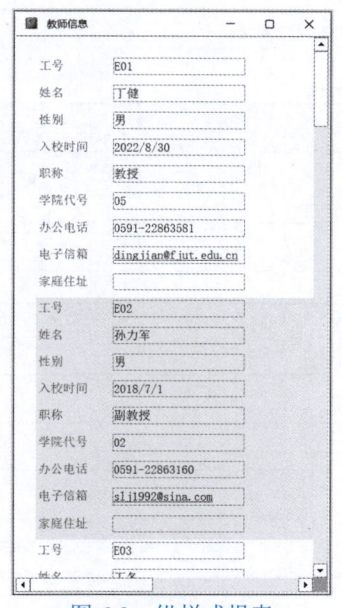

图 6-2　纵栏式报表

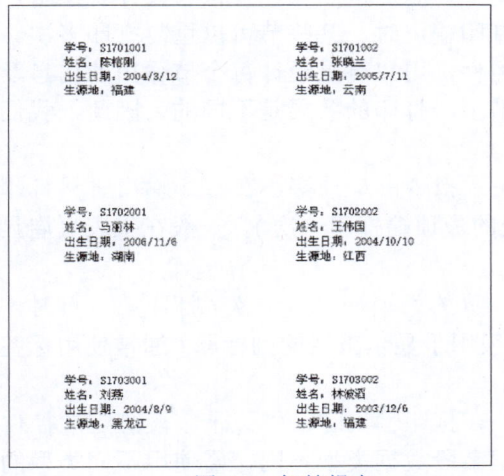

图 6-3　标签报表

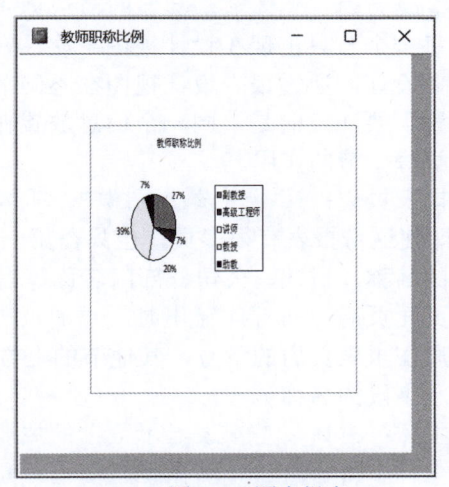

图 6-4　图表报表

6.1.2　报表的组成

在报表的设计视图下，报表自上而下由报表页眉、页面页眉、主体、页面页脚和报表页脚 5 个部分组成，每一个部分称为一个节。有的时候需要将数据信息进行分组汇总，则可以在报表设计中添加分组，那么报表结构中就增加了组页眉和组页脚两个节。根据实际需要，可以设置多层次的分组，每一个分组都可以有各自的组页眉和组页脚。这样报表的信息就可以分布在多个节中，每个节在页面和报表中具有特定的顺序，如图 6-5 所示。

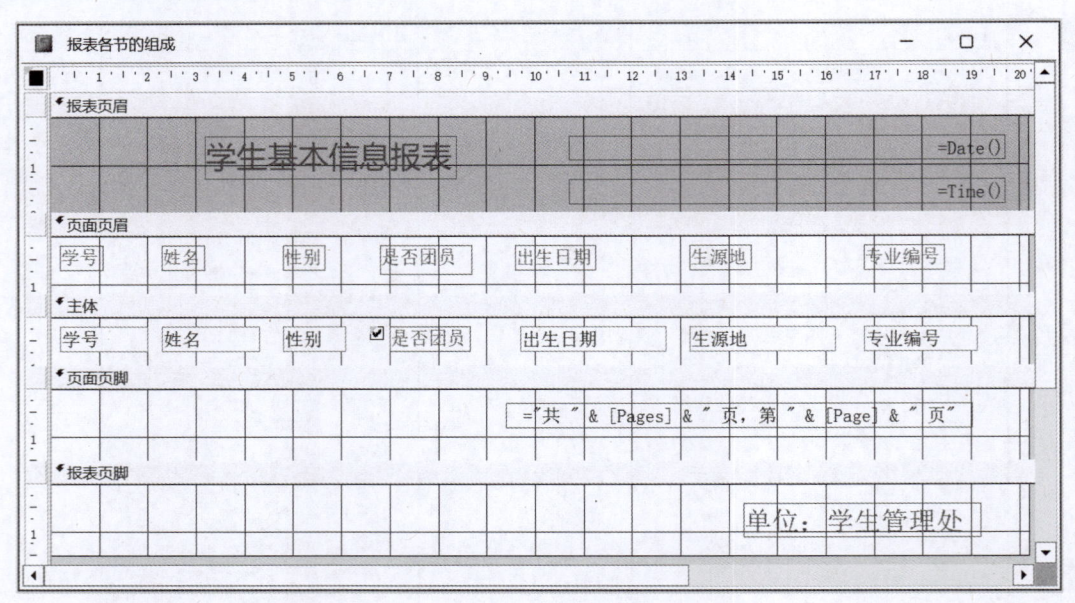

图 6-5　报表的节

　　报表必须有主体节，其他的节依据实际需要进行添加或删减。在报表设计视图中，报表的每一个节只出现在设计视图一次，在实际打印输出时，某些节可以重复打印多次。类似窗体设计，通过报表设计视图在不同节放置控件，用户可以设计每个节输出的信息及显示位置。要注意的是，同一个信息放置在不同节上，打印的效果是不同的，因此，我们应该了解每个节的作用。

　　报表页眉：在报表设计视图中，报表页眉位于报表的最顶端，在打印输出时只打印一次(即使这份报表有很多页，也只在第一页报表的最顶端打印一次)，一般在报表页眉显示报表的名称、日期、公司、部门名称等信息。

　　页面页眉：在打印输出时，页面页眉在每一页的最顶端显示一次(打印第一页时，页面页眉在报表页眉的下方，其他节的上方)，一般用于显示报表的列标题(通常使用标签控件显示字段的名称)。

　　主体：主体节是报表显示数据的主要区域，在打印输出时，将记录字段绑定的控件放置在主体节上，可打印多条记录数据信息，依据字段数据类型不同，需使用不同类型的控件来显示字段数据。

　　页面页脚：在打印输出时，显示每一页的底部需要输出的信息放置在页面页脚节上，通常用于显示页码、每一页的汇总说明、打印日期等信息。

　　报表页脚：在打印输出时，报表页脚只显示一次，即本报表最后一页的结束处，一般用于显示报表的最终合计信息，以及其他只需要在报表中只显示一次的其他统计信息。

　　组页眉：如果在报表设计过程中增加了分组操作(在报表"设计"选项卡里单击"分组和汇总"组里的"分组和排序"按钮)，就会在主体节的前后位置出现组页眉和组页脚。分组汇总操作的目的是对报表中的记录数据按某些条件进行分类，具有相同条件的记录分在一组，所有记录分成若干组，每一组都有若干条记录，此时可以通过总计、平均值、最大值、最小值等函数对每一组的数据进行统计计算。在打印输出时，每一组记录的开始位置会显示一次组页眉里设定的信息，复杂的报表还可以设置多层次分组满足实际需求。一般组页眉用于显示每一个分组的标题和共同特征的数据信息。

组页脚：设计操作同组页眉，在打印输出时，每一组记录的结束位置会显示一次组页脚里设定的信息，一般组页脚用于显示每一个分组的统计数据信息。

图 6-6 所示是按学号分组的报表设计视图，以及此设计视图对应的打印预览视图，可以帮助我们更好地认识每一个节在设计和打印输出时的关系。

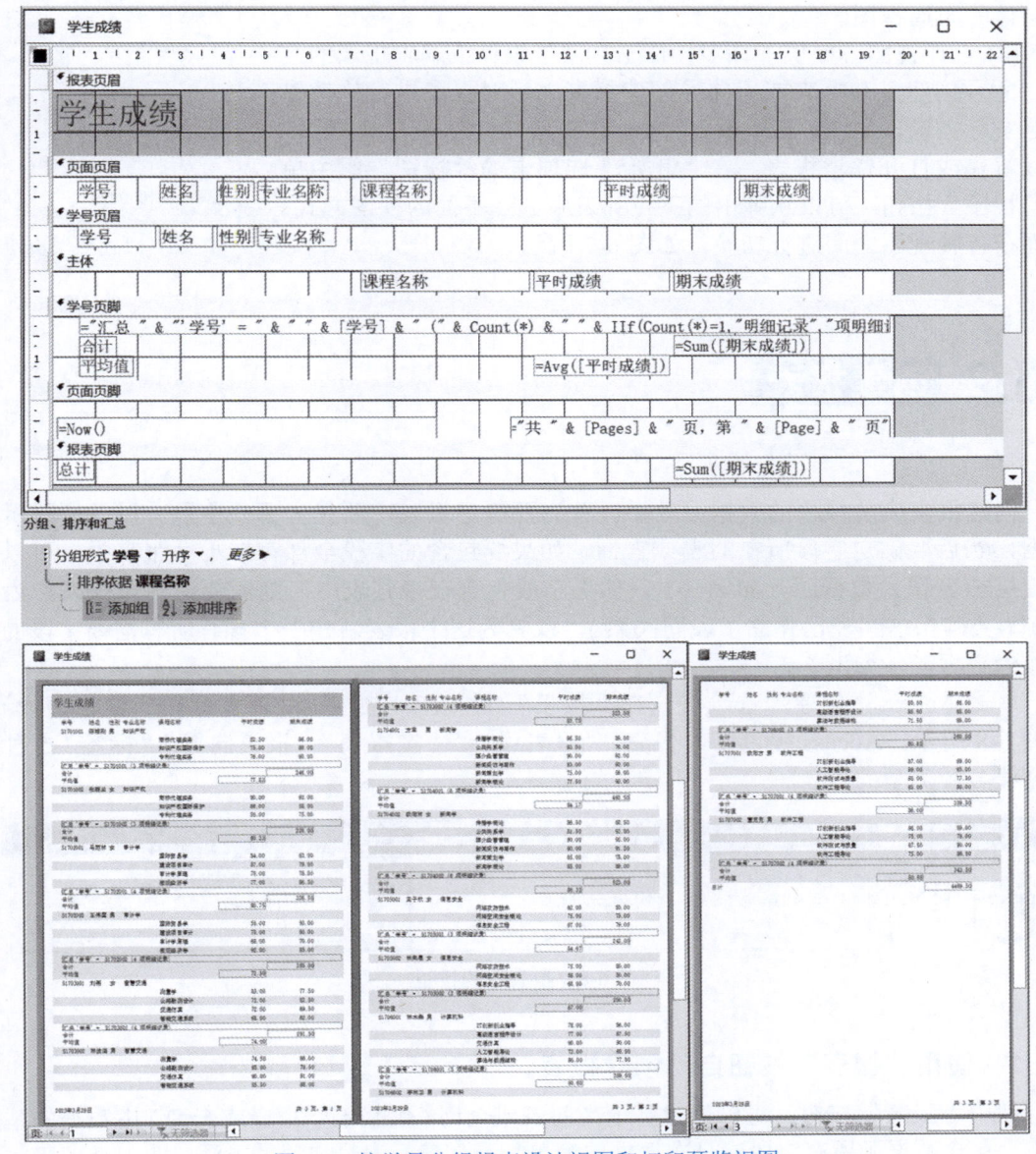

图 6-6　按学号分组报表设计视图和打印预览视图

6.1.3 报表的视图

Access 为报表提供了 4 种视图，以帮助用户在不同需求情况下处理报表。

(1) 报表视图：用于浏览已完成设计的报表，在该视图下还可对数据进行筛选、查找等操作。

(2) 打印预览：模拟显示报表布局与数据在打印机打印输出效果的窗口，如图 6-6 所示。

(3) 布局视图：在预览方式下对报表布局进行调整、修改，类似窗体的布局视图。

(4) 设计视图：提供了许多设计工具用于设计或编辑报表的结构，适合创建复杂报表或用向导创建报表之后对报表进行修改以满足实际需求，如图 6-5 所示。

新建或打开任意报表，在"开始"选项卡的"视图"组中单击"视图"按钮，可以从弹出的下拉列表中选择不同的视图方式，从而在各种视图之间进行切换，如图 6-7 所示。

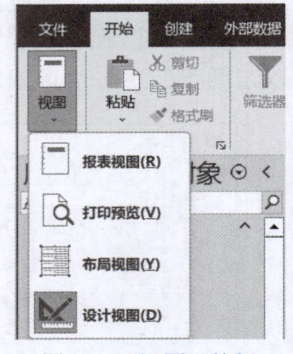

图 6-7 "视图"按钮

6.2 创建报表

创建报表应从报表的数据源入手。首先要确定报表中要包含哪些字段，以及要显示的数据，然后要确定字段所在的表或查询。如果要包含的字段全部存在于一张表中，可以直接使用该表作为数据源，如例 6-1；如果字段包含在多张表中，则需要使用多张表作为数据源(要确保这些表已建立了表间关系)，或者为这个报表新建一个含有所有需要字段的查询作为数据源，如例 6-2。

单击 Access "创建"选项卡，在"报表"组中有一些按钮，可进行相应的报表设计，如图 6-8 所示，Access 提供了"报表""报表设计""空报表""报表向导""标签" 5 种方式创建各种类型的报表。

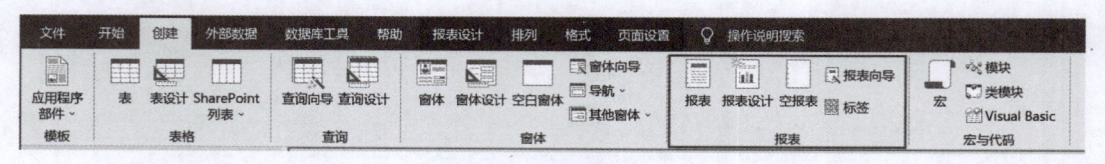

图 6-8 报表组的按钮

6.2.1 使用"报表"按钮自动创建报表

利用"报表"按钮，可以创建基于当前表或查询(仅基于一个表或查询)中数据的基本报表，包含数据源所有字段，且布局结构简单，是创建报表最快捷的方法。一般情况下，需要快速浏览表或查询中的数据时，可以先自动创建基本的报表，然后再切换到设计视图，对报表控件、版面进行修改和调整，也可以在基本报表的基础上添加分组、合计等功能。

【例 6-1】以 Stu 为记录源创建基本报表。

操作步骤：

(1) 在"导航窗格"的"表"分组中选择 Stu 表。

(2) 单击"创建"选项卡，在"报表"组中单击"报表"按钮，完成基本报表的创建，如图 6-9 所示。此时系统进入报表布局视图，在布局视图下可以调整控件的大小、布局等，也可以增加分组等信息。

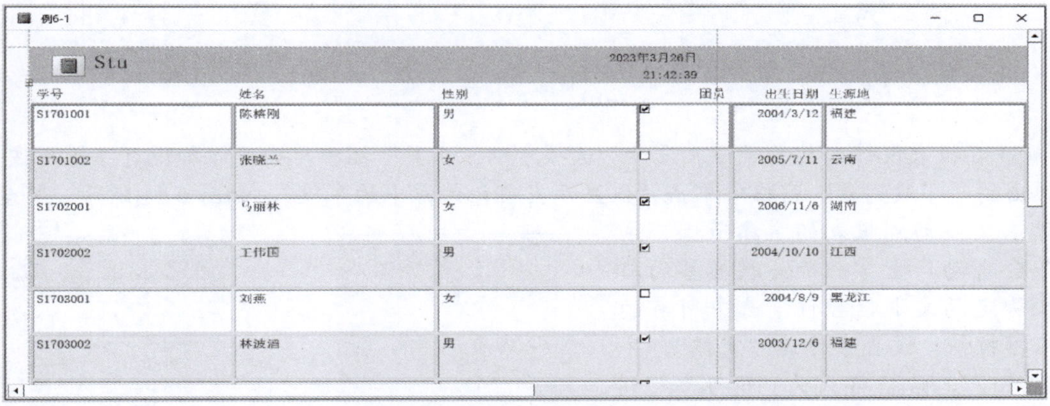

图 6-9 使用"报表"按钮自动创建的报表

(3) 切换至打印预览视图可查看报表输出效果，切换至设计视图可对报表上的控件进行增加、删除和修改。

(4) 单击"保存"按钮，将报表另存为"例 6-1"。

注意：要先选择表或查询作为记录源，用"报表"按钮创建的是一个表格式的基本报表。

6.2.2 使用"报表设计"按钮创建报表

"报表设计"命令按钮用于直接创建空白报表并显示设计视图，通过添加各种控件来设计并生成报表。

【例 6-2】创建一个学生成绩报表，依次显示学号、姓名、课程名称、学期、平时成绩、期末成绩、总评成绩。在报表页眉处显示报表标题为"学生成绩信息"和日期，在页面页脚显示页码。

操作步骤：

(1) 在"创建"选项卡的"报表"组中单击"报表设计"按钮，创建一个空白报表并进入报表设计视图。

(2) 打开报表的"属性表"窗格，单击"记录源"属性最右边的省略号按钮，此时会进入"查询生成器"界面，进行查询设计 (因为 Grade 表中没有总评成绩字段，此时我们通过设计查询实现总评成绩的计算：平时成绩 *30%+ 期末成绩 *70%)，如图 6-10 所示。

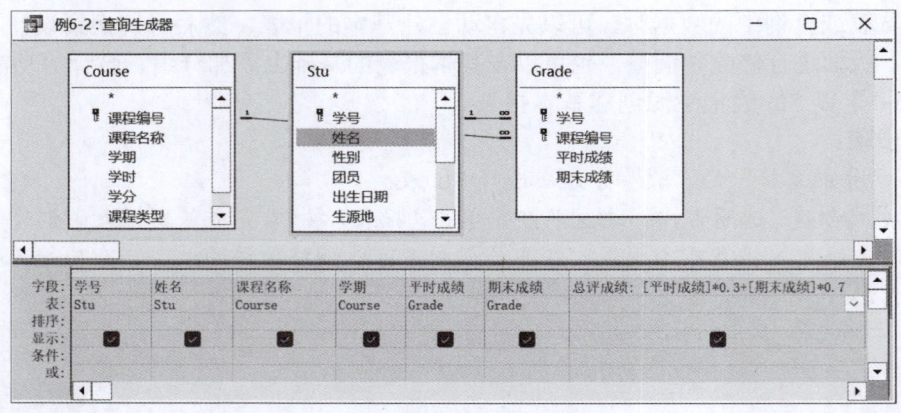

图 6-10 例 6-2 所需查询

(3) 在报表设计工具的"报表设计"选项卡的"工具"组中单击"添加现有字段"按钮，在弹出的"字段列表"窗格中单击"仅显示当前记录源中的字段"，如图 6-11 所示。将全部字段依次拖动到报表的主体节上，主体节会自动产生 7 个带关联标签的与字段绑定的文本框控件；选中所有的文本框控件，设置字体为"宋体"，字号为"12"，边框样式为"透明"；利用"排列"选项卡的"调整大小和排序"组中的"大小/空格"和"对齐"下拉菜单调整文本框控件的大小和位置，如图 6-12 所示。

(4) 通过剪切、粘贴关联标签，添加 7 个标签控件到页面页眉节上，设置这些标签控件的字体为"隶书"，字号为"12"，边框样式为"透明"；利用"排列"选项卡的"调整大小和排序"组中的"大小/空格"和"对齐"下拉菜单调整标签控件的大小和位置。

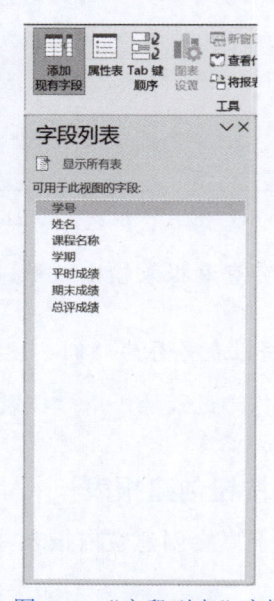

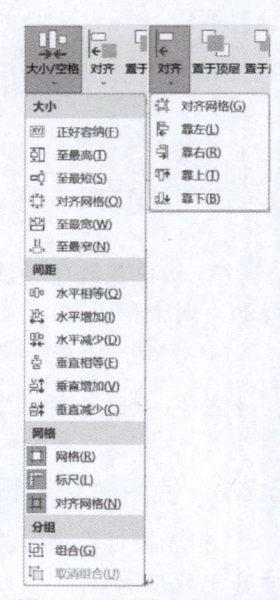

图 6-11 "字段列表"窗格　　图 6-12 调整大小和对齐

(5) 在页面页眉节标签控件的下方添加一个线条控件，设置边框样式为虚线，边框宽度为 3pt；完成后设置效果如图 6-13 所示。

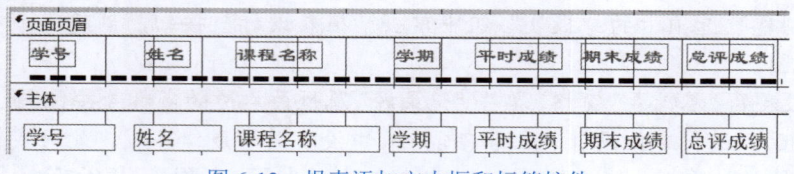

图 6-13 报表添加文本框和标签控件

(6) 在"设计"选项卡的"页面/页脚"组，单击"标题"按钮，报表会自动增加报表页眉节和报表页脚节，并且在报表页眉节自动添加一个标签控件用于设置报表的标题，此时在标签控件中输入"学生成绩信息"。

　　(7) 在"设计"选项卡的"控件"组单击"文本框"控件，在报表页眉处添加一个文本框控件，在报表页眉处添加日期信息：设置控件来源属性为"=Date()"，格式属性为"长日期"，边框样式和背景属性为"透明"，删除文本框自带的关联标签控件。

　　(8) 在"设计"选项卡的"页眉/页脚"组，单击"页码"按钮，弹出"页码"对话框，选择格式为"第 N 页，共 M 页"，位置为"页面底端"，对齐为"居中"，在页面页脚节添加页码信息。

　　(9) 在报表页脚节上添加一个标签控件，设置标题属性为"网络学院学生处"，字体为"微软雅黑"，字号为"16"，大小为"正好容纳"。

　　(10) 调整各个节的高度，以合适的空间容纳放置在节中的控件。单击"保存"按钮，保存报表为"例 6-2"，完成后设计视图和预览效果如图 6-14 所示。

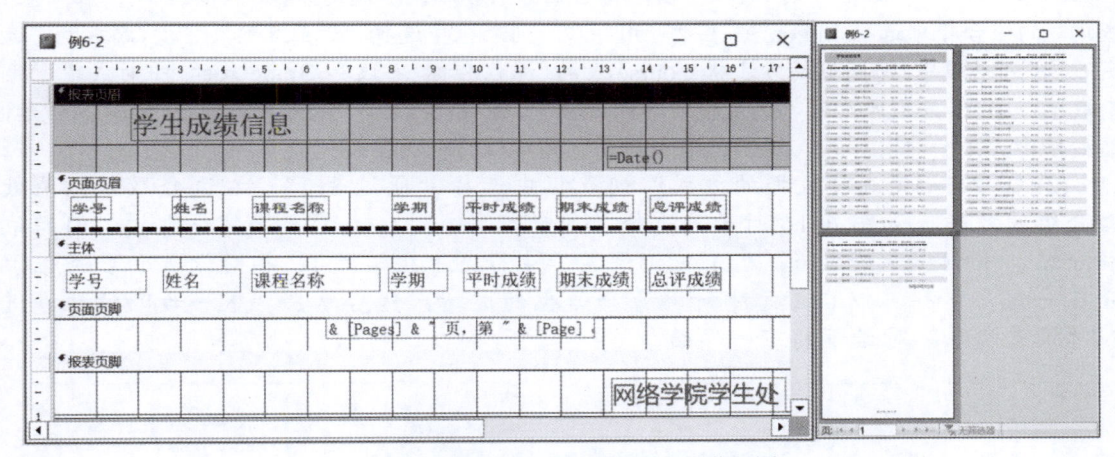

图 6-14　例 6-2 报表设计视图和预览视图

6.2.3　使用"空报表"按钮创建报表

　　"空报表"是在布局视图下通过"字段列表"窗格添加报表所需字段来创建报表。当报表所需字段较少，且对报表格式要求较为单一时，使用该方法可快速生成报表。

　　默认通过空报表创建的是一个表格式的基本报表。如果要创建纵栏式报表，当拖动第一个字段至布局视图的空白处后，单击"排列"选项卡下"表"组中的"堆积"按钮，然后依次将下一个字段拖动到上一个字段的下方，即可由表格式变换成纵栏式。

　　说明："空报表"与"报表"按钮创建报表的相同之处是在布局视图下完成表格式报表的设计，不同之处在于"报表"使用的是一张表或一个查询的所有字段，而"空报表"可以选择多张表的若干个字段。

6.2.4 使用"报表向导"按钮创建报表

使用"报表向导"创建报表是借助报表向导的提示,通过在对话框中选择记录源、字段、分组方式、排序与汇总、版面格式等各种选项来设计报表,Access 根据用户的选择快速地建立报表。当记录源来自多表、字段较多,布局要求较为复杂,需要对数据进行分组汇总等操作时,使用报表向导能帮助用户完成大部分报表设计的基本操作。相比在报表设计视图下设计报表,报表向导省却了一些繁杂的手工操作,加快了创建报表的过程。

【例 6-3】使用报表向导创建一个学生成绩报表,记录源为 Stu、Major、Course、Grade 表,按学生分组依次显示学号、姓名、性别、专业名称、课程名称、平时成绩和期末成绩,并统计每个学生的平时成绩的平均分和期末成绩的总分,分组数据按课程名称排序。

操作步骤:

(1) 单击"创建"选项卡下"报表"组的"报表向导"按钮,弹出"报表向导"第 1 个对话框,选择报表中使用的字段:在"表/查询"的组合框中选择 Stu 表,在"可用字段"列表框中依次双击"学号""姓名""性别"字段,将它们分别添加到"选定字段"列表框中;在"表/查询"的组合框中选择 Major 表,在"可用字段"列表框中选择"专业名称"字段,添加到"选定字段"列表框中;用同样的方法将 Course 表的"课程名称"字段和 Grade 表的"平时成绩""期末成绩"字段,分别添加到"选定字段"列表框中,完成记录源和字段的选定,如图 6-15 所示,然后单击"下一步"按钮,进入"报表向导"对话框的下一界面。

(2) 在"请确定查看数据的方式"列表框中选择"通过 Stu",右边会显示记录数据分组的效果,如图 6-16 所示。选择不同的数据查看方式,表示将记录按不同的依据分组。本例中选择 Stu,就是把记录按学生分组(按学号),相同学号的多条记录分在一组,这样可以在汇总中计算每个学生的成绩。然后单击"下一步"按钮,进入"报表向导"对话框的下一界面。

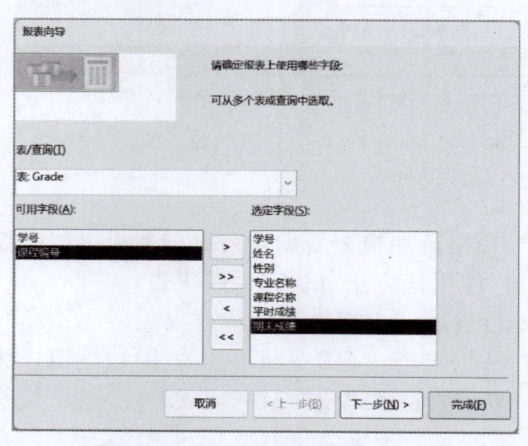

图 6-15 报表使用字段的选定

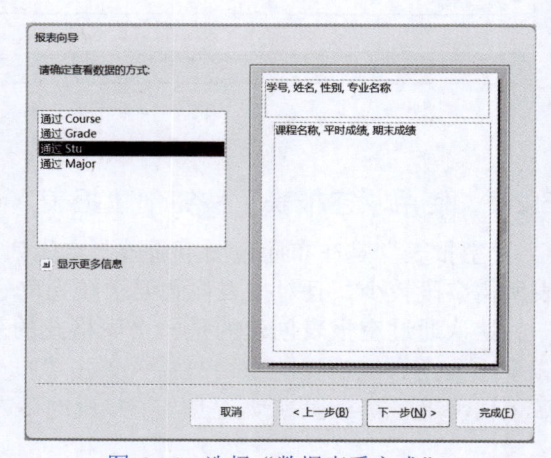

图 6-16 选择"数据查看方式"

(3) 此时我们不需要对记录进行二次分组,所以在弹出的如图 6-17 所示的"是否添加分组级别?"窗口中不做任何设置,直接单击"下一步"按钮,进入"报表向导"对话框的下一界面。

说明： 分组的目的在于后期按组对数值型字段进行统计。使用报表向导进行分组，当报表记录源为多表时，需要先建立表间的联系，然后通过确定数据查看方式进行分组；当报表记录源为单表时，不会出现图 6-16，需要通过图 6-17 设置分组级别的字段进行分组。

(4) 在"请确定明细信息使用的排序次序和汇总信息"窗口中选择"课程名称"字段作为排序依据，如图 6-18 所示，单击"汇总选项"按钮，在弹出的"汇总选项"对话框中为"平时成绩"和"期末成绩"字段分别勾选"平均"和"汇总"，

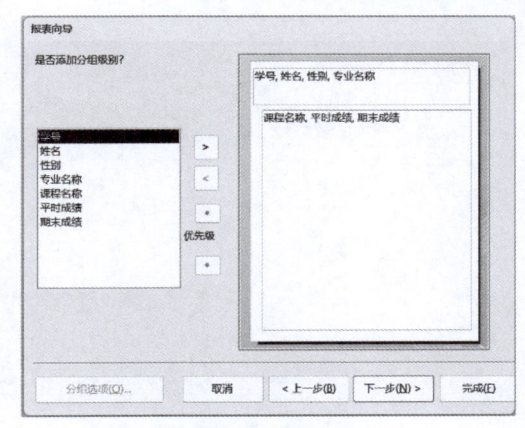

图 6-17　选择分组级别

如图 6-19 所示，单击"确定"按钮，关闭"汇总选项"对话框，返回图 6-18 所示窗口，单击"下一步"按钮，进入"报表向导"对话框的下一界面。

说明： 如果多表之间没有建立正确的关系或单表没有选择分组设置或记录源没有数值型字段，则不会出现"汇总选项"按钮。

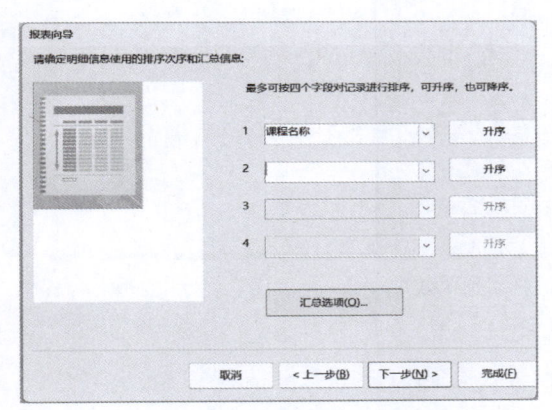

图 6-18　选择排序字段和方式　　　　　　图 6-19　汇总选项

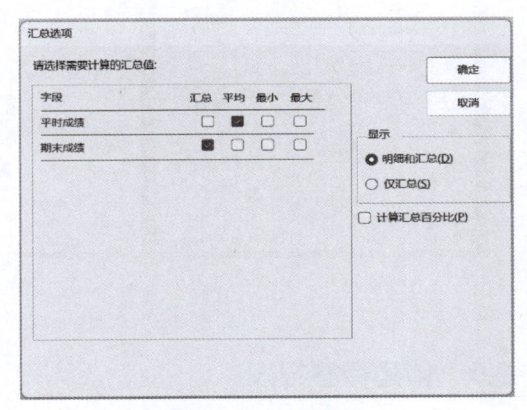

(5) 在"请确定报表的布局方式"对话框中，布局选择"递阶"，报表打印方向为"纵向"，如图 6-20 所示，完成后单击"下一步"按钮，进入"报表向导"对话框的下一界面。

(6) 在"请为报表指定标题"对话框中设置报表的标题为"学生成绩"，并选中"预览报表"单选按钮，如图 6-21 所示，最后单击"完成"按钮，完成报表的创建。

说明： 该操作有两个效果，一个是设置报表的标题文字为"学生成绩"，另一个是报表的名称也将是"学生成绩"。

报表向导最终完成的报表打印预览效果如图 6-22 所示。

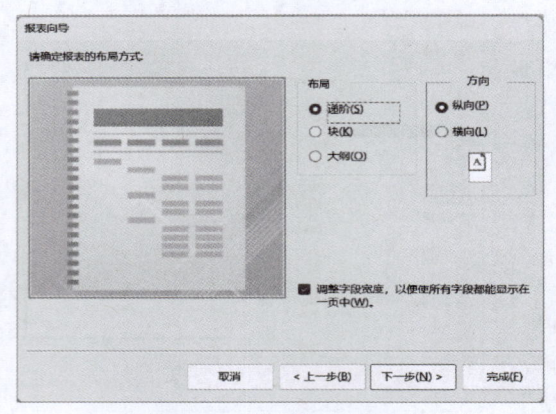

图 6-20　报表布局方式　　　　　　　　　图 6-21　报表的标题设置

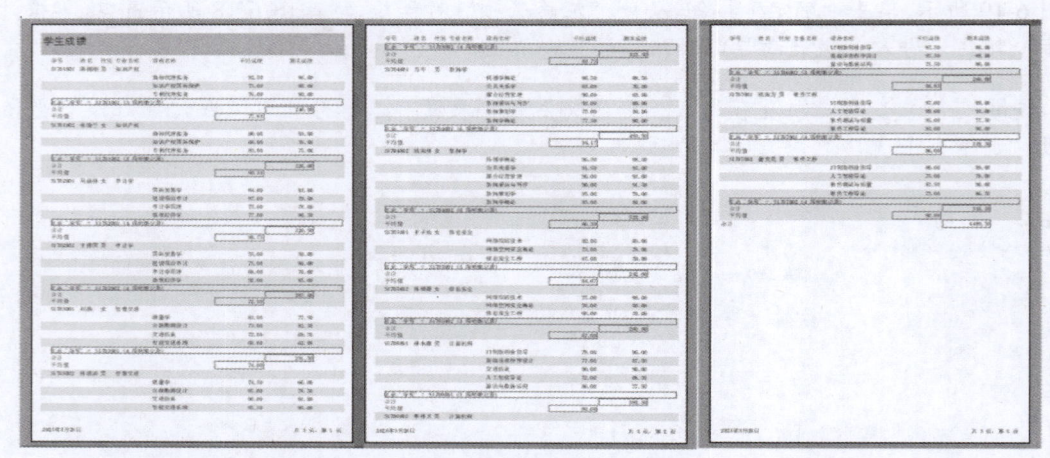

图 6-22　例 6-3 的打印预览效果

6.2.5　创建标签报表

在实际应用中,标签的应用范围十分广泛,它是一种特殊形式的报表。在 Access 中可以使用标签向导快速地创建标签报表。

【例 6-4】利用标签向导创建如图 6-3 所示的标签报表。

操作步骤：

(1) 在"导航窗格"的"表"分组中选择 Stu 表 (如果未选择记录源,进行下一步操作时标签向导会有错误提示)。

(2) 在"创建"选项卡的"报表"组中单击"标签"按钮,弹出"标签向导"第 1 个对话框,在该对话框中可以选择标签的型号、尺寸、度量单位、标签类型等。本例选择 C2166 标签型号,如图 6-23 所示,然后单击"下一步"进入"标签向导"对话框的下一个界面。

(3) 在这个对话框中可以设置标签文本的外观,包括字体、字号、粗细、颜色和字形,如图 6-24 所示,然后单击"下一步"进入"标签向导"对话框的下一个界面。

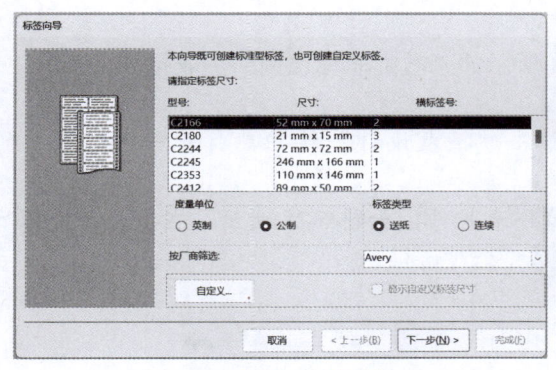

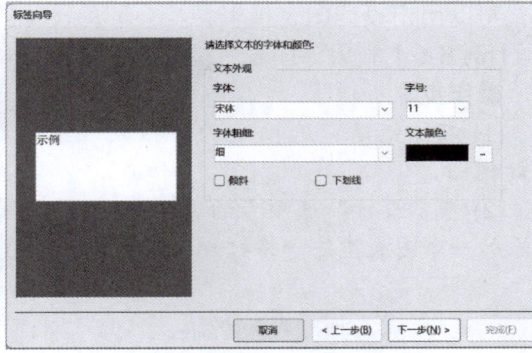

图 6-23　标签尺寸设置　　　　　　　　　图 6-24　标签文本外观设置

(4) 在"请确定邮件标签的显示内容"对话框中进行原型标签的设计,如图 6-25 所示。原型标签 { } 中的字段是从"可用字段"列表框中选择的字段,而前面的"字段名:"部分需要报表设计人员自行输入。例如,在"原型标签"第一行输入"学号:",再在左边"可用字段"列表框中双击选择"学号"字段;然后在"原型标签"第二行输入"姓名:",在左边"可用字段"列表框中双击选择"姓名"字段;按此操作,依次完成"出生日期"和"生源地"字段信息的设置。然后单击"下一步"进入"标签向导"对话框的下一个界面。

(5) 在"请确定按哪些字段排序"对话框中设置标签记录按"学号"字段排序,如图 6-26 所示,然后单击"下一步"进入"标签向导"对话框的下一个界面。

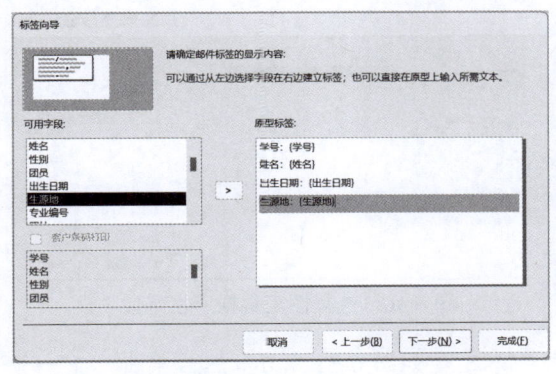

图 6-25　原型标签设计　　　　　　　　　图 6-26　设置标签记录排序依据

(6) 在"请指定报表的名称"对话框中设置标签报表的名称为"学生基本信息标签",如图 6-27 所示,然后单击"完成"按钮,预览报表,设计结果如图 6-3 所示。

6.2.6　创建图表报表

在实际应用中,将数据以图表的方式呈现,可以更好地分析数据之间的关系,以及数据的发展趋势。Access 提供"图表"控件,以向导的

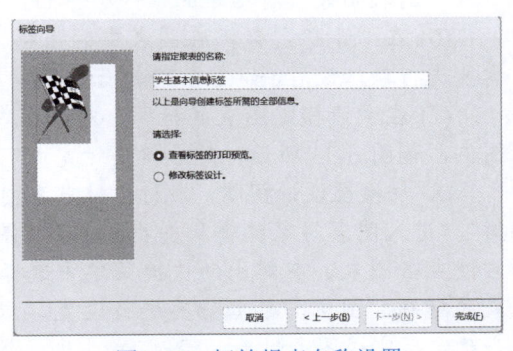

图 6-27　标签报表名称设置

形式帮助用户设计图表报表。

【例 6-5】利用"图表"控件创建如图 6-4 所示的"教师职称比例"图表报表。

操作步骤：

(1) 在"创建"选项卡的"报表"组中单击"报表设计"按钮，打开一张空报表的设计视图。

(2) 在"设计"选项卡的"控件"组中选择图表控件，如图 6-28 所示，在报表的主体节上添加一个图表控件，将打开"图表向导"的第 1 个对话框。

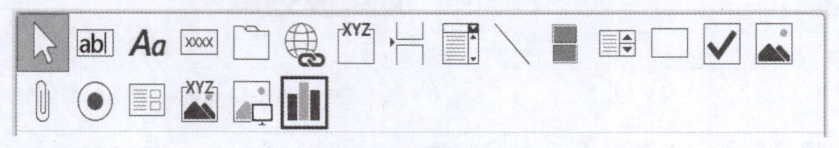

图 6-28　报表的控件组

(3) 在"请选择用于创建图表的表或查询"对话框的列表框中选择"表：Emp"，如图 6-29 所示，然后单击"下一步"进入"图表向导"对话框的下一个界面。

(4) 在"请选择图表数据所在的字段"对话框左边的"可用字段"列表框中双击"职称"字段，如图 6-30 所示，然后单击"下一步"进入"图表向导"对话框的下一个界面。

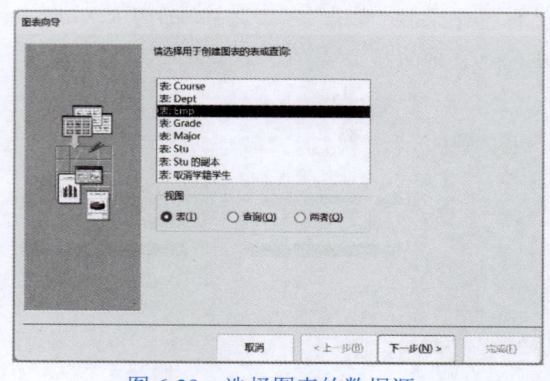

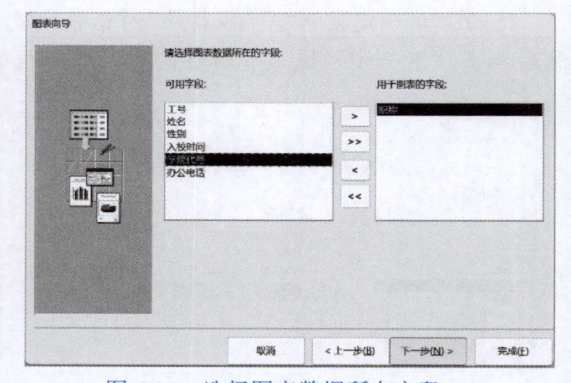

图 6-29　选择图表的数据源　　　　　　图 6-30　选择图表数据所在字段

(5) 在"请选择图表的类型"对话框中选择"饼图"，如图 6-31 所示，然后单击"下一步"进入"图表向导"对话框的下一个界面。

(6) 在"请确定数据在图表中的布局方式"对话框中可以对图表布局进行设置，本例不需要进行额外设置，如图 6-32 所示，单击"下一步"进入"图表向导"对话框的下一个界面。

(7) 在"请指定图表的标题"对话框中输入报表标题"教师职称比例"，并设置是否显示图例，如图 6-33 所示，然后单击"完成"按钮，预览报表。

(8) 切换至设计视图，鼠标右键点击图表，在弹出的快捷菜单中选择"图表对象"→"编辑"，进入图表对象编辑状态（在设计视图下直接双击图表对象也可以进入编辑状态），鼠标右键点击图表，在弹出的快捷菜单中选择"图表选项"，出现"图表选项"对话框，可对图表的标题、图例、数据标签进行设置，本例需要显示各职称的百分比，如图 6-34 所示。点击确定后完成图表对象的修改，单击图表编辑窗格灰色空白处，返回报表设计视图，保存报表，完成报表设计。切换至报表预览视图，设计结果如图 6-4 所示。

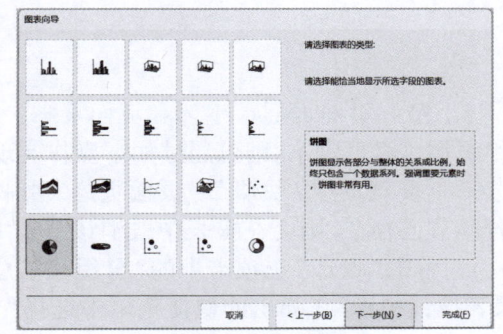

图 6-31 选择图表类型

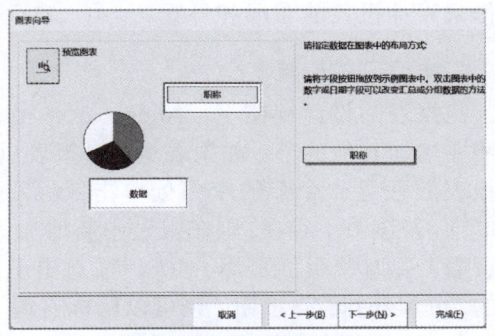

图 6-32 数据布局方式设置

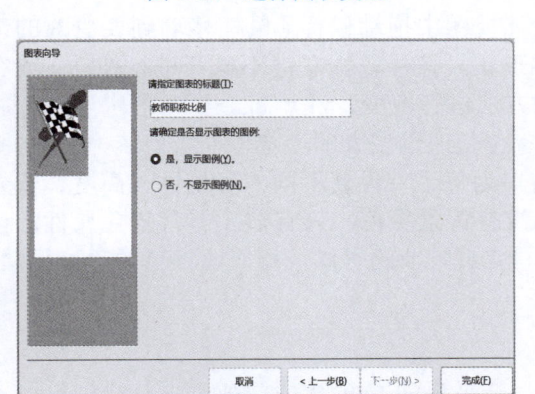

图 6-33 图表标题和图例显示设置

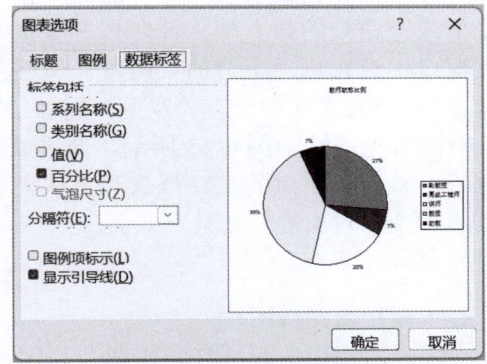

图 6-34 图表选项对话框

6.3 报表设计

"报表设计工具"选项组包含"设计""排列""格式""页面设置"4 个选项卡，其中"设计"选项卡主要包含"视图""主题""分组和汇总""控件""页眉 / 页脚""工具"等组；"排列"选项卡包含"表""行和列""合并 / 拆分""移动""位置""调整大小和排序"等组；"格式"选项卡包含"字体""数字""背景""控件格式"等组；"页面设置"选项卡包含"页面大小""页面布局"等组，用于报表及其控件的设计。

6.3.1 设计报表的外观

通过报表向导或空报表等方式快速建立的报表，在布局和数据统计上往往很难满足用户的实际需求，通常还需要通过报表的设计视图对报表进行修改，尤其是一些复杂报表，更是需要使用设计视图来进一步设计。在报表设计视图中，通过增加 / 删减不同的节、调

195

整节的高度和宽度、在不同节中添加报表控件、设置报表背景和格式、设置页码和日期等操作来设计报表的布局和外观。

1. 报表节的设置

在报表的设计视图下，Access 默认报表包含三个节：页面页眉、主体和页面页脚。如果需要增加其他的节(如报表页眉、报表页脚、组页眉、组页脚)，则可通过如下操作实现：在报表的任意一个节的空白处单击鼠标右键，选择"报表页眉/页脚""页面页眉/页脚"菜单项，若该节不存在，则在报表中新增加该节；若该节已存在，则会在报表中取消该节("报表页眉/页脚""页面页眉/页脚"成对出现或消失)。单击"设计"选项卡中的"分组和汇总"下的"分组和排序"按钮(也可以鼠标右键点击报表设计视图，在弹出的快捷菜单中选择"排序和分组")，对报表记录数据进行分组，报表将自动增加组页眉和组页脚。

节的高度和宽度设置：可以通过在报表设计视图中拖动鼠标(鼠标移动到要更改的节的底部或空白处的最右端，此时鼠标变成十字形状，按住鼠标左键不松开进行拖动)或在属性窗口中设置每一个节的"高度"属性两种方法进行改变，注意每一个节的宽度都是一致的，所以节的属性中没有"宽度"属性，节的宽度是通过报表的"宽度"属性统一设置的。

节的常见属性如图 6-35 所示，通过属性窗口为每个节设置不同的可见性、高度、背景颜色等，特别要注意的是，报表和窗体类似都没有背景颜色，只有节才有背景色属性。由于页眉页脚成对出现，在只需要其中某一个页眉或页脚节的时候，可以通过节的"可见性"属性设置来隐藏该节。

2. 设置报表背景图片

在实际应用中，报表经常需要背景图片来显示公司的 LOGO 或其他信息，我们可以通过设置报表的图片属性为报表指定背景图片。操作方法有 2 种。

方法 1：

(1) 在报表设计视图下，单击"设计"选项卡中的"工具"组的"属性表"按钮，在"属性表"窗格的"所选内容的类型"下拉列表中选择"报表"，或者在设计视图的任意位置单击鼠标右键，选择"报表属性"菜单，弹出如图 6-36 所示的报表属性窗格。

(2) 单击"图片"属性右边空白处的按钮，选择图片的路径和文件名即可为报表设置指定的背景图片。

(3) 还可以通过"图片类型""图片平铺""图片对齐方式"和"图片缩放模式"等相关属性对背景图片进一步调整设置。

方法 2：在报表设计视图下，单击"报表设计工具"选项组中的"格式"选项卡下的"背景"组的"背景图像"按钮，设置背景图片的路径和文件名。

3. 为报表添加日期时间、页码

"报表设计工具"选项组"设计"选项卡的"控件"工具组提供了一组可供报表设计使用的控件，如图 6-28 所示。这些控件的功能和属性设置的方法和窗体控件是一样的，同样也分为绑定型控件、非绑定型控件和计算型控件，详见 5.3.5 节。

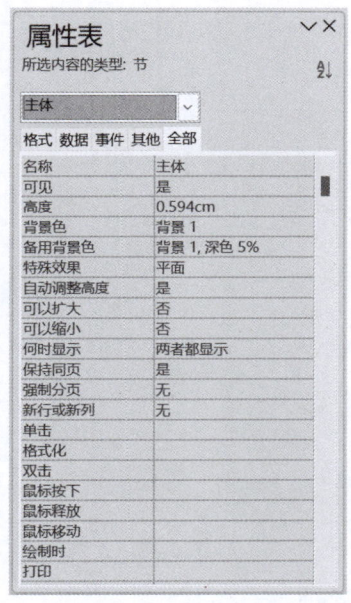

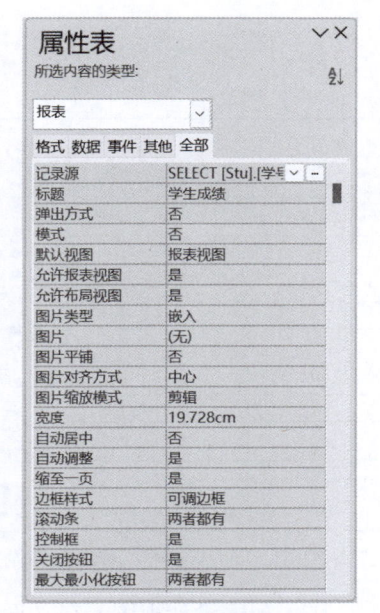

图 6-35　节的常见属性　　　　　图 6-36　报表的常见属性

　　通常在制作报表时需要在报表上显示日期和时间，可以通过以下两种方法为报表添加日期和时间。

　　方法 1：进入报表设计视图，在"设计"选项卡的"页眉/页脚"组中单击"日期和时间"按钮，弹出"日期和时间"对话框，用户可选择需要的日期和时间的显示格式，完成选择后单击"确定"按钮，此时 Access 会自动在报表的报表页眉节上添加日期和时间，如图 6-37 所示。

　　方法 2：使用文本框显示日期和时间。方法 1 虽然可以简单快速地为报表设置显示日期和时间，但是方法 1 只能在报表页眉节显示日期和时间，如果需要在报表的其他节来显示日期和时间，则可以通过在该节上添加文本框来实现，具体操作如下。

　　(1) 在"设计"选项卡的"控件"组中单击"文本框"按钮，在需要显示日期和时间的节上拖动鼠标添加一个文本框控件，删除文本框自带的标签控件，调整文本框的大小和位置。

　　(2) 在文本框控件的"属性表"中依据实际需要设置"控件来源"属性：如需要显示日期，则在"控件来源"属性中输入"=Date()"；如需要显示时间，则在"控件来源"属性中输入"=Time()"；如需要同时显示日期和时间，则在"控件来源"属性中输入"=Now()"。同时还可以设置"格式"属性，设定日期和时间的显示格式，如图 6-38 所示。

　　通常一份报表会有多页，此时我们需要为报表添加页码来标明次序以统计页数。在报表设计视图下添加页码的方法如下。

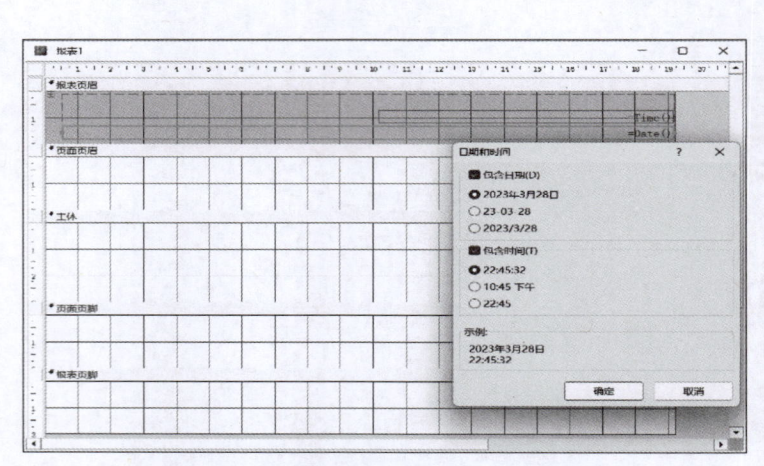

图 6-37 "日期和时间"对话框和设置完成效果　　　　图 6-38 文本框设置日期时间

方法 1：进入报表设计视图，在"设计"选项卡的"页眉/页脚"组中单击"页码"按钮，弹出"页码"对话框，用户可选择需要的页码显示格式、位置和对齐方式，如图 6-39 所示，完成选择后，单击"确定"按钮，此时 Access 会自动在报表的页面页眉节或页面页脚节上添加页码。

方法 2：

(1) 在"设计"选项卡的"控件"组中单击"文本框"按钮，在需要显示页码的节上拖动鼠标添加一个文本框控件，删除文本框自带的标签控件，调整文本框的大小和位置。

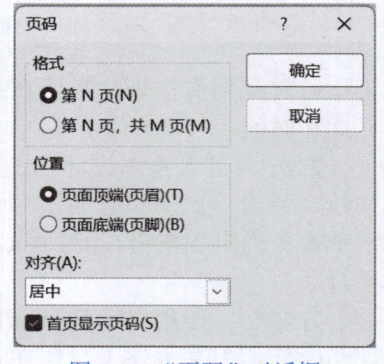

图 6-39 "页码"对话框

(2) 在文本框控件的"属性表"中设置"控件来源"属性：=" 共 " & [Pages] & " 页，第 " & [Page] & " 页 "。

说明：在 Access 中，Page 和 Pages 是两个内置变量，Page 代表当前页号，Pages 代表总页数。利用字符运算符"&"构造了一个字符表达式，用来输出页码。

4. 利用矩形框和线条控件修饰报表

在"设计"选项卡的"控件"组中有矩形框和线条控件，可以通过添加线条或矩形来修饰报表版面，以达到更好的显示效果，如图 6-13 所示。

5. 为报表设置主题

在"设计"选项卡的"主题"组中提供了"主题""颜色"和"字体"三个按钮，用于设置报表及报表控件的字体、颜色和边框属性。设定主题格式后，还可以继续在"属性表"任务窗格中修改报表的格式属性。

6.3.2 报表的排序、分组和计算

1. 报表的排序

在默认情况下，报表的记录按照自然排序，即按记录输入的先后顺序排列显示。但在实际应用中，通常需要按指定的规则顺序排列，例如成绩的高低、年龄的大小等，这就是报表的排序。为报表指定"排序"规则的操作步骤如下。

(1) 单击"设计"选项卡"分组和汇总"组的"排序和分组"按钮(或鼠标右键单击报表空白处，在弹出的快捷菜单中选择"排序和分组")，报表设计视图最下方出现如图 6-40 所示的"分组、排序和汇总"窗格。

图 6-40 "分组、排序和汇总"窗格

(2) 单击"添加排序"按钮，出现"字段列表"窗格，如图 6-41 所示，点击需要设置为排序依据的字段(点击"表达式"会打开表达式生成器，设置表达式作为记录的排序依据)。Access 允许通过多次点击"选择排序"按钮设置多个字段或表达式作为记录排序的依据，如图 6-42 所示。排序的优先级别是第一行最高，第二行次之，以此类推。

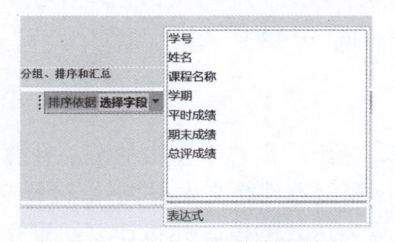

图 6-41 排序依据的字段选择　　图 6-42 排序的优先级别

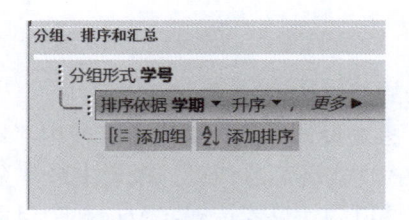

单击"更多"按钮，可对排序进行更多设置，如图 6-43 所示。

图 6-43 排序的"更多"设置

排序默认是按"升序"方式将记录按指定字段的值由低到高排列，单击"升序"下拉列表可将"升序"改为"降序"，则记录按指定字段值由高到低排列。同时，排序默认是按"整个值"的方式比较字段的大小，单击"按整个值"下拉列表可设置按字段值的其他形式进行比较。单击"无汇总"下拉列表出现"汇总"窗格，如图 6-44 所示，在"汇总方式"的下拉列表框中设置需要计算的字段；在"类型"下拉列表框中选择计算方式，如合计、

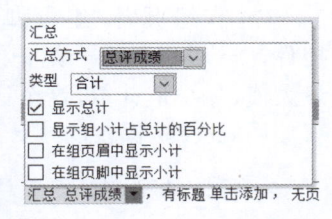

图 6-44 "汇总"计算设置

平均值、最大值、最小值等；4个复选框用于设置汇总计算数据显示的位置和方式，除第一个复选框外，其余的复选框需要先对报表进行分组的操作。

2. 报表的分组

报表设计时通常需要根据字段的值是否相等将记录分成若干组，以便对数据进行按组的汇总计算，例如，某个学校的学生按专业名称分组统计各专业的成绩，某个公司的员工按部门名称分组统计各部门的工资等，这就是报表的分组操作。

在图 6-40 所示的"排序、分组和汇总"窗格中单击"添加组"按钮，出现"字段列表"窗格，如图 6-45 所示，点击需要设置为分组依据的字段(点击"表达式"会打开表达式生成器，设置表达式作为记录的分组依据)。Access 允许通过多次点击"添加组"按钮设置多个字段或表达式作为记录多次分组的依据。

单击"更多"按钮，如图 6-46 所示，可对分组进行更多设置，如设置汇总方式、添加标题、设置有/无页眉节/页脚节、设置组和页的关系等。

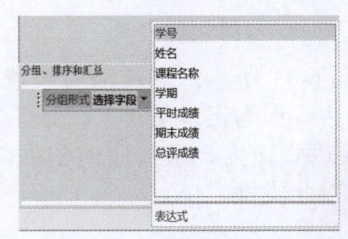

图 6-45　分组形式的字段列表　　　　图 6-46　分组的"更多"设置

3. 报表的汇总计算

Access 报表设计汇总计算时，除使用"排序、分组和汇总"窗格的汇总计算外，还可以使用计算型控件实现汇总计算。报表中最常见的计算型控件是文本框控件，设置文本框的"控件来源"属性值为计算表达式，Access 会自动计算表达式的值，并将计算结果存储在文本框相应的属性中。当表达式计算依据发生更新变化时，Access 会自动更新计算表达式的值。

在报表不同节使用计算型控件进行汇总计算：

(1) 在主体节中增加文本框控件，用于对报表记录的横向计算，即对每一条记录的不同字段进行计算。例如，Grade 表的记录没有总评成绩字段，我们在设计成绩报表时，可以通过在主体节增加一个文本框控件，设置"控件来源属性"为"= 平时成绩 *0.3+ 总评成绩 *0.7"，用于显示每一条记录的总评成绩信息，在页面页眉节等相应位置添加一个标签控件，设置标题属性为"总评成绩"。

(2) 在组页眉/组页脚节、页面页眉/页面页脚节、报表页眉/报表页脚节添加计算型控件，一般用于对一组记录、一页记录、所有记录的某些字段进行求和、计数、平均值、最大值、最小值计算，这个计算一般是对报表字段的纵向数据进行统计计算。在纵向计算时，可使用 Access 提供的统计函数 Sum、Count、Avg、Max、Min 等完成计算操作。

4. 报表的排序分组汇总实例

【例 6-6】在例 6-2 的基础上，将报表记录按学号分组；统计每个学生的总评成绩的总分；

分组记录按学期的降序排序。

操作步骤：

(1) 打开"例 6-2"报表，切换至设计视图。

(2) 单击"设计"选项卡中"分组和汇总"组的"排序和分组"按钮，在"排序、分组和汇总"窗格中单击"添加组"按钮，出现"字段列表"窗格，选择"学号"字段，如图 6-45 所示，报表记录按学号分组。

(3) 单击"更多"按钮，单击"无页脚节"，改成"有页脚节"，报表增加"学号页脚"节；设置汇总如图 6-47 所示。统计每个学生各门课程的总评成绩总和，此时报表页脚节自动增加一个文本框控件用于计算并显示每一组记录总评成绩字段的总和。

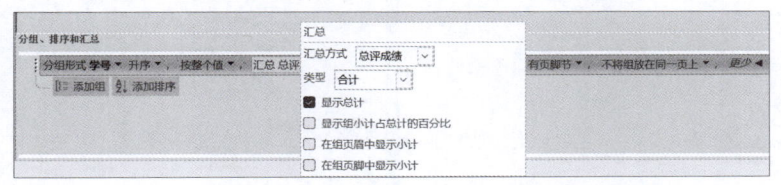

图 6-47　汇总设置

(4) 将主体节中的"学号"和"姓名"两个文本框控件拖动至学号页眉节，调整合适位置；调整学号页眉和学号页脚两个节的合适高度；将报表页脚的显示总评成绩总分的文本框控件剪切、粘贴到学号页脚，在前面添加一个标签控件，输入标题为"总评成绩总分："。

(5) 单击"添加排序"按钮，在"排序依据"中选择"学期"，单击"升序"下拉列表选择"降序"，设置后报表分组的记录按学期由高到低的顺序排列。完成后的设计视图如图 6-48 所示。

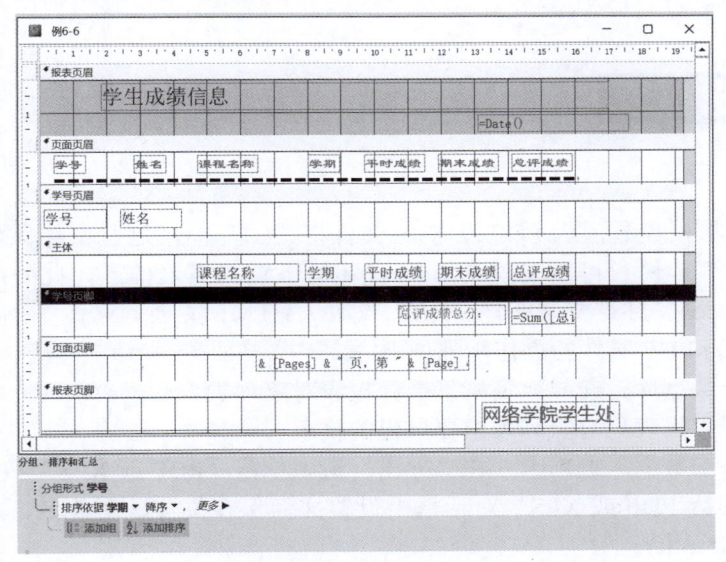

图 6-48　例 6-6 设计视图

(6) 单击"文件"选项卡选择"对象另存为"，输入报表名称为"例 6-6"，保存报表，预览视图（部分）如图 6-49 所示。

201

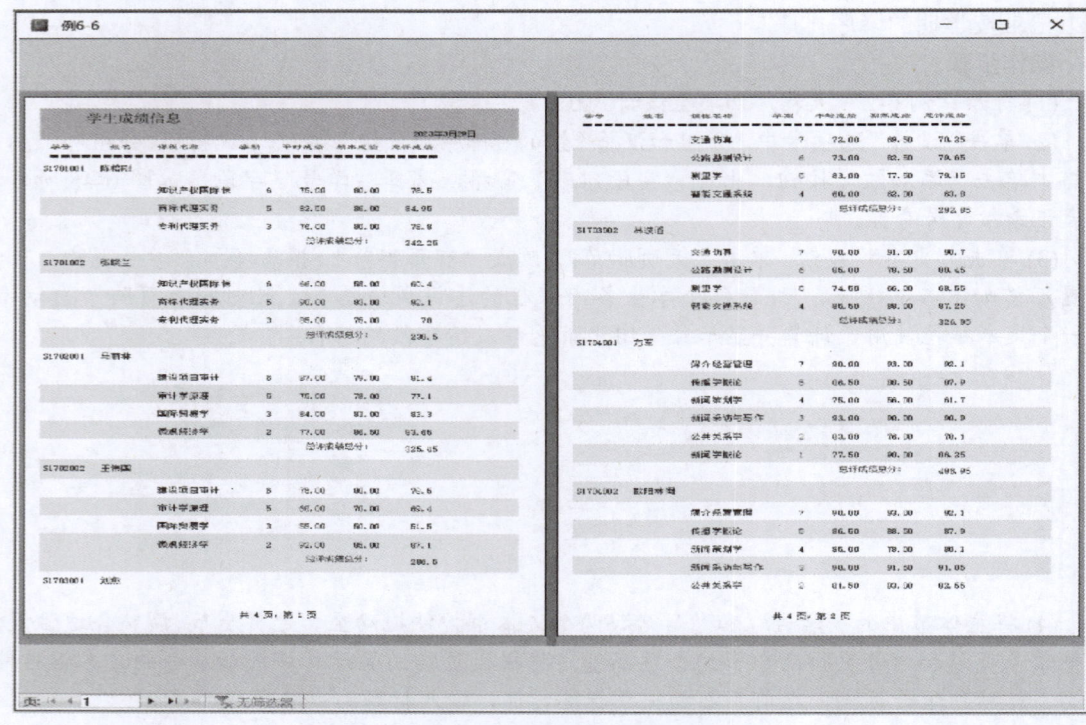

图 6-49 例 6-6 报表预览视图 (部分)

6.4 导出报表

    Access 提供将报表导出为 PDF 或 XPS 文件格式的功能，这些文件保留原始报表的布局和格式，以便其他用户可以在脱离 Access 环境下查阅报表信息，此外，Access 还可以将报表导出为 Excel 文件、文本文件、XML 文件、HTML 文档等。

    将报表导出为 PDF 文件的操作步骤如下。

    (1) 打开某个数据库，在导航窗格下展开报表对象列表。

    (2) 单击选择"报表"对象列表中要导出的报表。

    (3) 单击"外部数据"选项卡，在"导出"组中单击"PDF 或 XPS"按钮。

    (4) 在"发布为 PDF 或 XPS"对话框中设置文件保存位置、文件名、文件类型，选择保存类型为 PDF(*.pdf)。

    (5) 单击"发布"按钮，完成操作后，在步骤 (4) 指定的路径下可以找到报表导出的 PDF 文件。

报 表 06

6.5 本章小结

"删繁就简三秋树，领异标新二月花。"通过本章的学习，读者应该对报表有初步的认识，理解报表的作用、组成、分类和视图，掌握报表的创建和编辑方法，掌握报表的排序、分组和汇总。

报表不仅可以按指定的格式显示和打印输出数据，而且还可以对数据进行排序、分组和统计计算。报表一般由报表页眉、页面页眉、主体、页面页脚、报表页脚 5 个节组成，若对报表进行分组操作，则报表会增加组页眉和组页脚 2 个节。Access 报表主要有纵栏式报表、表格式报表、图表报表和标签报表 4 种类型。报表视图有报表视图、打印预览、布局视图和设计视图 4 种。

Access 提供"报表""空报表""报表向导"等创建报表的方法，"报表"可快速创建表格式报表，"空报表"在布局视图下创建表格式报表。对于记录源是多表、数据较多、布局要求较高的情况，可使用"报表向导"快速地创建报表。图表报表通过使用"图表"控件向导创建，标签报表使用"标签报表"向导创建。报表设计视图下，用户可利用报表控件、排序、分组和汇总等功能自行设计功能完善、复杂的报表；也可以对其他报表进行编辑操作。

Access 提供了将报表导出为其他格式文件的功能，以便用户在脱离 Access 环境下查阅报表。

本章实验操作：

(1) 通过练习掌握使用"报表"按钮和"空报表"按钮快捷创建报表的方法，注意要先进行记录源的选择操作。

(2) 通过例题熟练掌握使用"报表向导"创建报表的过程。**注意**：首先多表之间要确定已建立正确的关系，其次是要区别"数据查看方式"和"分组"的作用（"数据查看方式"是记录源为多表的分组，"分组"是记录源为多表的二次分组或是记录源为单表的分组），再次要注意"汇总选项"设置必须是有分组才会出现（如果记录源无数值型字段即使分组也不能进行汇总计算）。

(3) 熟悉使用"设计视图"创建报表的方法，首先熟悉在"设计视图"下为报表增加/删除各节的操作，并熟练掌握报表记录源的设置；其次要掌握报表控件的使用及属性设置；最后要熟悉在"设计视图"下对报表数据进行"排序、分组和汇总"的设计操作。

(4) 熟悉图表报表和标签报表的设计方法。

拓展阅读

人才成长和发展，离不开创新文化土壤的滋养。要持续营造尊重劳动、尊重知识、尊重人才、尊重创造的社会氛围，大力弘扬科学家精神，激励广大科研人员志存高远、爱国奉献、矢志创新。要加强科研诚信和作风学风建设，推动形成风清气正的科研生态。

资料来源：习近平总书记 2024 年 6 月 24 日在全国科技大会、国家科学技术奖励大会、两院院士大会上的讲话。

6.6 思考与练习

6.6.1 选择题

1. 下列关于报表的叙述中，正确的是（　　）。
   A. 报表只能输入数据　　　　　　　　B. 报表只能输出数据
   C. 报表可以输入和输出数据　　　　　D. 报表不能输入和输出数据
2. 要实现报表按某字段分组统计输出，需要设置的是（　　）。
   A. 报表页脚　　　　　　　　　　　　B. 该字段的组页脚
   C. 主体　　　　　　　　　　　　　　D. 页面页脚
3. 在报表中要显示格式为"共 N 页，第 N 页"的页码，正确的页码格式设置是（　　）。
   A. =" 共 " + Pages + " 页，第 " + Page + " 页 "
   B. =" 共 " + [Pages] + " 页，第 " + [Page] + " 页 "
   C. =" 共 " & Pages & " 页，第 " & Page & " 页 "
   D. =" 共 " & [Pages] & " 页，第 " & [Page] & " 页 "
4. 在报表中，要计算"数学"字段的最低分，应将控件的"控件来源"属性设置为（　　）。
   A. =Min([数学])　　　　　　　　　B. =Min(数学)
   C. =Min[数学]　　　　　　　　　　D. Min(数学)
5. 在一份报表中，设计内容只出现一次的区域是（　　）。
   A. 报表页眉　　　　　　　　　　　　B. 页面页眉
   C. 主体　　　　　　　　　　　　　　D. 页面页脚
6. 报表的分组统计信息显示的区域是（　　）。
   A. 报表页眉或报表页脚　　　　　　　B. 页面页眉或页面页脚
   C. 组页眉或组页脚　　　　　　　　　D. 主体
7. 报表的数据源不能是（　　）。
   A. 表　　　　　B. 查询　　　　　C. SQL 语句　　　　　D. 窗体
8. 下列叙述中，正确的是（　　）。
   A. 在窗体和报表中均不能设置组页眉
   B. 在窗体和报表中均可以根据需要设置组页眉
   C. 在窗体中可以设置组页眉，在报表中不能设置组页眉
   D. 在窗体中不能设置组页眉，在报表中可以设置组页眉
9. 下列选项中，可以在报表设计时作为绑定控件显示字段数据的是（　　）。
   A. 文本框　　　　B. 标签　　　　C. 图像　　　　D. 选项卡
10. 不可以为报表各节设置不同的（　　）。
    A. 宽度　　　　B. 高度　　　　C. 背景色　　　　D. 可见性

6.6.2 填空题

1. Access 的报表对象的数据源可设置为_____或_____。
2. _____是报表数据输出不可缺少的内容。
3. 计算控件的控件来源一般设置为_____以开头的计算表达式。
4. 设置_____属性以实现 Access 报表的排序和分组统计操作。
5. 如果要设计带表格线的报表，需要向报表中添加_____或_____控件来完成表格线显示。

6.6.3 简答题

1. 报表的组成有哪些部分？每个部分有什么作用？
2. 报表的作用是什么？报表的数据来源有哪些？
3. 报表的类型有哪些？
4. 报表创建的方法有哪些？各自有什么特点？
5. 在报表中如何实现排序、分组和汇总？

第 7 章 宏

知识目标

1. 了解宏的概念与用途。
2. 掌握 Access 中常用的宏操作。
3. 掌握独立宏和嵌入宏的创建与运行方法。
4. 熟悉数据宏的创建与运行方法。
5. 了解用宏创建自定义菜单的方法。

素质目标

1. 培养学生良好的职业道德和法律意识。
2. 培养学生终身学习的能力。

学习指南

本章的重点是 7.1.4 节、7.2 节和 7.3 节，难点是 7.2 节和 7.3 节。

宏包含的是操作序列，每个操作都由命令来完成，以此实现特定的功能。要学好宏，首先要掌握常用的宏操作命令的功能及参数的设置，然后就是要多看例子、多思考、多动手实践。

宏 07

思维导图

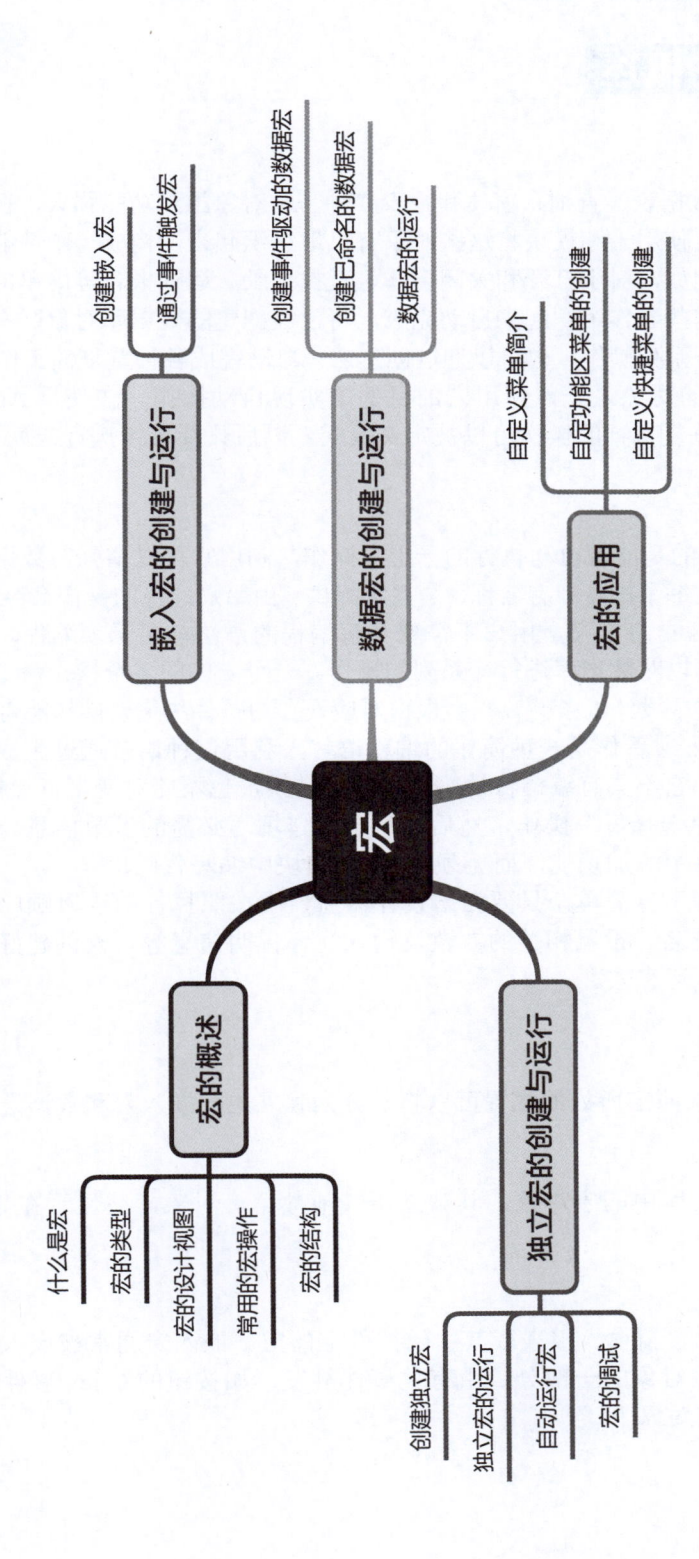

- 宏
  - 宏的概述
    - 什么是宏
    - 宏的类型
    - 宏的设计视图
    - 常用的宏操作
    - 宏的结构
  - 嵌入宏的创建与运行
    - 创建嵌入宏
    - 通过事件触发宏
  - 数据宏的创建与运行
    - 创建事件驱动的数据宏
    - 创建已命名的数据宏
    - 数据宏的运行
  - 宏的应用
    - 自定义菜单简介
    - 自定义功能区菜单的创建
    - 自定义快捷菜单的创建
  - 独立宏的创建与运行
    - 创建独立宏
    - 独立宏的运行
    - 自动运行宏
    - 宏的调试

7.1 宏的概述

Access 中的数据表、查询、窗体和报表 4 种基本对象虽然功能强大，但是它们彼此间不能互相驱动，需要使用宏和模块将这些对象有机地组织起来，构成一个性能完善、操作简便的数据库系统。例如，对于打开和关闭窗体、查找记录、运行报表等简单的细节操作，使用宏可以轻松地将这些工作组织起来自动完成，将已经创建的数据库对象联系在一起。如果用户频繁地重复同一系列操作，也可以通过创建宏来自动完成各种重复性工作。

宏是 Access 的对象之一，使用宏的目的是实现自动操作。在使用 Access 数据库的过程中，一些需要重复执行的操作可以被定义成宏，以后只要直接执行宏就可以了。

7.1.1 什么是宏

宏 (Macro) 指的是能被自动执行的一组宏操作，利用它可以增强对数据库中数据的操作能力。宏中包含的每个操作都有名称，是系统提供、由用户选择的操作命令，名称不能修改。这些命令由 Access 自身定义，用户不需要了解编程的语法，更无须编程，只需要利用几个简单的宏操作就可以对数据库进行一系列的操作。一个宏中的多个操作命令在运行时按先后次序执行，如果宏中设计了条件，则会根据对应设置的条件决定宏操作能否执行。

可以将 Access 宏看作是一种简化的编程语言，利用这种语言通过生成要执行的操作的列表来创建代码，它不具有编译特性，没有控制转换，也不能对变量直接操作。生成宏时，用户从下拉列表中选择每个操作，然后为每个操作填写必需的参数信息。宏使用户能够向窗体、报表和控件中添加功能，而无须在 VBA 模块中编写代码。

创建宏的过程十分简单，只要在宏设计器窗口中按照执行的逻辑顺序依次选定所需的宏操作，并指定宏名、设置相关的参数及输入注释说明信息等。宏创建好之后，可以通过多种方式来调试、运行宏。

7.1.2 宏的类型

在 Access 中按照宏所处的位置可以将宏分为独立宏、嵌入宏和数据宏 3 种类型。

1. 独立宏

独立宏即数据库中的宏对象，其独立于其他数据库对象，被显示在导航窗格的"宏"组下。

2. 嵌入宏

嵌入宏指附加在窗体、报表或其中的控件上的宏。嵌入宏通常被嵌入到所在的窗体或报表中，成为这些对象的一部分，由有关事件触发，如按钮的 Click 事件。嵌入宏没有显示在导航窗格的宏对象下。

3. 数据宏

数据宏指在表上创建的宏。当在表中插入、删除和更新数据时，将触发数据宏，从而验证和确保表数据的准确性。数据宏也没有显示在导航窗格的宏对象下。

7.1.3 宏的设计视图

在"创建"选项卡的"宏与代码"组中，单击"宏"按钮，创建一个新宏。这时将自动打开宏的设计视图，宏设计视图用于创建或编辑宏，如图 7-1 所示。

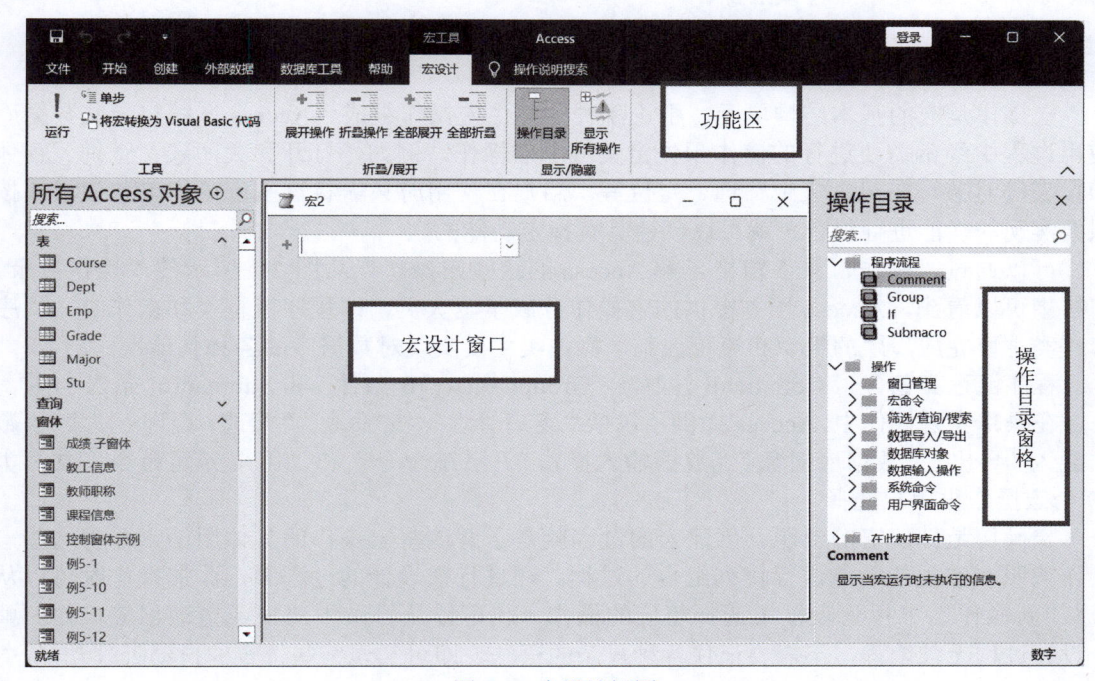

图 7-1 宏设计视图

宏设计视图主要由功能区、宏设计窗口和操作目录窗格三大部分组成。

1. 功能区

功能区提供了设计、管理、运行和调试宏所需要的功能按钮。"工具"组中的"运行"按钮可以运行宏；"单步"按钮可以设置宏的运行模式为单步运行。"折叠/展开"组中的按钮可以折叠或展开宏设计器中的宏操作。"显示/隐藏"组中的"操作目录"按钮可以显示或隐藏操作目录窗格；"显示所有操作"按钮如果处于按下状态，则操作目录窗格中和"添加新操作"下拉列表框中都将显示所有的宏操作，包括一些尚未受信任的操作，如 SetValue、RunSQL 等。

2. 宏设计窗口

在宏设计窗口中，可以通过"添加新操作"下拉列表框添加宏操作，还可以对各种项目进行编辑、移动和删除。当选择或直接输入宏操作命令后，系统会自动展开宏并显示该命令的相关参数。操作参数控制操作执行的方式，不同的宏操作具有不同的操作参数。用户应根据所要执行的操作对这些参数进行设置。单击操作、条件或子宏前面的"–"可以折叠相应的项目，单击项目前面的"+"则展开该项。

3. 操作目录窗格

在操作目录窗格中分类列出了所有的宏操作命令，单击每个宏操作，在窗格底部会显示该操作的功能。双击需要添加的项目，或者将项目拖曳到宏设计窗口都可以在宏设计窗口中添加相应的程序流程或宏操作。

7.1.4 常用的宏操作

宏操作是宏的基本结构单元，不论哪种宏都由宏操作组成。Access 系统将一些数据库使用过程中经常需要进行的操作预先定义成了宏操作，例如，打开和关闭表、查询、窗体和报表等对象，在记录集中筛选、定位等。用户在使用时只需将这些宏操作单独使用或按照要实现的功能进行组合，就可以创建具有指定功能的宏。

可以通过"操作目录"窗格了解 Access 的这些宏操作。从图 7-1 所示的"操作目录"窗格中可以看到，Access 预先提供的宏操作分成了两大类，即程序流程类和操作类。程序流程类主要完成程序的组织和流程控制，操作类主要实现对数据库的各种具体操作。

程序流程类包含了 Comment(注释)、Group(组)、If(条件) 和 Submacro(子宏)4 项。

在操作类宏操作中，Access 提供了包括"窗口管理""宏命令""筛选/查询/搜索""数据导入/导出""数据库对象""数据输入操作""系统命令"和"用户界面命令"共 8 类 63 个宏操作供用户选择。

宏操作是创建宏的资源。创建宏的过程就是了解这些宏操作的具体用法，并将这些宏操作按照要实现的功能进行排列组合的过程。在进行宏设计的过程中，添加操作时可以从"添加新操作"下拉列表框中选择相应的操作，也可以从目录中双击或拖动相应操作。整个设计过程无须编程，不需要记住各种复杂的语法，即可实现某些特定的自动处理功能。

注意：并不是所有的时刻都能使用所有的宏操作，有些宏操作只在特定情景下才可以使用。

在 Access 中，宏几乎可以实现数据库的所有操作，归纳起来有以下几点。

1. 打开数据库对象

(1) OpenForm：打开窗体。
(2) OpenTable：打开数据表。
(3) OpenQuery：打开查询。
(4) OpenReport：打开报表。

2. 记录操作

(1) ApplyFilter：对表或窗体应用筛选。
(2) FindRecord：寻找表、查询或窗体中符合给定条件的第一条记录。
(3) FindNextRecord：寻找符合 FindRecord 指定条件的下一条数据记录。
(4) GoToRecord：指定当前记录。

(5) Refresh：刷新视图中的记录。
(6) ShowAllRecords：从表、查询或窗体中删除所有已应用的筛选。

3. 运行和控制流程

(1) CancelEvent：中止一个事件。
(2) QuitAccess：退出 Access。
(3) RunMacro：执行宏。
(4) StopMacro：停止当前正在执行的宏。

4. 控制窗口

(1) CloseWindow：关闭指定的窗口，如果无指定窗口，则关闭激活的窗口。
(2) MaximizeWindow：最大化活动窗口。
(3) MinimizeWindow：最小化活动窗口。
(4) RestoreWindow：将处于最大化或最小化的窗口恢复为原来的大小。

5. 设置值

(1) SetLocalVar：将本地变量设为给定值。
(2) SetProperty：设置控件属性的值。

6. 通知或警告

(1) Beep：使计算机发出嘟嘟声。
(2) MessageBox：显示消息框。

7. 菜单操作

(1) AddMenu：为窗体或报表添加菜单。
(2) SetMenuItem：设置活动窗口自定义菜单栏中的菜单项状态。

7.1.5 宏的结构

  Access 中的宏可以是包含一个或几个操作的操作序列宏，运行时按顺序从第 1 个宏操作依次往下执行；也可以是由几个子宏组成的宏，还可以是使用条件限制执行的宏。

  宏操作：是系统预先设计好的特殊代码，每个操作可以完成一种特定的功能，用户使用时按需设置参数即可。

  子宏 (Submacro)：包含在一个宏名下的具有独立名称的宏，可以单独运行。当一个宏中包含多种相对独立的功能时，可以为每种功能创建子宏。子宏也有名称，可以通过其名称来调用。每个宏可以包含多个子宏，包含子宏的宏常被称为宏组。

  组 (Group)：组是将相关宏操作进行分组，并为每组指定一个名称 (不是必需的)，从而提高宏的可读性。使用分组可以更方便地对宏进行管理，分组不会影响宏操作的执行方式，组不能单独调用或运行。

  注释 (Comment)：对宏的说明。一个宏中可以有多条注释。注释虽然不是必需的，但添加注释不但方便以后对宏进行维护，也方便其他用户理解宏。

条件 (If...Else...Endif)：设置了条件的宏，将根据条件表达式成立与否执行不同的宏操作。这样可以加强宏的逻辑性，也使宏的应用更加广泛。

7.2 独立宏的创建与运行

如果要在应用程序的很多位置重复使用宏，则可以建立独立宏。通过其他宏调用该宏，可以避免在多个位置重复相同的代码。创建条件宏时，条件值应该是个逻辑值，条件表达式可以直接输入，也可以使用表达式生成器生成。创建宏组时每个子宏都需要有一个宏名，宏组中的宏使用"宏组名.宏名"来引用。

7.2.1 创建独立宏

【例7-1】创建一个操作序列宏，宏名为StuInfo，宏的作用是弹出一个提示对话框，提示"下面将显示学生基本信息，数据不能修改！"，关闭对话框将以只读方式打开Stu表。

操作步骤：
(1) 在"创建"选项卡的"宏与代码"组中单击"宏"按钮，打开宏设计视图。
(2) 单击"添加新操作"下拉列表框，选择MessageBox操作，按照图7-2所示设置参数。
(3) 单击"添加新操作"下拉列表框，选择OpenTable操作，按照图7-2所示设置参数。
(4) 保存宏为StuInfo，关闭宏窗口。

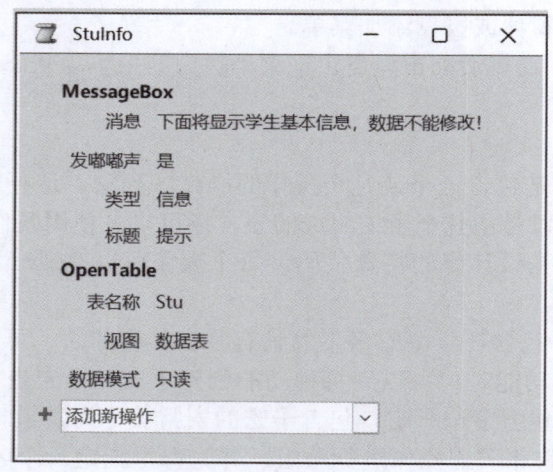

图7-2 StuInfo宏设计

【例7-2】创建一个宏Mymacro，该宏包含两个子宏，一个子宏名为StuInfo，宏的作用同例7-1；另一个子宏名为StuScore，宏的作用是弹出一个提示对话框，提示"下面将显示学生成绩报表！"，关闭对话框将打开例6-3的"学生成绩报表"。

操作步骤：

(1) 在"创建"选项卡的"宏与代码"组中单击"宏"按钮，打开宏设计视图。

(2) 打开"操作目录"窗格，将"程序流程"下的 Submacro 拖入宏设计窗口，在"子宏"后面的文本框中输入 StuInfo。

(3) 在子宏 StuInfo 中，依次添加操作 MessageBox 和 OpenTable，并设置参数如例 7-1。

(4) 在设计窗口中再添加一个子宏 StuScore。

(5) 在子宏 StuScore 中，依次添加操作 MessageBox 和 OpenReport，并设置参数，如图 7-3 所示。

(6) 保存宏为 Mymacro，关闭宏窗口。

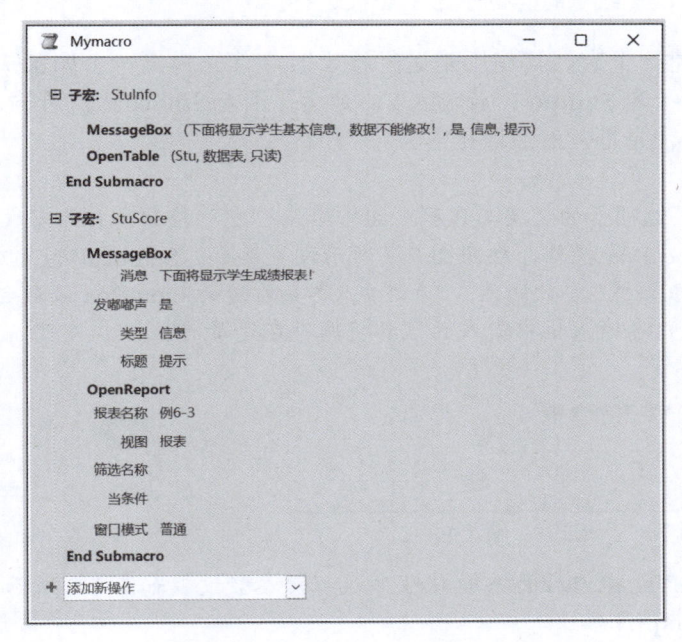

图 7-3　Mymacro 宏设计

7.2.2　独立宏的运行

创建了宏之后，运行宏可以执行宏中的操作，实现宏的功能。有多种方法可以运行独立宏。

方法 1：在宏设计窗口中运行宏。

在宏设计视图中，单击"宏设计"选项卡"工具"组中的"运行"按钮，可以直接运行已经设计好的当前宏。

方法 2：从导航窗格运行独立宏。

双击导航窗格上宏列表中的宏名可以直接运行该独立宏。或者右击所要运行的宏，在弹出的快捷菜单中选择"运行"命令，也可以运行该宏。

方法 3：在 Access 主窗口中运行宏。

在 Access 主窗口中，单击"数据库工具"选项卡"宏"组中的"运行宏"按钮，打开

"执行宏"对话框，直接在下拉列表中选择要执行的宏的名称或输入宏名，如图 7-4 所示，然后单击"确定"按钮，即可运行指定的宏。这里可以选择执行宏组，也可以选择执行宏组中的某个子宏，宏组中的子宏用"宏组名.子宏名"来引用。如果选择执行宏组，则只会运行宏组中的第一个子宏。

方法 4：在其他宏中使用 RunMacro 宏操作间接运行另一个已命名的宏。

注意：如果使用方法 1 或方法 2 运行宏组，则只会运行宏组中的第一个子宏，宏组中的其他子宏不会被运行。

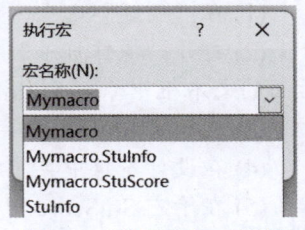

图 7-4 "执行宏"对话框

【例 7-3】创建一个宏，其作用是运行该宏时，首先弹出一个如图 7-5 所示的输入框，若输入 1，则运行子宏 StuInfo；若输入 2，则运行子宏 StuScore；若输入其他内容，则弹出如图 7-6 所示的消息框，然后停止宏。

操作步骤：

(1) 在"创建"选项卡的"宏与代码"组中单击"宏"按钮，打开宏设计视图。

(2) 添加 SetLocalVar 操作，按照图 7-7 所示设置参数。SetLocalVar 的作用是定义一个本地变量 r，其值为"表达式"参数的值。"表达式"参数右边的 InputBox 函数会弹出一个如图 7-5 所示的输入框，用户在输入框中输入的信息将保存在变量 r 中。

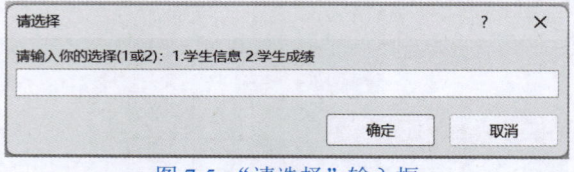

图 7-5 "请选择"输入框　　　　图 7-6 "提示"消息框

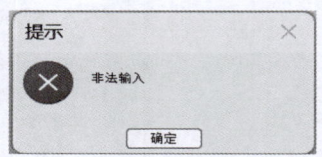

(3) 在 SetLocalVar 操作后面添加 If 程序流程，参数设置如图 7-8 所示，本地变量 r 的引用格式为 [LocalVars]![r]。

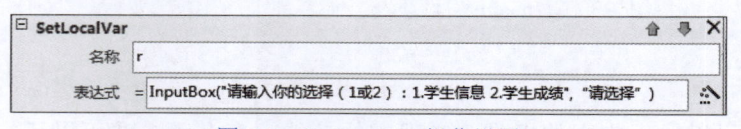

图 7-7 SetLocalVar 操作设置

(4) 保存该宏为"例 7-3"后，单击"设计"选项卡"工具"组中的"运行"按钮，运行当前宏。

7.2.3 自动运行宏

Access 在打开数据库时，将查找一个名为 AutoExec 的宏，如果找到，就自动运行它。制作 AutoExec 宏只需要进行如下操作。

(1) 创建一个独立宏，其中包含了在打开数据库时要自动运行的操作。

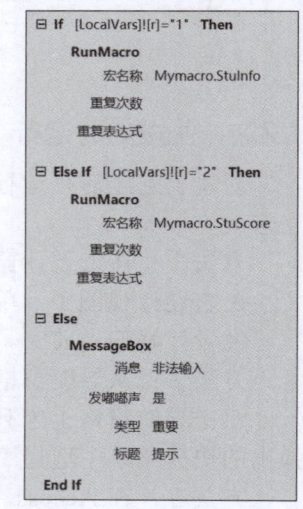

图 7-8 If 程序流程

(2) 以 AutoExec 为宏名保存该宏。

提示：如果不希望在打开数据库时自动运行宏，则可以在打开数据库时按住 Shift 键。

【例 7-4】创建一个自动运行宏 AutoExec，它的作用是打开数据库时，先弹出一个"密码"输入框，如图 7-9 所示，当用户输入的密码为 123abc 时，出现"通过验证"消息框，如图 7-10 所示；当密码错误时，出现"未通过验证"消息框，如图 7-11 所示，并关闭 Access。

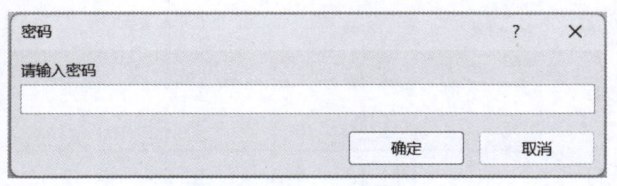

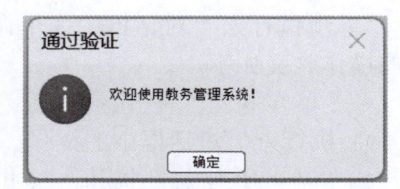

图 7-9 "密码"输入框　　　　　　图 7-10 "通过验证"消息框

操作步骤：
(1) 在"创建"选项卡的"宏与代码"组中单击"宏"按钮，打开宏设计视图。
(2) 添加 If 程序流程，参数设置如图 7-12 所示。

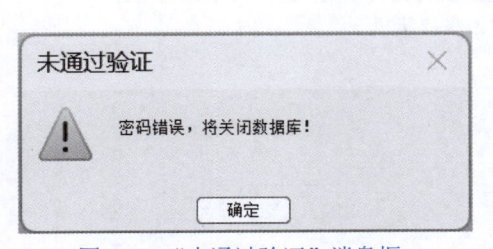

图 7-11 "未通过验证"消息框　　　　图 7-12 例 7-4 宏设计

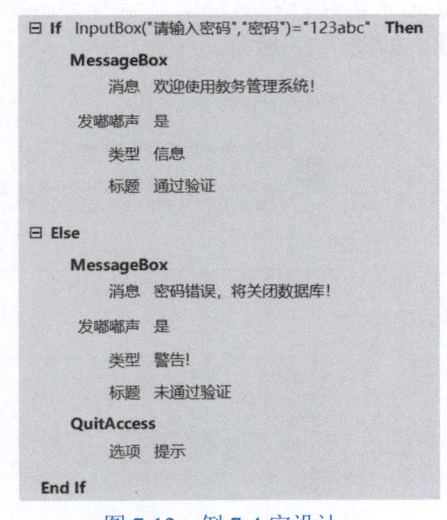

(3) 保存该宏为 AutoExec，关闭宏设计窗口。
关闭数据库后，当再次打开教务管理数据库时，会自动执行 AutoExec 宏进行密码验证。

7.2.4 宏的调试

在宏执行时，有时会得到异常的结果，这时可以使用宏的调试工具对宏进行调试。常用的方法是单步执行宏，即每次只执行一个宏操作。在单步执行宏时，用户可以观察到宏的执行过程及每一步操作的结果，从而发现出错的位置并进行修改。

打开宏的设计视图，在"设计"选项卡的"工具"组中单击"单步"按钮，然后再单击"运行"按钮,将开始单步运行宏。这时,在每个宏操作运行前系统都先中断并显示"单步执行宏"对话框,如图 7-13 所示。

在"单步执行宏"对话框中列出了每一步执行的宏操作的"宏名称""条件""操作名称"和"参数"。观察这些信息,可以判断宏操作是否按预期的结果执行。

"单步执行宏"对话框中 3 个命令按钮的操作含义如下。

- "单步执行"按钮:执行"单步执行宏"对话框中的操作。
- "停止所有宏"按钮:停止宏的运行并关闭对话框。
- "继续"按钮:关闭单步执行并执行宏的未完成部分。

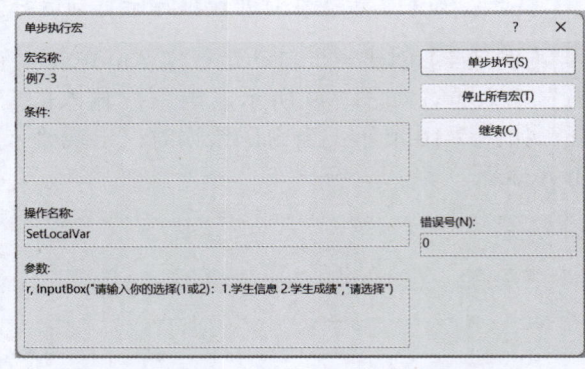

图 7-13 "单步执行宏"对话框

如果宏操作有错误,例如,当宏操作 OpenTable 的操作参数"表名称"指定了一个不存在的数据表 Stu1,在执行该操作时会先打开如图 7-14 所示的错误消息提示框,指出出错原因及处理建议。随后重新显示有关出错宏操作的"单步执行宏"对话框,并在其中给出错误号,如图 7-15 所示。

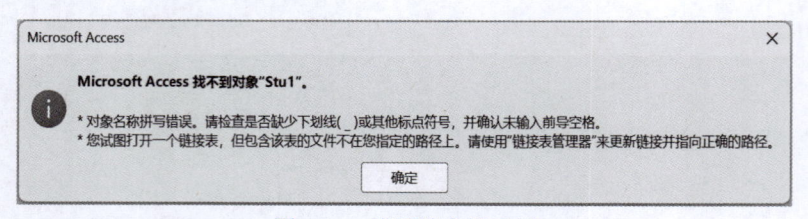

图 7-14 错误消息提示框

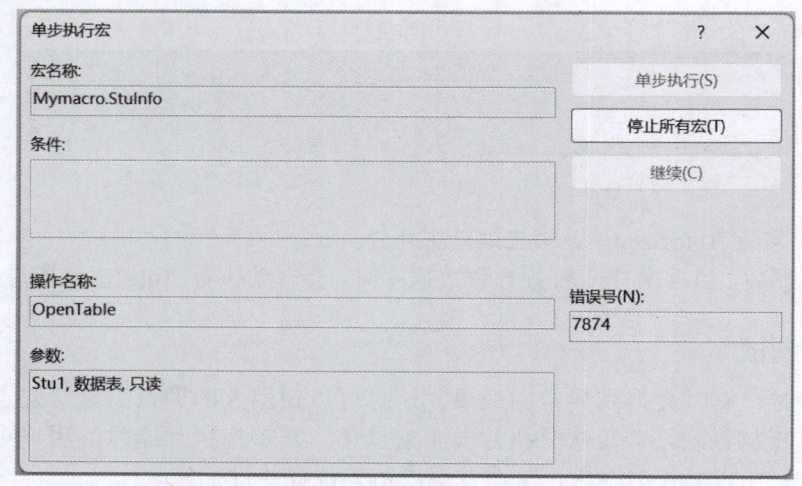

图 7-15 出错的"单步执行宏"对话框

7.3 嵌入宏的创建与运行

在打开窗体和报表时，经常需要计算机自动完成某些动作。例如，打开窗体和报表的一些初始化操作，单击窗体中按钮等控件后要完成的一系列动作等。在 Access 中，要实现这类操作就要创建嵌入宏。

嵌入宏是嵌入在窗体、报表或其控件的属性中的宏。这类宏被嵌入到所在的窗体、报表对象中，成为这些对象的一部分，因此在导航窗格的"宏"列表下不显示嵌入宏。运行时通过触发窗体、报表和按钮等对象的事件(如加载 Load 或单击 Click)来运行。

7.3.1 创建嵌入宏

嵌入宏是通过对某对象的某事件属性使用宏生成器来创建的。

【例 7-5】在前文例 5-4 中创建的窗体"课程信息"中嵌入宏，打开窗体前弹出"口令"输入框，如图 7-16 所示。如果输入的口令不是 123456，则不能打开该窗体；如果口令正确，则显示第 7 学期的课程信息。

操作步骤：

(1) 打开窗体"课程信息"的设计视图，在"属性表"窗格中单击窗体"打开"事件右边的省略号按钮，在弹出的"选择生成器"对话框中选择"宏生成器"，进入宏设计视图。

(2) 在宏设计窗口中添加 If 程序流程，参数设置如图 7-17 所示。

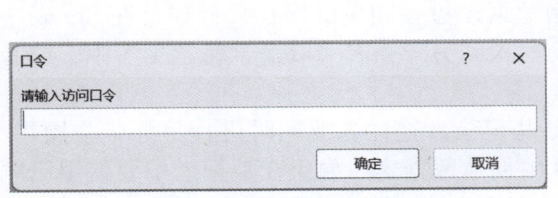

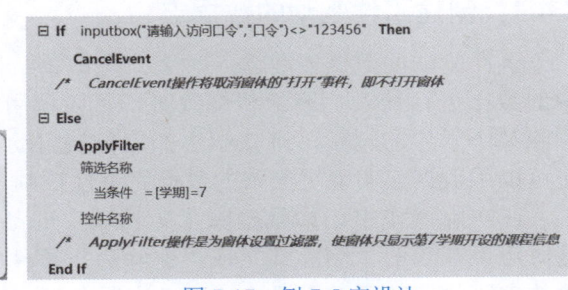

图 7-16 "口令"输入框　　　图 7-17 例 7-5 宏设计

(3) 保存该宏，关闭宏设计窗口。
(4) 保存该窗体，关闭窗体的设计视图。

7.3.2 通过事件触发宏

嵌入宏不能直接运行，只能通过触发事件来运行。在导航窗格中双击窗体"课程信息"后，触发该窗体的"打开"事件，嵌入的宏被执行，将出现如图 7-16 所示的口令输入框，如果口令正确，则显示如图 7-18 所示的结果。

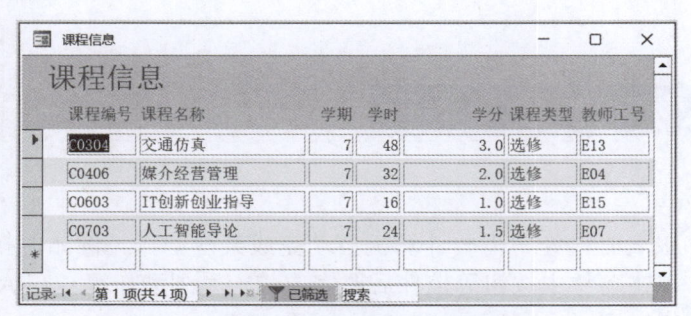

图 7-18 例 7-5 窗体显示效果

注意：能引发事件的不仅仅是用户的操作，程序代码或操作系统都有可能引发事件。例如，如果窗体或报表在执行过程中发生错误，便会引发窗体或报表的"出错"（Error）事件；当打开窗体并显示其中的数据记录时，会引发"加载"（Load）事件。

7.4 数据宏的创建与运行 *

有两种主要的数据宏类型：一种是由表事件触发的数据宏，也称事件驱动的数据宏；一种是为响应按名称调用而运行的数据宏，也称已命名的数据宏。必须使用表的"数据表视图"或"设计视图"中的功能区命令才能创建、编辑、重命名和删除数据宏。

因为数据宏是建立在表对象上的，所以不会显示在导航窗格的"宏"列表下。

7.4.1 创建事件驱动的数据宏

事件驱动的数据宏包含 5 种宏：更改前、删除前、插入后、更新后和删除后。当对表中的数据进行插入、删除和修改时，可以调用数据宏进行相关的操作。例如，在 Stu 表中删除某个学生的记录，则该学生的信息被自动写入到另一个表"取消学籍学生"中。或者也可以用数据宏实现更复杂的数据完整性控制。

在实际操作中，如果删除了数据表中的某些记录，往往需要同时进行另外一些操作，这时可以在表的"删除前"或"删除后"事件中创建数据宏。如果在数据宏中要使用已删除的字段的值，可以使用"[Old].[字段名]"的引用方式。

【例 7-6】在"Stu 的副本"表的"删除后"事件中创建数据宏，将被删除的学生信息写入"取消学籍学生"表中。

操作步骤：

（1）从 Stu 表复制一张新表"取消学籍学生"，复制时选择"仅结构"，为了简化操作将其他字段删除，只保留"学号"和"姓名"两个字段，并增加一个字段"变动日期"，数据类型为"日期/时间"型。

（2）从 Stu 表再复制一张新表"Stu 的副本"，复制时选择"数据和结构"，在导航窗格中双击"Stu 的副本"表，打开表的数据表视图。

宏 07

(3) 在"表格工具"的"表"选项卡"后期事件"组中单击"删除后"按钮，打开宏设计器。

(4) 在"操作目录"窗格的"数据块"组中双击 CreateRecord，向宏设计器添加宏操作，参数设置如图 7-19 所示。

(5) 单击"添加新操作"下拉列表框，选择 SetField 操作，按照图 7-19 所示设置参数；用同样的方法再添加两个 SetField 操作，参数设置如图 7-19 所示。

(6) 保存该宏，关闭宏设计窗口。

(7) 在表中删除一个或某些记录进行数据验证：此时若打开"取消学籍学生"表，会发现刚刚删除的记录已经写入该表中。

图 7-19　例 7-6 宏设计

(8) 保存并关闭该表。

本例中用到了宏操作 CreateRecord 和 SetField。

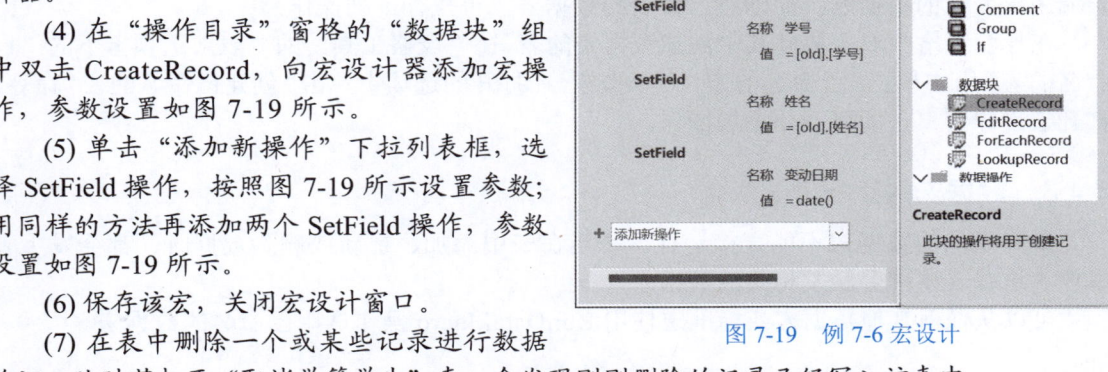

CreateRecord 用于在指定表中创建新记录，仅适用于数据宏。参数"在所选对象中创建记录"用于指定要在其中创建新记录的表，本例为"取消学籍学生"。CreateRecord 创建一个数据块，可在块中执行一系列操作，本例使用 SetField 为新记录的字段分配值。

SetField 用于向字段分配值，仅适用于数据宏。参数"名称"指要分配值的字段的名称，参数"值"可以是一个表达式，表达式的值就是要分配给该字段的值。这里使用了"[old].[学号]"引用被删除的数据。

注意： 数据宏中使用的宏操作大部分仅适用于数据宏。

数据插入和数据更新时的数据宏的创建方法与上面介绍的方法类似，如果需要，可以参照上面的介绍自己完成。

如果要删除表中已建立的数据宏，必须在表的"数据表视图"或"设计视图"中进行。例如，打开要删除数据宏的表的设计视图，在"设计"选项卡的"字段、记录和表格事件"组中单击"重命名/删除宏"按钮，打开"数据宏管理器"窗口，如图 7-20 所示。单击要删除的数据宏右边的"删除"命令即可将其删除。这里的"数据宏管理器"是管理数据宏的工具，其中列出了当前数据库所有表上的数据宏。

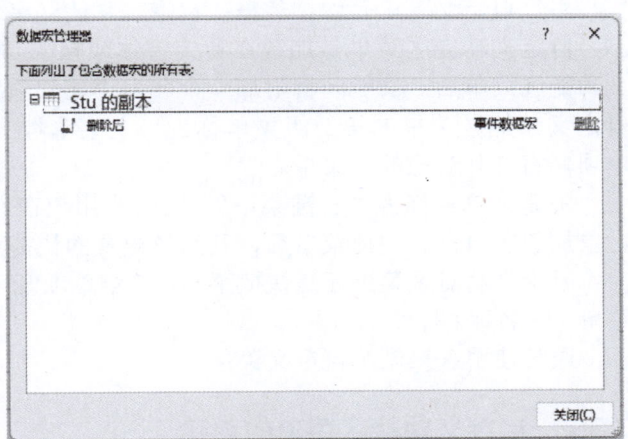

图 7-20　"数据宏管理器"窗口

219

7.4.2　创建已命名的数据宏

已命名的数据宏与特定表有关，但不与特定事件相关，可以从任何其他数据宏或标准宏调用已命名的数据宏。要创建已命名的数据宏，可执行下列操作：

在导航窗格中双击要向其中添加数据宏的表，在"表格工具"的"表"选项卡下的"已命名的宏"组中单击"已命名的宏"命令按钮，在打开的选项中单击"创建已命名的宏"命令，打开宏设计窗口，即可开始添加操作。

7.4.3　数据宏的运行

事件驱动的数据宏不能直接运行。每当在表中添加、更新或删除数据时，都会发生表事件，这些表事件会触发相关的数据宏。

可以从任何其他数据宏或标准宏使用 RunDataMacro 操作调用已命名的数据宏。

7.5　宏的应用

菜单是将应用系统所提供的功能组织起来的有效工具，每一个菜单项对应一个操作任务，代表执行一条命令或显示下一级菜单。Access 的功能区相当于一个菜单系统，系统还为每个对象提供了内置的快捷菜单。但有时，一个窗体、报表或控件还需要自定义的菜单以满足应用需求。在 Access 中，设计菜单使用宏来实现，而菜单系统本身也是依靠宏来运行的。创建菜单使用 AddMenu 操作。

7.5.1　自定义菜单简介

用户自定义菜单有两种类型：自定义功能区菜单和自定义快捷菜单。

自定义功能区菜单是加载在特定窗体或报表功能区上的菜单。窗体或报表加载了自定义功能区菜单后，功能区将附加一个名为"加载项"的选项卡，自定义菜单就显示在这里。自定义功能区菜单的第一级菜单称为"主菜单"，由若干个主菜单项组成。单击一个主菜单项，将打开对应的子菜单。

快捷菜单也称为"右键菜单"，它是当用户在选定对象上单击鼠标右键时打开的菜单。对象加载了自定义快捷菜单后，其系统内置的快捷菜单将被自定义快捷菜单所取代。

无论是功能区菜单还是快捷菜单，其菜单项既可以代表命令，也可以是下一级菜单(子菜单)的名称(标题)。

通常使用宏来创建自定义菜单。

7.5.2　自定义功能区菜单的创建

使用宏为特定窗体或报表创建自定义功能区菜单的一般步骤：

(1) 创建一个主菜单宏，由若干个 AddMenu 操作组成，每个 AddMenu 操作对应一个主菜单项，并指定一个子菜单宏为该主菜单项定义子菜单。

(2) 分别为每个子菜单创建子菜单宏，子菜单宏由若干个子宏组成，每个子宏对应一个子菜单项，子宏的宏操作表示子菜单项的功能。

(3) 将自定义功能区菜单加载到特定窗体或报表的功能区。

【例 7-7】为某窗体创建如图 7-21 所示的自定义功能区菜单，各级菜单项及功能如表 7-1 所示。

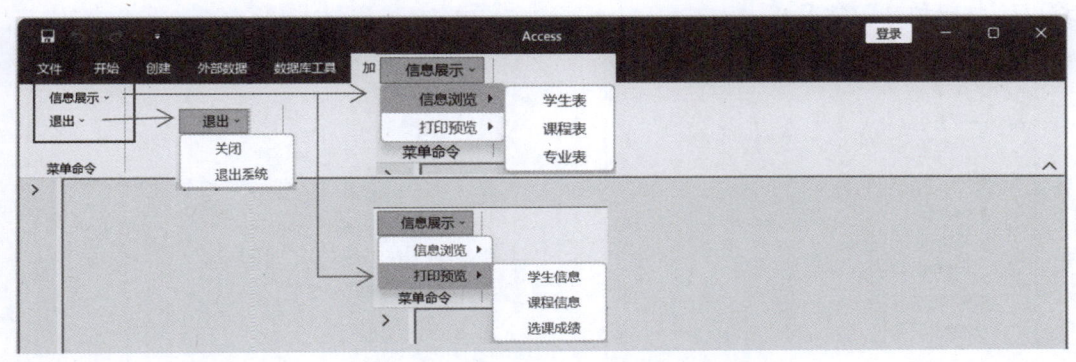

图 7-21　例 7-7 自定义功能区菜单

表7-1　例7-7自定义功能区菜单的菜单项

一级菜单项（主菜单项）	二级菜单项	三级菜单项	功能
信息展示	信息浏览	学生表	Stu 表数据浏览
		课程表	Course 表数据浏览
		专业表	Major 表数据浏览
	打印预览	学生信息	学生信息报表预览
		课程信息	课程信息报表预览
		选课成绩	选课成绩报表预览
退出	关闭	—	关闭当前窗体
	退出系统	—	退出 Access 系统

注：假设相关报表已建立

操作步骤：

(1) 新建一个宏，添加两个 AddMenu 操作以便创建两个主菜单项：在 AddMenu 操作的"菜单名称"框填入主菜单项名称，分别为"信息展示"和"退出"；在"菜单宏名称"框填入主菜单宏名，假设分别为"信息展示"和"退出"，如图 7-22 所示；保存该主菜单宏，假设以"主菜单"命名。

(2) 新建一个宏，添加两个子宏用于定义"信息展示"菜单的两个菜单项：为每个子宏添加一个 AddMenu 操作以便创建下一级菜单，并将下一级菜单的名称也就是二级菜单项的名称"信息浏览"和"打印预览"填入对应的"菜单名称"框，将下一级菜单宏的名称填入对应的"菜单宏名称"框,这里假设分别为"信息浏览"和"打印预览",如图7-23所示;子宏名假设为Sub1和Sub2,保存该宏,假设以"信息展示"命名。

(3) 新建一个宏,添加3个子宏用于定义"信息浏览"菜单项的3个子菜单:为每个子宏添加一个OpenTable操作,并设置对应的"表名称""数据模式"等参数,如图7-24所示;保存该宏,假设以"信息浏览"命名。

(4) 新建一个宏,添加3个子宏用于定义"打印预览"菜单项的3个子菜单:为每个子宏添加一个OpenReport操作,并设置对应的"报表名称"等参数,如图7-25所示;保存该宏,假设以"打印预览"命名。

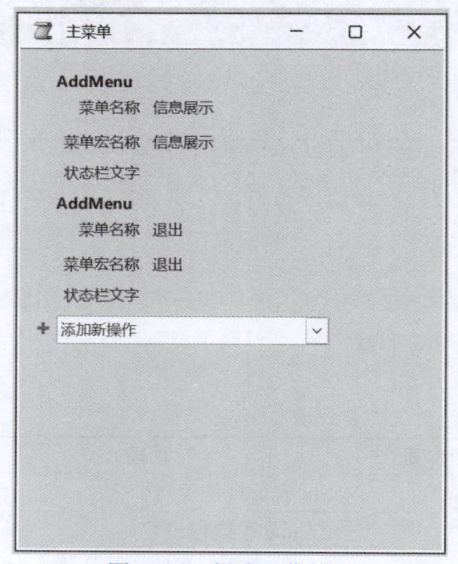

图7-22　创建主菜单宏

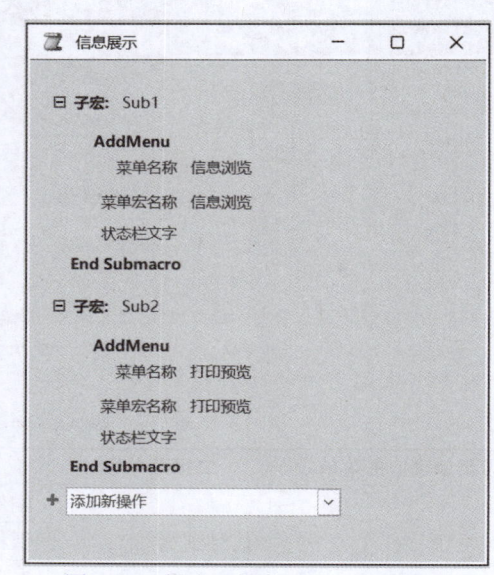

图7-23　创建"信息展示"子菜单宏

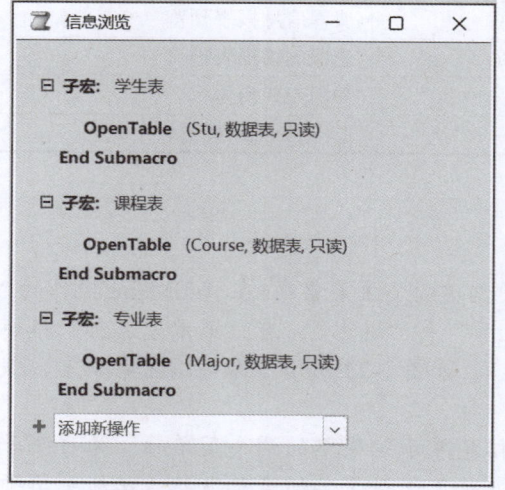

图7-24　创建"信息浏览"子菜单宏

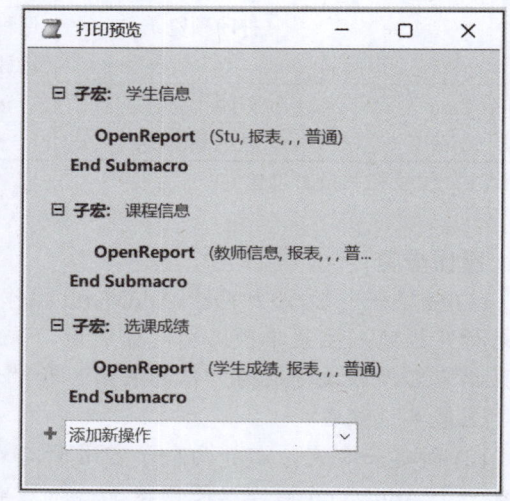

图7-25　创建"打印预览"子菜单宏

注意：宏"信息展示"的子宏定义的菜单项是子菜单，菜单项名称即子菜单名称"信息浏览"通过 AddMenu 操作的"菜单名称"参数设置，子宏名可以用默认名 Sub1。而宏"信息浏览"的子宏定义的菜单项是命令，菜单项名称"学生表"通过子宏名设置。

(5) 新建一个宏，添加两个子宏用于定义"退出"菜单项的两个子菜单：为子宏"关闭"添加 CloseWindow 操作并设置相关参数，为子宏"退出系统"添加 QuitAccess 操作并设置相关参数，如图 7-26 所示；保存该宏，假设以"退出"命名。

(6) 打开要加载所建菜单的窗体的设计视图，将窗体的"菜单栏"属性设置为主菜单宏名"主菜单"，如图 7-27 所示。

图 7-26　创建"退出"子菜单宏　　　　　图 7-27　设置窗体属性

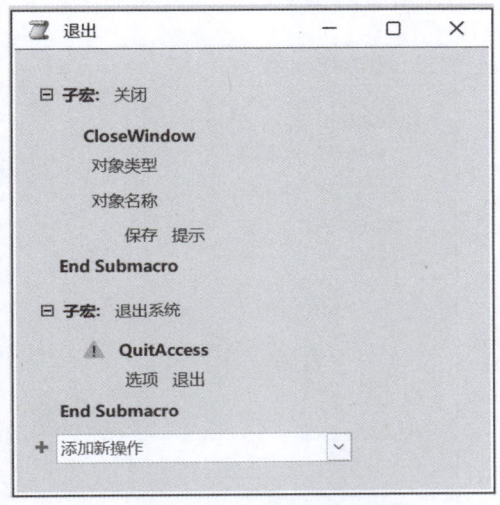

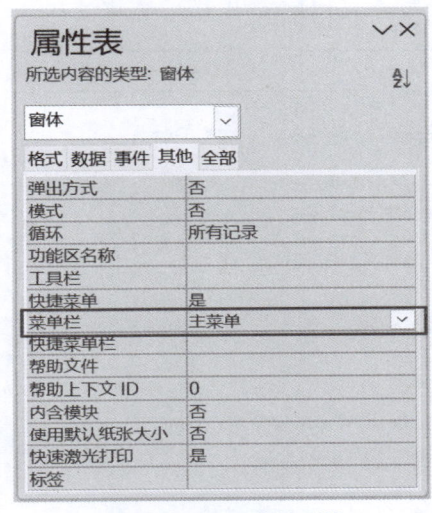

在窗体运行时，"加载项"选项卡将显示在功能区中，单击"加载项"选项卡即可看到所创建的自定义功能区菜单。

7.5.3　自定义快捷菜单的创建

使用宏为特定对象创建自定义快捷菜单的一般步骤：

(1) 创建一个快捷菜单宏，方法与上一节介绍的子菜单宏的创建方法相同。

(2) 创建一个用于打开快捷菜单的宏，只需包含 1 个 AddMenu 操作，"菜单宏名称"指定为上一步中创建的快捷菜单宏的名称。

(3) 将自定义快捷菜单加载到特定对象中。

【例 7-8】为某窗体创建一个自定义快捷菜单，包含"打开学生表""下一条记录"和"关闭窗口"3 个命令。

操作步骤：

(1) 新建一个宏，添加 3 个子宏分别定义为该快捷菜单的 3 个菜单项"打开学生表""下一条记录"和"关闭窗口"，对应的宏操作分别为 OpenTable、GoToRecord 和 CloseWindow，并进行相关参数设置，如图 7-28 所示，保存该宏为 Menu1。

(2) 新建一个宏，添加一个 AddMenu 操作，在"菜单名称"框中填入菜单的名称，假设为"快捷菜单"；在"菜单宏名称"框中填入之前建立的快捷菜单宏的名称 Menu1，如图 7-29 所示；保存该宏为"快捷菜单 1"。

(3) 打开要加载所建快捷菜单的窗体的设计视图，将窗体的"快捷菜单"属性设置为"是"，将"快捷菜单栏"属性设置为打开快捷菜单的宏名"快捷菜单 1"，如图 7-30 所示。

(4) 运行该窗体，右击窗体空白位置，弹出自定义快捷菜单，如图 7-31 所示。

要添加全局快捷菜单，可以选择"文件"→"选项"命令，在"Access 选项"对话框中单击"当前数据库"选择卡，在"功能区和工具栏选项"区域的"快捷菜单栏"下拉列表框中输入"快捷菜单 1"。重新打开数据库，会在所有对象中显示创建的快捷菜单。

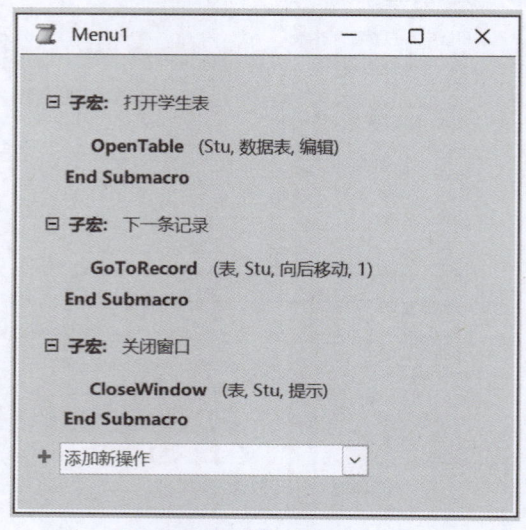

图 7-28　创建快捷菜单宏

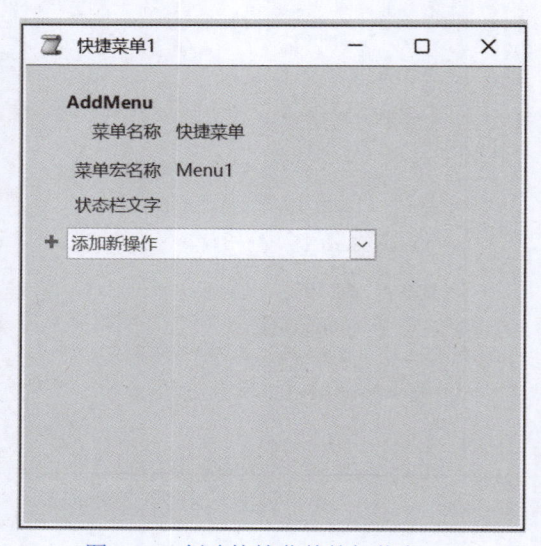

图 7-29　创建快捷菜单的加载宏

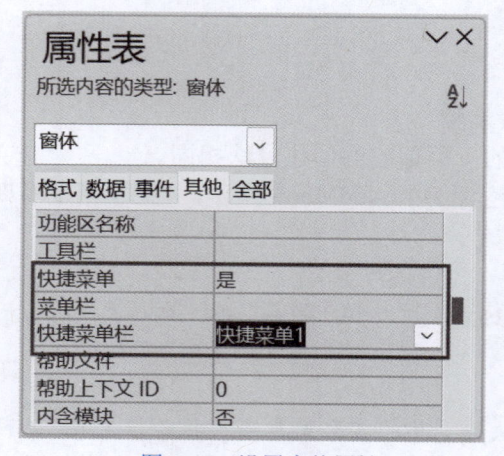

图 7-30　设置窗体属性

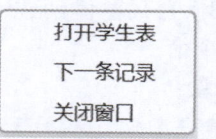

图 7-31　例 7-8 自定义快捷菜单

7.6 本章小结

"操千曲而后晓声,观千剑而后识器。"通过本章的学习,读者应理解宏的相关概念和宏的分类,掌握常用的宏操作,掌握创建宏的方法和运行宏的方法,了解宏的调试方法和用宏创建自定义菜单的方法。

运行宏就是运行宏中的操作,可以直接运行宏,也可以通过一个宏的 RunMac 操作运行另外一个宏,还可以通过窗体、报表或控件的触发事件运行宏。如果宏名为 AutoExec,则打开数据库时会自动运行该宏。

使用宏的调试工具可以进行检查并排除出现问题的操作。在 Access 中,对宏的调试采用单步运行宏的方法来实现。

Access 中的自定义菜单也是用宏来设计的。自定义菜单分为自定义功能区菜单和自定义快捷菜单两种。

拓展阅读

开展数据处理活动,应当遵守法律、法规,尊重社会公德和伦理,遵守商业道德和职业道德,诚实守信,履行数据安全保护义务,承担社会责任,不得危害国家安全、公共利益,不得损害个人、组织的合法权益。

开展数据处理活动应当加强风险监测,发现数据安全缺陷、漏洞等风险时,应当立即采取补救措施;发生数据安全事件时,应当立即采取处置措施,按照规定及时告知用户并向有关主管部门报告。

资料来源:2021年9月1日起施行的《中华人民共和国数据安全法》。

7.7 思考与练习

7.7.1 选择题

1. 宏中的每个操作命令都有名称,这些名称(　　)。
   A. 可以更改　　　　　　　　B. 不能更改
   C. 部分能更改　　　　　　　D. 能调用外部命令进行更改

2. 用于打开窗体的宏命令是（　　）。
   A. OpenForm　　　　　　　　　B. OpenReport
   C. OpenQuery　　　　　　　　D. OpenTable
3. 下列关于宏的叙述中，错误的是（　　）。
   A. 宏是能被自动执行的操作或操作的集合
   B. 构成宏的基本操作也叫宏操作
   C. 宏的主要功能是使操作自动进行
   D. 嵌入宏是在导航窗格上列出的宏对象
4. 自动运行宏必须命名为（　　）。
   A. AutoRun　　　　　　　　　B. AutoExec
   C. RunMac　　　　　　　　　D. AutoMac
5. 下列对宏组描述中，正确的是（　　）。
   A. 宏组里只能有两个宏
   B. 宏组中每个宏都有宏名
   C. 宏组中的宏用"宏组名！宏名"来引用
   D. 运行宏组名时宏组中的宏依次被运行
6. 下列关于 AddMenu 的叙述中，错误的是（　　）。
   A. 一个 AddMenu 对应一个主菜单项
   B. "菜单名称"参数用来定义主菜单项名称
   C. "菜单宏名称"参数总与"菜单名称"参数同值
   D. "状态栏文字"参数用来定义选择该菜单项时在状态行上显示的提示文本

7.7.2　填空题

1. 宏是一个或多个_____的集合。
2. 定义_____有利于数据库中宏对象的管理。
3. 在宏的表达式中，如果要引用窗体控件的值，可以用式子_____。

7.7.3　简答题

1. 什么是宏？宏的作用是什么？
2. 什么是宏组？如何引用宏组中的宏？
3. 请说明嵌入宏与独立宏的区别。

第 8 章

VBA程序设计

知识目标

1. 熟悉 VBA 的编程环境。
2. 熟悉 VBA 常用的数据类型、常量、变量、数组、内部函数和运算符。
3. 掌握 VBA 顺序、分支和循环三种控制结构及应用。
4. 了解 VBA 过程及函数的定义和调用。

素质目标

1. 培养学生的计算思维和实践能力。
2. 培养学生的家国情怀和创新精神。

学习指南

本章的重点是 8.2.1 节、8.2.3 节、8.2.5 节、8.3.3 节和 8.3.4 节,难点是 8.3.4 节和 8.3.5 节。

学习 VBA 程序设计,首先要熟悉 VBA 的数据类型、常量、变量、数组、表达式和常用内部函数等,还要掌握程序的顺序结构、分支(选择)结构和循环结构的应用。通过实验案例的练习,读者要逐步掌握 VBA 代码设计方法来解决复杂问题,从而建立功能更强大的 Access 数据库应用系统。

思维导图

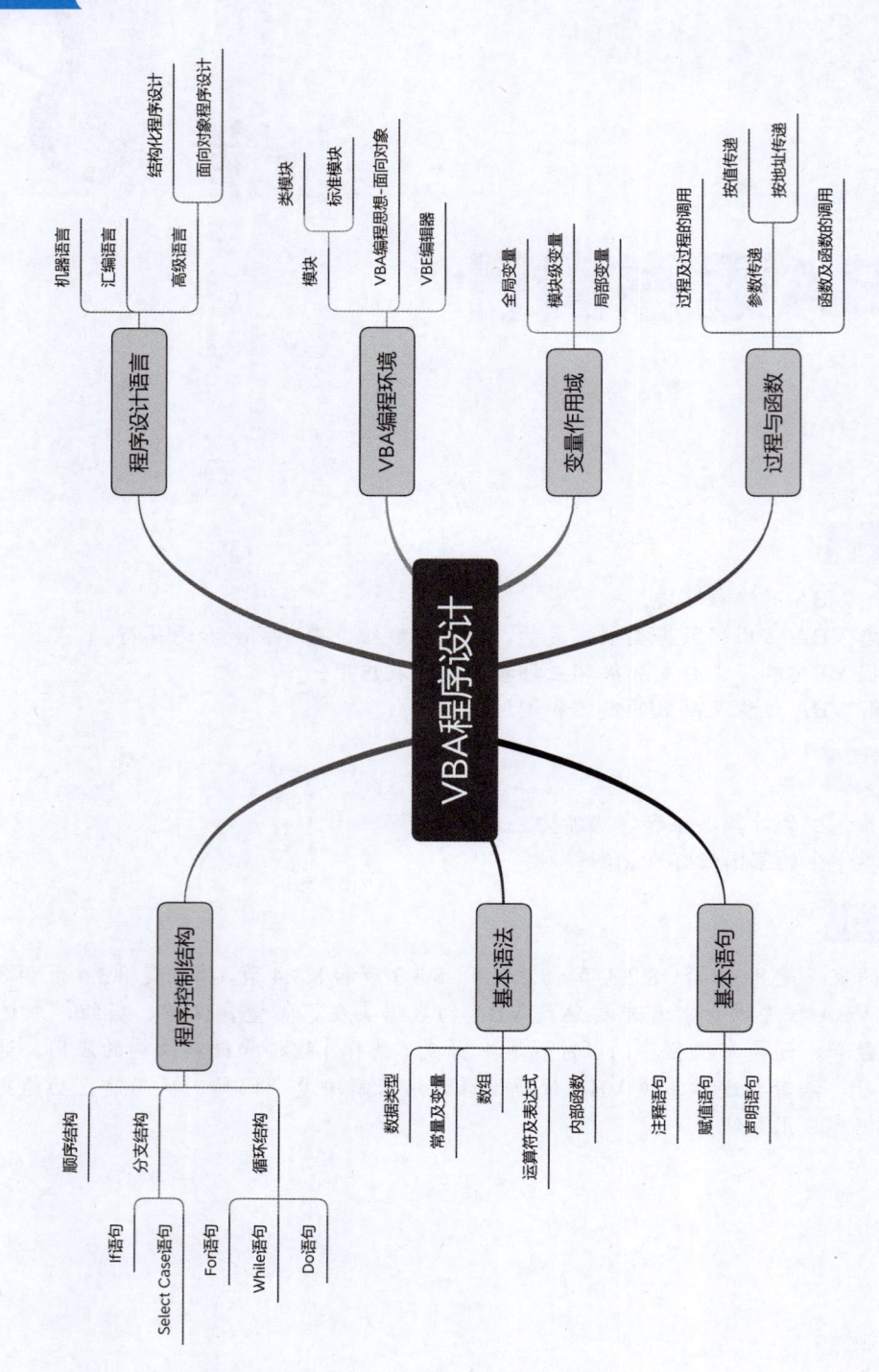

- **VBA程序设计**
  - 程序设计语言
    - 机器语言
    - 汇编语言
    - 高级语言
      - 结构化程序设计
      - 面向对象程序设计
  - VBA编程环境
    - 模块
      - 类模块
      - 标准模块
    - VBA编程思想-面向对象
    - VBE编辑器
  - 变量作用域
    - 全局变量
    - 模块级变量
    - 局部变量
  - 过程与函数
    - 过程及过程的调用
      - 按值传递
      - 按地址传递
    - 参数传递
    - 函数及函数的调用
  - 程序控制结构
    - 顺序结构
    - 分支结构
      - If语句
      - Select Case语句
    - 循环结构
      - For语句
      - While语句
      - Do语句
  - 基本语法
    - 数据类型
    - 常量及变量
    - 数组
    - 运算符及表达式
    - 内部函数
  - 基本语句
    - 注释语句
    - 赋值语句
    - 声明语句

08 VBA 程序设计

8.1 VBA 语言概述

8.1.1 程序设计概述

计算机程序（简称"程序"）是指为了完成预定任务，用某种计算机语言编写的一组指令序列。计算机按照程序规定的流程，依次执行指令，最终完成程序所描述的任务。简单来说，计算机程序主要包括数据输入、数据处理、数据输出三大部分。

1. 程序设计语言

程序设计语言是程序设计人员与计算机进行对话的语言，它遵循一定的语法规则和形式，是程序的实现工具。为满足计算机的各种应用，人们设计了许多程序设计语言。自从1946 年第一台电子计算机 ENIAC 问世以来，程序设计语言主要经过了以下阶段。

1) 机器语言

机器语言是计算机诞生和发展初期使用的语言。由于计算机硬件主要由电子器件组成，而电子器件最容易表示电位的高低或电流的通断这些稳定的状态，所以用二进制的 0 和 1 可以方便地表示出这些状态。机器语言就是由计算机的 CPU 能识别的一组由 0、1 序列构成的指令码。机器语言是计算机硬件所能执行的唯一语言。计算机可以直接识别和执行机器语言程序，执行效率高。但人工编写机器语言程序烦琐，易出错。而且机器语言依赖于机器，即不同的计算机有不同的机器语言，不能通用。

如：0001111000110000110010110100010。

2) 汇编语言

为了克服机器语言抽象、难以理解和记忆的缺点，人们用便于理解和记忆的符号来代替机器语言的 0、1 指令序列，这就是汇编语言。汇编语言用助记符编写程序，与机器语言相比更接近自然语言。但汇编语言同样是与具体机器硬件相关的语言，必须针对特定的计算机或计算机系统设计，对机器的依赖性仍然很强。用汇编语言编写的源程序，要依靠计算机的翻译程序（汇编程序）翻译成机器语言后才能执行。

如：MOV 指令可以传送字或字节；

ADD 加法指令；

END 程序结束指令。

3) 高级语言

为了从根本上摆脱程序语言对机器的依赖，20 世纪 50 年代中期出现了与具体机器指令系统无关、表达方式更接近于自然语言的第三代语言，称为高级语言，与机器语言和汇编语言所代表的低级语言相区别。随着计算机科学的发展和应用领域的不断扩大，程序语言又发展出面向过程和面向对象两种设计思想。

(1) 结构化程序设计。结构化程序设计方法也称为面向过程的程序设计方法，是在 20

世纪 60 年代提出的。结构化程序设计方法的基本思想是"自顶向下、逐步求精"。程序设计的过程就是将程序划分为小型的、易于编写的模块的过程。结构化程序设计方法容易掌握，降低了程序设计的复杂性，程序可读性强。常见的结构化程序设计语言有 Pascal、C 语言等。

(2) 面向对象程序设计。20 世纪 70 年代提出的面向对象技术又进一步缩小了人类与计算机思维方式的差异，让人们在利用计算机解决问题时，将主要精力从描述问题的解决步骤(即编程)转移到对问题的分析上。在面向对象的程序设计中，以对象为基础，以事件或消息来驱动对象执行命令。每个对象内部都封装了数据和方法，程序的功能通过各个对象自身的功能和相互作用得以实现。常用的面向对象语言有 Java、C++、C#、VB、Python、Go、Ruby 等。

2. 算法

计算机程序设计的关键是设计算法。所谓算法，在数学上是指按照一定规则解决某一类问题的明确和有限的步骤。计算机算法是以一步一步的方式详细描述计算机如何将输入转化为所要求的输出的一种规则，或者说，是对计算机上执行的计算过程的具体描述。计算机算法有多种表示方式，其中自然语言描述和流程图表示是常用的方法。算法与具体的编程语言无关，程序则是算法在计算机程序设计语言的最终实现。

算法分析采用自顶向下的分析方法，将大问题分解成子问题，将大目标分解成子目标，最终分解成计算机能处理的一系列步骤。从一般意义上算法可分为数据输入、数据处理、数据输出三个过程。同一个问题可以有多个不同的算法。在正确的前提下，好的算法应该易于理解，同时力求高效率。

例如：键盘输入任意两个数，交换后输出。

解决两个数交换问题的常用方法是借助中间变量，因此该题算法可以用自然语言描述如下。

(1) 从键盘输入两个数，分别存入变量 a 和 b。
(2) 将 a 的值赋给 c，将 b 的值赋给 a，将 c 的值赋给 b。
(3) 输出 a 和 b。

8.1.2 VBA 编程环境

VBA(Visual Basic for Application) 源自 VB(Visual Basic) 语言，是 Microsoft Office 系列应用程序的内置编程语言。VBA 是面向对象程序设计语言，与 VB 有相似的结构和开发环境。Microsoft Office 中的 Word、Excel 等程序中也都内置了 VBA，只不过在不同的程序中有不同的内置对象，不同的内置对象具有不同的属性和方法。Access VBA 不但可以执行几乎所有的 Access 菜单和工具所包含的功能，还可以解决很多 Access 中其他对象难以实现的复杂功能。Access VBA 程序作为模块对象存储在 Access 数据库文件中。

1. 模块

模块是由 VBA 语言编写的程序代码组成的集合。在 Access 中，模块是用来存放 VBA 程序的容器。把实现特定功能的程序段用特定的方式单独封装起来，以便反复调用运行，这种程序段的最小单元被称为过程。一个 Access 模块中可包含一个或多个过程。

在 Access 中，模块有类模块和标准模块两种。

1) 类模块

类模块是与某一特定对象相关联的模块，包括窗体模块、报表模块和自定义类模块等。窗体模块是与某一窗体相关联的模块，主要包含在该窗体和窗体上的控件所触发的事件过程代码。报表模块则是与某一报表相关联的模块，主要包含该报表和报表页眉页脚、页面页眉页脚、主体等对象所触发的事件过程代码。

为窗体或报表创建第一个事件过程时，Access 会自动创建与之关联的窗体或报表模块。用户可以在窗体或报表的设计视图下，单击工具栏的"查看代码"按钮查看模块代码。窗体或报表模块具有局部特性，其作用范围局限于所属的窗体或报表内部。

2) 标准模块

标准模块独立于窗体和报表，是指用户专门编写的过程或函数，它可供窗体模块和其他标准模块调用。标准模块一般存放公共变量或公共过程，这些变量和过程默认为 Public 属性，具有全局特性，可以在数据库中的任意位置被直接使用。如有需要也可以定义私有变量和私有过程，只能在其所在模块中起作用。

3) 创建和运行模块

一个模块包含一个声明区域以及一个或多个过程。声明区域主要包括 Option 声明、常量变量或自定义数据类型的声明。过程分为子过程 (Sub) 和函数 (Function) 过程两种。

(1) 过程模块格式如下。

```
Sub 过程名
    ……
End Sub
```

(2) 函数模块格式如下。

```
Function 函数名
    ……
End Function
```

在"创建"选项卡中，单击"宏与代码"组的"模块"按钮，即可新建一个标准模块，打开 VBA 编辑器，如图 8-1 所示。如果要再创建一个标准模块，可以直接在 VBA 编辑器窗口选择"插入"菜单的"模块"命令，也可以直接新建一个标准模块。创建类模块与创建标准模块步骤类似，选择"类模块"命令。

新建模块后，可以在窗口的 Option Compare Database 声明语句后添加相应代码，例如添加一个子过程：

```
Public Sub Hello()
    MsgBox "欢迎使用 Access！"
End Sub
```

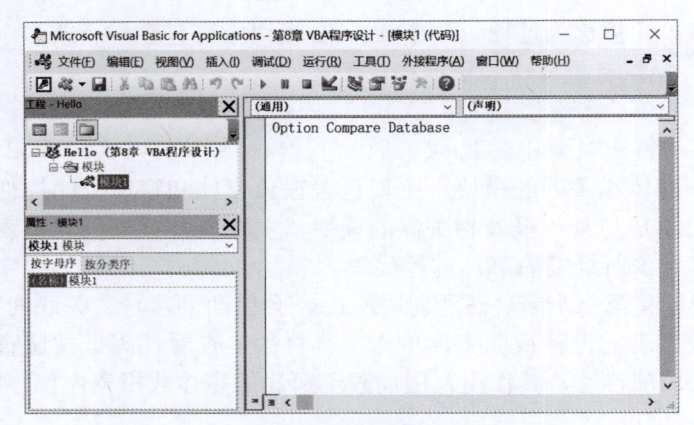

图 8-1　新建标准模块

可以单击"运行"菜单或工具栏的"运行子过程/子窗体"按钮运行模块，或者直接按快捷键 F5，运行结果如图 8-2 所示。

2. VBA 编程思想 - 面向对象

对象是面向对象程序设计语言中最基本、最重要的概念，是将数据及对数据的操作方法封装而成的实体。在 Access 中，任何可操作实体都是对象，例如数据表、窗体、文本框、标签、按钮、对话框、查询、报表等都是对象，任何一个对象都有属性、方法和事件。

图 8-2　运行结果

1) 属性

对象的属性是指为了使对象符合应用程序的需要而设计的对象的外部特征，如对象的大小、位置、颜色等。不同的对象具有各自不同的属性，每一个对象都有一组属性，它可以决定对象展示给用户的界面所具有的外观。对象的属性值可以通过属性窗口直接设置，也可以通过程序代码中的赋值语句来设置。一般情况下，反映对象外观特征的一些不变的属性值应在对象设计阶段通过属性窗口直接设置完成，而一些内在的可变的属性则在程序代码中实现。

在 VBA 程序代码中通过赋值语句设置对象属性的格式为

对象名.属性名=表达式

如：Text1.Value=3.14，表示将文本框 Text1 的 Value 属性值设置为 3.14，即在文本框 Text1 中显示数字字符 3.14。

2) 方法

对象的方法是系统预先设定的、对象能执行的操作，实际上是将一些已经编好的通用的函数或过程封装起来，供用户直接调用。因为方法是面向对象的，不同的对象有不同的方法，所以在调用时一定要指明哪个对象调用哪个方法。对象方法调用的格式为

对象名.方法名 参数表

如：List1.AddItem Item，表示调用当前窗体上的列表框 List1 的 AddItem 方法，功能是将字符串值 Item 添加到列表框 List1 中。

3) 对象事件

对象事件是指在对象上发生的、系统预先定义的、能被对象识别的一系列动作。事件分为系统事件和用户事件。系统事件是由系统自动产生的事件，如窗体的 Load(加载)事件；用户事件是由用户操作引发的事件，如鼠标的单击(Click)、值的改变(Change)、键盘的键按下(KeyPress)等事件。

4) 事件过程

事件过程是指发生了某事件后所要执行的程序代码。事件过程是针对某一个对象的过程，而且与该对象的一个事件相联系。当用户对一个对象执行一个动作时，可能同时在对象上发生多个事件，用户只要对感兴趣的事件过程编写代码即可。VBA 编程就是对特定对象的特定事件编写代码以实现指定的功能。事件过程的一般格式如下。

```
Private Sub 对象名_事件名()
    程序代码
End Sub
```

这里的"对象名_事件名()"是系统根据具体对象和事件自动生成的，用户只需要根据实际需求编写VBA代码。例如，窗体上有个按钮名称是Command0，以及一个文本框名称是Text1。编写Command0的单击事件过程如下。

```
Private Sub Command0_Click()
    Text1.Value = "欢迎学习VBA!"
End Sub
```

当用鼠标单击按钮时，会在 Text1 文本框中显示欢迎文字。

3. VBE 编辑器

VBE(Visual Basic Editor) 是 VBA 程序的编辑和调试环境，打开 VBE 窗口的方式有以下几种。

(1) 在"数据库工具"选项卡的"宏"组中单击 Visual Basic 按钮，如图 8-3 所示。

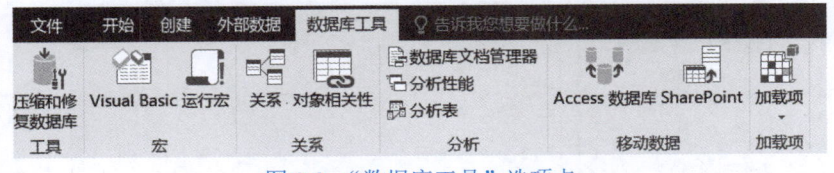

图 8-3 "数据库工具"选项卡

(2) 在"创建"选项卡的"宏与代码"组中单击 Visual Basic 按钮，如图 8-4 所示。

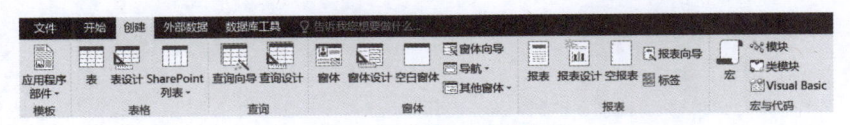

图 8-4 "创建"选项卡

(3) 按 Alt + F11 组合键。
(4) 通过窗体和报表等对象的设计视图打开 VBE。

① 进入窗体或报表的设计视图,在"设计"选项卡的"工具"组中单击"查看代码"按钮,如图 8-5 所示。

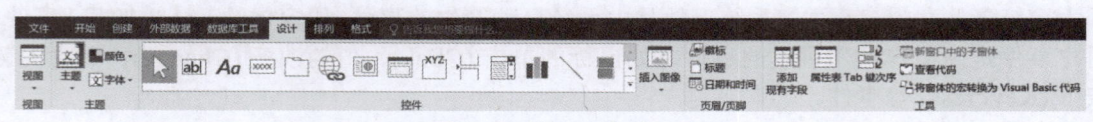

图 8-5 "设计"选项卡

② 进入窗体或报表的设计视图,打开控件的"属性表"对话框,在需要编写代码的事件过后面单击"…"按钮,弹出"选择生成器"对话框,选择"代码生成器",如图 8-6 所示。

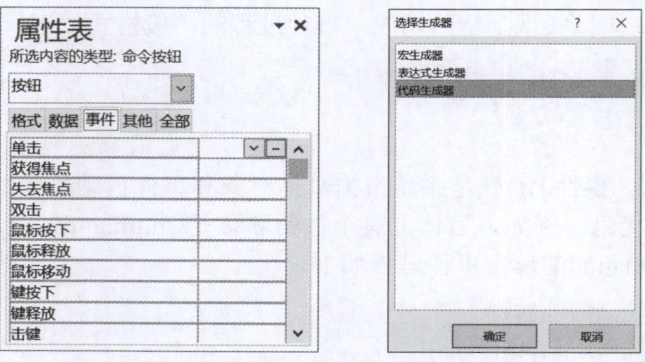

图 8-6 代码生成器

4. VBE主要窗口

VBE 主要由菜单栏、工具栏和窗口组成。VBA 编辑器有很多窗口,它们可以以窗格的形式显示。用户可选择性地显示一些窗格和窗格放置的位置。VBE 主要窗口组成如图 8-7 所示。

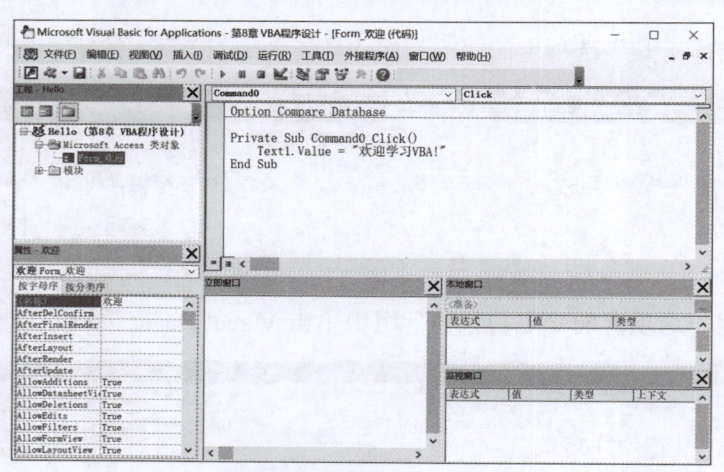

图 8-7 VBE 编辑器窗口

1) 代码窗口
代码窗口用来编写、显示及编辑 VBA 程序代码。过程与过程之间由一条灰色横线分割。

VBA 程序设计 08

如图 8-8 所示。

2) 立即窗口

在立即窗口中输入或粘贴一行代码，按下 Enter 键可以执行该代码。立即窗口如图 8-9 所示，例如，在立即窗口输入：Print 2+3 或者？2^3，按 Enter 键后，则在下一行可以显示结果 5 和 8。立即窗口中的任何代码或者结果都不能存储，但可以用鼠标将选定的内容在立即窗口与代码窗口之间相互拖放。在代码窗口的程序中执行"Debug.Print"语句时，会将结果输出到立即窗口中，通常可以使用这种方法来验证调试程序执行结果。

```
Option Compare Database
Private Sub Command0_Click()
    Text0.Value = "欢迎学习VBA!"
End Sub
Function IsLeapYear(ByVal year As Integer) As Boolean
    If (year Mod 4 = 0 And year Mod 100 <> 0) Or (year Mod 400 = 0) Then
        IsLeapYear = True
    Else
        IsLeapYear = False
    End If
End Function
Private Sub Command4_Click()
    Dim x As Integer, y As String
    x = Text0.Value
    If IsLeapYear(x) Then
        y = x & "年是闰年"    '将输入的年份和判断结果连接输出
    Else
        y = x & "年不是闰年"
    End If
    Text1.Value = y
End Sub
Sub s1(ByVal x As Integer, ByVal y As Integer)
    Dim t As Integer
    t = x: x = y: y = t
End Sub
```

图 8-8　代码窗口

```
立即窗口
print  2 + 3
 5
? 2 ^ 3
 8
```

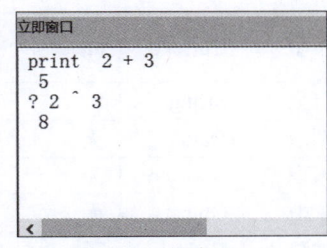

图 8-9　立即窗口

3) 本地窗口

本地窗口可自动显示出当前模块级别，以及在当前过程中的所有变量的声明和当前值。

4) 监视窗口

当过程中有监视表达式定义时，监视窗口会自动出现，列出监视表达式及其值、类型与上下文。

在立即窗口或者代码窗口中输入代码时，编辑器会在对象的"."后面位置显示出一个列表，包含了这个对象当前可用的方法、属性等。

VBE 编辑器提供了比较方便的程序调试方法。一般来说，调试 VBA 程序可以使用多种方法在程序执行的某个过程中暂时挂起程序，并保持其运行环境，以供检查。检查的方法包括逐语句执行、设置断点、设置监视、插入 Stop 语句、使用 Debug 对象等。

8.2 VBA 编程基础

8.2.1 数据类型

数据是程序的处理对象，在程序运行过程中，数据存储在内存单元中，不同类型的数据所占用的存储空间不同，表示的数据范围也有差异，能进行的数据运算也有不同。VBA 中常用的数据类型、占用字节数、类型符及取值范围如表 8-1 所示。

表8-1　VBA常用数据类型

数据类型	类型名	类型符	占用字节	取值范围	默认值
字节型	Byte	无	1(8 位)	0~255	0
整型	Integer	%	2(16 位)	−32768~32767	0
长整型	Long	&	4(32 位)	−2147483648~2147483647	0
单精度型	Single	!	4(32 位)	负数：−3.402823E38~−1.401298E-45 正数：1.401298E-45~3.402823E38	0
双精度型	Double	#	8(64 位)	负数：−1.79769313486232D308~ 　　　−4.94065645841247D-324 正数：4.94065645841247D-324~ 　　　1.79769313486232D308	0
货币型	Currency	@	8(64 位)	−922337203685477.5808~ 922337203685477.5807	0
字符型	String	$	与字符串长度有关	0~65535 个字符	""
日期型	Date	无	8(64 位)	100 年 1 月 1 日—9999 年 12 月 31 日	
逻辑型	Boolean	无	1(8 位)	True 或 False	False
对象型	Object	无	4(32 位)	任何 Object 引用的对象	Empty
变体型	Variant	无	根据需要分配	由最终的数据类型决定	

1. 数值型数据

数值型数据类型有：Integer、Long、Single、Double、Currency 和 Byte。

1) Integer(整型)和 Long(长整型)

Integer 和 Long 数据用于表示和存储整数。整数表示精确，运算快，但表示的数的范围比较小，尤其是 Integer 类型。当值超出数据类型的表示范围时，程序会因为数据"溢出"错误而中断运行。当需要存储的整数值比较大或不能明显确定时，尽量用 Long 类型，以最大程度避免数据无法表示的错误。

Integer 表示形式：±n%，其中 n 是 0～9 的数字，% 为 Integer 的类型符号，可省略。如：123、-59、+78、110%、-75% 等都表示 Integer 数值。

Long 表示形式：±n&，其中 n 是 0～9 的数字，& 为 Long 的类型符号，可省略。如：40000、-49999、12500&、-782& 等都表示 Long 数值。

2) Single(单精度型)和 Double(双精度型)

Single 和 Double 数据用于存储浮点数(带小数部分的实数，小数点可位于数字的任意位置)。浮点数的表示范围较大，但由于保留的小数位可不同，数据可能有误差，同时运算速度也比整型慢。单精度最多表示 7 位有效数字，双精度最多表示 15 位有效数字。如果超出表示范围，可以用科学记数法表示，即表示成 10 的幂次方形式，如 3.218E6、7.3487D-6 等。

Single(单精度型)数据有多种表示形式，类型符为 !，如 628.15、628.15！、6.2815E2 表示的是相同的单精度型数值。

Double(双精度型)数据也有多种表示形式,类型符为#,如 67.52983#、6.752983D1、6.752983E1# 表示的是相同的双精度型数值。

3) Currency(货币型)

货币型数值专门用于货币计算,类型符为 @,表示整数或定点实数,整数部分最多保留 15 位,小数部分最多保留 4 位,如 7890@、64.237@ 等都表示货币型数值。

2. String(字符型)

String(字符型)数据指一切可以打印的字符和字符串,字符型数据的类型符为 $。字符型数据是用英文双引号" "括起来的一串字符,字符主要由英文字母、汉字、数字及其他符号组成。如 " 数据库 " "35008" "Access" "ab_ly23" 等表示的都是字符型数据。

3. Date(日期型)

Date(日期型)数据用来表示日期和时间,表示的日期值从公元 100 年 1 月 1 日—公元 9999 年 12 月 31 日,时间范围从 00:00:00—23:59:59。日期和时间数据必须用定界符"#"把数据括起来。如 #2023-09-01#、#21:17:45PM# 等表示的都是日期型数据。

4. Boolean(逻辑型)

Boolean(逻辑型)又称布尔型,用于逻辑判断,其数据只有 True 和 False 两个值。

Boolean(逻辑型)与数值型数据可以转换。当把数值型数据转换成逻辑型数据时,数值 0 转换成 False,非 0 数值转换成 True;反之,当把逻辑型数据转换成数值型数据时,True 转换成 -1,False 转换成 0。

5. Object(对象型)

Object(对象型)数据用来表示应用程序中的对象。可用 Set 语句指定一个被声明为 Object 数据类型的变量,来引用应用程序所识别的任意实际对象。

6. Variant(可变型)

Variant(可变型)数据类型可以存储系统定义的所有类型的数据,若变量没有声明类型,则系统默认为 Variant(可变型)。

在赋值或运算时,Variant(可变型)数据会根据需要进行必要的数据类型转换。

8.2.2 常量

常量也称常数,它是一个始终保持不变的量。常量值自始至终不能被修改。常量有不同的数据类型,有不同的定界符号。常量也可以是一个表达式。VBA 中有 4 种形式的常量:直接常量、符号常量、固有常量和系统常量。

1. 直接常量

直接常量是程序运行中直接给出的某种类型的数据。常用的有以下几种。

(1) Integer(整型):由正负号和 0~9 的数字组成,如 153、-1221 等。

(2) Single(单精度型):由正负号、0~9 的数字和"."组成,如 62.8!、10.00000 等。

(3) Double(双精度型):由正负号、0~9 的数字和"."组成,如 123.45# 等。

(4) String(字符型)：由 0~9 的数字、英文字母、汉字及其他字符组成，前后加 "" 作为定界符，如 "123" "abc" " 姓名 " "l+*&" 等。

(5) Date(日期型):由 0~9 的数字和 "/" 或 "-" 等分隔符组成，表示年月日的日期信息，或由 0~9 的数字、"AM" 或 "PM" 和 "："分隔符组成，表示时分秒的时间信息。日期型常量前后加 "#" 作为定界符，如 #2023-09-01#、#2000-01-01#、#09：12：24AM# 等。

(6) Boolean(逻辑型)：只有 True(真) 和 False(假) 两个值。

2. 符号常量

有时在程序的多个地方会用到相同的常量，为了使用方便，在程序的开头预先用自己定义的符号来代表这个常量，称为符号常量。

符号常量用 Const 语句来定义，格式如下。

Const 符号常量名 As 数据类型 = 表达式

符号常量一经定义，只能引用，不能用语句给符号常量赋新值。

如：Const XS As Single=1.604

说明：定义一个单精度类型的符号常量 XS，其值为 1.604。在需要的地方直接使用符号常量名 XS，即相当于用 1.604 进行运算。

3. 固有常量

固有常量在 Access 的对象库中定义，在代码中可以直接引用代替实际值。固有常量名的前两个字母表示定义该常量的对象库，其中 Access 库的常量以 ac 开头，ADO 库的常量以 ad 开头，VB 库的常量以 vb 开头，如表示回车换行的 vbCrLf，表示颜色常量的 vbBlack、vbBlue、vbRed 等。

4. 系统常量

系统常量有 4 个：True 和 False 表示逻辑值；Null 表示一个空值；Empty 表示对象尚未指定初始值。

8.2.3 变量

1. 变量简述

在计算机程序中处理数据时，对于输入的数据、参加运算的数据、运行中的临时数据及运行的最终结果等，都需要存储在计算机的内存中。

变量是一组有名称的存储单元，在整个程序运行期间它的值是可以被改变的，所以称为变量。一旦定义了某个变量，该变量表示的就是对应的计算机存储单元。在程序中使用变量名，就可以引用该内存单元及该内存单元存储的数据。

变量有变量名和数据类型两个特性。变量名用于在程序中标识不同的变量和存储在变量中的数据，数据类型则标识变量中可以保存的数据类型。

VBA 的变量有两种，一种是为 VBA 的对象自动创建的属性变量，并为变量设置默认值，在程序中可以直接使用，如引用该属性变量的值或赋予它新的属性值。另一种是内存变量，需要在程序中事先创建或声明，程序运行结束后从内存中释放。

一个变量在一个时刻只能存放一个值。在同一范围内，变量的值是唯一的、确定的。如果在程序运行过程中变量中的数据发生了变化，则新的值就会取代旧的值。如果变量定义的数据类型与所赋值的数据类型不同，则可能出现数据类型转换、数据精度丢失或数据类型不匹配的情况。

2. 内存变量的命名

变量的命名是为了给内存存储单元起一个名字，并通过名字(即变量名)来实现对内存单元的存取。变量的名字要符合一定的规则，VBA 变量的命名规则如下。

(1) 变量名必须以字母(或汉字)开头，只能由字母、汉字、数字(0~9)和"_"组成，长度不超过 255 个字符。如 x，max，c1，b_1 等都是合法的变量名。

(2) 变量名在同一个变量作用域(即变量的使用范围)内必须是唯一的。

(3) 变量名中的英文字母不区分大小写，如 A2、a2 指的是同一变量。

(4) 变量名不能与系统使用的数据类型声明字符或关键字相同。系统使用的数据类型声明字符有 Integer、Single、Double、String 和 Date 等，系统常用的关键字有 as、do、while、for、select、dim、private 和 public 等。

(5) 变量名不能与过程名、符号常量名、VBA 内部函数名相同。如 str 不能作为变量名。

同时，在变量命名时还应注意：

变量名最好能有明确的实际意义(能表示所存储的数据的含义)，兼顾通用、容易记忆等特点，即"见名知义"。如可以用变量名 max 代表最大值，min 代表最小值，i 代表循环变量等。

尽量采用规范的约定命名，不使用汉字作为内存变量名，不使用太长的变量名。

3. 变量的声明

使用变量前，最好先声明，即用一个语句定义变量的名称、数据类型和变量作用范围，以便系统根据数据类型分配相应的内存空间。这种声明称为显式声明。

1) 显式声明

语句格式：

Dim|Private|Static|Public 变量名 [As 类型名 | 类型符][, 变量名 [As 类型名 | 类型符]…]

其中变量名应符合变量的命名规则，数据类型可以是 VBA 的数据类型名或数据类型符。如果声明中没有指定数据类型，那么系统默认变量为 Variant(变体型)。一个语句内声明的多个变量之间用逗号隔开。

如：

```
Dim max As Integer        '声明 max 为整型变量
Dim str1 As String        '声明 str1 为字符型变量
Dim sum#                  '声明 sum 为双精度型变量
Dim x                     '声明 x 为变体型变量
Dim a As Integer,b As Integer,c As Integer   '声明 3 个整型变量 a，b，c
```

Dim m,n As Single　　　　　　　　　　　'声明 m 为变体型变量，n 为单精度型变量

2) 类型符显示声明

VBA 允许变量直接使用类型符显式声明，即在首次赋值时加类型符进行声明。

如：

y%=59　　　　　　　　　　　　　　　'y 为整型变量，值为 59

c$="abc"　　　　　　　　　　　　　　'c 为字符型变量，值为字符串 "abc"

3) 隐式声明

如果一个变量未显式声明就直接使用，那么该变量就会被隐式声明为 Variant(变体型)。

如：

x=23　　　　　　　　　　　　　　　　'x 为变体型变量，当前值为整型数 23

c="yes"　　　　　　　　　　　　　　　'c 为变体型变量，当前值为字符串 "yes"

4) 强制显式声明变量语句 Option Explicit

声明变量可以有效地减少一些不必要的数据存储和运算类型不匹配的错误，因此最好能养成在使用变量前对变量进行显式声明的习惯。强制显式声明可以要求用户在使用变量前必须先显式声明变量，否则，系统会发出"Variable not defined(变量未定义)"的错误警告，以提醒用户进行变量的显式声明。

有两种方法可以对程序强制显式声明：一是在类模块、窗体模块或标准模块的"通用声明"段中添加语句：Option Explicit；二是在"工具"菜单→"选项"对话框→"编辑器"选项卡中，选中"要求变量声明"选项，则后续模块的声明段中会自动插入 Option Explicit 语句。

4. 变量的赋值

赋值就是通过赋值语句将常量或表达式的值赋给变量。

赋值的格式：

内存变量名 = 表达式　或　对象名 . 属性值 = 表达式

如：x=123
　　Str1="abc"
　　Text1.Value=100

5. 变量的作用域

变量可被访问的范围称为变量的作用范围，也称为变量的作用域。按其作用域，变量可分为全局变量、模块级变量和局部变量。

全局变量是指在模块的通用声明段中用 Public 语句声明的变量，作用域是所在数据库中所有模块的任何过程。

模块级变量是指在模块的通用声明段中用 Dim 语句或 Private 语句声明的变量，作用域是所在模块的任何过程。

局部变量是指在过程内用 Dim 语句或 Static 语句声明的变量，以及未声明直接在过程内使用的变量，作用域仅限于所在的过程。局部变量是最常用的变量。

8.2.4 数组

　　数组是一组具有相同数据类型、逻辑上相关的变量的集合。数组中各元素具有相同的名字、不同的下标，系统分配给它们的存储空间是连续的，组成数组的每个元素都可以通过索引（即数值下标）进行访问，各个元素的存取不影响其他元素。当需要使用大量同类型的变量时，定义和使用数组比逐个定义变量简便，通过和循环语句结合使用，可以很方便地实现对数组中各个元素的引用，让程序更简洁、高效，还能解决许多用简单变量难以实现的算法。

　　数组必须先经显式声明才能使用，声明数组的目的是确定数组的名字、维数、大小和数据类型。VBA 中可以定义一维数组、二维数组和多维数组。

1. 一维数组的声明

格式：

Dim 数组名 ([下标下界 To] 下标上界)[As 类型]

说明：

(1) 数组名的命名规则与变量命名规则相同。

(2) 数组的下标下界和下标上界必须是整型常量或整型常量表达式，且上界的值必须大于或等于下界，一维数组的大小（即数组包含的元素个数）为上界 − 下界 +1。

(3) 如果缺省 [下标下界 To] 部分，表示使用默认下界 0。可以通过在窗体模块或标准模块的声明段中加入语句 Option Base 1 将默认下界定义为 1，或者用语句 Option Base 0 将默认下界恢复为 0。

(4) 格式中 As 部分的类型指明数组的类型，即数组元素的类型。一般情况下，数组只存放同一类型的数据，可以是 VBA 中常用的数据类型 Integer、Single、String 等。如果缺省 [As 类型]，则数组的类型默认为 Variant(变体型)。

　　例如：Dim x(10) As Integer

　　表示分别有 x(0)、x(1)、x(2)、x(3)、x(4)、x(5)、x(6)、x(7)、x(8)、x(9)、x(10) 共 11 个 Integer 类型的数组元素可供使用；

　　Dim x(2 To 4) As Single

　　表示有 x(2)、x(3)、x(4) 共 3 个 Single 类型的数组元素可供使用。

2. 二维数组的声明

　　二维数组是有两个下标且上下界固定的数组，二维数组的下标 1 相当于行，下标 2 相当于列。二维数组的元素在内存中按先行（即下标 1) 后列（即下标 2) 的顺序存放。

格式：

Dim 数组名 ([下标 1 下界 To] 下标 1 上界 ,[下标 2 下界 To] 下标 2 上界 >)[As 类型]

　　如：Dim b(2,1 To 4) As Double

　　表示定义了双精度数据类型的二维数组 b，下标 1 的范围为 0~2，下标 2 的范围为 1~4，即大小为 3 行 4 列，共有 b(0,1)、b(0,2)、b(0,3)、b(0,4)、b(1,1)、b(1,2)、b(1,3)、 b(1,4)、b(2,1)、b(2,2)、b(2,3)、b(2,4)12 个数组元素可供使用。

3. 动态数组的声明

动态数组是在数组声明时未给出数组的大小，而是到使用时才确定数组的大小，而且可以随时改变数组的大小，所以又称为可变大小数组。使用动态数组的好处是可以根据用户的需要灵活确定数组的大小，有效地利用了存储空间。

动态数组的声明和建立需要分两步：首先通过 Dim 声明语句定义动态数组的名字和类型；其次在程序运行时可多次用 ReDim 语句，按实际需要改变动态数组的维数和大小。

(1) 用 Dim 语句声明动态数组的名字、类型：

Dim 动态数组名 () [As 类型]

(2) 用 ReDim 语句声明动态数组的维数、大小：

ReDim 动态数组名 ([下标 1 下界 To] 下标 1 上界 ,[下标 2 下界 To] 下标 2 上界)[As 类型]

如：
Dim score( ) As Single　　　　'声明 score 为单精度型动态数组
ReDim score(1 to 50)　　　　　'重声明 score 为一维数组，大小为 50 个元素
ReDim score(1 To 25,1 to 4)　　'再声明 score 为二维数组，大小为 25 行 4 列共 100 个元素

4. 数组元素的引用

由于数组元素的数量较多，而且能通过下标引用，因此数组的赋值和运算常常与程序控制结构中的循环语句结合使用。

一维数组的引用格式：

数组名 (下标)

二维数组的引用格式：

数组名 (下标 1, 下标 2)

说明：

(1) 下标可以是数值型常量、变量或表达式。
(2) 各个下标值必须处于各自的下界和上界间，否则会出现"下标越界"的错误。
(3) 数组元素的值与简单变量一样，也通过赋值语句来实现。
如：Dim x(1 To 2) As Integer
　　　x(1)=95
　　　x(2)=80

8.2.5　运算符和表达式

运算是对数据的处理，运算符是描述运算的符号，表达式是通过运算符将常量、变量及函数等运算对象连接起来的式子。VBA 程序设计中用到的数据类型较多，而不同类型数据的处理方式不尽相同，因此 VBA 提供了针对不同数据类型的运算符号及相应表达式，

共分为算术运算符及表达式、连接运算符及表达式、关系运算符及表达式、逻辑运算符及表达式和对象运算符及表达式。各运算符的优先级从高到低依次为：算术运算符→连接运算符→关系运算符→逻辑运算符。

1. 算术运算符及表达式

算术运算符是 Integer、Long、Single 和 Double 等数值型数据运算的符号，常用的有 +(加)、-(减)、*(乘)、/(除)、^(乘方)、\(整除)、mod(求余数) 等。由算术运算符和数值型数据组成的式子称为算术表达式，算术表达式的结果也是数值型数据。

在不同的算术运算符组成的混合运算中，按照 ( )、^、{*、/}、\、mod、{+、-} 的优先级进行计算，相同优先级的运算符的运算顺序则从左到右，即圆括号的优先级最高，乘方 (^) 的优先级次之，乘 (*) 和除 (/) 是相同的优先级，加 (+) 和减 (-) 是相同的优先级且是算术运算的最低优先级。

不同数值型数据运算时，数据会自动转变为高精度类型运算。

(1) ^：乘方运算。

例：5^2，结果为 25；

(-2)^3，结果为 -8。

(2) *、/：乘除运算。

例：2.3*2，结果为 4.6；

10/4，结果为 2.5。

(3) \：整除运算，即整数除法，参与整除运算的数都是整数 (如有小数，须四舍五入成整数)，结果也是整数。

例：10\4，结果为 2；

5.9\3，结果为 2。

(4) mod：求整数除法的余数。参与 mod 运算的数都必须是整数。

例：4 mod 10，结果为 4；

20 mod 6，结果为 2。

(5) +、-：加减运算。

例：78.6-2，结果为 76.6；

34+100，结果为 134。

日期型数据可以进行加减运算。

① 两个日期型数据相减，结果为数值，表示两个日期之间相隔的天数。

例：#10/21/2023#-#10/11/2023#，则结果为 10。

② 一个日期型数据加上或减去一个数值型数据 (天数)，结果为另一个日期型数据。

例：#9/1/2023#+9，则结果为 2023/09/10；

#9/11/2023#-3，则结果为 2023/09/08。

2. 连接运算符及表达式

字符串运算有 +、& 两种运算符号，都代表字符串的连接。字符运算符与字符型数据 (字符串常量、字符串变量、字符串函数) 等组成的表达式称为字符表达式，其结果也是字符类型数据。两个连接运算符的优先级相同。

虽然连接运算和算术运算都有"+"运算符，但两者的含义不一样，因此要特别注意区分应用。一般建议在字符运算中使用"&"运算符，"&"运算符的左右各留一个空格。

(1) "+"：字符连接运算符。参与"+"连接运算的操作数应该都是字符型数据。如果两个都是数值型数据，或其中一个是数值型数据，一个是字符型数字串，那么"+"作为数值的加法运算，其他情况则可能出错。

例："Access"+" 关系数据库 "，表示两个字符串的连接，结果为 "Access 关系数据库 "；

"12"+"23"，表示两个数字字符串的连接，结果为 "1223"；

"12"+23，表示两个数字的相加，结果为 35；

12+"ab"，无法运算，类型不匹配。

(2) "&"：字符连接运算符，会自动将非字符串类型的数据转换成字符串后进行连接。

例："12" & 23，结果为 "1223"；

"ab" & 23 & "cd"，结果为 "ab23cd"。

3. 关系运算符及表达式

关系运算又称为比较运算，主要运算符有 =(等于)、>(大于)、>=(大于或等于)、<(小于)、<=(小于或等于)、<>(不等于) 等。关系运算符的优先级相同。相同类型的数据才能进行关系运算，关系运算的结果为逻辑值，即关系表达式成立则结果为 True(真)，关系表达式不成立则结果为 False(假)。

相同类型的数据与关系运算符组成的表达式称为关系表达式。数据类型不同，关系运算的规则也不同。

(1) 数值型数据按数值大小运算。

例：59>31，结果为 True；

78.6<12.5，结果为 False。

(2) 日期型数据按年月日的整数形式 yyyymmdd 的值比较大小。早的日期小于晚的日期。

如：#9/12/2023# 与 #11/7/2023# 就按 20230912 与 20231107 比较大小，所以 #9/12/2023#> =#11/7/2023# 的结果为 False。

(3) 字符型数据按字符的 ASCII 码值大小比较。常用字符的 ASCII 码值参见《Access 2016 数据库应用技术案例教程学习指导》附录 B。英文字母比较是否区分大小写，取决于当前程序的 Option Compare 语句。如果需要区分大小写，需将语句设置为 Option Compare Binary；系统默认为 Option Compare Database，表示不区分大小写。汉字字符大于西文字符。

例："acd">="123"，结果为 True；

"abc">"ABC"，系统不区分大小写情况下 (即默认情况 Option Compare Database)，结果为 False；系统区分大小写情况下 (即 Option Compare Binary)，结果为 True。

(4) 逻辑型数据 False 大于 True。

4. 逻辑运算符及表达式

逻辑运算的运算对象为逻辑型数据。常用的逻辑运算有 And、Or、Not 三种运算符。逻辑型数据、关系表达式与逻辑运算符组成的表达式称为逻辑表达式，逻辑表达式的值也为逻辑值。逻辑运算符的优先级顺序由高到低依次为 Not、And、Or。

(1) And(逻辑与)：参加运算的逻辑值都是 True，结果才会是 True。
(2) Or(逻辑或)：参加运算的逻辑值只要有一个是 True，结果就会是 True。
(3) Not(逻辑非)：对逻辑值取相反的值。即 True 变 False，False 变 True。

例：3>2 And 9<20 and "A" > "9"，结果为 True；
　　3<2 And 9<20 and "A" > "9"，结果为 False；
　　3<2 Or 9<20 Or "A" < "9"，结果为 True；
　　Not 3<2，结果为 True；
　　Not #2023/09/10#>#2023/09/01#，结果为 False。

5. 对象运算符和表达式

对象运算表达式中使用 "!" 和 "." 两种运算符。
1) "!" 运算符

"!" 运算符的作用是引用一个用户定义的对象，如窗体、报表或窗体和报表上的控件等。

例：Forms! 学生信息查询 !Text1　　'引用学生信息查询窗体上的文本框控件 Text1
　　Reports! 学生成绩报表　　　　　'引用学生成绩报表
　　Me!Combo1　　　　　　　　　　'引用当前窗体的组合框控件 Combo1

2) "." 运算符

"." 运算符的作用是引用一个 Access 对象的属性、方法等。

例：Combo1.Value　　　　　'引用当前窗体的组合框控件 Combo1 的值
　　Text1.ForeColor　　　　'引用当前窗体的文本框控件 Text1 的文字颜色

8.2.6　VBA 内部函数

Access 的函数分为内部函数和用户自定义函数两种。

VBA 自带了大量的函数，每个函数完成某个特定的功能。这些函数可以直接在 VBA 程序中使用，不需要用户自己定义，称为内部函数。内部函数的调用格式为：函数名 (参数 1, 参数 2, …)，调用时只要正确给出函数名和参数，就会产生返回值。内部函数的优先级高于算术运算符。常用的 VBA 内部函数参见《Access 2016 数据库应用技术案例教程学习指导》附录 D。

VBA 的内置函数非常丰富，根据函数处理数据类型的不同，大体上分为数学函数、字符处理函数、日期函数、类型转换函数等。

1. 数学函数

数学函数是对数值型数据进行计算处理的函数，其结果也是数值型数据。

(1) Int(x): 返回不超过 x 的最大整数。当 x 大于或等于 0 时直接舍去小数部分，当 x 小于 0 时舍去小数位后再减去 1。利用 Int 函数还可以对数据进行四舍五入。例如，对一个正数 x 求四舍五入后的整数 (即不保留小数)，可采用 Int(x+0.5)。

例：Int(3.9)，结果是 3；
　　Int(-3.9)，结果是 -4；

Int(3.9+0.5)，结果是 4。

(2) Round(x,n)：对 x 四舍五入，保留 n 位小数。

例：Round(3.59,1)，结果是 3.6；

Round(3.59,0)，结果是 4；

Round(-3.59,1)，结果是 -3.6。

(3) Abs(x)：求 x 的绝对值。

例：Abs(-5)，结果是 5。

(4) Rnd：产生大于或等于 0 且小于 1 的随机浮点数。Rnd 通常与 Int 函数搭配使用，如果要生成 [a,b] 范围内的随机整数可以采用公式：Int(Rnd*(b-a+1)+a)。

例：Int(Rnd*100)，结果产生一个大于或等于 0 且小于 100 的随机整数；

Int((Rnd*90)+10)，结果产生一个随机两位整数 (即范围 [10,99])。

(5) 三角函数如 Sin(x) 等中参数 x 的单位是弧度。

2. 字符处理函数

大多数字符处理函数的参数为字符型数据，其结果也大都为字符型数据。

(1) Len(s)：返回给定字符串 s 的长度，一个字符包括的空格代表一个长度。

例：Len("Access 数据库 ")，结果是 9。

(2) Mid(s,n1,n2)：截取给定字符串 s 中从第 n1 位开始的 n2 个字符，若省略 n2，那么截取从第 n1 位开始的所有后续字符。

例：Mid("Access",2,3)，结果是 "cce"；

Mid("Access",2)，结果是 "ccess"。

(3) Trim(s)：去除字符串 s 左右两边的连续空格，其余位置不受影响。

例：Trim(" Access 数据库 ")，结果是 "Access 数据库 "。

(4) Space(n)：产生 n 个空格组成的串。

例：Space(3)，结果是 "   "。

(5) String(n,s)：生成 n 个 s 字符串的首字符。

例：String(3,"Access")，结果是 "AAA"。

(6) Lcase(s)：将给定字符串 s 中的英文字母全部换为小写字母。

例：Lcase("AcceSS")，结果是 "access"。

(7) Ucase(s)：将给定字符串 s 中的英文字母全部换为大写字母。

例：Ucase("AcceSS")，结果是 "ACCESS"。

3. 日期函数

日期函数主要对日期型数据进行处理，或函数的返回值为日期型数据。

(1) Date 或 Date( )：返回计算机系统的当前日期 (年 / 月 / 日)。

(2) Time 或 Time( )：返回计算机系统的当前时间 (小时 : 分钟 : 秒)。

(3) Now 或 Now( )：返回计算机系统的当前日期和时间 (年 / 月 / 日 小时 : 分钟 : 秒)。

(4) Year(d)：返回日期型数据 d 中的年份。

(5) Month(d)：返回日期型数据 d 中的月份。

例：Year(#2023/12/10#)，结果是 2023。
　　 Month(#2023/12/10#)，结果是 12。

4. 类型转换函数
类型转换函数可以将给定的数据转换成不同的数据类型。
(1) Asc(s) 和 Chr(n)：将字符与对应的 ASCII 值相互转换的函数。
例：Asc("a")，结果是 97；
　　Asc("abc")，结果是 97；
　　Chr(65)，结果是 "A"。
(2) Str(n) 和 Val(s)：将数字字符串与数值型数据相互转换的函数。
例：Str(123)，结果为 "123"；
　　Val("1.45a")，结果为 1.45；
　　Val("45a")，结果为 45；
　　Val("a45")，结果为 0。

5. 输入输出函数
弹出对话框，等待用户输入数据或显示信息。
(1) 输入函数 InputBox。
常用格式：

> 变量名 =InputBox(提示信息 [,[标题][, 默认值]])

功能：弹出一个对话框，显示提示信息和默认值，等待用户输入数据。若输入结束并单击"确定"或按 Enter 键，则函数返回文本框的字符串值；若无输入或单击"取消"，则返回空字符串 ""。
若不需要返回值，则可以使用 InputBox 的命令形式：

> InputBox 提示信息 [,[标题][, 默认值]]

其中提示信息、标题和默认值都为非必选项，用户可以根据实际需要设置。如果缺省"标题"选项，则系统自动给对话框设置标题为 Microsoft Access；如果缺省"默认值"选项，则默认为空。如果函数的第 2 个参数缺省但第 3 个参数不缺省，则参数之间的逗号仍应保留。

执行一次 InputBox 函数只能输入一个值，函数的返回值默认为字符型。
如：x=InputBox(" 请输入 X 的值 "," 计算方程 ",10)
则会弹出如图 8-10 所示的输入框。
(2) 输出函数 MsgBox。
常用格式：

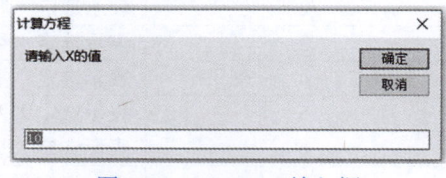

图 8-10　InputBox 输入框

> 变量名 =MsgBox(提示信息 [,[按钮形式][, 标题]])

功能：弹出一个信息框，显示信息，等待用户单击其中一个按钮，并返回一个整数值赋给变量，以表明用户单击了那个按钮。

若不需要返回值，则可以使用 MsgBox 的命令形式：

MsgBox 提示信息 [,[按钮形式][, 标题]]

其中"提示信息"为必选项，指定在对话框显示的文本，若输出多项内容，则应该用"&"连接运算符将内容连成一项，可使用"VbCrLf"或"Chr(10)+chr(13)"实现换行输出。

"按钮形式"为可选项，是一个整数表达式，有三个参数，包含按钮类型、图标类型和默认按钮(参数值每项只取一个，用"+"连接)，决定了对话框的模式，各参数取值和含义如表 8-2 所示。

"标题"选项指定信息框的标题。

函数的返回值指明用户在信息框中选择了哪一个按钮，返回值的含义如表 8-3 所示。

表8-2　按钮类型、图标类型和默认按钮的取值和含义

按钮形式	值	含义
按钮类型	0	只显示"确定"按钮
	1	显示"确定""取消"按钮
	2	显示"终止""重试""忽略"按钮
	3	显示"是""否""取消"按钮
	4	显示"是""否"按钮
	5	显示"重试""取消"按钮
图标类型	0	不显示图标
	16	显示停止图标（´）
	32	显示询问图标（?）
	48	显示警告图标（!）
	64	显示信息图标（I）
默认按钮	0	第一个按钮是默认按钮
	256	第二个按钮是默认按钮
	512	第三个按钮是默认按钮

表8-3　MsgBox函数返回值及含义

返回值	含义
1	表示选定"确定"按钮
2	表示选定"取消"按钮
3	表示选定"终止"按钮
4	表示选定"重试"按钮
5	表示选定"忽略"按钮
6	表示选定"是"按钮
7	表示选定"否"按钮

例如执行语句：m=MsgBox ("Y 的值是：21",1+64," 计算 ")

则会弹出如图 8-11 所示的信息框。如果单击"确定"按钮，则 m 的值为 1；如果单击"取消"按钮，则 m 的值为 2。

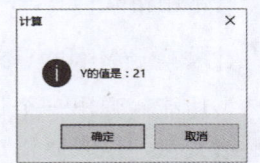

图 8-11　MsgBox 信息框

8.3 程序控制结构

8.3.1 VBA 基本语句

VBA 中程序语句是执行具体操作的指令代码,是关键字、对象属性、表达式及可识别符号的结合。VBA 有一些基本语句,用 VBA 语言编写程序代码时,需要遵循一定的语法规则。

1. 代码书写规则

(1) 通常一个语句占一行,每个语句行以按 Enter 键结束。允许同一行有多条语句,每条语句之间用冒号分隔,如 x=3:y=5:z=10。

(2) 如果语句太长,一行写不下,可使用续行符(一个空格后面跟一个下画线"_"),将长语句分成多行。但关键字和字符串不能分为两行。

如:s=Text1.Value+Text2.Value+Text3.Value+ _
　　Text4.Value+Text5.Value

(3) 代码中的各种运算符、标点符号都应采用英文半角表示,英文字母不区分大小写(字符串常量除外),关键字和函数名的首字母系统会自动转换为大写,其余转为小写。

(4) 在程序中适当添加一些注释,以提高程序的可读性,有助于程序的调试和维护。

(5) 建议采用缩进格式来反映代码的逻辑结构和嵌套关系,一般缩进两个字符。如:

```
Private Sub Command1_Click()
    Dim x As Single,y As Single
    x=Text1.Value
    If x>=0 Then
        y=x
    Else
        y=-x
    End If
    Text2.Value=y
End Sub
```

2. VBA 基本语句

1) 注释语句

注释语句即对程序代码作的说明或解释,包括对所用变量、自定义函数或过程、关键性代码的注释,以便用户更好地理解、调试程序。注释语句不会被执行。

注释语句的格式如下。

Rem 注释内容　或 ' 注释内容

其中 Rem 注释语句只能写在单独一行，而且 Rem 与注释内容之间至少空一个空格；以"'"开头的注释语句可以写在单独一行，也可以直接写在语句的右边。如：

```
Private Sub Command1_Click()
  Rem 求两个数的较大值
  Dim a As Single, b As Single
  a=Text1.Value: b=Text2.Value          '变量a,b赋值,同一行多个语句,用:分隔
  If a>b Then                           'If双分支结构
    Text4.Value =a
  Else
    Text4.Value =b
  End If
End Sub
```

2) 声明语句

声明语句通常放在程序的开始部分，通过声明语句，用户可以定义符号常量、变量、数组变量和过程。当声明一个变量、数组和过程时，也同时定义了其作用范围。如 Dim 语句、Private 语句等都是声明语句。

3) 赋值语句

赋值语句是最基本、最常用的语句，它是将常量或表达式的值赋给变量，即将值存储到变量名所代表的内存单元中。

基本格式如下。

变量名 = 表达式或对象名.属性名 = 表达式

如：s=3.14*2*10

　　　Text1.Value=Int(Rnd*100)

赋值语句具有计算和赋值的双重功能，即先计算表达式的值，再把值赋给变量。变量名或对象属性名的类型应与表示的数据类型相同或相容，当相容数据类型赋值时，系统会自动进行数据类型的转换。

赋值号"="与数学上的等号意义不同。如赋值语句：n=n+1 表示把变量 n 的值加上 1 后再赋值给变量 n，即 n 的值增加了 1；而数学中表达式 n=n+1 是不成立的。

赋值号"="与关系运算符中的"="不同。赋值号"="的左边是变量名或对象属性，表示被赋值的对象，即将表达式的值存入变量；变量名在赋值号"="的右边，表示变量是参与运算的数据，此时变量的值被读出。而关系运算符中的"="是比较左右两边表达式的值是否相等。如果相等，结果为 True；否则，结果为 False。表达式中的变量值保持不变。

如：If x=60 Then n=n+1

第一个"="为关系运算符，判断变量 x 的值是否是 60，第二个"="为赋值运算符，表示将变量 n 的值加上 1。

8.3.2 顺序结构

顺序结构是面向过程程序设计最基本的控制结构，程序运行时按照程序代码的先后顺

序依次执行。按照计算机程序设计的一般步骤，主要包含数据类型说明语句、数据输入语句、数据处理计算语句、结果输出语句等。顺序结构的流程图如图 8-12 所示。

【例 8-1】如图 8-13 所示温度转换窗体，在文本框 Text1 中输入摄氏温度，单击"转换"按钮，则将摄氏温度换算成华氏温度，并输出到文本框 Text2 中。温度转换公式：c=(f-32)*5/9，其中 c 代表摄氏温度，f 代表华氏温度。如 Text1 中输入 37，则 Text2 中输出 98.6。

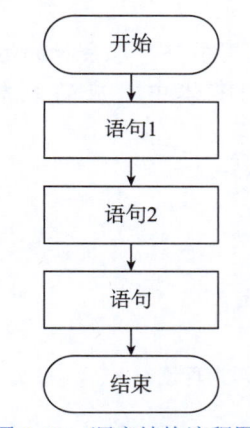

图 8-12　顺序结构流程图　　　　图 8-13　温度转换窗体

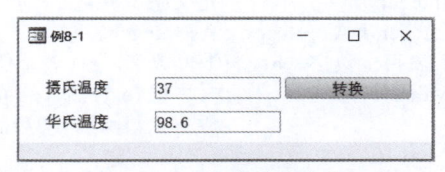

数据分析：

根据题意，定义两个变量 c、f，分别表示摄氏温度和华氏温度，数据类型为 Single（单精度型）。

算法分析：

(1) 数据输入：在窗体中的文本框 Text1 输入摄氏温度值并赋值给 c。

(2) 数据计算：依据公式，计算出华氏温度 f。这里需要对公式作相应的变换，即 c 是已知数，f 是未知数，公式变换为：f=9/5*c+32。

(3) 结果输出：将计算出的华氏温度 f 输出到窗体中的 Text2 文本框。

"转换"按钮（按钮名称 Command1）的单击事件过程代码：

```
Private Sub Command1_Click()                    'Command1 的单击事件过程
    Dim c As Single, f As Single
'定义c，f变量为单精度数据类型，c代表摄氏温度，f代表华氏温度
    c = Text1.Value                             '文本框Text1输入摄氏温度值赋给变量c
    f = 9 / 5 * c + 32                          '根据温度转换公式，算出华氏温度赋值给变量f
    Text2.Value = f                             '将变量f输出到文本框Text2中
End Sub
```

【例 8-2】如图 8-14 所示窗体，在文本框 Text1 中输入一个任意三位正整数，单击"分解"按钮，分别求百位数字、十位数字和个位数字的值并输出到窗体中对应的文本框中。如 Text1 中输入 479，则 Text2 中输出 4，Text3 中输出 7，Text4 中输出 9。

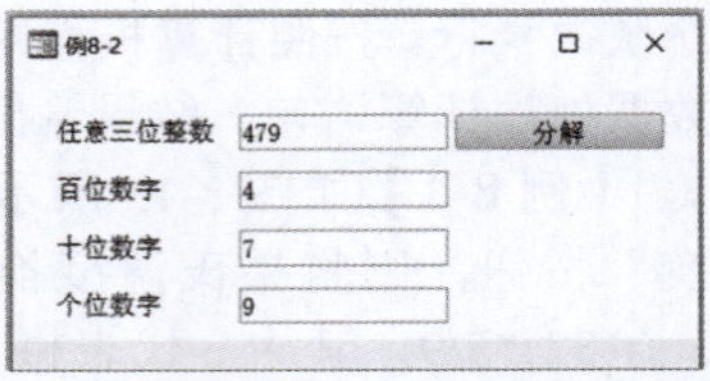

数据分析：

根据题意，定义 4 个变量 x，a，b，c，分别表示输入的三位整数和百位、十位、个位的数字，数据类型都为 Integer。

算法分析：

(1) 数据输入：通过窗体中的文本框 Text1 输入三位正整数并赋值给 x。

(2) 数据计算：对 x 进行分解，分别求出百位、十位和个位数字，可以有多种方法。如用 mid( ) 函数求特定位字符，或用求整、求余数的运算。

(3) 结果输出：将求出的各位数字 a、b、c 分别输出到窗体中对应的文本框 Text2、Text3、Text4 中。

图 8-14　各位数字分解窗体

"分解"按钮 (按钮名称 Command1) 的单击事件过程代码：

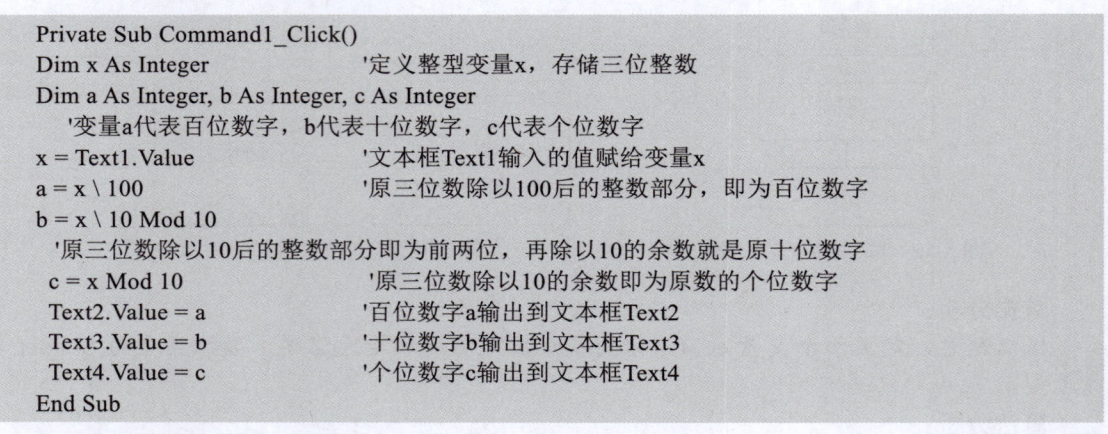

```
Private Sub Command1_Click()
Dim x As Integer                '定义整型变量x，存储三位整数
Dim a As Integer, b As Integer, c As Integer
    '变量a代表百位数字，b代表十位数字，c代表个位数字
x = Text1.Value                 '文本框Text1输入的值赋给变量x
a = x \ 100                     '原三位数除以100后的整数部分，即为百位数字
b = x \ 10 Mod 10
 '原三位数除以10后的整数部分即为前两位，再除以10的余数就是原十位数字
c = x Mod 10                    '原三位数除以10的余数即为原数的个位数字
Text2.Value = a                 '百位数字a输出到文本框Text2
Text3.Value = b                 '十位数字b输出到文本框Text3
Text4.Value = c                 '个位数字c输出到文本框Text4
End Sub
```

【例 8-3】如图 8-15 所示窗体，在窗体的文本框 Text1 中输入一个 18 位身份证号码，单击"查询"按钮求出该身份证代表的出生年月的信息并输出到相应的文本框中。如 Text1 中输入 310107198005111234，则 Text2 中输出 1980，Text3 中输出 05。

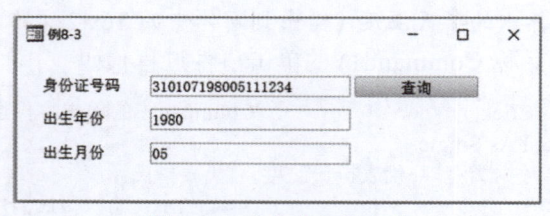

图 8-15　求出生年月窗体

数据分析：

根据题意，定义 3 个变量，字符型 (String) 变量 str1 存放身份证号码，字符型变量 str2、str3 分别存放出生年份、出生月份数据。

算法分析：

(1) 数据输入：在窗体的文本框 Text1 中输入 18 位身份证号码并赋值给 str1。

(2) 数据计算：利用 mid( ) 截取字符函数，设置不同的起始位、字符个数分别求出出生年月，出生年份第 7 位起取 4 位并存入 str2，出生月份第 11 位起取 2 位并存入 str3。

(3) 结果输出：分别将 str2、str3 输出到窗体对应的文本框 Text2、Text3 中。

"查询"按钮 (按钮名称 Command1) 的单击事件过程代码：

```
Private Sub Command1_Click()
    Dim str1 As String                      '定义字符串str1，存放18位身份证号码
    Dim str2 As String, str3 As String      '字符串str2存放年份，str3存放月份
    str1 = Text1.Value                      '文本框Text1的值赋给变量str1
    str2 = Mid(str1, 7, 4)                  '截取18位身份证号码的第7、8、9、10四位，即代表出生年份
    str3 = Mid(str1, 11, 2)                 '截取18位身份证号码的第11、12两位，即代表出生月份
    Text2.Value = str2
    Text3.Value = str3
End Sub
```

8.3.3 分支结构

分支结构，也称选择结构，是指在程序执行的过程中出现多种不同的数据处理方法，通过条件表达式的不同取值执行相应分支里的程序代码。VBA 的分支结构有 If 语句和 Select Case 情况语句。

1. If 语句

If 语句是最常用的选择结构语句。If 语句有多种不同的表示形式，如单行 If 语句、多行 If 语句、If 语句嵌套等。

1) 单行 If 语句

单行 If 语句，是一种双分支选择语句，根据条件在两个分支中选择其一执行。单行 If 语句的格式如下。

格式 1：

```
If 条件 Then 语句序列 1  [Else  语句序列 2]
```

格式 2：

```
If 条件 Then
    语句序列1
[Else
    语句序列2]
End If
```

执行 If 语句时，先判断条件表达式的值，如果值为 True，顺序执行 Then 后的语句序列，否则执行 Else 后的语句序列。当 Else 和语句序列 2 缺省时，即成为单分支语句。

需要注意的是，格式 1 中仅有 If 语句，而格式 2 中 If 与 End If 必须成对出现。格式 2 中的语句序列不能与 Then 或 Else 写在同一行。Else 子句也不能再跟条件表达式。

单行 If 语句的流程如图 8-16 所示。

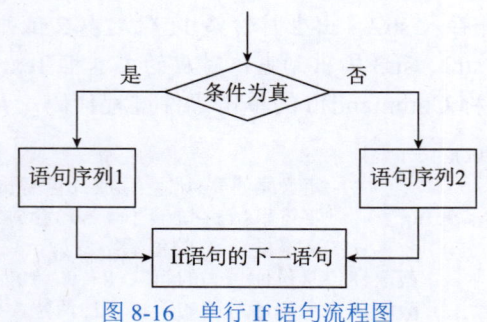

图 8-16　单行 If 语句流程图

2) 多行 If 语句

多行 If 语句由多行语句组成，首行 If 语句作为起始语句，终止语句是末行的 End If 语句，它不仅可以实现单分支和双分支，还能实现多分支，而且结构清晰，可读性好。多行 If 语句的格式如下。

```
If　条件表达式1　Then
    语句序列1
ElseIf　条件表达式2　Then
    语句序列2
……
ElseIf　条件表达式n　Then
    语句序列n
[Else
    语句序列n+1]
End　If
```

多行 If 语句执行时，按语句的先后顺序依次检查每个条件的值，视其真假决定程序的走向：首先判断条件 1，如果条件成立（即值为 True)，则执行该条件下的语句序列 1；否则（即条件不成立）判断条件 2，如果条件成立（即值为 True），则执行该条件下的语句序列 2；否则（即条件不成立）继续判断后续的条件，以此类推。当执行了某个条件下的语句序列，随即跳过其他余下的条件和语句序列转而执行 End If 后的下一个语句。如果所有的条件都不成立，则要看是否有 Else 子句，若有，就执行其后的语句序列，然后再执行 End If 后的下一个语句，否则，直接执行 End If 后的下一个语句。

ElseIf 子句和 Else 子句都是可选的，而且 ElseIf 子句的数量不限。如果没有 ElseIf 子句和 Else 子句，则为单分支选择结构；如果有 Else 子句而没有 ElseIf 子句，则为双分支的选择结构；若既有 ElseIf 子句又有 Else 子句，或仅有多个 ElseIf 子句，则为多分支选择结构。

特别需要注意的是，多行 If 语句的语句序列不能与其前面的 Then 在同一行上，否则将被系统认为是单行 If 语句；ElseIf 不能写成 Else If，否则将被系统认为是 If 语句的嵌套；Else 子句不能跟条件表达式。

多行 If 语句的流程如图 8-17 所示。

```
                   否              否                       否
    ┌──→ 条件1为真 ──→ 条件2为真 ──→ … ──→ 条件n为真 ──┐
    │       │是          │是                  │是         │
    │    语句序列1    语句序列2            语句序列n    语句序列n+1
    │       │            │                    │           │
    └───────┴────────────┴────────────────────┴───────────┘
                              │
                         End If的下一语句
```

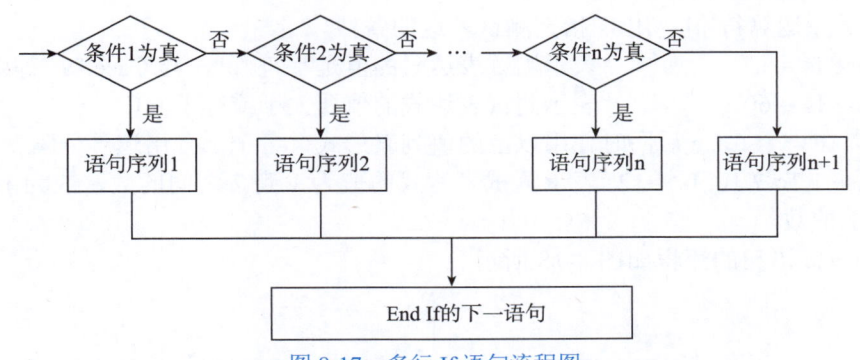

图 8-17　多行 If 语句流程图

2. Select Case 语句

Select Case 语句又称情况语句，在某些特定的条件，比如把一个表达式的不同取值情况作为不同的分支时，用 Select Case 语句比用 If 语句更方便、紧凑。

Select Case 语句语法格式如下。

```
Select Case 测试表达式
    Case 值列表1
        语句序列1
    Case 值列表2
        语句序列2
    …
    Case 值列表n
        语句序列n
    Case Else
        语句序列n+1
End Select
```

Select Case 语句执行时，根据测试表达式的值，按语句的先后顺序匹配 Case 值列表的值。如果匹配成功，则执行该 Case 下的语句序列，然后转到 End Select 语句之后继续执行；如果匹配不成功，则继续匹配下一个 Case 值列表的值，以此类推，直到 Select Case 语句结束。

需要注意的是，Select Case 语句中 Select Case 和 End Select 必须成对出现；<u>测试表达式只能是数值型或字符型表达式；如果有多个 Case 值列表的值都可以与测试表达式的值相匹配，那么只会执行第一个能匹配测试表达式的值的 Case 下的语句序列</u>。

Case 值列表的值的数据类型必须与测试表达式的值的类型一致，可以是以下形式之一，或是以下形式的组合。

(1) 值 1, 值 2,…, 值 n：枚举各个值，各个值之间用逗号分隔。

如：Case 1,3,5,7,9
　　Case "a", "b", "c"

(2) 值 1 To 值 2：值 1 到值 2 的取值区间。

如：Case 1 To 9　　　　　'表示测试表达式的值从 1 到 9 (包括 1 和 9)
　　Case "A" To "E"　　　'表示测试表达式的值从字符 "A" 到 "E" (包括 "A" 和 "E")

(3) Is 关系运算符 值：用 Is 指定测试表达的条件。
如：Case Is ="a"　　　　'表示测试表达式的值是字符 "a"，与 Case "a" 等效
　　Case Is>=60　　　　'表示测试表达式的值要大于或等于 60
(4) 可以在一个 Case 后同时使用以上的值列表形式，各个部分用逗号分隔。
如：Case 1 To 7,10, Is>=12 ' 表示测试表达式的值为 1 到 7 之间的数，或为 10，或为大于或等于 12 的数

Select Case 语句的流程如图 8-18 所示。

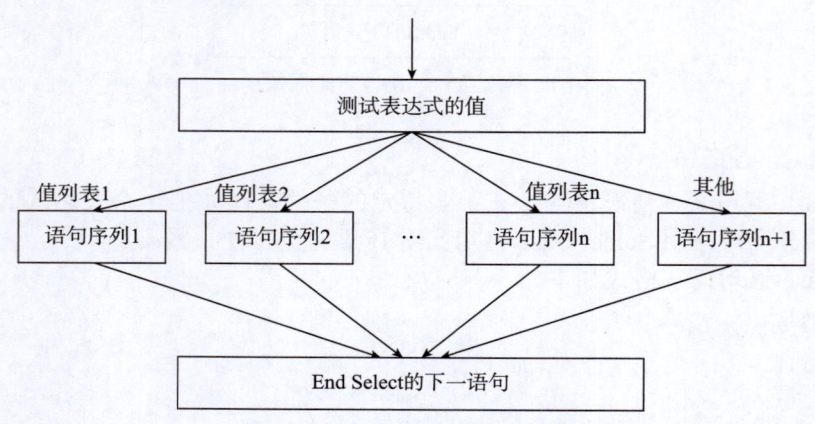

图 8-18　Select Case 语句流程图

3. 选择结构的嵌套

If 分支语句和 Select Case 情况语句均可以互相嵌套使用，即其中的某个分支又可以是一个 If 分支语句或 Select Case 情况语句，但要层次清楚，内、外层分支结构不能出现交叉现象。选择结构的嵌套形式多种多样，如 If 语句的嵌套格式：

```
If　条件表达式 1　Then
    If　条件表达式 2　Then
        语句序列 1
    Else
        语句序列 2
    End If
Else
    If 条件表达式 3 Then
        语句序列 3
    Else
        语句序列 4
    End If
End If
```

【例 8-4】如图 8-19 所示窗体，在文本框 Text1 中输入 x 的值，单击"计算"按钮，根据分段函数，求出 y 的值并输出到文本框 Text2。如 Text1 中输入 5.4，则 Text2 中输出 5.4。分段函数如下：

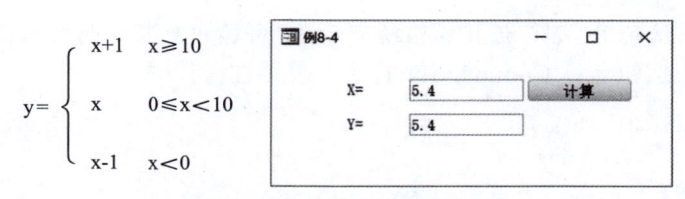

$$y=\begin{cases} x+1 & x \geq 10 \\ x & 0 \leq x < 10 \\ x-1 & x < 0 \end{cases}$$

图 8-19　求分段函数值窗体

数据分析：
根据题意，定义两个变量 x、y，其中 x 代表输入数，y 代表输出数，数据类型都是 Single。
算法分析：
(1) 在窗体的文本框 Text1 中输入一个正数，并赋值给 x。
(2) 判断 x 的取值范围，根据不同的公式计算 y 的值。
① 如果 x 大于或等于 10，那么 y=x+1；
② 如果 x 大于或等于 0 而且小于 10，那么 y=x；
③ 如果 x 小于 0，那么 y=x-1。
(3) 将计算出的 y 的值输出到窗体的 Text2 文本框中。
"计算"按钮 (按钮名称 Command1) 的单击事件过程代码：

```
Private Sub Command1_Click()
  Dim x As Single, y As Single
  x = Text1.Value
  If x >= 10 Then              ' 如果 x 的值大于或等于 10
    y = x + 1
  ElseIf  x >= 0 Then          ' 如果 x 的值小于 10，而且大于或等于 0
    y = x
  Else                         ' 如果 x 的值小于 0
    y = x - 1
  End If
  Text2.Value = y
End Sub
```

【**例 8-5**】如图 8-20 所示窗体，在文本框 Text1 中输入一个年份，单击"判断"按钮，在文本框 Text2 中输出该年份是否闰年的信息，显示结果为"** 年是闰年"或"** 年不是闰年"。如 Text1 中输入 2025，则 Text2 中输出"2025 年不是闰年"。

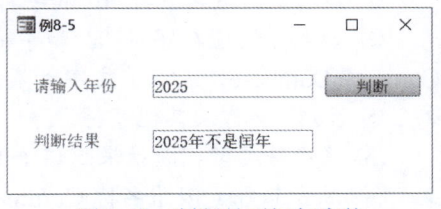

图 8-20　判断是否闰年窗体

数据分析：
根据题意，定义两个变量，其中变量 x 代表输入的年份，数据类型为 Integer(整型)；变量 y 代表输出的结果，数据类型为 String(字符型)。
算法分析：
(1) 将窗体 Form1 的文本框 Text1 中输入的年份赋值给 x。
(2) 闰年的判断条件：如果年份 x 能被 4 但不能被 100 整除或者能被 400 整除，那么年份 x 是闰年；否则，年份 x 不是闰年。

(3) 将多个输出信息用 "&" 连接赋值给变量 y，并输出到窗体的文本框 Text2 中。

"判断"按钮 (按钮名称 Command1) 的单击事件过程代码：

```
Private Sub Command1_Click()
    Dim x As Integer, y As String
    x = Text1.Value
    If x Mod 4 = 0 And x Mod 100 < > 0 Or x Mod 400 = 0 Then    '闰年的判断条件
      y = x & "年是闰年"              '将输入的年份和判断结果连接输出
    Else
      y = x & "年不是闰年"
    End If
    Text2.Value = y
End Sub
```

【例 8-6】如图 8-21 所示窗体，在文本框 Text1 中输入任意一个字符，单击"判断"按钮，在文本框 Text2 中输出该字符是字母、数字或者其他字符等信息。如 Text1 中输入字母 q，则 Text2 中输出"英文字母"。

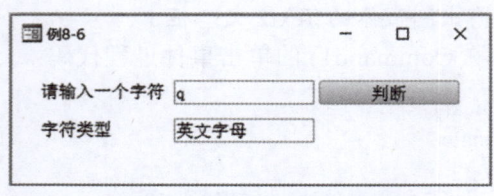

图 8-21　判断字符类型窗体

数据分析：

根据题意，定义两个变量，其中变量 x 代表输入的字符，变量 y 代表输出的判断结果，数据类型都为 String(字符型)。

算法分析：

(1) 将窗体 Form1 的文本框 Text1 中输入的年份赋值给 x。

(2) 根据 x 的取值范围，判断 x 代表的字符类型。

① 如果 x 的值在字符 "0" 和字符 "9" 之间，则 x 代表数字字符；

② 如果 x 的值在字符 "a" 和字符 "z" 之间，则 x 代表英文字母字符。系统默认为 Option Compare Database，表示英文字母不区分大小写；

③ 否则，x 代表其他字符。

(3) 将字符类型判断结果赋值给变量 y，并输出到窗体的文本框 Text2 中。

"判断"按钮 (按钮名称 Command1) 的单击事件过程代码：

```
Private Sub Command1_Click()
    Dim x As String, y As String
    x = Text1.Value
    If x >= "0" And x <= "9" Then          '"0" 和 "9" 表示字符，加定界符
      y = " 数字字符 "
    ElseIf x >= "a" And x <= "z" Then
```

```
    y = " 英文字母 "
  Else                          'Else 后不能跟条件
    y = " 其他字符 "
  End If
  Text2.Value = y
End Sub
```

【例 8-7】如图 8-22 所示窗体，在文本框 Text1 中输入五级评分制的成绩，单击"转换"按钮，在文本框 Text2 中输出对应的百分制成绩。如 Text1 中输入 C，则 Text2 中输出 75。(五级制与百分制成绩的转换规则：A-95，B-85，C-75，D-65，E-55。)

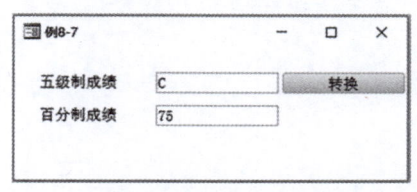

图 8-22　成绩转换窗体

数据分析：
定义两个变量，变量 x 代表输入的五级评分制成绩，数据类型为 Sting(字符型)，变量 y 代表输出的百分制成绩，数据类型为 Integer(整型)。

算法分析：
(1) 将窗体中文本框 Text1 输入的五级评分制成绩赋值给变量 x。
(2) 通过判断 x 的取值，计算出其对应的百分制成绩并赋值给 y。
① 如果 x="A"，那么 y=95；
② 如果 x="B"，那么 y=85；
③ 如果 x="C"，那么 y=75；
④ 如果 x="D"，那么 y=65；
⑤ 如果 x="E"，那么 y=55。
(3) 将计算出的 y 的值输出到窗体的 Text2 文本框中。
"转换"按钮(按钮名称 Command1)的单击事件过程代码：
(1) If 分支语句代码：

```
Private Sub Command1_Click()
  Dim x As String, y As Integer
  x = Text1.Value
  If x="A" Then                      'If多分支结构
    y = 95
  ElseIf x= "B" Then                 'ElseIf不能写成Else If
    y = 85
  ElseIf x= "C" Then
    y = 75
  ElseIf x="D" Then
    y = 65
```

```
    ElseIf x="E" Then
      y = 55
    End If
    Text2.Value = y
End Sub
```

(2) Select Case 选择语句代码：

```
Private Sub Command1_Click()
  Dim x As String, y As Integer
  x = Text1.Value
  Select Case x                    'Select Case 分支语句
    Case "A"                       '测试表达式的值为字符型，加定界符
      y = 95
    Case "B"
      y = 85
    Case "C"
      y = 75
    Case "D"
      y = 65
    Case "E"
      y = 55
  End Select
  Text2.Value = y
End Sub
```

8.3.4 循环结构

循环结构是指根据指定条件的当前值，决定一行或多行语句是否需要重复执行。VBA 中常用的循环语句有 For 循环语句、While 循环语句和 Do 循环语句。

1. For 循环语句

当循环次数预先能够知道或者需处理的数据在一定的取值范围内递增或递减时，采用 For 语句较为合适。For 语句的好处在于语法简单，结构紧凑，不容易出现语法错误。

For 循环语句基本结构：

```
For 循环变量 = 初值 To 终值 Step 步长
    循环体语句序列
Next 循环变量
```

For 循环语句执行时，首先计算初值、终值和步长等表达式的值，并将初值赋给循环变量，然后将循环变量与终值比较，当循环变量的值不超过终值时，执行循环体语句序列，接着将循环变量增加一个步长值，再与终值比较，若它仍不超过终值，则再次执行循环体，以此类推。若循环变量的值超过终值，则结束 For 循环，执行 Next 的下一个语句。

For 循环语句的流程如图 8-23 所示。

说明：

(1) For 与 Next 必须成对使用，Next 后的循环变量与 For 语句中的循环变量一致，可省略。

VBA 程序设计 08

(2) 循环变量、初值、终值、步长都是数值型，也可以是表达式，它们的值在循环语句开始就确定了。
(3) 步长的值可以是正也可以是负，但不能为 0；步长为 1 时，语句 Step 1 可省略。
(4) 循环次数 =Int((循环变量的终值 - 循环变量的初值)/ 步长)+1。
(5) 在 For 循环中，循环变量的值是自动改变的。
(6) 在循环体中，可以用 Exit For 语句强制退出 For 循环。

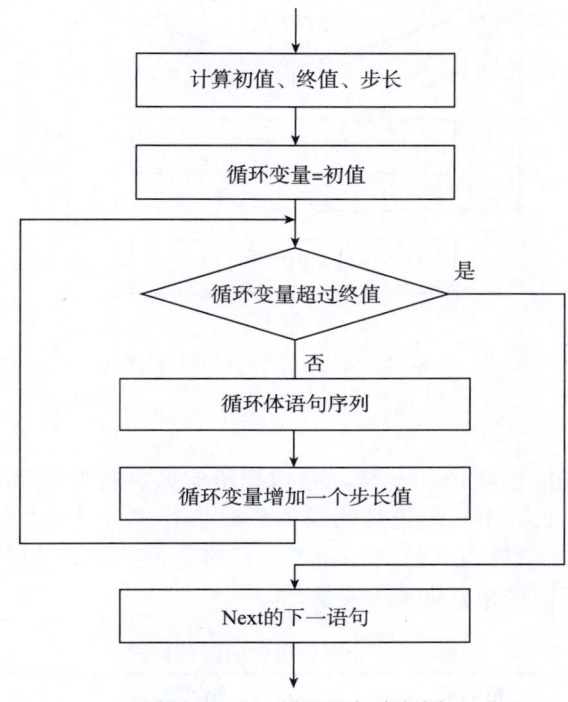

图 8-23　For 循环语句流程图

2. While 循环语句

While 循环语句可以根据指定条件控制循环的执行。
While 循环语句的格式：

```
While 条件表达式
    循环体语句序列
Wend
```

执行 While 循环语句时，首先判断条件表达式的值，如果为真 (即值为 True)，则进入循环体，待执行完语句序列后，返回再次判断条件的值，以决定是否继续执行循环；如果条件表达式的值为假 (即值为 False)，则结束 While 循环，执行 Wend 的下一条语句。

说明：
(1) While 与 Wend 必须成对使用。
(2) While 循环语句即"当型"循环，执行时先判断条件，然后才决定是否执行循环体。

261

因此如果条件一开始就不成立，那么循环体一次也不执行。

（3）特别需要注意的是，While 语句本身没有修改循环条件的语句，因此应该在循环体语句中设置相应语句，使得整个循环趋于结束，以避免死循环。

While 循环语句的执行流程如图 8-24 所示。

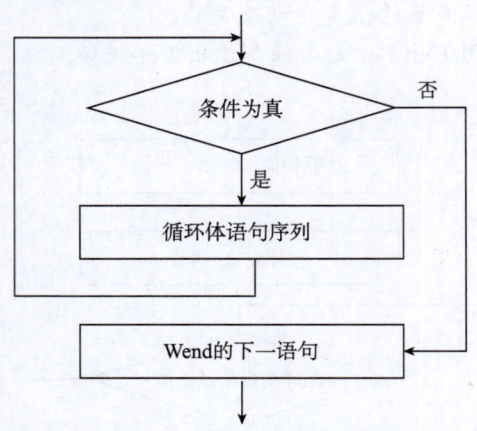

图 8-24　While 循环语句流程图

3. Do 循环语句

Do 循环语句与 While 循环语句一样，是根据给定条件控制循环的执行。Do 循环语句有多种格式，其中"当型循环"是先判断条件然后执行循环体，"直到型循环"是先执行循环再判断条件；有的是条件成立时执行循环，有的是条件不成立时才执行循环。

（1）Do 循环语句的四种格式如表 8-4 所示。

表8-4　Do循环语句的四种格式

格式一	格式二	格式三	格式四
Do While 条件 　循环体语句序列 Loop	Do Until 条件 　循环体语句序列 Loop	Do 　循环体语句序列 Loop While 条件	Do 　循环体语句序列 Loop Until 条件
先判断条件，条件成立时执行循环体语句	先判断条件，条件不成立时执行循环体语句	先执行循环体语句，当条件成立时继续执行循环体	先执行循环体语句，当条件不成立时继续执行循环体
当型 Do 语句		直到型 Do 语句	

说明：

① Do 与 Loop 必须成对出现。

② 当型 Do 循环的循环体可能一次也不执行，而直到型 Do 循环的循环体则至少被执行一次。

③ 可以在循环体内用 Exit Do 语句强制退出循环。

（2）四种 Do 循环语句的流程如图 8-25~ 图 8-28 所示。

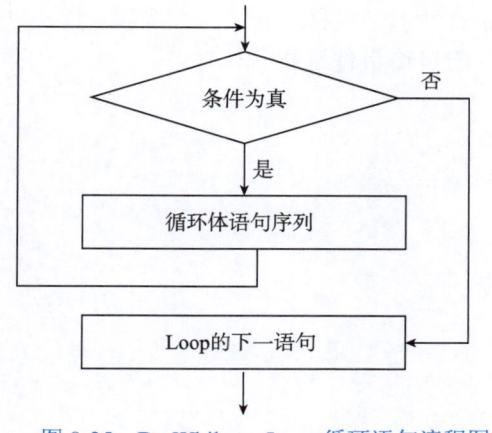

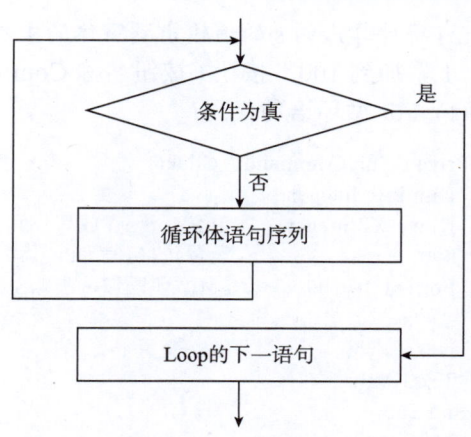

图 8-25　Do While … Loop 循环语句流程图　　　图 8-26　Do Until … Loop 循环语句流程图

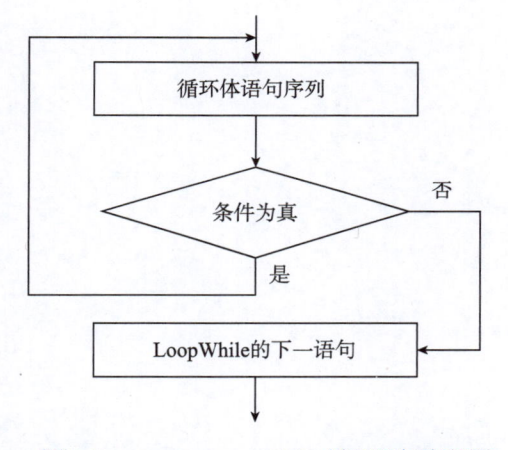

图 8-27　Do … Loop While 循环语句流程图　　　图 8-28　Do … Loop Until 循环语句流程图

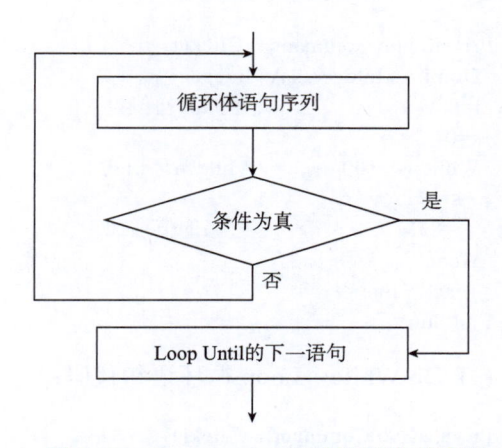

【例 8-8】如图 8-29 所示窗体，单击"1 累加到 100"按钮，在文本框 Text1 中输出 1+2+3+…+100 的值。

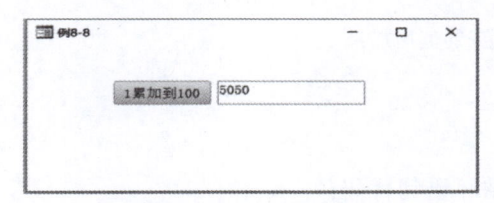

图 8-29　1 累加到 100 窗体

数据分析：
定义两个变量，循环变量 i 的数据类型为 Integer，存放和的变量 s 的数据类型为 Integer。
算法分析：
(1) 循环变量 i 的值从 1 以步长 1 递增到 100。
(2) 将循环变量 i 的值累加到和变量 s 中，即 s=s+i。

263

(3) 将计算出的 s 的值输出到窗体的文本框 Text1 中。

"1 累加到 100" 按钮 (按钮名称 Command1) 的单击事件过程代码：

(1) For 循环语句代码：

```
Private Sub Command1_Click()
  Dim i As Integer
  Dim s As Integer      '定义变量s存放累加和
  s=0                   '设置s的初值为0
  For i=1 To 100        'For循环语句，省略Step 1语句
    s=s+i
  Next                  '省略变量 i
  Text1.Value=s
End Sub
```

(2) While 循环语句代码：

```
Private Sub Command1_Click()
  Dim i As Integer, s As Integer
  i=0                   '变量i的初值设为0
  s=0
  While i<=100          'While循环语句
    s=s+i
    i=i+1               '变量i的值增加1
  Wend
  Text1.Value=s
End Sub
```

(3) Do While…Loop 循环语句代码：

```
Private Sub Command1_Click()
  Dim i As Integer,s As Integer
  i=0                   '变量i的初值设为0
  s=0
  Do While i<=100       'Do While循环语句
    s=s+i
    i=i+1               '变量i的值增加1
  Loop
  Text1.Value=s
End Sub
```

(4) Do Until…Loop 循环语句代码：

```
Private Sub Command1_Click()
  Dim i As Integer ,s As Integer
  i=0                   '变量i的初值设为0
  s=0
  Do Until  i>100       'Do Until循环语句
    s=s+i
```

```
    i=i+1                    '变量i的值增加1
  Loop
  Text1.Value=s
End Sub
```

【例 8-9】如图 8-30 所示窗体，在文本框 Text1 中输入任意一个正整数，单击"判断"按钮，在文本框 Text2 中输出该数是否为素数的信息。如 Text1 中输入 59，则 Text2 中输出 59 是素数。(素数指该数除了 1 和本身外没有其他因子。)

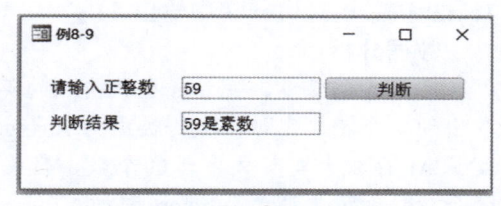

图 8-30　素数判断窗体

数据分析：

定义 4 个变量，变量 x 存放输入的正整数，数据类型为 Integer(整型)；循环变量 i 的数据类型为 Integer(整型)；标志变量 f 的数据类型为 Integer(整型)；判断结果 s 的数据类型为 String(字符型)。

算法分析：

(1) 标志变量 f 的初值设为 1。
(2) 循环变量 i 的初值设为 2。
(3) 当变量 i 的值小于或等于 x-1 时，
  ① 判断 i 是否变量 x 的因子，即 x 是否能被 i 整除。如果是，那么将标志变量的值设为 0。
  ② 循环变量 i 的值增加 1。
(4) 重复执行步骤 (3)。
(5) 循环结束，判断标志变量 f 的值，如果 f 的值为 1，则输出 x 是素数的信息，否则输出 x 不是素数的信息。

"判断"按钮(按钮名称 Command1)的单击事件过程代码：

```
Private Sub Command1_Click()
  Dim x As Single,y As String
  x=Text1.Value
  f=1                          '设置标志变量f=1
  For i=2 To x-1               '循环变量的取值范围，除了1和x本身
    If x Mod i=0 Then          '如果条件成立，即x能被i整除，说明i是x的因子
      f=0                      '将标志变量f的值改为0
    End If
  Next
  If f=1 Then                  '通过标志变量的值判断x是否有除1和本身外的其他因子
    y=x & "是素数"
  Else
    y=x & "不是素数"
  End If
  Text2.Value=y
End Sub
```

【例 8-10】如图 8-31 所示窗体，在文本框 Text1 中输入一串大小写混合的英文字母，单击"统计"按钮，则分别统计该字符串中大写字母、小写字母的个数并输出到对应的文本框中。如 Text1 中输入 aBcDkEf，则 Text2 中输出 3，Text3 中输出 4。

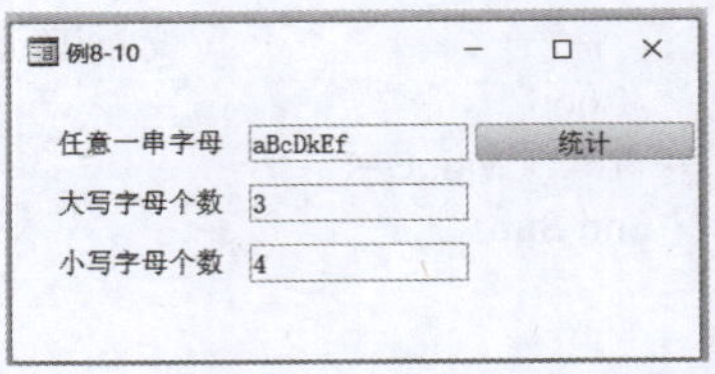

图 8-31　大小写英文字母个数统计窗体

数据分析：

定义 5 个变量，变量 s 存放输入的英文字母，数据类型为 String(字符型)；变量 c 存放取出的单个英文字母，数据类型为 String(字符型)；循环变量 i 的数据类型为 Integer(整型)；变量 n1 存放大写英文字母的个数，数据类型为 Integer(整型)；变量 n2 存放小写英文字母的个数，数据类型为 Integer(整型)。

算法分析：

(1) 将窗体中文本框 Text1 输入的英文字母串赋值给变量 s。
(2) 将循环变量 i 的初值设置为 1。
(3) 当字符串的字母还没有取完时，
① 使用 Mid() 截取字符函数取出 s 变量所存的英文字母串的第 i 个字符，存入变量 c。
② 判断 c 是否是大写英文字母，如果是大写英文字母，那么大写英文字母的个数加 1，即 n1=n1+1；如果是小写英文字母，那么小写英文字母的个数加 1，即 n2=n2+1。
③ 循环变量的值加 1。
(4) 重复执行步骤 (3)。
(5) 循环结束，将最终计算出的 n1 和 n2 输出到窗体对应的文本框 Text2 和 Text3 中。

"统计"按钮(按钮名称 Command1)的单击事件过程代码：

```
Private Sub Command1_Click()
  Dim s As String, i As Integer, n1 As Integer, n2 As Integer
  s = Text1.Value
  n1 = 0
  n2 = 0
  For i = 1 To Len(s)    '循环变量i的初值为1，终值为字符串的长度值
    c = Mid(s, i, 1)     '通过循环变量i的值的增加，将字符串中的字符逐一截取
    If Asc(c) >= Asc("A") And Asc(c) <= Asc("Z") Then
      Rem 用字母的ASCII值进行比较，才能区分英文大小写字母
      n1 = n1 + 1
    ElseIf Asc(c) >= Asc("a") And Asc(c) <= Asc("z") Then
      n2 = n2 + 1
    End If
  Next
  Text2.Value = n1
  Text3.Value = n2
End Sub
```

【例 8-11】如图 8-32 所示窗体，单击"计算"按钮，则随机产生 10 个 100 以内的正整数输出到文本框 Text1 中，并将其中的最大值和最小值分别输出到文本框 Text2 和文本框 Text3 中。

数据分析：

定义 4 个变量，数组变量 x(10) 存放随机产生的 10 个正整数，数据类型为 Integer（整型）；变量 max、min 分别存放最大值和最小值，数据类型都为 Integer（整型）；循环变量 i 的数据类型为 Integer（整型）。

算法分析： 用两个循环语句完成。

(1) 利用 For 语句产生 10 次循环，循环变量 i 初值为 1，终值为 10，步长值为 1，每次循环都实现以下操作：

① 利用函数 Rnd( ) 产生 100 以内的随机整数，存放于数组变量 x(i) 中；
② 将产生的随机数输出到窗体的文本框 Text1 中。

(2) 假定数组的第一个元素即为最大值和最小值。

(3) 循环变量 i 的初值设置为 2。

(4) 当循环变量 i 的值小于或等于 10 时，将数组 x 的第 i 个元素的值 x(i) 与最大值 max 及最小值 min 进行比较：

① 如果该数大于最大值 max，则最大值 max 变为该数；
② 如果该数小于最小值 min，则最小值 min 变为该数；
③ 循环变量 i 的值增加 1。

(5) 重复执行步骤 (4)。

(6) 循环结束，将 max、min 分别输出到窗体的文本框 Text1、Text2 中。

"计算" 按钮 (按钮名称 Command1) 的单击事件过程代码：

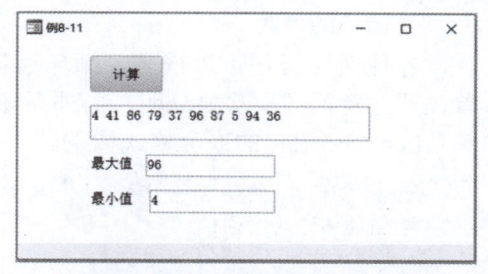

图 8-32　产生随机整数并求最大值和最小值窗体

```
Private Sub Command1_Click()
  Dim x(10) As Integer, i As Integer, max As Integer, min As Integer
  Text1 = ""
  Rem 以下代码用10次循环产生10个100以内随机整数并输出
  For i = 1 To 10
    x(i) = Int(Rnd * 100)       '用Rnd函数产生100以内的随机正整数
    Text1 = Text1 & x(i) & " "  '将10个随机整数显示在文本框，用空格隔开
  Next
  Rem 以下代码用循环语句求最大最小值
  max = x(1): min = x(1)        '假定数组的第一个元素是最大值也是最小值
  For i = 2 To 10               '从数组的第二个元素开始比较
    If x(i) > max Then
      max = x(i)
    End If
    If x(i) < min Then
      min = x(i)
    End If
  Next
  Text2.Value = max: Text3.Value = min
End Sub
```

267

4. 循环的嵌套

各种循环语句可以嵌套，循环语句也可以与分支语句嵌套。在编写循环嵌套结构时，首先要注意循环层次要分明，内外循环不能交叉；其次外循环变量与内循环变量不能同名。
For 循环语句的嵌套格式如下。

```
For i= 初值 To 终值 Step 步长
    循环体语句序列1
    For j= 初值 To 终值 Step 步长
        循环体语句序列2
    Next j
    ……
Next i
```

【例 8-12】如图 8-33 所示窗体，若单击"[1,1000]内所有完数"按钮，则求出所有的完数并显示在窗体的列表框 List1 中；若单击"清空"按钮，则将列表框 List1 清空。

完数是指该数的所有因子和等于它本身。如 6=1+2+3，所以 6 是完数。

数据分析：

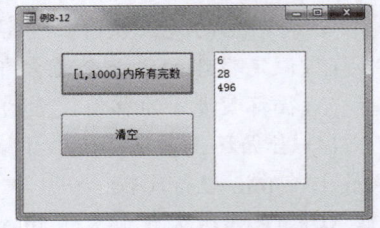

图 8-33　求 [1,1000] 内所有完数窗体

定义 3 个变量，循环变量 i 和 j 的数据类型为 Integer，变量 s 存放因子和，数据类型为 Integer。

算法分析： 用两个循环语句嵌套完成。

(1) 外循环用 For 语句，循环变量 i 初值为 1，终值为 1000，步长为 1，限定要处理的数的范围。
(2) 当循环变量 i 的值改变时，因子和变量 s 的值重新设置为 0。
(3) 内循环用 For 语句，循环变量 j 初值为 1，终值为 i-1，步长为 1，因为因子不包括数本身。
(4) 判断 i 是否能被 j 整除，如果能整除，则表示 j 是 i 的因子，就将 j 累加到变量 s 中。
(5) 重复执行步骤 (3) ~ (4)。
(6) 内循环结束，判断外循环变量 i 的值与变量 s 的值是否相等，如果相等，则表示 i 是完数，就将 i 添加到列表框中。
(7) 重复执行步骤 (1) ~ (6)。
(8) 外循环结束。

"1 ~ 1000 内所有完数"按钮（按钮名称 Command1）的单击事件过程代码：

```
Private Sub Command1_Click()
  Dim i As Integer, j As Integer
  Dim s As Integer
  For i = 1 To 1000
    s = 0
    For j = 1 To i – 1          '完数的因子数不包括自身
      If i Mod j = 0 Then       '判断j是否为i的因子
        s = s + j               '因子累加
```

```
        End If
      Next
      If i = s Then                    '判断数与因子和是否相等
        List1.AddItem i                '将完数添加到列表框
      End If
    Next
End Sub
```

"清空"按钮 (按钮名称 Command2) 的单击事件过程代码：

```
Private Sub Command2_Click()
    List1.RowSource = ""               '设置列表框的行来源为空
End Sub
```

8.3.5 过程与函数

如果一个程序中有多处需要使用相同的程序代码完成相同的事情，那么可以将这段程序代码定义成一个独立的过程，通过对过程的调用就能完成相应的任务。使用过程能够令程序结构模块化，便于程序的开发和维护。

VBA 有两种过程：子过程 (Sub 过程) 和函数过程 (Function 过程)。两种过程类似，都是要经过定义后才能调用。不同的是子过程的调用是一个语句，调用的结果是执行子过程的代码；而函数过程的调用是作为表达式的一个组成部分，调用的结果是函数的返回值。

过程的作用范围分为公共的 (Public) 和私有的 (Private)。公共的过程定义时加关键字 Public(可以省略)，作用范围是整个应用程序，可以在数据库中的任何模块中被调用。私有的过程定义时加关键字 Private，作用范围仅在定义它的模块内，不能在其他模块中被调用。在类模块中，过程默认是 Private 的，除非明确声明为 Public。在标准模块中，过程默认是 Public 的，除非明确声明为 Private。

1. Sub 过程及其调用

VBA 过程分为事件过程和通用过程。其中事件过程与用户窗体中的某个对象相联系，当特定的事件发生在特定的对象上时，事件过程就会运行。而通用过程并不需要与用户窗体中的某个对象相联系，通用过程必须由其他过程显式调用。

(1) 事件过程的定义格式：

```
Private Sub 控件名_事件名(形参表)
    过程体语句序列
End Sub
```

(2) 通用过程的定义格式：

```
Sub 过程名 ( 形参表 )
    过程体语句序列
End Sub
```

(3) 通用过程的调用格式：

格式 1：Call 过程名 (实参表)

格式2：过程名 实参表

【例8-13】编写求圆面积的通用过程Cir，并在窗体中调用。

设计说明：创建窗体Form1，文本框Text1输入圆的半径，单击命令按钮Command1，文本框Text2输出圆的面积。

窗体的命令按钮Command1单击事件过程：

```
Private Sub Command1_Click()
   Dim r as single,s as single
   r=Text1.value
   Call cir(r,s)                    '调用过程
   Text2.value=s
End Sub
Private Sub Cir(r as single,s as single)    '过程的定义
   s=3.14*r*r
End Sub
```

2. Function过程及其调用

(1) 函数过程的定义格式：

```
Function 函数名(形参表 as 类型)
   过程体语句序列
   函数名=表达式
End Function
```

(2) 函数过程的调用。

被调用的函数必须作为表达式或表达式的一部分，常见的方式是在赋值语句中调用函数。函数调用格式：

变量名 = 函数名(实参表)

【例8-14】编写求圆面积的函数过程Cir(r)，并在窗体中调用。

设计说明：创建窗体Form1，文本框Text1输入圆的半径，单击命令按钮Command1，文本框Text2输出圆的面积。

窗体的命令按钮Command1单击事件过程：

```
Private Sub Command1_Click()
   Dim r as single
   r=Text1.value
   Text2.value= Cir(r)              '调用函数
End Sub
```

函数过程Cir(r)定义：

```
Private Function Cir(r as single)    '函数定义
   Dim s as single
   s=3.14*r*r
   Cir=s
End Function
```

3. 参数传递

1) 形参和实参

在 Sub 过程定义的 Sub 语句或在 Function 过程定义的 Function 语句中出现的参数称为形参，在 Sub 过程调用的 Sub 语句或在 Function 过程调用的 Function 语句中出现的参数称为实参。

2) 按地址传递

定义过程时形参用 ByRef 关键字说明或省略不写，调用时实参把地址传递给对应的形参。主调过程对被调过程的数据传递是双向的，既把实参的值由形参传给被调过程，又把改变了的形参值由实参带回主调过程。

3) 按值传递

定义过程时形参用 ByVal 关键字说明，调用时实参把值传递给对应的形参。主调过程对被调过程的数据传递是单向的，在过程中对形参的任何操作都不会影响到实参。

8.4 本章小结

"会当凌绝顶，一览众山小。"程序设计是计算机解决问题的根本形式。通过程序设计，用户可以对 Access 数据库有更深入、更广泛的应用。VBA 是 Access 的面向对象的程序设计语言。通过 VBA，用户可以方便地创建应用程序界面，并对特定的控件编写事件代码，以实现相应的功能。

本章首先介绍了计算机程序设计的基本概念和计算机语言的发展；随后详细讲解了 VBA 的编程环境，VBA 的数据类型、常量、变量、表达式和函数；重点说明了 VBA 的语法和基本语句，VBA 程序中顺序、分支和循环三种控制结构的基本用法；最后介绍了 VBA 的过程，以及函数的定义和调用等内容。

拓展阅读

要在全社会大力弘扬追逐梦想、勇于探索、协同攻坚、合作共赢的探月精神，进一步增强全体中华儿女的民族自信心和自豪感，凝聚起以中国式现代化全面推进强国建设、民族复兴伟业的磅礴力量。

资料来源：习近平总书记 2024 年 9 月 23 日在接见探月工程嫦娥六号任务参研参试人员代表时的讲话。

8.5 思考与练习

8.5.1 选择题

1. 以下（　　）是合法的 VBA 变量名。
   A. _xyz　　　　　　　B. x+y　　　　　　　C. xyz123　　　　　　　D. integer
2. 下列变量的数据类型为长整型的是（　　）。
   A. x%　　　　　　　B. x!　　　　　　　C. x$　　D. x&
3. 函数 Mid(" 欢迎学习 Access!",5,6) 的返回值是（　　）。
   A. 习 Acce　　　　　B. Access　　　　　C. 欢迎学习　　　　　D. ccess!
4. InputBox 函数返回值的类型为（　　）。
   A. 字符串　　　　　　B. 数值
   C. 变体　　　　　　　D. 数值或字符串（视输入的数据而定）
5. 能够交换变量 a 和变量 b 的值的程序段是（　　）。
   A. a=b : b=a　　　　　　　　　　　　　B. c=a : b=a: a=c
   C. c=a : a=b: b=c　　　　　　　　　　　D. c=a : d=b : b=c : a=b
6. 执行下面程序段后，变量 Result 的值为（　　）。

```
a = 6: b = 5: c = 4
If Not(a + b > c) And (a + c > b) And (b + c > a) Then
  Result = "Yes"
Else
  Result = "No"
End If
```

   A. False　　　　　　　B. Yes　　　　　　　C. No　　　　　　　D. True
7. 有如下程序段，当输入 a 的值为 −6 时，执行后变量 b 的值为（　　）。

```
a = InputBox("input a:")
Select Case a
  Case Is > 0
    b = a + 1
  Case 0, -10
    b = a + 2
  Case Else
    b = a + 3
End Select
```

   A. −2　　　　　　　B. −3　　　　　　　C. −4　　　　　　　D. −5

8. 执行下面程序段后，变量 i，s 的值分别为（   ）。

```
s=0
For i = 1 To 10
  s=s+1
  i=i*2
Next i
```

  A. 15，3　　　　　B. 14，3　　　　　C. 16，4　　　　　D. 17，4

9. 执行下面程序段后，数组元素 a(3) 的值为（   ）。

```
Dim a(10) As Integer
For i = 0 To 10
    a(i) = 2 * i
Next i
```

  A. 4　　　　　　　B. 6　　　　　　　C. 8　　　　　　　D. 10

10. 执行下面程序段后，变量 p，q 的值为（   ）。

```
p = 2
q = 4
While Not q > 5
  p = p * q
  q = q + 1
Wend
```

  A. 20，5　　　　　B. 40，5　　　　　C. 40，6　　　　　D. 40，7

11. 有过程：Sub Proc(x As Integer, y As Integer)，不能正确调用过程 Proc 的是（   ）。

  A. Call Proc(3,4)　　　　　　　　　B. Call Proc(3+2,4)
  C. Proc 3,4+2　　　　　　　　　　D. Proc(3,4)

12. 有下面函数，F(3)+F(2) 的值为（   ）。

```
Function F(n As Integer) As Integer
    Dim i As Integer
    F = 0
    For i = 1 To n
        F = F + i
    Next i
End Function
```

  A. 2　　　　　　　B. 6　　　　　　　C. 8　　　　　　　D. 9

8.5.2 填空题

1. 在数组的声明语句中，若缺省下标的下界，则默认下界为_____。
2. 如果变量 x 能被变量 y 整除，则可以用表达式_____表示。
3. 求一个字符 c 的 ASCII 值，可以使用表达式_____。
4. 在 Access 中，要弹出对话框，输出某些信息，可以用函数_____来实现。

5. VBA 程序中可以使用_____、_____和_____三种基本控制结构。

6. 在 VBA 中，实参和形参的传递方式有_____和_____两种。

7. 窗体中有命令按钮 Command1 和文本框 Text1，单击命令按钮，输入 7，则文本框中显示的内容是 7 是奇数，请将程序补充完整。事件代码如下。

```
Function result(ByVal x As Integer) As Boolean
If x Mod 2 = 1 Then
    result = True
Else
    result = False
End If
End Function
Private Sub Command1_Click()
    x = Val(InputBox("请输入一个整数"))
    If _____ Then
       Text1 = Str(x) & "是偶数"
    Else
       Text1 = Str(x) & "是奇数"
    End If
End Sub
```

8. 窗体中有命令按钮 Command1、文本框 Text1 和标签 Label1，在文本框 Text1 中输入一个正整数 n，单击按钮实现计算 1+1/2+1/3+...+1/n 的和，并将和显示在标签 Label1 中，请将程序补充完整，事件代码如下。

```
Private Sub Command34_Click()
    Dim s As Single
    Dim i, n As Integer
    n = Val(Text1.Value)
    s = 0
    For i = 1 To n Step 1
       s =_____
    Next i
    _____ = s
End Sub
```

8.5.3 简答题

1. 什么是模块？Access 中有哪几种类型的模块？
2. VBA 有哪些常用的数据类型？常量如何表示？变量怎样命名？
3. VBA 有哪几种程序控制结构？

8.5.4 程序设计题

1. 求一元二次方程 $ax^2+bx+c=0$ 的实根。
2. 输入一个小于 10 的自然数 n，求 1!+2!+3!+⋯+n!。

3.《九章算术》是我国传统数学最重要的著作之一，其中《均输》卷记载了一道有趣的数学问题："今有凫起南海，七日至北海；雁起北海，九日至南海。今凫雁俱起，问何日相逢？"请编程实现。

4. 中国有句俗语"三天打鱼，两天晒网"。某人从 2018 年 1 月 1 日起开始"三天打鱼，两天晒网"，请问此人在以后的某一天中是"打鱼"还是"晒网"？

5. 中国古代数学家张丘建的《算经》中提出了著名的"百钱百鸡问题"：一只公鸡值五钱，一只母鸡值三钱，三只小鸡值一钱，现在要用百钱买百鸡，请问公鸡、母鸡、小鸡各多少只？

6. 阶梯问题。登一阶梯，若每步跨 2 阶，最后余 1 阶；若每步跨 3 阶，最后余 2 阶；若每步跨 5 阶，最后余 4 阶；若每步跨 6 阶，最后余 5 阶；若每步跨 7 阶，刚好到达阶梯顶部。求阶梯数。

第 9 章 ADO 数据库编程

知识目标

1. 了解 Access 数据库的数据访问接口。
2. 熟悉 ADO 数据访问接口及 ADO 的主要对象。
3. 掌握 ADO 中 Recordset 对象的常用属性和方法。
4. 掌握 Access 中应用 ADO 编程的基本方法和一般步骤。

素质目标

1. 培养学生的逻辑思维和分析能力。
2. 培养学生的辩证思维和科学精神。

学习指南

本章的重点是 9.1.2 节、9.2.1 节、9.2.3 节和 9.3.1 节，难点是 9.2.3 节。

通过学习本章的理论知识点，读者能够熟悉 ADO 中 RecordSet 对象的常用属性和方法；通过相应实例的练习，读者能够掌握 Access 中 ADO 数据库编程的一般方法和技巧。

09 ADO 数据库编程

思维导图

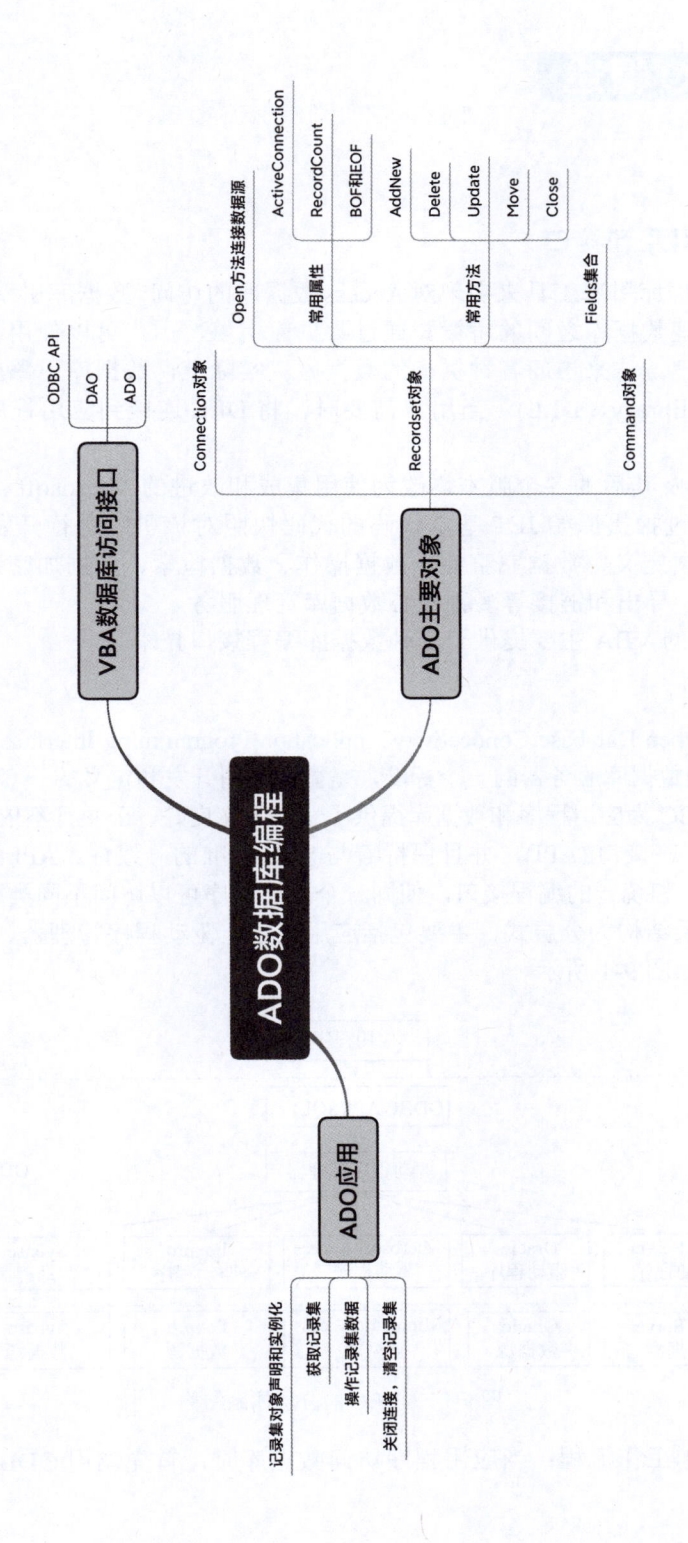

```
                                                    ┌─ ActiveConnection
                                    ┌─ 常用属性 ─────┼─ RecordCount
                                    │               ├─ BOF和EOF
                        ┌─ Open方法连接数据源         │
                        │           │               ┌─ AddNew
                        │           │               ├─ Delete
                        │           ├─ 常用方法 ─────┼─ Update
              ┌─ Connection对象     │               ├─ Move
              │                     │               └─ Close
              │                     └─ Fields集合
   VBA数据库访问接口                 
   ┌─ ODBC API    ADO主要对象 ─┼─ Recordset对象
   ├─ DAO                      │
   └─ ADO                      └─ Command对象

              ADO数据库编程
                    │
                    └─ ADO应用
                         ├─ 记录集对象声明和实例化
                         ├─ 获取记录集
                         ├─ 操作记录集数据
                         └─ 关闭连接，清空记录集
```

277

9.1 ADO 概述

9.1.1 数据库引擎和接口

VBA 通过数据库引擎工具来实现对 Access 数据库的访问。数据库引擎是一种通用接口，是应用程序与物理数据库之间的桥梁。通过数据库引擎，用户可以使用统一的形式和相同的数据访问与处理方法来访问各种类型的数据库。实际上，数据库引擎就是一组动态链接库(dynamic link library，DLL)，当用户需要时，将 DLL 连接到应用程序就可以实现对数据库的数据访问。

Access 2007 及其后的各个版本均改为使用集成和改进的 Microsoft Access 数据库引擎(ACE 引擎)，通过拍摄原始 JET 基本代码的代码快照对该引擎进行开发。ACE 引擎提供了数据存储、数据定义、数据完整性、数据操作、数据检索、数据加密、数据共享、数据发布、数据导入、导出和链接等多种核心数据库管理服务。

Access 2016 的 VBA 主要提供了 3 种数据库编程接口技术。

1. ODBC API

ODBC API(Open Database Connectivity Application Programming Interface，开放数据库互连应用程序接口)是数据库服务器的一个标准，是微软公司开发和定义的一套访问关系型数据库的标准接口。ODBC 为应用程序和数据库提供了一个定义良好、公共且不依赖数据库管理系统(DBMS)的应用程序接口(API)，并且保持着与 SQL 标准的一致性。API 的作用是为应用程序设计者提供单一和统一的编程接口，使同一个应用程序可以访问不同类型的关系数据库。

ODBC 的体系结构为分层式，主要包括应用程序、驱动程序管理器、数据库驱动程序、数据源等部分，如图 9-1 所示。

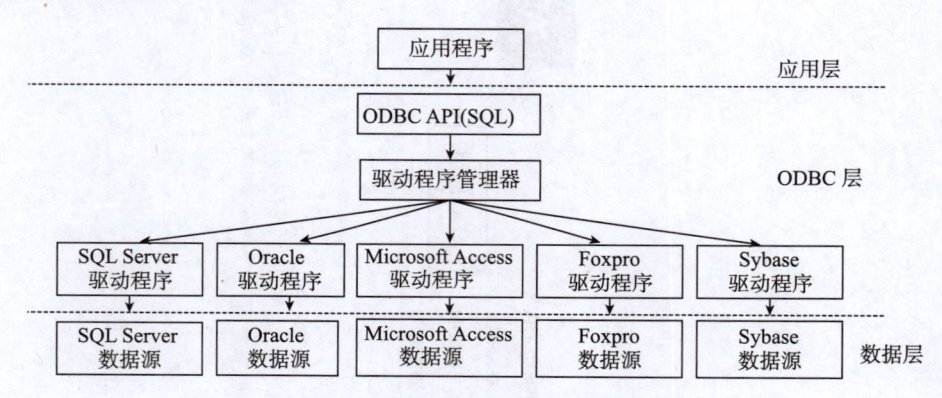

图 9-1 ODBC 的分层体系结构

ODBC 的基本工作流程：当应用程序访问数据库时，首先调用 ODBC API，接着由驱

ADO 数据库编程 09

动程序管理器识别应用程序所要访问的数据类型，再将调用提交给对应的数据库驱动程序（如访问的是 Microsoft Access，就将调用提交给 Microsoft Access)，由该数据库驱动程序对相应的数据源执行有关操作，最后将操作结果通过驱动程序管理器返回应用程序。

ODBC 属于调用层的数据访问接口。不论是哪种类型的数据库，基于 ODBC 的应用程序都可以通过 ODBC API，调用相应的数据库驱动程序实现对数据库的操作，而无须直接与数据库管理系统打交道。例如，应用程序通过加载 Microsoft Access 的 ODBC 驱动程序，就可以直接访问 Access 数据库的任何数据而无须启动 Access 程序。

ODBC 主要用于访问多平台环境下的关系型数据库，优点是能提供一个驱动程序管理器来管理并同时访问多个 DBMS，使应用程序具有良好的互用性和可移植性。

2. DAO

DAO(data access objects，数据访问对象) 既提供了一组具有一定功能的 API 函数，也提供了一个访问数据库的对象模型。在 Access 数据库应用程序中，开发者可利用其中定义的一系列数据访问对象（如 Database、RecordSet 等)，实现对数据库的各种操作，工作模式如图 9-2 所示。

3. ADO

ADO(ActiveX Data Objects，动态数据对象) 是基于组件的数据库编程接口，它是一个与编程语言无关的部件对象模型(COM)组件系统，可以对来自多种数据提供者的数据进行操作。ADO 提供了一个用于数据库编程的对象模型，开发者可利用其中的一系列对象，如 Connection、Command、Recordset 对象等，实现对数据库的操作。ADO 是对微软所支持的数据库进行操作的最有效和最简单直接的方法，是功能强大的数据库访问编程模式。

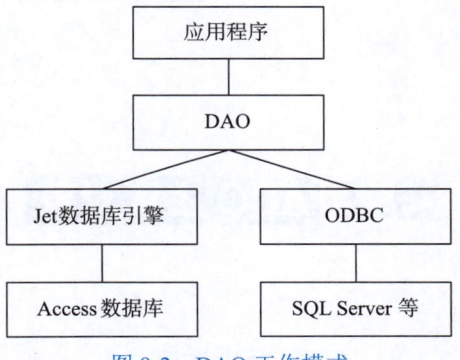

图 9-2　DAO 工作模式

9.1.2　ADO

ADO 是一个便于使用的应用程序层接口，是为微软公司最新和最强大的数据访问规范对象链接嵌入数据库 OLE DB(Object Linking and Embedding Database) 而设计的。ADO 以 OLE DB 为基础，对 OLE DB 底层操作的复杂接口进行封装，使应用程序通过 ADO 中极简单的 COM 接口，就可以访问来自 OLE DB 数据源的数据，这些数据源包括关系数据库及非关系数据库、文本和图形等。应用程序、OLE DB 和 ADO 的关系如图 9-3 所示。

ADO 采用了 ActiveX 技术（微软提出的一组使用部件对象模型，使得软件部件在网络环境中进行交互的技术集)，与具体的编程语言无关，任何使用如 VC++、Java、VB、Delphi 等高级语言编写的应用程序都可以使用 ADO 来访问数据库，不论是本地数据库还是远程数据库。同时，ADO 能够访问各种支持 OLE DB 的数据源，包括关系数据库和非关系数据源（文本文件、电子表格、电子邮件等)。ADO 在前端应用程序和后端数据源之间使用了最少的层数，将访问数据库的复杂过程抽象成易于理解的具体操作，并由实际对象来完成，使用起来简单方便。

279

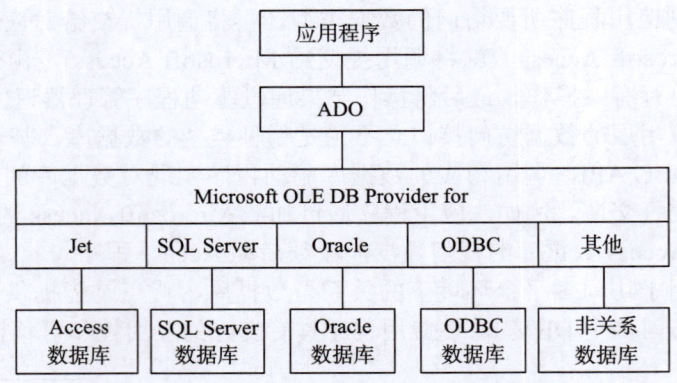

图 9-3　应用程序、OLE DB 和 ADO 的关系

9.2　ADO 主要对象

9.2.1　ADO 对象模型

ADO 定义了一个可编程的对象集，主要包括 Connection、Recordset、Command、Parameter、Field、Property 和 Error 等共 7 个对象，对象模型如图 9-4 所示。

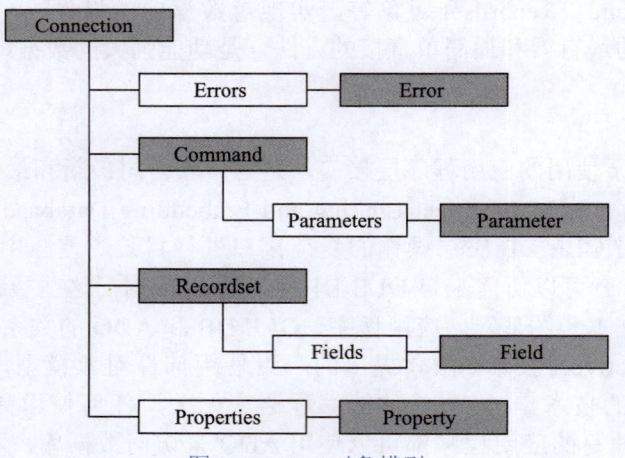

图 9-4　ADO 对象模型

ADO 对象集中包含了三大核心对象，即 Connection(连接)、Recordset(记录集) 和 Command(命令) 对象。在使用 ADO 模型对象访问数据库时，Connection 对象通过连接字符串，包括数据提供程序、数据库、用户名及密码等参数，建立与数据源的连接；

Command 对象通过执行存储过程、SQL 命令等，实现数据的查询、增加、删除、修改等操作；Recordset 可将从数据源按行返回的记录集存储在缓存中，以便对数据进行更多的操作。

9.2.2 Connection 对象

Connection 对象代表应用程序与指定数据源进行的连接，包含了关于某个数据提供的信息以及关于结构描述的信息。应用程序通过 Connection 对象不仅能与各种关系数据库(如 SQL Server、Oracle、Access 等)建立连接，也可以同文本文件、Excel 电子表等非关系数据源建立连接。

1. 常用属性

Connection 对象的常用属性有 ConnectionString，即连接字符串，指在连接数据源之前设置的所需要的数据源信息，如数据提供程序、数据库名称、用户名及类型等。

设置 ConnectionString 属性的语法如下。

连接对象变量.ConnectionString="参数1=值；参数2=值；……"

ConnectionString 的常用参数如表 9-1 所示。

表9-1　ConnectionString参数说明

参数	参数说明
Provider	指定 OLE DB 数据提供者
Dbq	指定数据库的物理路径
Driver	指定数据库的驱动程序(数据库类型)
Data Source	指定数据源
File Name	指定连接的数据库的名称
UID	指定连接数据源时的用户 ID
PWD	指定连接数据源时该用户的密码

2. 常用方法

Connection 对象的常用方法有 Open(打开连接) 和 Close(关闭连接)。

(1) Open 方法用于实现应用程序与数据源的物理连接。

Open 方法的格式如下。

连接对象变量.Open ConnectionString,User D,Password

说明：

如果在 ConnectionString 连接字符串中已经包含了 UID 和 PWD 两个参数，那么 Open 方法中的 UserID 和 Password 两个参数可以省略，简化为：连接对象变量.Open ConnectionString。

如果已经设置了 Connection 对象的 ConnectionString 属性的值，那么 Open 方法后的所有参数都可以省略，即简化为：连接对象变量.Open。

(2) Close 方法用于断开应用程序与数据源的物理连接，即关闭连接对象。

Close 方法的格式如下。

连接对象变量.Close

需要注意的是，Close 方法只是断开应用程序与数据源的连接，而原先存在于内存中的连接变量并没有释放，还继续存在。为了节省系统的资源，最好也要把内存中的连接变量释放。

释放连接变量的格式如下。

Set 连接变量=Nothing

3. 实现方法

使用 Connection 对象连接指定数据源的一般方法和步骤如下。

(1) 创建 Connection 对象变量。

(2) 设置 Connection 对象变量的 ConnectionString 属性值。

(3) 用 Connection 对象变量的 Open 方法实现与数据源的物理连接。

(4) 待对数据源的操作结束后，用 Connection 对象变量的 Close 方法断开与数据源的连接。

(5) 用 Set 命令将 Connection 对象变量从内存中释放。

【例 9-1】在 E 盘根目录下创建一个 Access 数据库，名称为"教务管理.accdb"，使用 Connection 对象实现与该数据库的连接，假定不需要用户名和密码。

根据 Connection(连接) 对象与指定数据源的连接的一般步骤，可以用以下两种方法实现。

方法 1：数据源信息在 ConnectionString 连接字符串中设置，简化 Open 方法，具体实现如下。

```
Dim conn As ADODB.Connection
Set conn=New ADODB.Connection
conn.ConnectionString="Provider=Microsoft.Jet.OLEDB.4.0;Data Source=E:/ 教务管理 .accdb"
conn.Open
……
conn.Close
Set conn=Nothing
```

说明：

首先用 Dim 语句声明了一个 ADODB 连接类型的对象变量 conn，并用 Set 命令将连接变量 conn 实例化；接着设置连接变量 conn 的 ConnectionString 属性值，其中 Provider 参数指明连接 Access 数据库所使用的 OLE DB 程序是 Microsoft.Jet.OLEDB.4.0，Data Source 参数指定连接的数据源是"E:/ 教务管理 .accdb"，即 E 盘的教务管理数据库，同时访问该数据库不需要用户名和密码，所以 UID 和 PWD 参数缺省。由于已经设置了连接变量 conn 的 ConnectionString 属性的所有参数值，连接对象变量 conn 的 Open 方法可以省略后续的参数。

方法 2：直接将连接变量的 ConnectionString 属性值作为连接变量的 Open 方法的参数，具体实现如下。

```
Dim conn As ADODB.Connection
Set conn=New ADODB.Connection
conn.Open "Provider=Microsoft. Jet.OLEDB.4.0;Data Source=E:/教务管理.accdb"
……
```

```
conn.Close
Set conn=Nothing
```

说明：

与方法 1 类似，首先用 Dim 语句声明了一个 ADODB 连接类型的对象变量 conn，并用 Set 命令将连接变量 conn 实例化，接着直接用连接变量 conn 的 Open 方法建立与数据源的连接，将连接变量 conn 的 ConnectionString 属性值作为 Open 方法的参数，同样其中 Provider 参数指明连接 Access 数据库所使用的 OLE DB 程序是 Microsoft.Jet.OLEDB.4.0，Data Source 参数指定连接的数据源是 "E:/ 教务管理 .accdb"，即 E 盘的教务管理数据库，同时访问该数据库不需要用户名和密码，所以 UID 和 PWD 参数缺省。

9.2.3 Recordset 对象

Recordset(记录集) 对象表示的是来自基本表或命令执行结果的记录全集。Recordset 对象包含某个查询返回的记录，以及那些记录中的游标。所有的 Recordset 对象中的数据在逻辑上均使用记录 (行) 和字段 (列) 进行构造，每个字段表示为一个 Field 对象。不论在任何时候，Recordset 对象所指的当前记录均为集合内的单个记录。使用 ADO 时，通过 Recordset 对象几乎可对数据进行所有的操作。

1. 对象声明

在使用 ADO 的 Recordset 对象之前，应先声明并初始化 Recordset 对象，例如：

```
Dim rs As ADODB.Recordset
Set rs=New ADODB.Recordset
```

首先用 Dim 语句声明一个 ADODB 的记录集对象变量 rs，接着用 Set 语句将记录集对象变量 rs 初始化。

2. Open 方法

创建了记录集对象变量后，就可以通过记录集对象的 Open 方法连接到数据源，并获取来自数据源的查询结果，即记录集。

(1) 记录集对象变量的 Open 方法语法如下。

```
记录集对象变量.Open Source,ActiveConnecion,,CursorType,LockType,Options
```

说明：

① 记录集对象变量应该是已经声明并实例化的记录集对象变量。
② Source 参数为数据源，可以是数据库表名、SQL 语句或有效的 Connection 对象变量。
③ ActiveConnection 参数是有效的 Connection 对象变量或有效的 ConnectionString 连接字符串。
④ CursorType 参数代表应用程序打开 Recordse 记录集对象时的游标类型。
⑤ LockType 参数代表应用程序打开 Recordset 记录集对象时的锁定类型。
⑥ Options 参数代表应用程序打开 Recordset 记录集对象时的命令字符串类型。
(2) 在 ADO 中定义了 4 种不同的 CursorType(游标类型)。

① 仅向前游标 (AdOpenForwardOnly，参数值为 0)。默认值，仅允许在记录集中向前滚动。其他用户所作的添加、更改或删除不可见。

② 键集游标 (AdOpenKeySet，参数值为 1)。允许在记录集中作各种类型（向前或向后）的移动。其他用户所作数据更改可见，其他用户所作的添加、删除不可访问。

③ 动态游标 (AdOpenDynamic，参数值为 2)。允许在记录集中作各种类型（向前或向后）的移动。可以用于查看其他用户所作的添加、更改和删除。

④ 静态游标 (AdOpenStatic，参数值为 3)。允许在记录集中作各种类型（向前或向后）的移动。其他用户所作的添加、更改或删除不可见。

在打开 Recordset 记录集对象前，设置 CursorType 属性来选择游标类型，或使用 Open 方法传递 CursorType 参数确定游标类型。如果没有指定游标类型，则 ADO 将默认打开"仅向前游标"。

(3) 在 ADO 中定义了 4 种不同的 LockType(锁定类型)。

① 只读 (AdLockReadOnly，参数值为 1)。无法更改数据，默认值。

② 保守式锁定 (AdLockPessimistic，参数值为 2)。编辑记录时立即锁定数据源的记录。

③ 开放式锁定 (AdLockOptimistic，参数值为 3)。调用 Update(更新) 方法时才锁定数据源的记录。

④ 开放式批量更新 (AdLockBatchOptimistic，参数值为 4)。

(4) 在 ADO 中还定义了 4 个 Options 参数。

① AdCmdUnknown(参数值为 -1)。未知命令类型。

② AdCmdText(参数值为 1)。执行的字符串包含一个命令文本。

③ AdCmdTable(参数值为 2)。执行的字符串包含一个表名。

④ AdCmdStoredProc(参数值为 3)。执行的字符串包含一个存储过程名。

3. 属性和方法

在使用 ADO 进行数据库应用程序设计时，用户可以充分利用 Recordset 记录集对象的属性和方法实现应用程序对指定数据源的几乎所有相关数据操作。

(1) Recordset 记录集对象的常用属性。

① ActiveConnection 属性。通过设置 ActiveConnection 属性使记录集对象要打开的数据源与已经定义好的 Connection 对象相关联。ActiveConnection 属性值可以是有效的 Connection 对象变量或设置好参数值的 ConnectionString 连接字符串。

② RecordCount 属性。返回 Recordset 记录集对象中记录的个数。

③ BOF 和 EOF 属性。如果当前记录在 Recordset 对象的第一条记录之前，那么 BOF 属性值为 True，否则都为 False；如果当前记录在 Recordset 对象的最后一条记录之后，那么 EOF 属性值为 True，否则都为 False。需要注意的是，当打开 Recordset 时，当前记录位于第一条记录 (如果有)，此时的 BOF 和 EOF 属性被设置为 False。如果没有记录，则 BOF 和 EOF 属性设置为 True。根据这个属性，可循环整个记录集中的所有记录，即当 EOF 的属性值为 True 时，可知已经循环完所有记录。

(2) Recordset 记录集对象的常用方法。

① AddNew 方法。在记录集对象中增加记录，如：记录集对象变量.AddNew。

② Delete 方法。在记录集对象中删除当前记录，如：记录集对象变量.Delete。

③ Update 方法。立即更新方式，将记录集对象中当前记录的更新内容立即保存到所连接数据源的数据库中，如：记录集对象变量.Update。需要注意的是，对记录集中的当前记录进行更新后必须通过 Update 方法才能将更新后的内容保存到连接的数据库中，否则只是在记录集中操作。在记录集对象中用 AddNew 方法新增记录后，使用 Update 方法是将值的数组作为参数传递，同时更新记录的若干字段。

④ Move 方法。可以使用记录集对象的 MoveFirst、MoveLast、MoveNext、MovePrevious 和 Move 等方法将记录指针移动到指定的位置。为保证指针能正常移动，在使用 Move 方法前应在 Open 方法中提前设置好 CursorType(游标类型) 参数值。具有仅向前游标类型的 Recordset 对象只支持 MoveNext 方法。

MoveFirst：记录指针移动到记录集的第一条记录。

MoveLast：记录指针移动到记录集的最后一条记录。

MoveNext：记录指针向前（向下）移动一条记录。

MovePrevious：记录指针向后（向上）移动一条记录。

Move n 或 Move -n：记录指针向前或向后移动 n 条记录。

⑤ Close 方法。可以关闭一个已打开的 Recordset 对象，并释放相关的数据和资源。如：记录集对象变量.Close，此时，Recordset 对象变量还存在于内存中。如果同时还要将 Recordset 对象从内存中完全释放，则还应设置 Recordset 对象为 Nothing。如：Set 记录集对象变量=Nothing。

(3) Fields 集合。

Recordset 对象还包含一个 Fields 集合，记录集的每一个字段都有一个 Field 对象。引用 Recordset 对象当前记录的某个字段数据的格式如下。

记录集对象变量.Fields(字段名).Value，可简化为：记录集对象变量(字段名)

如语句 Text1.Value=rs("学号") 表示将记录集 rs 当前记录的"学号"字段的值显示在文本框 Text1 中。

4. 实现方法

应用 ADO 的 Recordset 对象，有 3 种不同的方法可以实现数据库的连接和数据记录的访问。

方法 1：创建 Connection 连接对象建立与指定数据源的连接，并将该 Connection 连接对象作为 Recordset 记录集对象 Open 方法中 ActiveConnection 属性的值。

方法 2：不创建 Connection 连接对象，直接用有效的 ConnectionString 连接字符串作为 Recordset 记录集对象 Open 方法中 ActiveConnection 属性的值。

方法 3：由于在大部分的 Access 应用中，应用程序与数据源通常在同一个数据库中，这种情况下就可以缺省方法 2 中 ConnectionString 连接字符串的相关参数设置，直接将 ConnectionString 连接字符串的属性值设置为 CurrentProject.Connection，即表示连接的是当前数据库。

【例 9-2】应用 ADO 的 Recordset 对象，获取 E 盘"教务管理.accdb"中 course 数据表的记录内容。假定访问数据库不需要用户名和密码。

方法 1：首先声明并初始化连接对象变量 conn 和记录集对象 rs，接着通过连接对象变量 conn 的 Open 方法建立与数据源的连接，将连接对象变量 conn 作为 Recordset 记录集对象 Open 方法 ActiveConnection 属性的值，即可获得指定数据内容。

```
Dim conn AS ADODB.Connection        '声明连接对象变量 conn
Dim rs AS ADODB.Recordset           '声明记录集对象变量rs
Set conn=New ADODB.Connection       '连接对象变量conn初始化
Set rs=New ADODB.Recordset          '记录集对象变量rs初始化
conn.Open  "Provider=Microsoft. Jet.OLEDB.4.0;Data Source=E:/教务管理.accdb"
  '连接指定数据源
rs.Open "course",conn,2,3    '获取数据源中course表的记录,动态游标,开放式锁定
…
rs.Close                    '关闭记录集对象rs
Set rs=Nothing              '清空记录集对象rs
conn.Close                  '关闭连接对象conn
Set conn=Nothing            '清空连接对象conn
```

方法 2：首先声明并初始化记录集对象 rs，接着直接将包含有连接指定数据源参数设置的 ConnectionString 连接字符串作为 Recordset 记录集对象 Open 方法 ActiveConnection 属性的值，即可获得指定数据内容。

```
Dim rs AS ADODB.Recordset           '声明记录集对象变量 rs
Set rs=New ADODB.Recordset          '记录集对象变量rs初始化
 rs.Open "course","Provider=Microsoft.Jet.OLEDB.4.0;Data Source=E:/教务管理.accdb"
  Rem 获取数据源中course表的记录,游标和锁定类型默认值,即静态游标和只读锁定
…
rs.Close                    '关闭记录集对象rs
Set rs=Nothing              '清空记录集对象rs
```

方法 3：由于连接的是当前数据库，在声明并初始化记录集对象 rs 后，用"CurrentProject.Connection"作为记录集对象 Open 方法中 ActiveConnection 属性的值，即可获得指定数据内容。这是最简便、最常用的应用 Recordset 记录集对象访问 Access 数据库的方法。

```
Dim rs AS ADODB.Recordset           '声明记录集对象变量 rs
Set rs=New ADODB.Recordset          '记录集对象变量rs初始化
rs.Open "course", CurrentProject.Connection,2,2
  Rem 获取当前数据库中course表的记录,表名作为数据源,动态式游标,保守式锁定
……
rs.Close                    '关闭记录集对象rs
Set rs=Nothing              '清空记录集对象rs
```

【**例 9-3**】假设在 Access 应用程序设计中，需要使用 Recordset 对象访问当前数据库"教务管理.accdb"，并获取 course 表中第 7 学期开设的课程名称。

设计思路：采用最简便的方法 3。

(1) 首先定义记录集对象并初始化，由于连接的是当前数据库，直接用"CurrentProject.Connection"作为记录集对象 Open 方法的 ActiveConnection 的参数值。

(2) 游标采用动态游标类型，允许前后移动，保守式锁定类型，即编辑记录时锁定。

(3) 由于需要按条件查询表中的特定字段和记录，必须采用 SQL 查询语句作为数据源。代码段如下。

```
Dim rs As ADODB.Recordset
Set rs=New ADODB.Recordset
rs.Open "Select 课程名称 From course Where 学期=7",CurrentProject.Connection,2,2
    Rem 当前数据库连接，用SQL查询语句筛选表的字段和记录作为数据源。
……
rs.Close
Set rs=Nothing
```

【例 9-4】当前数据库为"教务管理 .accdb"，要求使用 Recordset 对象访问 Major 表并增加一条记录，各字段内容分别为：专业编号：M08；专业名称：网络空间安全；学院代号：06。

设计思路：

(1) 首先定义记录集对象并初始化，由于连接的是当前数据库，直接用"CurrentProject.Connection"作为记录集对象 Open 方法的 ActiveConnection 的参数值。

(2) 数据源直接用数据表的名称"Major"。

(3) 游标采用动态游标类型，允许前后移动，保守式锁定类型，即编辑记录时锁定。

(4) 增加记录内容用记录集对象的 AddNew 方法，用语句"记录集对象变量 (字段名)= 值"可以给记录集的字段赋值。

(5) 用 Update 方法将更新的内容保存回数据库表中。

代码段如下。

```
Dim rs As ADODB.Recordset
Set rs=New ADODB.Recordset
rs.Open "Major",CurrentProject.Connection,2,2    '连接当前数据库，用表名作为数据源
rs.AddNew                                         '在记录集中增加新纪录
rs("专业编号")= "M08"                              '给记录集字段赋值
rs("专业名称")= "网络空间安全"
rs("学院代号")= "06"
rs.Update                                         '将新增的记录集的各字段值保存到数据库中
rs.Close
Set rs=Nothing
```

9.2.4　Command 对象

Command(命令) 对象用以定义并执行针对数据源的具体命令，即通过传递指定的 SQL 命令来操作数据库，如建立数据表、删除数据表、修改数据表的结构等操作。应用程序也可以通过 Command 对象查询数据库，并将运行结果返回给 Recordset 记录集对象，以完成更多的增加、删除、更新、筛选记录等操作。需要注意的是，在访问非关系型的数据源时，SQL 查询语句可能无效，因此 Command 对象也无法使用。

实际上如果仅仅是查询，也可以将查询字符串传送给 Connection 对象的 Execute 方法或 Recordset 对象的 Open 方法来执行。但如果需要保存命令文本并希望在下一次再执行它，或者要使用查询参数时，则必须使用 Command 对象。

Command 对象与 Connection 对象、Recordset 对象有许多相似的用法。

1. 对象声明

在使用 Command 对象前，应先声明并初始化 Command 对象，例如：

```
Dim comm As ADODB.Command
Set comm=New ADODB.Command
```

首先用 Dim 语句声明了一个 Command 对象 comm，接着用 Set 语句初始化。

2. 属性和方法

创建好 Command 对象后，就可以用该 Command 对象的属性和方法来操作指定的数据库。

(1) ActiveConnection 属性。通过设置 ActiveConnection 属性使 Command 对象与已经定义并且打开的 Connection 对象相关联。ActiveConnection 属性值可以是有效的 Connection 对象变量或设置好参数值的 ConnectionString 连接字符串。

(2) CommandText 属性。表示 Command 对象要执行的命令文本，通常是数据表名，完成某个特定功能的 SQL 命令或存储过程的调用语句等。

(3) Execute 方法。Command 对象最主要的方法，用来执行 CommandText 属性所指定的 SQL 语句或存储过程等。Execute 方法有两种：

其一是有返回记录集的执行方式，格式如下。

```
Set 记录集对象变量 = 命令对象变量.Execute
```

其二是无返回记录集的执行方式，格式如下。

```
命令对象变量.Execute
```

(4) 将 Command 对象从内存中完全释放，需要用 Set 语句设置 Command 对象为 Nothing。

如：Set 命令对象变量 =Nothing

【例 9-5】当前数据库为"教务管理.accdb"，要求使用 Command 对象将数据库中 Grade 表的所有期中成绩增加 3%。

设计思路：

(1) 首先声明 Connection 对象和 Command 对象并分别实例化。
(2) 使用 Connection 对象变量的 Open 方法建立与当前数据库的连接。
(3) 设置 Command 对象的 ActiveConnection 属性值为 Connection 对象变量。
(4) 设置 Command 对象的 CommandText 属性值为 SQL 的数据表更新语句。
(5) 执行无返回记录集的 Command 对象的 Execute 方法。

代码段如下：

```
Dim conn As ADODB.Connection          '定义连接变量 conn
Dim comm As ADODB.Command             '定义命令变量 comm
```

```
Set conn=New ADODB.Connection
Set comm=New ADODB.Command
conn.Open CurrentProject.Connection
    '连接变量conn用Open方法建立与当前数据库的连接
comm.ActiveConnect on=conn                '设置命令变量comm的活动连接为conn
comm.CommandText="Update Grade Set 期中成绩=期中成绩*1.03"
    '设置命令文本为SQL更新命令
comm.Execute                              '执行命令对象comm
conn.Close                                '关闭连接变量
Set conn=Nothing                          '释放连接变量
Set comm=Nothing                          '释放命令变量
```

9.3 ADO 在 Access 中的应用

用户使用 Access 可以创建数据库和数据表，并根据数据表中的数据创建查询和报表等多种应用。同时通过 Access，用户还可以创建窗体作为应用程序的界面。在大部分的 Access 应用程序开发中，前端的应用程序界面常常通过 ADO(动态数据对象)访问后台的数据库文件。ADO 的 Recordset 对象能完成几乎所有的数据库操作，因此在 Access 中主要应用 Recordset 对象进行数据库的编程。

9.3.1 ADO 编程方法

1. 引用 ADO 类库

ADO 是面向对象的设计方法，有关 ADO 的各个对象的定义都集中在 ADO 类库中。在默认情况下，VBA 并没有加载 ADO 类库。因此在进行数据库编程时，要使用 ADO 对象，首先要引用 ADO 类库，具体操作方法如下。

(1) 在当前数据库中打开 Visual Basic 编辑器(即 VBE)，选择"工具"菜单下的"引用"命令，打开"应用 -Database"对话框。

(2) 在对话框的"可使用的引用"列表中选中"Microsoft ActiveX Data Objects 2.1 Library"项，即单击该选项前的复选框保持选中状态，如图 9-5 所示。此外，还可以通过"优先级"按钮提升或降低被引用类库的优先级。需要注意的是，不同的计算机安装的 ADO 类库的版本可能存在不同，设置时应根据实际环境提供的版本选择相应的 ADO 类库。引用了 ADO 类库后，就可以使用 ADO 的 Recordset 对象进行数据库的编程。

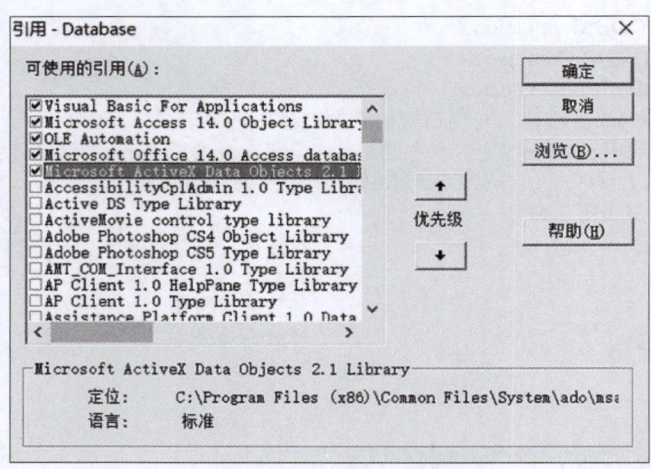

图 9-5 "引用"对话框

2. 实现方法

在 Access 应用程序开发中,在当前数据库下使用 ADO 的 Recordset 对象访问数据库并对数据进行操作的一般方法如下。

(1) 首先用 Dim 语句声明一个 Recordset 变量,并用 Set 语句实例化。

(2) 使用 Recordset 变量的 Open 方法连接数据源,并返回所查询的记录内容。由于连接的是当前数据库,Open 方法中的 ActiveConnecion 参数值可以直接设置为 "CurrentProject.Connection",数据源一般设置为 SQL 查询语句或数据表名,同时根据实际需要,游标类型和记录锁定类型的参数值可以都设置为 2。

(3) 根据需要对 Recordset 对象中的数据进行操作,如用 "记录集对象变量(字段名)" 引用 Recordset 对象中字段的值,对字段进行更新、删除、计算等操作。

(4) 操作完成后,用 Close 方法关闭记录集对象,并用 Set 命令将记录集对象从内存中释放。

(5) 主要代码段如下。

```
Dim rs As ADODB.Recordset            '定义记录集对象
Set rs=NEW ADODB.Recordset           '记录集对象初始化
rs.open 表名,CurrentProject.Connection,2,2
 '记录集对象的Open方法建立与当前数据库的连接,
 '其中数据源可以是表名,也可以是SQL查询语句。
……
rs.Close                             '关闭记录集对象
Set rs=Nothing                       '释放记录集对象
```

9.3.2　ADO 编程实例

【例 9-6】图 9-6 所示为 Major 表记录编辑窗体,功能如下:根据 Major 表的内容,文本框 Text1 显示专业编号,文本框 Text2 显示专业名称,文本框 Text3 显示专业所属的学院代号；单击"上一条记录"按钮显示前一个专业的信息；单击"下一条记录"按钮显示后一个专业的信息；单击"增加"按钮将新输入的专业编号、专业名称和学院代号等信息保存到 Major 表中；单击"更新"按钮将窗体上修改过的记录字段内容保存到 Major 表中；单击"删除"按钮将删除 Major 表中的相应记录。按钮的激活和非激活功能暂不实现。

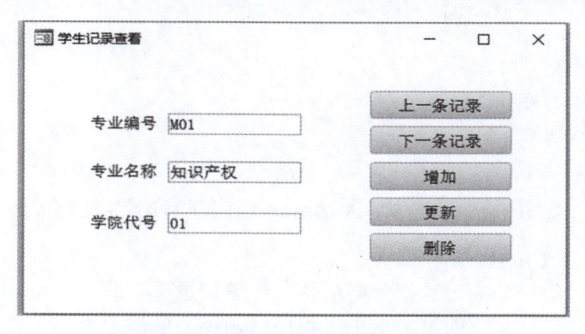

图 9-6　Major 表记录编辑窗体

设计思路：

(1) 根据 ADO 数据库编程的一般方法，采用 Recordset 对象连接当前数据库并获取数据表记录。

(2) 由于窗体有多个控件的事件过程，用的是同一个记录集对象变量，因此记录集对象变量的声明语句应放在窗体模块的通用声明段，为模块级变量，窗体中各模块都可以使用。

(3) 窗体刚打开时，需要显示 Major 表的第一条记录，因此记录集对象的初始化、数据源的连接和记录集的获取都在窗体的 Load 事件中实现。

(4) 记录集记录指针向后（即上一条记录）移动的方法是 MovePrevious。

(5) 记录集记录指针向前（即下一条记录）移动的方法是 Movenext。

(6) 更新记录集当前记录内容的方法是 Update。

(7) 删除记录集当前记录的方法是 Delete。

(8) 从窗体中增加数据表记录的方法是 AddNew 和 Update。

(9) 按钮的激活等更复杂的功能暂不考虑。

窗体的相关代码如下。

(1) 窗体模块通用声明段中记录集对象变量的声明：

```
Dim rs As ADODB.Recordset            ' 定义 rs 为模块级变量，多个模块都可用
```

(2) 窗体的加载事件代码：

```
Private Sub Form_Load()                    ' 窗体的加载事件
    Set rs=New ADODB.Recordset             '记录集对象初始化
    rs.Open "Major",CurrentProject.Connection,2,2    '连接当前数据库的Major表
    Text1.Value=rs("专业编号")              '记录集的字段内容输出到文本框
    Text2.Value=rs("专业名称")
    Text3.Value=rs("学院代号")
End Sub
```

(3)"上一条记录"按钮（按钮名称 Command1) 的单击事件代码：

```
Private Sub Command1_Click()
  rs.MovePrevious            '记录指针向后移动一条记录
  If rs.BOF Then             '如果记录集记录已经到头即第一条记录之前
    rs.Movefirst             '记录指针定位到第一条记录
  End If
  Text1.Value=rs("专业编号")
  Text2.Value=rs("专业名称")
  Text3.Value=rs("学院代号")
End Sub
```

(4)"下一条记录"按钮（按钮名称 Command2) 的单击事件代码：

```
Private Sub Command2_Click()
  rs.MoveNext                '记录指针向前移动一条记录
  If rs.EOF Then             '如果记录集记录已经到尾即最后一条记录之后
    rs.MoveLast              '记录指针定位到最后一条记录
  End If
  Text1.Value=rs("专业编号")
  Text2.Value=rs("专业名称")
  Text3.Value=rs("学院代号")
End Sub
```

(5)"增加"按钮（按钮名称 Command3) 的单击事件代码：

```
Private Sub Command2_Click()
  Dim qr As Integer
  qr = MsgBox("确定增加新记录吗？", 1 + 32, "询问")
     '定义变量qr存储信息框的返回值
  If qr = 1 Then
  rs.AddNew              '该方法可以在记录集中添加一条记录
  rs("专业编号") = Text1.Value
  rs("专业名称") = Text2.Value
  rs("学院代号") = Text3.Value
  rs.Update              '将记录集中新增的记录保存到所连接的数据库表中
    MsgBox "新记录添加成功！", 0 + 64, "提示"
  Else
    MsgBox "操作取消！", 0 + 64, "提示"
  End If
End Sub
```

(6)"更新"按钮（按钮名称 Command4) 的单击事件代码：

```
Private Sub Command4_Click()
  Dim qr As Integer
  qr = MsgBox("确定更新当前记录吗？", 1 + 32, "询问")
  If qr = 1 Then

    rs("专业编号") = Text1.Value
    rs("专业名称") = Text2.Value
```

```
    rs("学院代号") = Text3.Value
    rs.Update          '将记录集中当前记录的更新内容保存到连接的数据库表中
    MsgBox "记录已更新！", 0 + 64, "提示"
  Else
    MsgBox "操作取消！", 0 + 64, "提示"
  End If
End Sub
```

(7)"删除"按钮(按钮名称 Command5)的单击事件代码：

```
Private Sub Command5_Click()
  Dim qr As Integer
  qr = MsgBox("确定删除当前记录吗？", 1 + 32, "询问")
  If qr = 1 Then
    rs.Delete              '该方法可以删除记录集中的当前记录
    MsgBox "当前记录已删除！", 0 + 64, "提示"
    Text1.Value = ""
    Text2.Value = ""
    Text3.Value = ""
  Else
    MsgBox "操作取消！", 0 + 64, "提示"
  End If
End Sub
```

【例 9-7】图 9-7 所示为课程选修统计窗体，根据 Stu、Grade 和 Course 表的内容，在窗体的组合框 Combo1 中选择某个课程名称，统计出选修了这门课的学生人数显示在文本框 Text1 中，同时将在这门课程期末考试中不及格(成绩低于 60 分)的学生姓名显示在列表框 List1 中。

设计思路：

(1) 根据题意，代码写在窗体中组合框 Combo1 的 Change 事件中。

(2) 依照 ADO 数据库编程的一般方法，采用 Recordset 对象连接当前数据库并获取数据表记录内容。

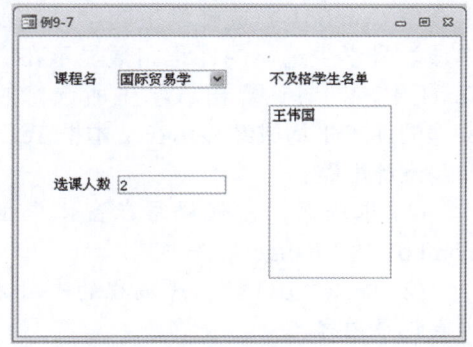

图 9-7　课程选修统计窗体

(3) 由于记录集数据来自数据库中的多张表，Recordset 对象 Open 方法中的数据源参数设置为 SQL 多表查询语句，同时指定字段还需要符合组合框的筛选条件。

(4) 用循环语句遍历所有的记录，统计出记录的个数并将符合条件的记录中指定字段的内容添加到列表框中。如用 Do While 循环语句与记录集的 EOF 属性、MoveNext 方法相结合来处理所有的记录集的记录。

(5) 另外，列表框也需要初始化。完成后，Recordset 对象要关闭并从内存中释放。

组合框 Combo1 的 Change 事件代码：

```
Private Sub Combo1_Change()
    Dim rs As ADODB.Recordset           '定义记录集对象rs
    Set rs = New ADODB.Recordset        '记录集rs初始化
    Dim str1 As String, n As Integer
    n = 0
    List1.RowSource = ""                '列表框清空
    Text1 = ""
    str1 = "Select * From stu,course,grade Where stu.学号=grade.学号 And course.课程编号=grade.课程编号 And 课程名称='" & Combo1.Value & "'"     'SQL多表查询语句作为数据源
    rs.Open str1, CurrentProject.Connection, 2, 2     '连接当前数据库
    Do While Not rs.EOF                 '循环的条件,记录没有结束就执行循环体
      n = n + 1                         '统计记录数
      If rs("期末成绩") < 60 Then
        List1.AddItem rs("姓名")        '列表框添加记录集中姓名字段值
      End If
      rs.MoveNext                       '记录指针向前移动一条记录
    Loop
    Text1.Value = n
    rs.Close                            '关闭记录集对象
    Set rs=Nothing                      '将记录集对象从内存中释放
End Sub
```

【**例 9-8**】图 9-8 所示为学生选修课程统计窗体，根据 Grade 表的内容，在窗体的组合框 Combo1 中选择学生的学号，则统计出该学号学生选修的课程门数显示在文本框 Text1 中，同时计算出该学生所选修的所有课程的期末平均成绩显示在文本框 Text2 中。

设计思路：

(1) 根据题意，代码写在窗体中组合框 Combo1 的 Change 事件中。

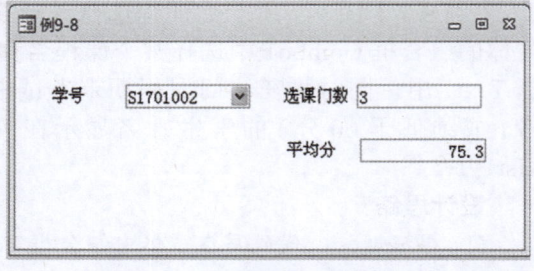

图 9-8 学生选修课程统计窗体

(2) 依照 ADO 数据库编程的一般方法，采用 Recordset 对象连接当前数据库并获取数据表记录内容。

(3) 由于记录集数据来自数据库中表的汇总统计结果，因此 Recordset 对象 Open 方法中的数据源参数设置为包含有聚集函数的 SQL 数据统计语句，同时指定字段还需要符合组合框的筛选条件。常用的聚集函数有 avg()、count()、sum() 等。

(4) 将记录集中记录的字段内容输出到对应的文本框中。

(5) 完成后，关闭 Recordset 对象并将其从内存中释放。

组合框 Combo1 的 Change 事件代码：

```
Private Sub Combo1_Change()
    Dim rs As ADODB.Recordset           '定义记录集对象
    Set rs = New ADODB.Recordset        '记录集对象初始化
    Dim str1 As String
```

```
        Text1 = ""
        Text2 = ""
        str1 = "Select Count(*) As 选课门数,Avg(期末成绩) As 平均分 From grade Where 学号='" & Combo1.
Value & "'"                                    '用SQL查询统计语句作为数据源
        rs.Open str1, CurrentProject.Connection, 2, 2    '连接当前数据库
        Text1.Value = rs("选课门数")              '记录集中字段的值输出到文本框
        Text2.Value = rs("平均分")
        rs.Close
        Set rs=Nothing
    End Sub
```

9.4 本章小结

"问渠那得清如许？为有源头活水来。"数据库编程是 Access 的重要组成部分。在开发 Access 应用程序过程中，用户创建的窗体必须与数据库的表、查询及报表等数据源建立联系，才能实现数据的编辑和查询统计。应用 ADO，在 Access 环境下可以很方便地实现应用程序界面与后台数据源间的连接，并对数据源中的数据进行各种不同的操作。

本章首先介绍了 Access 数据库编程的主要数据访问接口，重点介绍了 ADO 数据访问方式中的 3 个核心对象 Connection、Recordse 和 Command，并分析了它们各自常用的属性和方法在具体实例中的不同应用。考虑到在进行 Access 应用程序设计时，用 ADO 模型的 Recordset 对象就可以完成几乎全部的数据库操作，包括记录的查询、添加、更新、删除，以及记录中字段数据的统计等，因此特别用了有针对性的实例，详细讲解了利用 Recordset 对象进行 Access 数据库编程的一般方法和技巧。

拓展阅读

个人信息是以电子或者其他方式记录的与已识别或者可识别的自然人有关的各种信息，不包括匿名化处理后的信息。

个人信息的处理包括个人信息的收集、存储、使用、加工、传输、提供、公开、删除等。

处理个人信息应当遵循合法、正当、必要和诚信原则，不得通过误导、欺诈、胁迫等方式处理个人信息。

任何组织、个人不得非法收集、使用、加工、传输他人个人信息，不得非法买卖、提供或者公开他人个人信息；不得从事危害国家安全、公共利益的个人信息处理活动。

资料来源：2021 年 11 月 1 日起施行的《中华人民共和国个人信息保护法》。

9.5 思考与练习

9.5.1 选择题

1. ADO 的含义是（　　）。
   A. 数据库访问对象　　　　　　　　　　B. 动态链接库
   C. Active 数据对象　　　　　　　　　　D. 开放数据库互连应用编程接口
2. ADO 中的三个最主要的对象是（　　）。
   A. Connection、Recordset 和 Command　　B. Connection、Recordset 和 Field
   C. Recordset、Field 和 Command　　　　D. Connection、Parameter 和 Command
3. ADO 用于存储来自数据库基本表或命令执行结果的记录集的对象是（　　）。
   A. Connection　　　B. Record　　　C. Recordset　　　D. Command
4. 设 rs 为记录集对象，则"rs.MoveLast"的作用是（　　）。
   A. 记录指针从当前位置向后移动 1 条记录
   B. 记录指针从当前位置向前移动 1 条记录
   C. 记录指针移到最后一条记录
   D. 记录指针移到最后一条记录之后
5. 若 Recordset 对象的 BOF 属性值为"真"，表示记录指针当前位置在（　　）。
   A. Recordset 对象第一条记录之前　　　B. Recordset 对象第一条记录
   C. Recordset 对象最后一条记录之后　　D. Recordset 对象最后一条记录

9.5.2 填空题

1. ADO 模型中用于存储来自数据库的表或命令执行结果的记录集对象是_____。
2. 要将 Recordset 对象中当前记录的更新内容保存到数据库中，可以用_____方法。
3. 在 Access 应用 ADO 进行数据库编程中，如果连接的是当前数据库，那么 Recordset 对象的 ActiveConnection 属性可以设置为_____。

9.5.3 简答题

1. VBA 中主要提供了哪几种数据库访问接口？
2. Access 中使用 ADO 的 Recordset 对象访问数据库的一般步骤有哪些？

9.5.4 设计题

1. 打开"教务管理.accdb"数据库，设计浏览 Stu 数据表中学生基本信息的窗体，功能如下。
   (1) 窗体刚打开时，窗体各文本框中显示 Stu 表第一条记录的相应字段的内容。

(2) 单击窗体上的 4 个记录指针移动按钮，分别是首记录、末记录、前一条记录和后一条记录，可依次在窗体文本框中显示 Stu 表对应记录的各字段的内容。

2. 打开"教务管理.accdb"数据库，设计按学号查询 Grade 和 Course 表中该学生所修课程和课程学期总评成绩的窗体，功能如下。

(1) 在组合框 Combo1 中选择某一学号，则窗体上对应的列表框 List1 中显示该学生所选修的所有课程名称和该课程的总评成绩，其中总评成绩 = 平时成绩 *30%+ 期末成绩 *70%。

(2) 在窗体对应的文本框 Text1 中显示该学生所选课程门数。

(3) 在窗体对应的文本框 Text2 中显示该学生所选全部课程的平均总评成绩。

第 10 章 数据库应用系统开发

知识目标

1. 掌握软件工程的基本概念。
2. 熟悉软件测试的准则与方法，并能有效实施。
3. 掌握程序调试的原则和基本步骤。
4. 掌握大模型赋能数据库应用开发的常用方法。
5. 学习开发 Access 2016 数据库应用系统。

素质目标

1. 培养学生的人工智能思维和信息安全意识。
2. 培养学生树立正确的价值观，以及提升跨文化交流能力。

学习指南

本章的重点是 10.1.1 节、10.1.2 节、10.1.3 节和 10.2 节，难点是 10.3 节。建议逐步熟悉 10.3~10.5 节。

本章内容实践性较强，是前 9 章理论与实践基础之上的进一步升华。读者可借助大语言模型工具和现有的免费 Access 开发平台，高效开发 Access 2016 应用系统。

10 数据库应用系统开发

思维导图

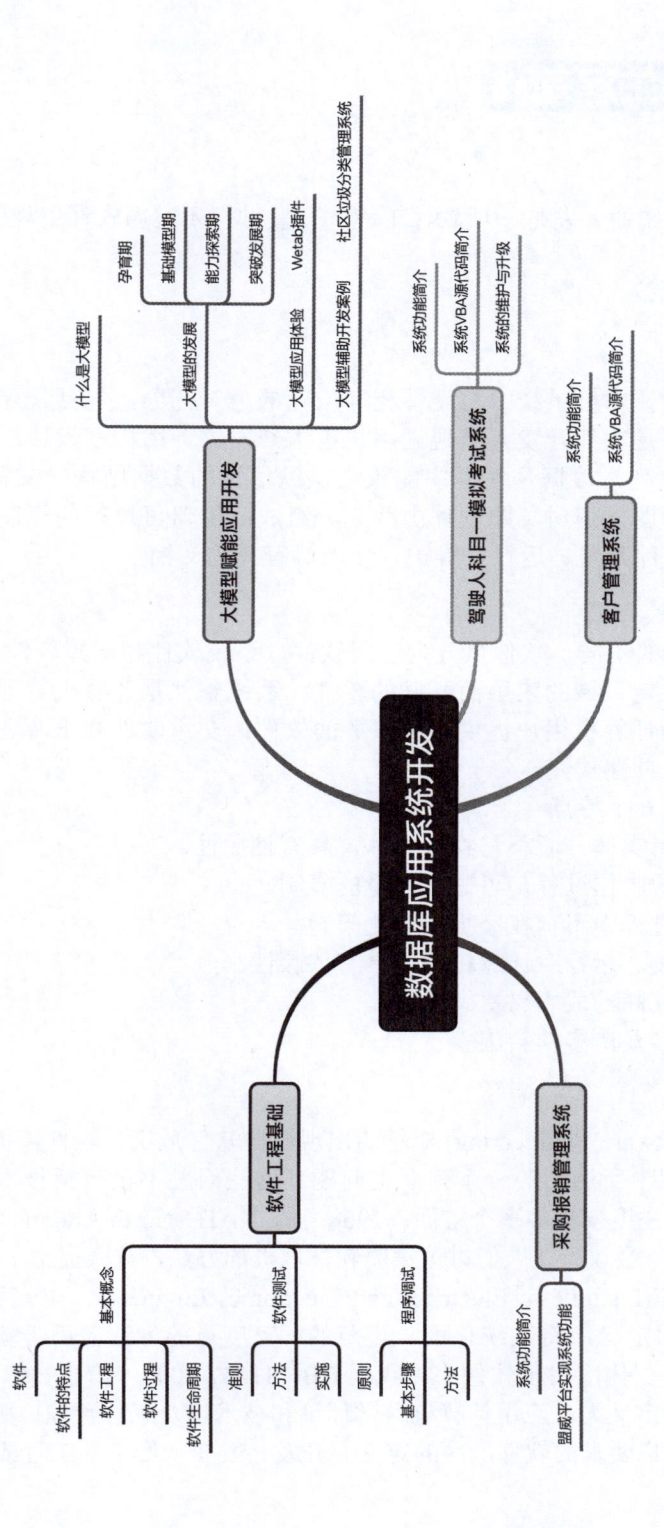

- 数据库应用系统开发
  - 大模型赋能应用开发
    - 什么是大模型
    - 大模型的发展
      - 孕育期
      - 基础模型期
      - 能力涌现期
      - 突破发展期
    - 大模型应用体验
      - Wetab插件
    - 大模型辅助开发案例
      - 社区垃圾分类管理系统
  - 驾驶人科目一模拟考试系统
    - 系统功能简介
    - 系统VBA源代码简介
    - 系统的维护与升级
  - 客户管理系统
    - 系统功能简介
    - 系统VBA源代码简介
  - 采购报销管理系统
    - 系统功能简介
    - 蓝威平台实现系统功能
  - 软件工程基础
    - 基本概念
      - 软件
      - 软件的特点
      - 软件工程
      - 软件过程
      - 软件生命周期
    - 软件测试
      - 准则
      - 方法
      - 实施
    - 程序调试
      - 原则
      - 基本步骤
      - 方法

299

10.1 软件工程基础

数据库应用系统的开发是一项软件工程，开发过程要遵循软件工程的一般原理和方法。

10.1.1 基本概念

1. 软件

计算机软件是计算机系统中与硬件相互依存的另一部分，包括程序、数据和相关文档的完整集合。程序是软件开发人员根据用户需求开发的、用程序设计语言描述的、适合计算机执行的指令序列。数据是使程序能正常操纵信息的数据结构。文档是与程序的开发、维护和使用有关的图文资料。即软件由两部分组成：机器可执行的程序和数据，以及机器不可执行的，与软件开发、运行、维护、使用等有关的文档。

2. 软件的特点

根据应用目标的不同，软件可分为应用软件、系统软件和支撑软件（或工具软件）。应用软件是为解决特定领域的应用而开发的软件；系统软件是计算机管理自身资源，提高计算机使用效率并为计算机用户提供各种服务的软件；支撑软件介于两者之间，是协助用户完成各类任务的工具性软件。

软件具有以下 6 个特点。
(1) 软件是逻辑实体，而不是物理实体，具有抽象性。
(2) 没有明显的制作过程，可进行大量的复制。
(3) 软件使用过程中不存在磨损、老化问题。
(4) 软件的开发、运行对计算机系统具有依赖性。
(5) 软件复杂性高，成本昂贵。
(6) 软件开发涉及诸多社会因素。

3. 软件工程

软件工程 (Software Engineering) 概念的出现源自软件危机。软件危机是指在计算机软件的开发和维护过程中所遇到的一系列严重问题。这些问题不仅包括技术难题，还涉及项目管理、成本控制、进度安排等多个方面。1968 年在 NATO(North Atlantic Treaty Organization，北大西洋公约组织）会议上，人们讨论摆脱软件危机的办法，首次提出了软件工程这一概念。

1993 年，IEEE(Institute of Electrical and Electronics Engineers，电气和电子工程师协会）给出了软件工程的定义：将系统化的、规范的、可度量的方法应用于软件的开发、运行和维护过程，即将工程化应用于软件中。我国 GB/T11457-2006《信息技术 软件工程术语》标准中，软件工程被定义为：应用计算机科学理论和技术以及工程管理原则和方法，按预算和进度，实现满足用户要求的软件产品的定义、开发、发布和维护的工程或进行研究的学科。

软件工程的 3 个基本要素是：方法、工具和过程。它们确保了软件开发的系统性、规范性和高效性。

(1) 方法：为软件开发提供了"如何做"的技术，包括项目计划与估算、需求分析、系统设计、编码、测试及维护等。

(2) 工具：为软件工程方法提供了自动或半自动的软件支撑环境。这些工具包括集成开发环境、版本控制系统、自动化测试工具等，它们帮助提高开发效率和软件质量。

(3) 过程：将软件工程的方法和工具综合起来，以达到合理、及时地进行软件开发的目的。过程定义了方法使用的顺序、要求交付的文档资料，以及为保证质量和协调变化所需要的管理。

4. 软件过程

在 ISO 9000 标准中，过程被定义为：将输入转化为输出的相互关联或相互作用的一组活动。对于软件过程，输入可以包括用户需求、业务规则、硬件环境要求等，输出则是软件产品及相关服务。

软件过程通常包含以下 4 种基本活动。

(1) 软件规格说明 (Plan)：定义软件的功能及其运行时的限制，明确软件的预期行为和性能要求。

(2) 软件开发 (Do)：根据规格说明进行软件的设计与编码，实现满足规格说明的软件产品。

(3) 软件确认 (Check)：通过测试和验证，确认开发的软件满足用户提出的要求。

(4) 软件演进 (Action)：在软件运行过程中不断改进和更新，以满足客户的变更需求。

5. 软件生命周期

通常，将软件产品从提出、实现、使用、维护到停止使用退役的过程称为软件生命周期。软件生命周期分为三个阶段。

1) 软件定义阶段

本阶段任务是确定软件开发工作必须完成的目标，以及确定工程的可行性。包括可行性研究与计划制定，以及需求分析。在 ISO/IEC/IEEE 24765:2017 标准中，需求分析被定义为：研究用户需求的过程，以得出系统的定义、硬件或软件要求。常见的需求分析方法有结构化分析方法和面向对象的分析方法。结构化分析的常用工具有数据流图 (Data Flow Diagram，DFD)、数据字典 (Data Dictionary，DD)、判定表和判定树等。软件需求规格说明 (Software Requirements Specification，SRS) 是描述需求中的重要文档，是软件需求分析的主要成果。

2) 软件开发阶段

本阶段任务是具体完成设计和实现定义阶段所定义的软件，包括总体设计→详细设计→编码→测试，其中，总体设计和详细设计又称为系统设计，编码和测试又称为系统实现。

总体设计即概要设计，其基本任务是设计软件系统结构、设计数据结构及数据库、编写概要设计文档和评审概要设计文档。

详细设计的任务是为软件结构图中的每一个模块确定实现算法和局部数据结构，用某种选定的表达工具表示算法和数据结构的细节。详细设计过程中常用的图形工具有程序流程图、PAD(Problem Analysis Diagram) 图、N-S 图、HIPO(Hierarchy plus Input-Process-Output) 图，表格工具有判定表，语言工具有 PDL(Procedure Design Language)，即伪码。

3) 软件维护阶段

本阶段任务是使软件在运行中持久地满足用户的需要。包括使用→维护→退役。

10.1.2　软件测试

软件测试是保证软件质量的重要手段，其主要过程涵盖了整个软件生命期，包括需求定义阶段的需求测试，编码阶段的单元测试，集成测试，以及其后的确认测试、系统测试等，以验证软件是否合格、能否交付用户使用。

1. 软件测试的准则

软件测试是为了发现错误而执行程序的过程；一个好的测试用例能够发现至今尚未发现的错误；一个成功的测试是发现了迄今尚未发现的错误。

软件测试的基本准则：所有测试都应追溯到用户需求；严格执行测试计划，排除测试的随意性；充分注意测试中的群集现象；程序员应避免检查自己的程序；穷举测试不可能；妥善保存测试计划、测试用例、出错统计和最终分析报告，为维护提供方便。

2. 软件测试的方法

软件测试的方法和技术有多种，若从是否需要执行被测软件的角度，可以分为静态测试和动态测试；若按功能划分，可以分为白盒测试和黑盒测试。

1) 静态测试与动态测试

静态测试不实际运行软件，主要通过人工进行分析，包括代码检查、静态结构分析、代码质量度量等。其中代码检查分为代码审查、代码走查、桌面检查、静态分析等具体形式。

动态测试是基于计算机的测试，是为了发现错误而执行程序的过程。设计高效、合理的测试用例是动态测试的关键。

测试用例是为测试设计的数据，由测试输入数据和预期的输出结果两部分组成。测试用例的设计方法一般分为白盒测试和黑盒测试。

2) 白盒测试

白盒测试又称结构测试或逻辑驱动测试，它根据程序的内部逻辑来设计测试用例，检查程序中的逻辑通路是否都按预定的要求正确工作。白盒测试的主要方法有逻辑覆盖测试、基本路径测试等，主要用于完成软件内部操作的验证。

3) 黑盒测试

黑盒测试又称功能测试或数据驱动测试，它根据规格说明书的功能来设计测试用例，检查程序的功能是否符合规格说明的要求。黑盒测试主要用于软件确认测试，其主要方法有等价类划分法、边界值分析法、错误推测法、因果图法等。

3. 软件测试的实施

软件测试的实施过程主要包括 4 个步骤：单元测试、集成测试、确认测试和系统测试。

1) 单元测试

单元测试又称模块测试，是对软件设计的最小单位"模块"（程序单元）进行正确性检验测试，以期尽早发现各模块内部可能存在的各种错误。

2）集成测试

集成测试又称组装测试，它是对各模块按照设计要求组装成的程序进行测试，主要目的是发现与接口有关的错误。集成测试的依据是概要设计说明书。

3）确认测试

确认测试又称验收测试，它是验证软件的功能和性能，以及其他特性是否满足了需求规格说明中确定的各种需求，包括软件配置是否完全、正确。

确认测试的实施首先运用黑盒测试方法，对软件进行有效性测试，即验证被测软件是否满足需求规格说明确认的标准。

4）系统测试

系统测试是将软件系统与计算机硬件、外设、支撑软件、数据和人员等其他系统元素组合在一起，对整个软件系统进行测试。

系统测试的具体实施一般包括：功能测试、性能测试、操作测试、配置测试、外部接口测试、安全性测试等。

10.1.3　程序调试

在对程序进行了成功的测试之后将进入程序的调试阶段。程序的调试通常称 Debug，即排错。调试是测试成功之后的步骤，即调试是在测试发现错误之后排除错误的过程。

程序调试活动由两部分组成，一是根据错误的迹象确定程序中错误的确切性质、原因和位置；二是对程序进行修改，排除这个错误。

软件测试是尽可能多地发现软件中的错误，而程序调试的任务是诊断和改正程序中的错误。软件测试贯穿整个软件生命周期，程序调试主要在开发阶段。

1. 程序调试的原则

1）确定错误的性质和位置时的注意事项

分析思考与错误征兆有关的信息；避开死胡同；只把调试工具当作辅助手段来使用；避免用试探法，最多只能把它当作最后手段。

2）修改错误原则

在出现错误的地方，很可能有别的错误；修改错误的一个常见失误是只修改了这个错误的征兆或这个错误的表现，而没有修改错误本身；注意修正一个错误的同时有可能会引入新的错误；修改错误的过程将迫使人们暂时回到程序设计阶段；修改源代码程序，不要改变目标代码。

2. 程序调试的基本步骤

(1) 错误定位。从错误的外部表现形式入手，研究有关部分的程序，确定程序中出错位置，找出错误的内在原因。

(2) 修改设计和代码，以排除错误。

(3) 进行回归测试，防止引进新的错误。

3. 程序调试的方法

调试的关键在于推断程序内部的错误位置及原因。软件调试可分为静态调试和动态调试。静态调试主要指通过人的思维来分析源程序代码和排错，是主要的调试手段，动态调试是对静态调试的辅助手段。主要的调试方法可以采用以下三种。

1) 强行排错法

传统的调试方法，其过程可概括为：设置断点、程序暂停、观察程序状态、继续运行程序。这是目前使用较多、效率较低的调试方法。

2) 回溯法

适合小规模程序的排错。一旦发现了错误，先分析错误征兆，确定最先发现错误的位置，从此位置开始沿程序的控制流程，逆向跟踪源程序代码，直到找到错误根源或确定错误产生的范围。

3) 原因排除法

通过演绎法、归纳法，以及二分法来实现。演绎法是一种从一般原理或前提出发，经过排除和精化的过程来推导出结论的方法。归纳法是一种从特殊推断出一般的系统化思考方法。二分法是一种高效的问题定位技术，通过将代码或问题域一分为二，逐步缩小故障范围，最终定位到具体的错误代码行或逻辑。这种方法适用于处理大型项目中难以直接定位的问题。

以上每种调试方法都可以使用调试工具辅助完成。

10.2 大模型赋能应用开发

10.2.1 什么是大模型

大模型是大语言模型(Large Language Model，LLM)的简称，它是基于深度学习技术构建的人工智能系统。通过在大量文本数据上进行训练，这些模型能够生成与人类语言相似的文本，并执行各种自然语言处理任务。这些模型通常具有大量的参数，从几亿到数千亿不等，这使得它们能够在广泛的上下文中理解和生成复杂的语言模式。简而言之，LLM是具有庞大的参数规模和复杂程度的深度机器学习模型。大模型凭借其强大的语言理解、生成和知识迁移能力，在众多领域得到了广泛应用。

大模型需要大量的计算资源和存储空间来训练和存储，需要分布式计算和特殊的硬件加速技术。大模型的设计和训练旨在提供更强大、更准确的模型性能，展现出类似人类的归纳能力和思考能力。狭义的LLM指基于深度学习算法进行训练的自然语言处理模型，主要应用于自然语言理解和生成等领域；广义的LLM还包括机器视觉大模型、多模态大模型和科学计算大模型等。

10.2.2 大模型的发展

1. 孕育期（2018 年前）

20 世纪 50 年代开始有神经网络和神经信息处理系统的实验，这些实验让计算机能处理自然语言。20 世纪 60 年代全球第一个聊天机器人 Eliza 诞生，它使用模式识别模拟人类对话，为自然语言处理研究奠定了基础。1997 年 LSTM(Long Short-Term Memory，长短期记忆网络) 出现，使神经网络能处理更多数据。2014 年 GAN(Generative Adversarial Network，对抗生成网络) 诞生，标志着深度学习进入生成模型研究新阶段。2017 年谷歌提出 Transformer 架构，为自然语言处理领域带来了重大突破。Transformer 模型通过自注意力机制 (Self-Attention) 能够更有效地捕捉文本中的长距离依赖关系，且具有并行计算的优势，大大提高了模型的训练效率。

2. 基础模型期（2018—2019 年）

2018 年，Google 推出了 BERT（Bidirectional Encoder Representations from Transformers）模型，OpenAI 发布了参数量为 1.17 亿的 GPT-1 模型，这标志着预训练语言模型时代的开启。2019 年，OpenAI 发布了参数量为 15 亿的 GPT-2，Google 发布了参数量为 110 亿的 T5 模型。同年，Radford 等人借助 GPT-2 研究了零样本任务处理能力。

BERT 模型凭借其自监督学习机制，能够有效理解单词之间的关系，自 2018 年推出以来，它成为自然语言处理领域备受青睐的工具。BERT 模型拥有多种参数规模的版本，被广泛研究和应用于各种自然语言处理任务中。

3. 能力探索期（2020—2022 年）

2020 年，OpenAI 发布了参数量达 1750 亿的 GPT-3 模型。基于此模型，Brown 等人研究了语境学习的少样本学习方法，并随后推出了指令微调方案。国内也相继推出了一系列大模型，包括清华大学的增强版语言表征模型 ERNIE、百度的 ERNIE Bot 和华为的盘古 -α 等。研究人员开始探索大语言模型在不针对单一任务进行微调情况下的能力。

2022 年，Ouyang 等人提出了"有监督微调 + 强化学习"的 InstructGPT 算法，从而提升了模型的性能。自 2022 年起，大模型呈现出爆发式增长，各大公司和研究机构纷纷发布此类系统，如 Google 的 Bard、百度的文心一言和科大讯飞的星火大模型等。

4. 突破发展期（2023 年至今）

2023 年 3 月 OpenAI 发布了参数量达到 1.8 万亿的 GPT-4 模型，该模型在多模态理解能力方面取得了显著进步。2024 年智能体（Agent）的崛起以及个性化大语言模型智能体的概念引起了广泛关注。大语言模型被应用于构建智能助手、聊天机器人等，能够根据用户的需求和偏好提供个性化的服务。研究人员正在探索如何提高模型的可解释性，减少模型中的偏见，并确保其在应用中的安全性和伦理性。

2025 年 1 月，杭州深度求索人工智能基础技术研究有限公司发布 DeepSeek-R1 开源大模型。该模型凭借高性能、低成本优势，以及创新的训练方法，迅速成为全球 AI 领域的焦点。DeepSeek-R1 通过思维链技术，赋予人工智能"慢思考"能力，在数学运算、逻辑推理等任务处理中，展现出了前所未有的优势。这一模型的发布，标志着中国 AI 技术在全球竞争中强势崛起。其开源策略及突出的性价比，可能重塑 AI 市场格局。

10.2.3　大模型应用体验

Wetab 是一款功能强大、可个性化定制、内置丰富小组件的标签页插件，网页版地址为 https://www.wetab.link/，WeTab 网页版主页界面如图 10-1 所示。Wetab 采用了 iOS 苹果卡片设计风格，内置倒计时、纪念日、天气、热搜、计算器和 ChatAI 等超酷小组件。Wetab 内置的 ChatAI 小组件是基于 ChatGPT 的免费工具，可以为国内用户提供稳定的聊天体验。

图 10-1　WeTab 网页版主页界面

在 Edge 浏览器上安装 Wetab 的界面如图 10-2 所示。在使用 ChatGPT 之前，需要注册一个 WeTab 账户。打开 WeTab 新标签页，单击左侧的用户图标，按照提示进行注册。注册成功之后就可以调用 ChatGPT，询问 Access 2016 数据库应用系统开发的相关问题。

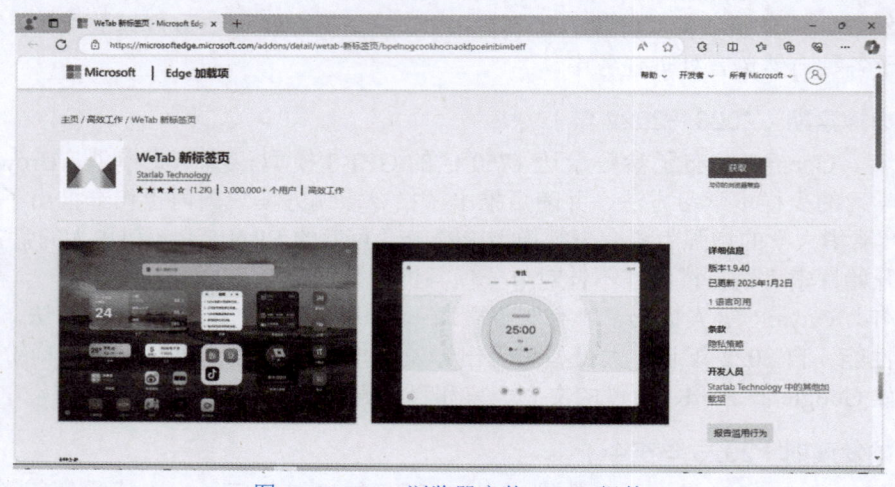

图 10-2　Edge 浏览器安装 Wetab 组件

10.2.4　大模型辅助开发案例

Access 2016 支持创建两种类型的数据库：客户端数据库和 Web 数据库，它们均支持 .mdb、.accdb 和 .accde 等多种文件格式。

客户端数据库主要用于桌面应用程序，使用 JET(Microsoft Jet Database Engine) 作为其数据库引擎。JET 是一个轻量级的关系型数据库引擎，适用于小型应用程序和桌面应用程序。

Web 数据库主要用于 Web 应用程序，使用 SQL CE(Microsoft SQL Server Compact

Edition) 作为其数据库引擎。SQL CE 也是一个轻量级的关系型数据库引擎，适用于移动设备和嵌入式系统。

通过访问 https://chat.deepseek.com/ 用户可以，体验杭州深度求索人工智能基础技术研究有限公司 DeepSeek 大模型辅助开发"社区垃圾分类管理系统"的过程。如图 10-3 所示。

在人类提出第一个问题后，大模型给出核心功能、管理功能、扩展功能 (可选)，以及功能优先级。

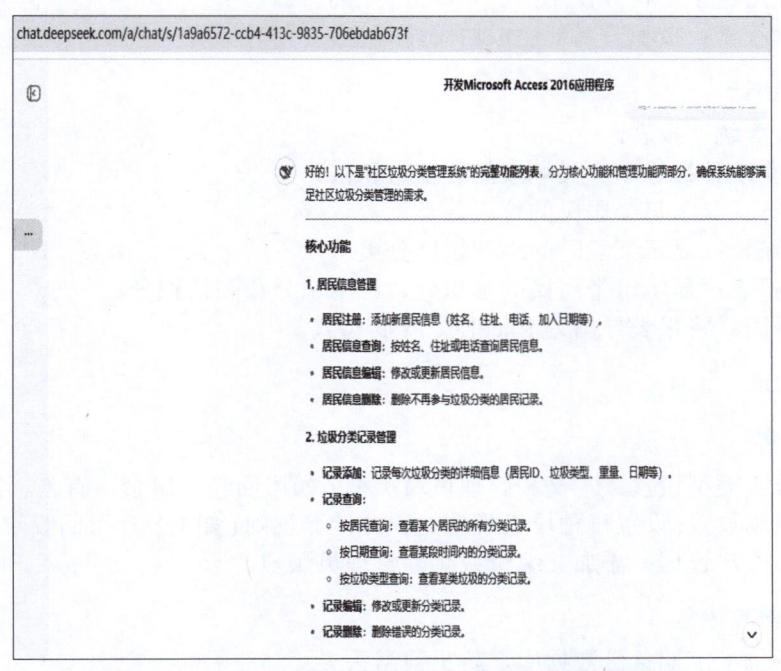

图 10-3　DeepSeek 辅助"社区垃圾分类管理系统"开发

- 核心功能：

1. 居民信息管理

(1) 居民注册：添加新居民信息 (姓名、住址、电话、加入日期等)。
(2) 居民信息查询：按姓名、住址或电话查询居民信息。
(3) 居民信息编辑：修改或更新居民信息。
(4) 居民信息删除：删除不再参与垃圾分类的居民记录。

2. 垃圾分类记录管理

(1) 记录添加：记录每次垃圾分类的详细信息 (居民 ID、垃圾类型、重量、日期等)。
(2) 记录查询：
按居民查询：查看某个居民的所有分类记录。
按日期查询：查看某段时间内的分类记录。
按垃圾类型查询：查看某类垃圾的分类记录。

(3) 记录编辑：修改或更新分类记录。
(4) 记录删除：删除错误的分类记录。

3. 积分管理
(1) 积分计算：根据垃圾分类类型和重量自动计算积分。
(2) 积分查询：查看某个居民的总积分和可用积分。
(3) 积分使用：记录积分使用情况（如兑换礼品）。
(4) 积分排行榜：按积分高低生成居民排行榜。

4. 报表与统计
(1) 垃圾分类统计报表：
按垃圾类型统计：显示各类垃圾的总重量和占比。
按居民统计：显示每个居民的垃圾分类总量。
按时间段统计：显示某段时间内的垃圾分类总量。
积分统计报表：显示每个居民的总积分、已用积分和剩余积分。
(2) 导出报表：将报表导出为 Excel 或 PDF 格式。

- 管理功能

1. 系统设置
(1) 垃圾分类类型设置：定义和管理垃圾类型（如可回收、厨余、有害、其他）。
(2) 积分规则设置：设置每种垃圾类型的积分计算规则（如 1 公斤可回收垃圾 =10 积分）。
(3) 管理员账户管理：添加、编辑或删除管理员账户。

2. 数据备份与恢复
(1) 数据备份：定期备份数据库，防止数据丢失。
(2) 数据恢复：从备份文件中恢复数据。

3. 日志管理
(1) 操作日志：记录管理员的关键操作（如添加、修改、删除记录）。
(2) 登录日志：记录管理员的登录时间和 IP 地址。

4. 用户权限管理
(1) 角色管理：定义不同角色（如超级管理员、普通管理员）。
(2) 权限分配：为每个角色分配不同的操作权限。

- 扩展功能（可选）

1. 移动端支持
开发简单的移动端界面，方便居民查看积分和分类记录。

2. 通知功能
通过短信或邮件通知居民积分变动或社区活动信息。

3. 礼品兑换管理

管理可兑换的礼品信息。
记录居民的礼品兑换记录。

4. 数据分析与可视化

使用图表展示垃圾分类数据(如饼图、柱状图)。
提供数据分析功能,帮助社区优化垃圾分类管理。

- 功能优先级

  核心功能:居民信息管理、垃圾分类记录管理、积分管理、报表与统计。
  管理功能:系统设置、数据备份与恢复、日志管理、用户权限管理。
  扩展功能:根据实际需求逐步实现。

在人类提出第二个问题后,大模型给出开发步骤:

1. 创建数据库

打开 Microsoft Access 2016,点击"新建"→"空白数据库"。
将数据库保存为 CommunityGarbageManagement.accdb。

2. 设计表结构

在数据库中创建以下表:

表 1:居民表 (Residents)

字段名	数据类型	说明
ResidentID	自动编号	居民唯一标识(主键)
Name	短文本	居民姓名
Address	短文本	住址
Phone	短文本	联系电话
JoinDate	日期/时间	加入日期

表 2:垃圾分类记录表 (GarbageRecords)

字段名	数据类型	说明
RecordID	自动编号	记录唯一标识(主键)
ResidentID	数字	居民ID(外键)
GarbageType	短文本	垃圾类型(可回收、厨余等)
Weight	数字	垃圾重量(公斤)
RecordDate	日期/时间	记录日期

表 3:积分表 (Points)

字段名	数据类型	说明
PointID	自动编号	积分记录唯一标识(主键)
ResidentID	数字	居民ID(外键)
PointsEarned	数字	本次获得的积分
PointsUsed	数字	本次使用的积分
TransactionDate	日期/时间	积分变动日期

3. 创建表关系

点击"数据库工具"→"关系"。

将 Residents.ResidentID 与 GarbageRecords.ResidentID 和 Points.ResidentID 建立一对多关系。

启用"参照完整性"以确保数据一致性。

4. 创建表单

表单 1：居民信息管理表单

  点击"创建"→"表单设计"。
  添加以下控件：
  文本框：Name、Address、Phone、JoinDate。
  按钮："保存""清除""关闭"。
  设置数据源为 Residents 表。
  保存表单为 ResidentsForm。

表单 2：垃圾分类记录表单

  点击"创建"→"表单设计"。
  添加以下控件：
  组合框：ResidentID(绑定到 Residents 表)。
  组合框：GarbageType(可回收、厨余、有害、其他)。
  文本框：Weight、RecordDate。
  按钮："保存""清除""关闭"。
  设置数据源为 GarbageRecords 表。
  保存表单为 GarbageRecordsForm。

表单 3：积分管理表单

  点击"创建"→"表单设计"。
  添加以下控件：
  组合框：ResidentID(绑定到 Residents 表)。
  文本框：PointsEarned、PointsUsed、TransactionDate。
  按钮："保存""清除""关闭"。
  设置数据源为 Points 表。
  保存表单为 PointsForm。

5. 创建查询

查询 1：按居民查询分类记录。

  点击"创建"→"查询设计"。
  添加 Residents 和 GarbageRecords 表。
  选择字段：Residents.Name、GarbageRecords.GarbageType、GarbageRecords.Weight、GarbageRecords.RecordDate。
  添加条件：Residents.ResidentID = [请输入居民 ID]。

保存查询为 QueryByResident。

查询 2：按日期查询分类记录。

点击"创建"→"查询设计"。

添加 GarbageRecords 表。

选择字段：GarbageRecords.GarbageType、GarbageRecords.Weight、GarbageRecords.RecordDate。

添加条件：GarbageRecords.RecordDate Between [开始日期] And [结束日期]。

保存查询为 QueryByDate。

6. 创建报表

报表 1：垃圾分类统计报表

点击"创建"→"报表设计"。

添加 GarbageRecords 表作为数据源。

添加字段：GarbageType、Weight。

设置分组和汇总：按 GarbageType 分组，汇总 Weight。

保存报表为 GarbageReport。

报表 2：积分排行榜报表

点击"创建"→"报表设计"。

添加 Residents 和 Points 表作为数据源。

添加字段：Residents.Name、Sum(Points.PointsEarned - Points.PointsUsed)。

按积分从高到低排序。

保存报表为 PointsRankingReport。

7. 编写VBA代码

自动计算积分：

打开 GarbageRecordsForm 的设计视图。

右键单击"保存"按钮，选择"属性"→"事件"→"单击"→"[事件过程]"。

输入以下代码：

```
Private Sub SaveRecord_Click()
    Dim GarbageType As String
    Dim Weight As Double
    Dim PointsEarned As Integer
    
    GarbageType = Me.GarbageType.Value
    Weight = Me.Weight.Value
    
    Select Case GarbageType
        Case "可回收"
            PointsEarned = Weight * 10
        Case "厨余"
            PointsEarned = Weight * 5
```

```
            Case "有害"
                PointsEarned = Weight * 15
            Case Else
                PointsEarned = Weight * 2
        End Select

        ' 保存积分记录
        CurrentDb.Execute "INSERT INTO Points (ResidentID, PointsEarned, TransactionDate) VALUES (" & Me.ResidentID.Value & ", " & PointsEarned & ", #" & Date & "#)"
    End Sub
```

8. 测试与部署

测试所有表单、查询和报表,确保功能正常。

将数据库文件分发给社区管理人员使用。

大模型继续显示:"如果你需要进一步的帮助或代码示例,请告诉我!",通过不断的人机交互和程序测试与调试,用户可在 Access 2016 平台完成社区垃圾分类管理系统的开发。

10.3 驾驶人科目一模拟考试系统

科目一又称科目一理论考试或驾驶员理论考试,是机动车驾驶证考核的一部分。根据《机动车驾驶证申领和使用规定》,考试内容包括驾车理论基础、道路安全法律法规、地方性法规等相关知识。考试形式为上机考试,100 道题,90 分及以上通过考试。

2016 年 1 月中华人民共和国公安部发布第 139 号令,修改了《机动车驾驶证申领和使用规定》并自 2016 年 4 月 1 日起施行。机动车驾驶证准驾车型对照表如表 10-1 所示,从此表中可知,A1、A2、A3、B1、B2、C1、C2、C3 和 C4 等几种类型的准驾车型属于汽车类,本系统以它们为基础进行开发。

表10-1　机动车驾驶证准驾车型对照表

准驾车型	代号	准驾的车型	准驾的其他车型	每年提交身体条件证明	考试车辆的要求
大型客车	A1	大型载客汽车	A3、B1、B2、C1、C2、C3、C4、M	需要	车长不小于 9 米的大型普通载客汽车
牵引车	A2	重型、中型全挂、半挂汽车列车	B1、B2、C1、C2、C3、C4、M	需要	车长不小于 12 米的半挂汽车列车
城市公交车	A3	核载 10 人以上的城市公共汽车	C1、C2、C3、C4	需要	车长不小于 9 米的大型普通载客汽车
中型客车	B1	中型载客汽车(含核载 10 人以上、19 人以下的城市公共汽车)	C1、C2、C3、C4、M	需要	车长不小于 5.8 米的中型普通载客汽车

续表

准驾车型	代号	准驾的车型	准驾的其他车型	每年提交身体条件证明	考试车辆的要求
大型货车	B2	重型、中型载货汽车；大、重、中型专项作业车	C1、C2、C3、C4、M	需要	车长不小于9米，轴距不小于5米的重型普通载货汽车
小型汽车	C1	小型、微型载客汽车以及轻型、微型载货汽车、轻、小、微型专项作业车	C2、C3、C4	60周岁以下不需要	车长不小于5米的轻型普通载货汽车，或者车长不小于4米的小型普通载客汽车，或者车长不小于4米的轿车
小型自动挡汽车	C2	小型、微型自动挡载客汽车以及轻型、微型自动挡载货汽车	—	60周岁以下不需要	车长不小于5米的轻型自动挡普通载货汽车，或者车长不小于4米的小型自动挡普通载客汽车，或者车长不小于4米的自动挡轿车
低速载货汽车	C3	低速载货汽车(原四轮农用运输车)	C4	60周岁以下不需要	由省级公安机关交通管理部门负责制定
三轮汽车	C4	三轮汽车(原三轮农用运输车)	—	60周岁以下不需要	由省级公安机关交通管理部门负责制定
普通三轮摩托车	D	发动机排量大于50ml或者最大设计车速大于50km/h的三轮摩托车	E、F	60周岁以下不需要	至少有四个速度挡位的普通正三轮摩托车或者普通侧三轮摩托车
普通二轮摩托车	E	发动机排量大于50ml或者最大设计车速大于50km/h的二轮摩托车	F	60周岁以下不需要	至少有四个速度挡位的普通二轮摩托车
轻便摩托车	F	发动机排量小于等于50ml，最大设计车速小于等于50km/h的摩托车	—	60周岁以下不需要	由省级公安机关交通管理部门负责制定
轮式自行机械车	M	轮式自行机械车	—	60周岁以下不需要	由省级公安机关交通管理部门负责制定
无轨电车	N	无轨电车	—	需要	由省级公安机关交通管理部门负责制定
有轨电车	P	有轨电车	—	需要	由省级公安机关交通管理部门负责制定

10.3.1 系统功能简介

【案例背景】

驾驶人科目一(汽车类)模拟考试系统主要包括以下功能：常规练习、强化练习、专项练习、错题回顾、模拟考试、题库维护、抽题比例和成绩排行等。系统首界面如图 10-4 所示。

图 10-4　科目一(汽车类)模拟考试系统首界面

小型汽车科目一基础理论知识考试题库包括四章，第一章是道路交通安全法律、法规和规章，第二章是交通信号，第三章是安全行车、文明驾驶基础知识，第四章是机动车驾驶操作相关基础知识。

科目一考试的题型分为两种：选择题和判断题，涉及的内容有 4 类：处罚题、距离题、时间题和速度题。本系统设计了 9 张数据表，如图 10-5 所示。

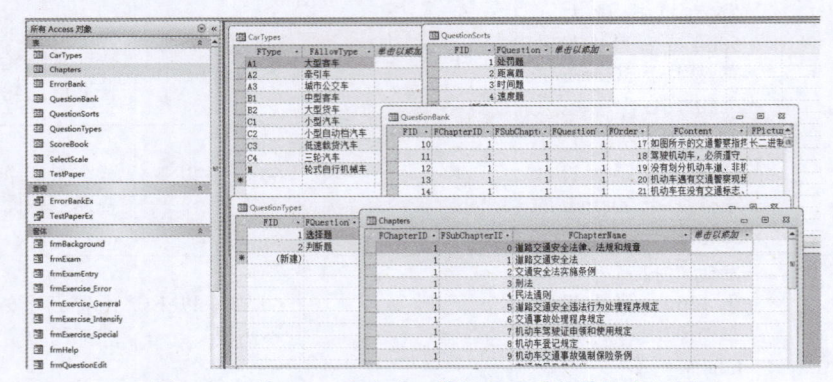

图 10-5　科目一(汽车类)模拟考试系统数据表视图

通过本系统，用户可以"按章节进行常规练习"，如图 10-6 所示；也可以"针对易错题强化练习"，如图 10-7 所示；还可以"按特定类别进行专项练习"，如图 10-8 所示。

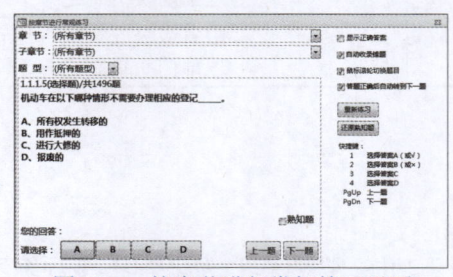

图 10-6　按章节进行常规练习界面 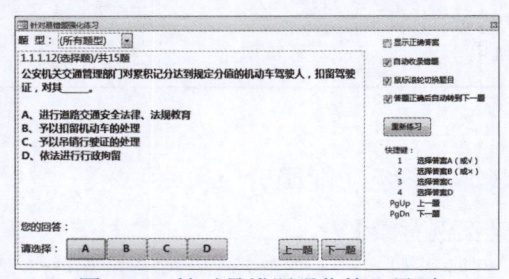　　　　图 10-7　针对易错题强化练习界面

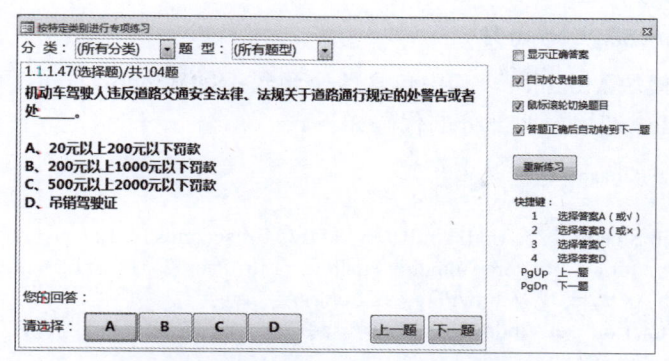

图 10-8　按特定类别进行专项练习界面

本系统的模拟考试与正式考试一样，都是 100 道题，其中既有提供 4 个选项的单选题，也有确定正误的判断题，"登录窗口"界面如图 10-9 所示，"模拟考试"界面如图 10-10 所示，模拟考试的题目可以通过随机组卷的方式生成。

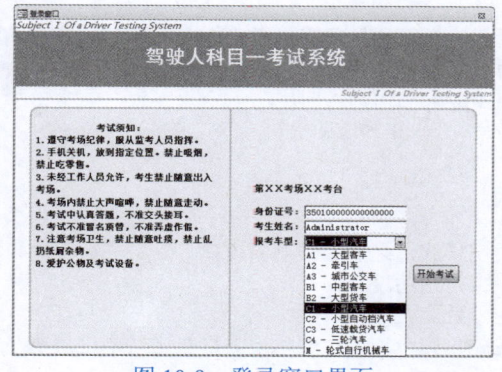

图 10-9　登录窗口界面

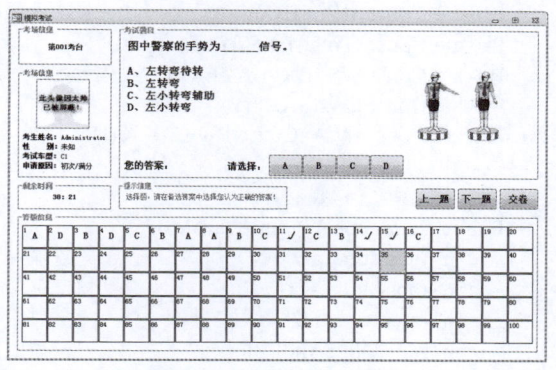

图 10-10　模拟考试界面

在练习或模拟考试中若答错题，则将错题另外保存，以便复习备用。"错题回顾界面"如图 10-11 所示。

本系统还可以对题库中的试题进行维护，"题库维护"界面如图 10-12 所示。

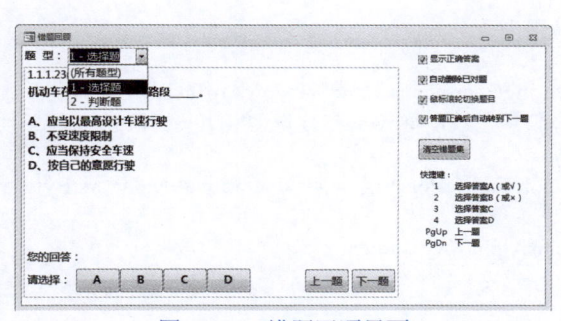

图 10-11　错题回顾界面

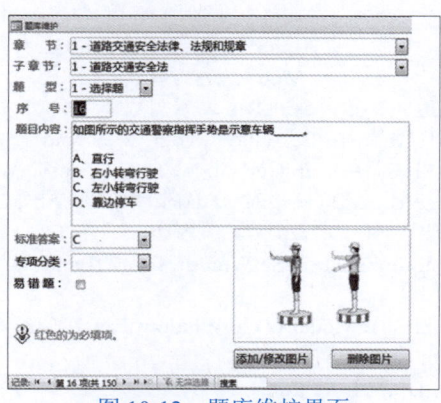

图 10-12　题库维护界面

10.3.2 系统 VBA 源代码简介

本系统有一个模块 Module1，其中包含两个函数：SetWindowTrans 和 SwitchRecord。

(1) 模块 Module1 通用声明部分的代码如下。

```
Option Compare Database
Option Explicit
Public Declare Sub Sleep Lib "kernel32.dll" (ByVal dwMilliseconds As Long)
Private Declare Function SetLayeredWindowAttributes Lib "user32" (ByVal Hwnd As Long, ByVal crKey As Long, ByVal bAlpha As Byte, ByVal dwFlags As Long) As Long
Private Declare Function GetWindowLong Lib "user32" Alias "GetWindowLongA" (ByVal Hwnd As Long, ByVal nIndex As Long) As Long
Private Declare Function SetWindowLong Lib "user32" Alias "SetWindowLongA" (ByVal Hwnd As Long, ByVal nIndex As Long, ByVal dwNewLong As Long) As Long
Private Declare Function ShowWindow Lib "user32" (ByVal Hwnd As Long, ByVal nCmdShow As Long) As Long

    Private Const SW_HIDE = 0                '隐藏窗口
    Private Const SW_SHOW = 5                '显示窗口
    Private Const GWL_EXSTYLE = (-20)        '设置一个新的扩展窗口样式
    Private Const WS_EX_LAYERED = &H80000    '窗口必须要具有此扩展属性才能设置透明
    Private Const LWA_ALPHA = &H2            '使用bAlpha作为透明度
    Private Const LWA_COLORKEY = &H1         '使用crKey作为透明色

'窗口透明模式常量枚举
Public Enum conWindowTransMode
    conTransNone = 0              '清除窗口透明样式，之后必须刷新窗口
    conTransAlpha = 1             '窗口整体以指定透明度透明
    conTransColor = 2             '窗口中指定颜色完全透明
    conTransAlphaAndColor = 3     '窗口中指定颜色完全透明，其他地方以指定透明度透明
End Enum
Public Const conMsgBoxTitle As String = "驾驶人科目一(汽车类)模拟考试系统"
```

(2) 在模块 Module1 中，函数 SetWindowTrans 的功能是设置窗口透明。其代码如下。

```
'- 输入参数：hwnd      窗口句柄
'           Color    要设为透明的颜色，Mode参数为1(或其他非0值)时有效
'           Alpha    窗口透明度，Mode参数设0时有效
'           Mode     透明模式
'-返回参数：返回True表示函数调用成功，否则调用失败
'-使用示例：SetWindowTrans Me.hwnd
'-相关调用：apiGetWindowLong(), apiSetWindowLong(), apiSetLayeredWindowAttributes()
'-使用注意：直接对MDI窗口中的非弹出式子窗口使用无效，将hwnd参数设为MDI父窗口的句柄时，效果作用于父窗口及其所有非弹出式子窗口
Public Function SetWindowTrans(Hwnd As Long, Optional Color As Long = 0, Optional Alpha As Byte = 230, _
    Optional Mode As conWindowTransMode = conTransAlpha) As Boolean
On Error GoTo Err_SetWindowTrans
    Dim rtn As Long
    Dim Flags As Long
```

```
        If Mode = conTransNone Then
            rtn = 0
        Else
            rtn = GetWindowLong(Hwnd, GWL_EXSTYLE)
            rtn = rtn Or WS_EX_LAYERED
        End If
        Call SetWindowLong(Hwnd, GWL_EXSTYLE, rtn)
        Select Case Mode
          Case conTransAlpha
            Flags = LWA_ALPHA
          Case conTransColor
            Flags = LWA_COLORKEY
          Case conTransAlphaAndColor
            Flags = LWA_ALPHA Or LWA_COLORKEY
          Case Else
            Flags = 0
        End Select
        SetWindowTrans = CBool(SetLayeredWindowAttributes(Hwnd, Color, Alpha, Flags))
        If rtn = 0 Then
            ShowWindow Hwnd, SW_HIDE
            ShowWindow Hwnd, SW_SHOW
        End If
Exit_SetWindowTrans:
    Exit Function
Err_SetWindowTrans:
    MsgBox "#" & Err & vbCr & Err.Description, vbCritical, conMsgBoxTitle
    Resume Exit_SetWindowTrans
End Function
```

（3）在模块 Module1 中，函数 SwitchRecord 的功能是：在连续窗体视图中使用上下箭头键在记录中上下移动。其代码如下。

```
'- 输入参数：      参数 1：KeyCode    键值代码
'                 参数2：Shift       Shift键是否被按下
'-返回参数：       无
'-使用示例：       在窗体的KeyDown事件中调用:SwitchRecord KeyCode,Shift
'-使用注意：       须将窗体的KeyPreview属性设为是
Public Function SwitchRecord(ByRef KeyCode As Integer, ByRef Shift As Integer)
On Error Resume Next
    If Shift = False Then
        Select Case KeyCode
          Case vbKeyUp
            DoCmd.GoToRecord , , acPrevious
          Case vbKeyDown
            DoCmd.GoToRecord , , acNext
        End Select
    End If
    If Err = 2105 Then KeyCode = 0
End Function
```

10.3.3　系统的维护与升级

"驾驶人科目一模拟考试系统"已存有 1500 道题，是公安部交管局 2017 年的题库。随着时间的推移，《机动车驾驶证申领和使用规定》还会有新的修订或是又有新的规定颁布，此系统需要维护升级，以延长其生命周期。

科目一的实际考试中有 5% 的题属于地方性法规，本系统中未收录这方面的题目，所以模拟考试的题目随机抽取比例中，第一章的题目多加了 5%。

"驾驶人科目一（汽车类）模拟考试系统"已具备了实用价值，用户使用此系统准备科目一考试时，建议按照下列步骤学习以提高效率。

(1) 进入常规练习，选中"显示正确答案"复选框，快速把题目过一遍，使用鼠标滚轮进行题目切换。遇到简单的题或者非常熟悉的题时，将其标记为熟知题，这样重新进入常规练习时，标记为熟知题的题目会被排除，题库将被大大缩减。

(2) 进入常规练习，不显示正确答案将所有的题进行练习，根据实际情况标记熟知题。

(3) 进入错题回顾，将之前练习时做错的题练习一遍。

(4) 根据需要重复 (2)(3) 步，一般最多两至三遍就可以将题库数量缩减得很小了。

(5) 进入强化练习，这里是统计出的容易出错的题目，将其练习一遍。

(6) 进入专项练习，这里是和处罚及数字有关的题目，根据需要进行练习。

(7) 进入模拟考试，检查学习效果。

如果在模拟考试中能保持 95 分以上的成绩，就算不去学习题库未收录的地方性法规方面的内容，在正式考试中也能完全通过。不过，为了自身和他人的安全，建议用户还是要熟悉地方性法规。

10.4　客户管理系统

10.4.1　系统功能简介

【案例背景】

客户管理系统的用户是公司合同部管理员、销售部管理员和客户部管理员，为了维护系统正常工作，还需设置系统管理员。

公司的客户分为 4 类：长期客户、短期客户、信誉客户和问题客户。

公司签署的合同有 3 种状态：签署态、发货态和完成态。

客户管理系统要具备 7 项功能：用户信息管理、客户信息管理、产品信息管理、合同信息管理、客户销售登记、公司销售统计和客户销售统计。客户管理系统功能界面如图 10-13 所示。

客户管理系统涉及以下数据表。

(1) 用户类型表（用户类型 ID，用户类型）。

(2) 用户信息表 (用户 ID，用户密码，用户名称，用户类型)。
(3) 客户级别 (客户级别 ID，客户级别)。
(4) 客户信息 (客户 ID，客户名称，客户负责人，客户描述，客户级别 ID)。
(5) 客户销售情况 (ID，客户 ID，产品 ID，产品销售数量，产品销售单价，产品销售日期)。
(6) 产品信息 (产品 ID，产品名称，产品介绍)。
(7) 合同状态 (合同状态 ID，合同状态)。
(8) 合同明细 (合同 ID，产品 ID，产品订货数量，产品发货数量，产品单价)。
(9) 合同信息 (客户 ID，合同状态 ID，合同签署日期，合同执行日期，合同完成日期，合同负责人，合同金额)。

图 10-13　客户管理系统功能界面

10.4.2　系统 VBA 源代码简介

1. 登录界面

登录界面如图 10-14 所示，"确定"按钮的代码如下。

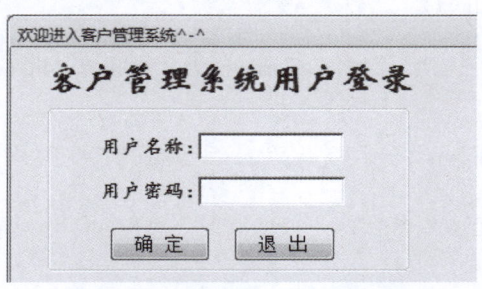

图 10-14　客户管理系统登录界面

```
Private Sub 确定 _Click()
  If Trim(Me![用户名称]) = "" Or Trim(Me![用户密码]) = "" Then
    MsgBox "用户名称和密码不能为空，请重新输入。", vbOKOnly, "警告信息"
  Else
    With CodeContextObject
      Str = "[用户信息]![用户ID]='" & Trim(Me![用户名称]) & "' And [用户信息]![用户密码]='" &
```

Trim(Me![用户密码]) & """
        DoCmd.ApplyFilter "查询", Str
        If (.RecordsetClone.RecordCount > 0) Then
            DoCmd.Close
            DoCmd.OpenForm "客户管理系统", acNormal, "", "", acReadOnly, acWindowNormal
        Else
            MsgBox "用户名称和密码不能为空，请重新输入。", vbOKOnly, "警告信息"
        End If
    End With
  End If
End Sub

2. 用户信息管理

客户管理系统的使用者分为4类：管理员、合同部、销售部、客户部。图 10-15、图 10-16 所示界面按钮的源代码如下。

图 10-15 添加系统用户　　　　　图 10-16 用户信息浏览

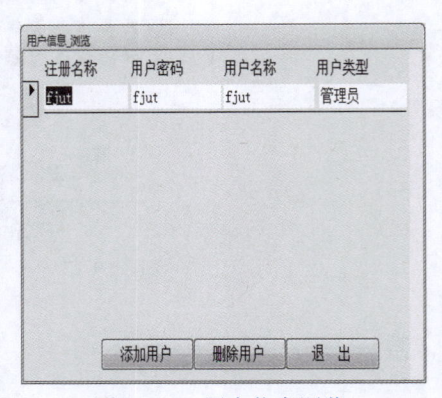

```
Private Sub Command1_Click()
    DoCmd.Close
    DoCmd.OpenForm "用户信息_添加", acNormal, "", "", acFormEdit, acWindowNormal
End Sub

Private Sub Command2_Click()
    DoCmd.Close
    DoCmd.OpenForm "客户管理系统", acNormal, "", "", acReadOnly, acWindowNormal
End Sub

Private Sub 删除用户_Click()
    With CodeContextObject
        If .RecordsetClone.EOF = False And .RecordsetClone.EOF = False Then
            .RecordsetClone.Delete
            .RecordsetClone.MoveNext
            If .RecordsetClone.EOF = True Then
                If .RecordsetClone.BOF = True Then
```

```
                MsgBox "没有记录！", vbOKOnly, "警告信息"
            Else
                .RecordsetClone.MoveFirst
            End If
        End If
    Else
        MsgBox "没有记录！", vbOKOnly, "警告信息"
    End If
  End With
End Sub
```

3. 合同信息管理

合同信息窗体如图 10-17 所示，有 8 个命令按钮，其中 4 个命令按钮的代码如下。

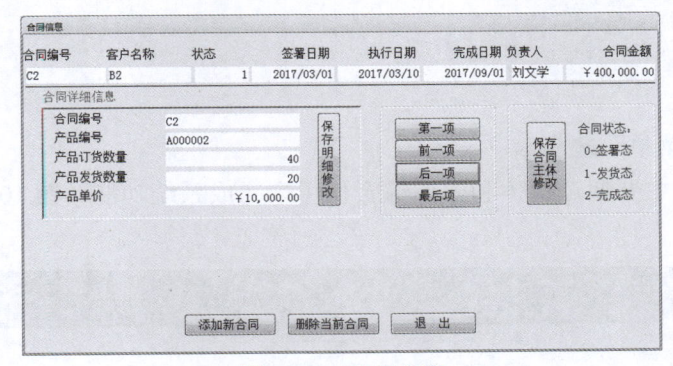

图 10-17　合同信息

```
Private Sub menu4_add_Click()    '添加新合同按钮
    DoCmd.Close
    DoCmd.OpenForm "合同信息_添加", acNormal, "", "", acFormEdit, acWindowNormal
End Sub

Private Sub menu4_del_Click()    '删除当前合同按钮
  With CodeContextObject
    If .RecordsetClone.EOF = False And .RecordsetClone.EOF = False Then
        .RecordsetClone.Delete
        .RecordsetClone.MoveNext
      If .RecordsetClone.EOF = True Then
          If .RecordsetClone.BOF = True Then
              MsgBox "没有记录！", vbOKOnly, "警告信息"
          Else
              .RecordsetClone.MoveFirst
          End If
      End If
    Else
        MsgBox "没有记录！", vbOKOnly, "警告信息"
    End If
```

```
        End With
    End Sub

Private Sub menu4_exit_Click()        '退出按钮
    DoCmd.Close
    DoCmd.OpenForm "客户管理系统", acNormal, "", "", acReadOnly, acWindowNormal
End Sub

Private Sub 保存主体修改_Click()
On Error GoTo Err_保存主体修改_Click
    DoCmd.DoMenuItem acFormBar, acRecordsMenu, acSaveRecord, , acMenuVer70
Exit_保存主体修改_Click:
    Exit Sub
Err_保存主体修改_Click:
    MsgBox Err.Description
    Resume Exit_保存主体修改_Click
End Sub
```

4. "客户管理菜单"宏

客户管理系统主要通过窗体和宏的综合使用来完成系统功能。图 10-18 所示为"客户管理系统菜单"宏。

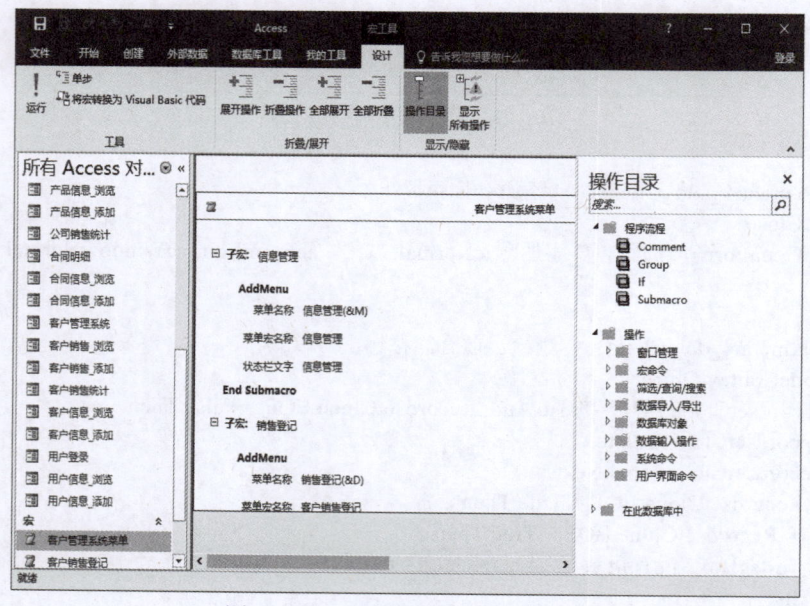

图 10-18 "客户管理系统菜单"宏

10.5 采购报销管理系统

10.5.1 系统功能简介

【案例背景】

采购报销管理系统用于对办公用品及耗材的采购和报销进行管理。供应商类别分为：办公用品供应商、电脑及打印复印供应商、互联网产品及服务供应商、网络器材及服务供应商、网上购物供应商等，报销类别分为：固定资产报销、入库器材报销、软件费用报销、推广费用报销、维修费用报销等，付款方式分为：对公转账、个人转账、现金支付、支付宝支付、微信支付等。

采购报销管理系统主要有8张表：供应商信息表、采购信息表、开票单位信息表、报销信息表、付款信息表、采购信息明细表、商品分类表和商品信息表。

(1) 供应商信息表 (供应商，供应商类别，供应商名称，拼音码，联系人，电话，最近采购日期，备注，已停用)。

(2) 采购信息表 (采购号，采购日期，供应商 ID，采购人，开票单位 ID，发票代码，发票号码，报销号，付款号，备注)。

(3) 开票单位信息表 (开票单位 ID，开票单位名称，供应商 ID，备注，已停用)。

(4) 报销信息表 (报销号，报销人，报销日期，报销类别，报销凭证号，报销总金额，备注)。

(5) 付款信息表 (付款号，付款人，付款方式，付款总金额，备注)。

(6) 采购信息明细表 (采购号，商品 ID，数据，单价，备注)。

(7) 商品分类表 (分类编号，分类名称，备注)。

(8) 商品信息表 (商品 ID，品名，规格型号，拼音码，分类编号，单位，最新进价，备注，已停用)。

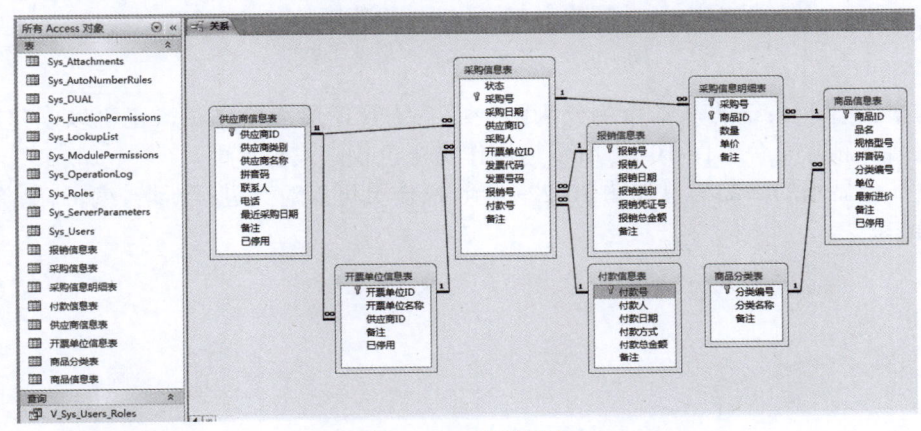

表间的关系如图 10-19 所示。

图 10-19　表间关系

10.5.2　盟威平台实现系统功能

本系统使用盟威软件快速开发平台，以提高软件开发效率。盟威软件公司的 Access 软件开发平台"UMV 开发平台 1.0"和"盟威软件快速开发平台"，分别在 2007 年和 2013 年获得了国家版权局颁发的计算机软件著作权登记证书，国内已有上千家企事业单位使用该产品。盟威软件快速开发平台提供免费版本，但免费版只支持 Access 作为后台数据库，且只能在局域网中使用。若要使用其他数据库，得到更好性能并可用于互联网的数据库应用系统，则需购买收费的企业版。盟威软件快速开发平台适用于中小企事业单位各种管理软件开发、大型企业部门级应用开发，以及企业全局性系统 (如 ERP) 的补充性应用开发。

盟威快速开发平台自带的系统表包括：

Sys_Attachments、Sys_AutoNumberRules、Sys_DUAL、Sys_FunctionPermissions、Sys_LookupList、Sys_ModulePermissions、Sys_OperationLog、Sys_Roles、Sys_ServerParameters 和 Sys_Users。

采购报销管理系统的主界面如图 10-20 所示。

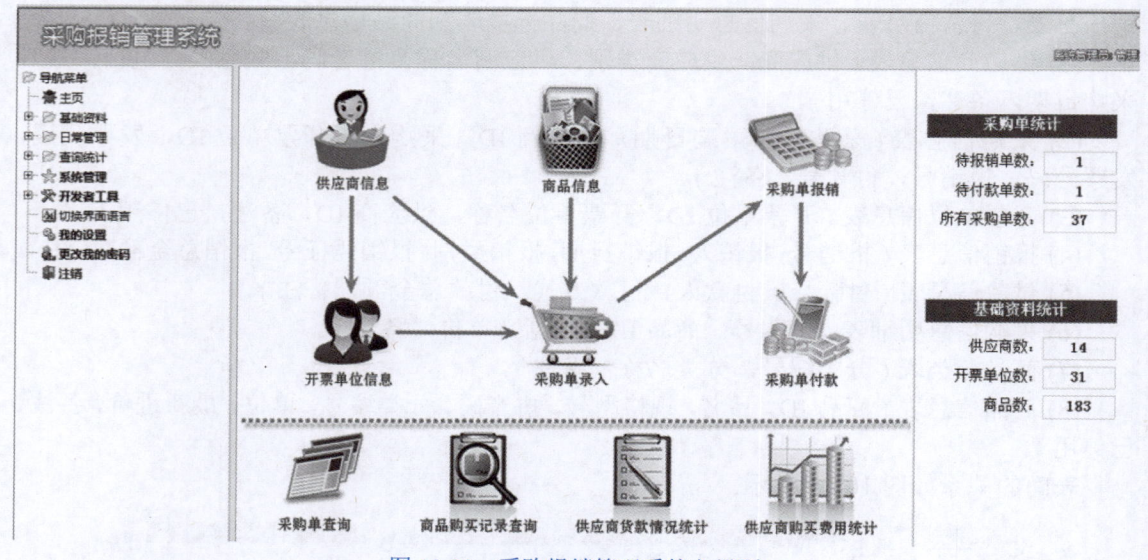

图 10-20　采购报销管理系统主界面

采购报销管理系统的基本角色分为两种：系统管理员和操作员，还可以创建新角色、修改角色名和删除角色。图 10-21 所示为操作员角色权限设置界面。

开发平台显示的商品信息如图 10-22 所示，操作员可以对其进行新增、编辑、删除、导入、导出等操作。

数据库应用系统开发

图 10-21　操作员角色权限管理

图 10-22　商品信息

325

10.6 本章小结

"纸上得来终觉浅，绝知此事要躬行。"学习 Access 的目标之一就是建立一个小型数据库应用系统。数据库应用系统开发遵循软件工程思想，本章介绍了软件工程基础理论、大语言模型赋能数据库应用开发和上海盟威 Access 软件快速开发平台，并简要介绍了社区垃圾分类管理系统、驾驶人科目一模拟考试系统、客户管理系统和采购报销管理系统的开发。

通过本章的学习和《Access 2016 数据库应用技术案例教程学习指导》第 10 章实验案例 6～实验案例 9 的实践，读者可以进一步熟悉 Access 开发应用系统的流程，积累一些软件开发经验。

拓展阅读

> 梦虽遥，追则能达；愿虽艰，持则可圆。中国式现代化的新征程上，每一个人都是主角，每一份付出都弥足珍贵，每一束光芒都熠熠生辉。
>
> 资料来源：习近平总书记 2024 年 12 月 31 日发表的二〇二五年新年贺词。

10.7 思考与练习

10.7.1 选择题

1. 以下关于软件特点的叙述中，正确的是（　　）。
   A. 软件是一种物理实体
   B. 软件在运行使用期间不存在老化问题
   C. 软件的开发、运行对计算机没有依赖性，不受计算机系统的限制
   D. 软件的生产有一个明显的制作过程
2. 软件生命周期的主要活动阶段是（　　）。
   A. 需求分析　　　　　B. 软件开发　　　　　C. 软件确认　　　　　D. 软件演进
3. 软件测试的目的是（　　）。
   A. 证明程序没有错误　　　　　　　　　B. 演示程序的正确性
   C. 发现程序中的错误　　　　　　　　　D. 改正程序中的错误
4. 在软件生命周期中，能准确确定软件系统必须做什么和具备哪些功能的阶段是（　　）。
   A. 需求分析　　　　　B. 概要设计　　　　　C. 详细设计　　　　　D. 可行性分析

5. 需求分析的常用工具是（　　）。
   A. PAD　　　　　　　B. HIPO　　　　　　　C. DFD　　　　　　　D. PDL
6. 在结构化方法中，软件功能分解属于软件开发的（　　）阶段。
   A. 需求分析　　　　　B. 总体设计　　　　　C. 详细设计　　　　　D. 测试

10.7.2　填空题

1. 软件由机器可执行的_____和机器不可执行的_____两部分组成。
2. 软件工程的三个基本要素是：_____、_____和_____。
3. 软件生命周期分为_____、_____和_____三个阶段。软件测试属于_____阶段。
4. 根据应用目标的不同，软件可分为_____、_____和_____三类。Access 开发的应用程序属于_____软件。
5. 使用 Access 的早期版本创建的所有数据库在 Access 2016 中均作为_____数据库打开。

10.7.3　简答题

1. 软件和程序是什么关系？
2. 软件测试与程序调试有什么不同？
3. Access 可以开发哪两种类型的数据库？它们各有何特点？
4. 试以国产大语言模型为例，完成"数智文旅体验系统"的应用开发。

参考文献

[1] 王珊，杜小勇，陈红. 数据库系统概论[M]. 6版. 北京：高等教育出版社，2023.

[2] 刘垣等. Access 2010数据库应用技术案例教程[M]. 北京：清华大学出版社，2018.

[3] 刘垣等. Access 2010数据库应用技术案例教程学习指导[M]. 北京：清华大学出版社，2018.

[4] 刘小丽，翁健. 课程思政我们这样设计案例(计算机类)[M]. 北京：清华大学出版社，2023.

[5] 蒋宗礼. 本科人才培养 从经验走向科学 从粗放走向精细[M]. 北京：清华大学出版社，2021.

[6] 教育部考试中心. 全国计算机等级考试二级教程——Access数据库程序设计(2021年版)[M]. 北京：高等教育出版社，2020.

[7] 教育部教育考试院. 全国计算机等级考试二级教程——openGauss数据库程序设计[M]. 北京：高等教育出版社，2023.

[8] 教育部教育考试院. 全国计算机等级考试二级教程——公共基础知识[M]. 北京：高等教育出版社，2022.

[9] 刘卫国等. 数据库基础与应用(Access 2016)[M]. 2版. 北京：电子工业出版社，2022.

[10] 彭毅弘，程丽. Access 2016数据库应用教程[M]. 北京：清华大学出版社，2022.

[11] 彭毅弘，程丽. Access 2016数据库应用教程实验指导[M]. 北京：清华大学出版社，2022.

[12] 王秉宏. Access 2016数据库应用基础教程[M]. 北京：清华大学出版社，2017.

[13] 蔡自兴等. 人工智能及其应用[M]. 7版. 北京：清华大学出版社，2024.

[14] 姚期智. 人工智能[M]. 北京：清华大学出版社，2022.

[15] 周志华. 机器学习[M]. 北京：清华大学出版社，2016.

[16] Ian Goodfellow, Yoshua Bengio, Aaron Courville. 深度学习[M]. 北京：人民邮电出版社，2017.

[17] 王万良. 人工智能通识教程[M]. 2版. 北京：清华大学出版社，2022.

[18] 赵建勇，周苏. 大语言模型通识[M]. 北京：机械工业出版社，2024.

[19] 张红，卞克. 人工智能基础教程[M]. 北京：人民邮电出版社，2023.

[20] 陈向东. 大语言模型的教育应用[M]. 上海：华东师范大学出版社，2023.

[21] 魏薇，牛金行，景慧昀. 人工智能安全[M]. 北京：化学工业出版社，2021.

[22] 范渊，刘博. 数据安全与隐私计算[M]. 北京：电子工业出版社，2023.